Webpage
design
网页好设计

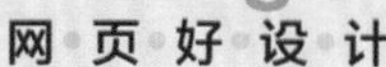

• 九天科技 编著

网页好设计

网页设计制作开发完全自学手册

Dreamweaver+Flash+Photoshop

设计是一种品味，自学是一种态度

中国铁道出版社
CHINA RAILWAY PUBLISHING HOUSE

内容简介

本书紧密围绕网页设计师在制作网页过程中的实际需要和必须掌握的技术，详细介绍了使用 Dreamweaver、Photoshop、Flash 进行网站建设和网页设计的操作知识和技巧。主要内容包括：网页设计基础入门，Dreamweaver CS6 轻松入门，创建网页基本对象，灵活设置页面布局，使用 CSS 美化网页，使用行为与表单，创建动态交互网页，Flash CS6 快速入门，使用 Flash CS6 绘图，使用元件与库，创建基本 Flash 动画，网页动画设计与制作，Photoshop 网页应用基础，使用 Photoshop 处理网页图像，制作网页特效与版面，以及企业网站网页设计与制作。

本书非常适合从未接触过网页制作的初学者，还适合网页设计与制作人员、网站建设与开发人员、大 / 中专院校相关专业师生、网页制作培训班学员、个人网站爱好者阅读学习。

图书在版编目（CIP）数据

网页好设计！网页开发完全自学手册：Dreamweaver+Flash+Photoshop/ 九天科技编著．—北京：中国铁道出版社，2014.6

ISBN 978-7-113-18206-9

Ⅰ．①网… Ⅱ．①九… Ⅲ．①网页制作工具—手册 Ⅳ．① TP393.092-62

中国版本图书馆 CIP 数据核字（2014）第 054156 号

书　　名：网页好设计！网页开发完全自学手册（Dreamweaver+Flash+Photoshop）
作　　者：九天科技　编著

策　　划：武文斌　　**读者热线电话：**010-63560056
责任编辑：吴媛媛　　**特邀编辑：**王惠凤
责任印制：赵星辰　　**封面设计：**多宝格

出版发行：中国铁道出版社（北京市西城区右安门西街 8 号　　邮政编码：100054）
印　　刷：中国铁道出版社印刷厂
版　　次：2014 年 6 月第 1 版　　2014 年 6 月第 1 次印刷
开　　本：720mm×1 000mm　1/16　　印张：22　　字数：440 千
书　　号：ISBN 978-7-113-18206-9
定　　价：59.80 元（附赠光盘）

FOREWORD 前言

经过网页制作技术的快速发展和完善，市面上有越来越多的网页制作软件被使用。目前使用最多的是Dreamweaver、Photoshop和Flash这三款软件，俗称“新网页三剑客”。新网页三剑客无论从外观上还是功能上表现得都很出色，这三款软件的组合可以高效地实现网页的各种功能。因此，无论是设计师还是初学者，都能更加容易地学习和使用，并能够轻松掌握网页制作技能，真切地体验到CS套装软件为创意工作流程带来的全新变革。

本书针对网页设计初学者，系统全面地介绍了使用Dreamweaver、Flash与Photoshop进行网页设计与制作的各种知识和技巧。本书不是纯粹的软件教程，书中除了介绍软件的使用方法外，更多地介绍了创意设计与软件功能的结合。

本书共分为16章，内容包括网页基础轻松入门，Dreamweaver CS6轻松入门，创建网页基本对象，灵活设置页面布局，使用CSS美化网页，使用行为与表单，创建动态交互网页，Flash CS6快速入门，使用Flash CS6绘图，使用元件与库，创建基本Flash动画，网页动画设计与制作，Photoshop网页应用基础，使用Photoshop处理网页图像，制作网页特效与版面等，最后通过一个完整的企业网站网页设计综合实例对本书所学知识进行综合运用并深入剖析。本书立足实际应用，内容讲解透彻，让读者边学边练，举一反三，迅速成为网页设计高手。

本书主要具有以下几大特色：

精炼实用、易学易用

本书摒弃了以往网页制作书籍的理论文字描述，从实用、专业的角度出发，精心选出各个知识点。每个知识点都配合实例进行讲解，不但使读者更加容易理解，而且可以亲手上机进行验证，得到更直观的认知。

图解教学、无师自通

本书讲解以图为主，基本上是一步一图，直观性强，使读者一目了然，在最短的时间内掌握所介绍的知识点及操作技巧。

全新体例、轻松自学

书中灵活穿插了“知识点拨”、“行家提醒”和“操作提示”等小栏目，体例形

前言 FOREWORD

式活泼、新颖，以不同的方式向读者传达各种知识点，缓解学习过程中的枯燥之感。

互动光盘、超长播放

本书配套交互式、超长播放的多媒体视听教学光盘，是与图书知识完美结合的多媒体教学光盘，对读者的学习提供了极为直观、便利的帮助。光盘中还提供了书中实例涉及的所有素材和源文件，以方便读者上机练习。

本书非常适合从未接触过网页制作的初学者，还适合网页设计与制作人员、网站建设与开发人员、大/中专院校相关专业师生、网页制作培训班学员、个人网站爱好者阅读学习。

光盘使用说明

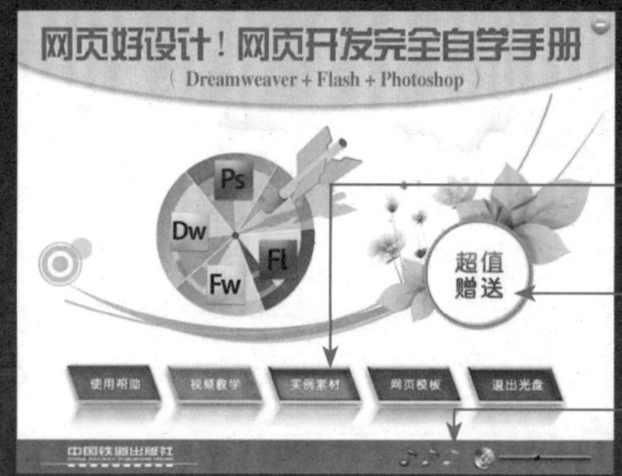

图 1 光盘主界面

❶ 运行光盘。将光盘放入光驱中，光盘会自动运行。光盘运行后，进入光盘主界面

光盘主功能区，单击相应按钮即可实现不同光盘功能

单击此按钮，即可查看超值光盘赠送资源

背景音乐控制区，可选择背景音乐，调节音量

❷ 进入二级视频界面。根据自己的学习需要，双击其中的视频文件，即可播放多媒体教学视频。

光盘章节内容选择区

多媒体教学视频列表选择区

单击此按钮，返回上一级界面

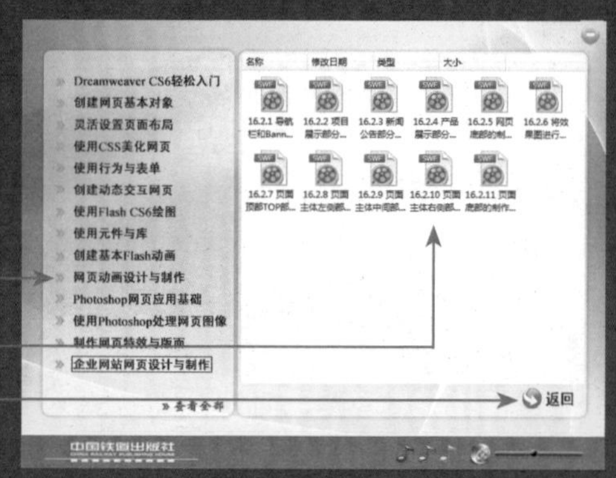

图 2 视频界面

如果读者在使用本书的过程中遇见什么问题或者有什么好的意见或建议，可以通过发送电子邮件（E-mail：jtbooks@126.com）联系我们，我们将及时予以回复，并尽最大努力提供学习上的指导与帮助。

编 者

2014年3月

目录 CONTENTS

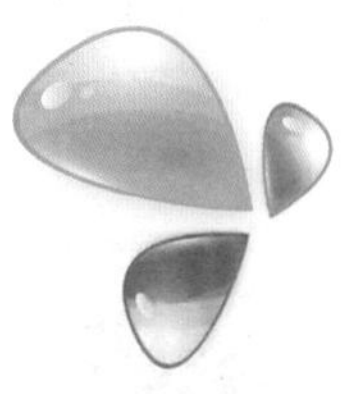

第 1 章 网页设计基础入门

第 2 章 Dreamweaver CS6 轻松入门

第 3 章 创建网页基本对象

第 4 章 灵活设置页面布局

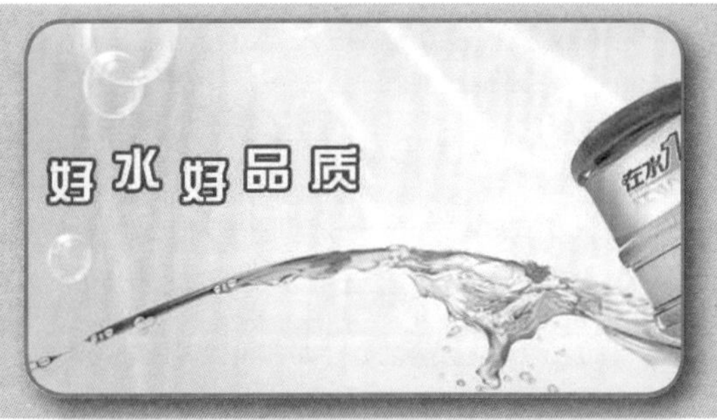

第 5 章 使用 CSS 美化网页

第 6 章 使用行为与表单

第 7 章 创建动态交互网页

第 8 章 Flash CS6 快速入门

第 9 章 使用 Flash CS6 绘图

第 10 章 使用元件与库

第 11 章 创建基本 Flash 动画

第 12 章 网页动画设计与制作

第 13 章 Photoshop 网页应用基础

第 14 章 使用 Photoshop 处理网页图像

第 15 章 制作网页特效与版面

第 16 章 企业网站网页设计与制作

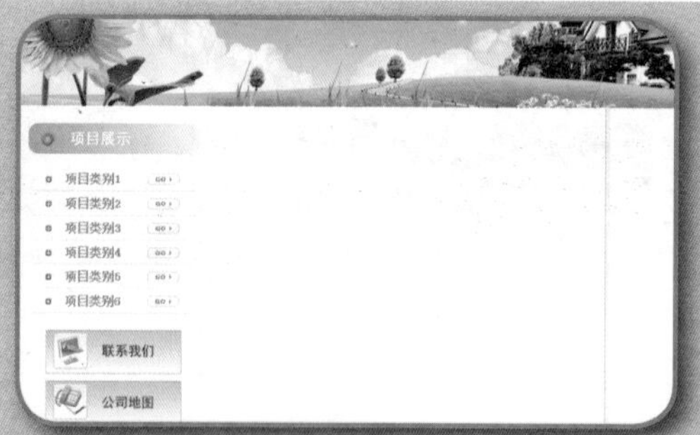

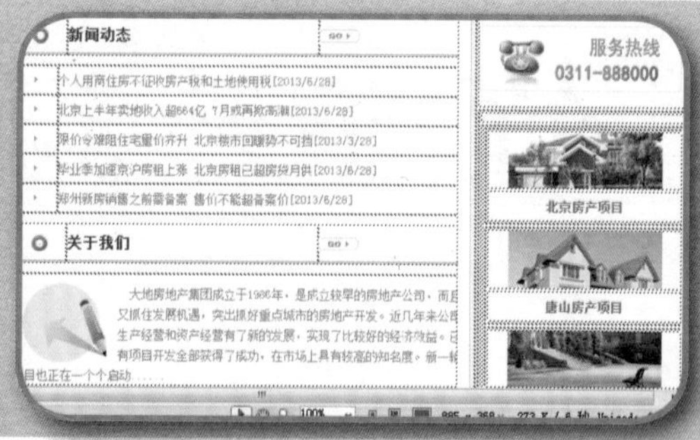

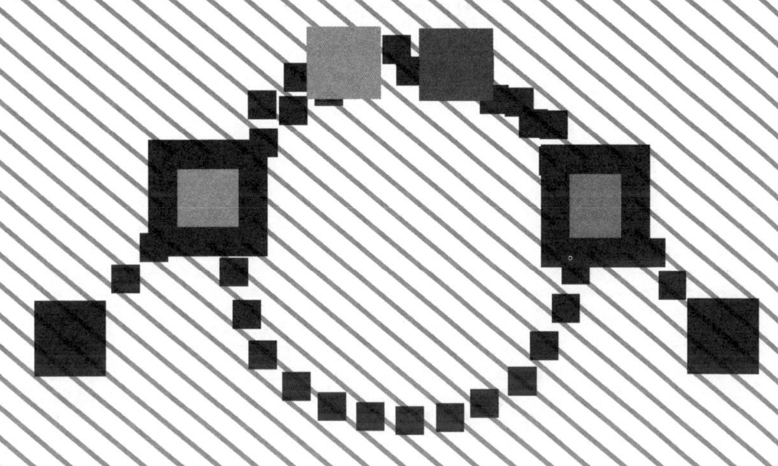

Chapter 01

网页设计基础入门

在制作网页之前，需要对网页设计有一个全面的了解和认识。本章首先介绍网页的基本概念及色彩搭配，然后学习网站制作的基本流程，了解网站是如何从无到有的；此外，网页版式与风格设计也是建设一个成功网站的关键。

本章重点知识

◎ 网页制作常识　　◎ 网页常用页面结构
◎ 网页设计原则　　◎ 网站制作流程

1.1 网页制作常识

随着计算机网络的迅速发展，许多网站凭借其设计精美的页面、丰富的信息和方便快捷的信息获取方式，吸引着越来越多的用户。下面将简要介绍网页制作的相关概念，帮助读者快速了解网页制作的内容和要素等。

1.1.1 网页、网站和主页

在学习相关知识以前，先来了解一下有关网页的相关概念，以及基本定义和名称等。

1. 网页

网页中可以有文字、图像、声音及视频信息等。网页经由网址（URL）来识别与存取。当浏览者输入一个网址或单击某个链接时，在浏览器中显示出来的就是一个网页。如下图所示为搜狐首页。

2. 网站

网站是由许多信息类型相同的网页组成的一个整体，各个网页之间通过超链接连接在一起，它们之间可以相互访问。同时，网站之间又以不同的方式相互链接，构成一个庞大的网络体系，最终实现了更多信息的共享与交流。

行家提醒

网页按表现形式分为静态网页和动态网页两种，它们的区别在于 Web 服务器对其处理方式不同。

3．主页

在构成网站的众多网页中，有一个页面比较特殊，称为主页（Home Page）。主页是一个单独的网页，和一般网页一样可以存放各种信息，同时又是一个特殊的网页，即作为整个网站的起始点和汇总点。例如，当浏览者输入网址 www.jd.com 后出现的第一个页面，即京东商城的主页，如右图所示。浏览者可以根据主页的导航进入其他页面，了解更多的内容。

首页和主页的区别如下：通常网站为方便浏览者查找和分类浏览网站的信息会将信息进行分类，并建立一个网页以放置网站信息的目录，即网站的主页。并非所有的网站都将主页设置为首页，有的网站会在首页放置一段进入页面的动画，并将主页的链接放置在首页上，浏览者需要单击首页的超链接进入主页。

4．网页的风格

网页的风格在网页设计中非常重要，它是网页的魅力所在，也是设计者人格魅力的体现和企业文化的展示。

◎ 资讯类站点，如新浪、搜狐、网易等站点为访问者提供大量的信息，而且访问量较大，因此在设计时需注意页面结构的合理性、界面的亲和力等问题，如下图所示为新浪网站首页。

资讯类站点

网站是由网页组成的，网站是网页的集合体，网页是网站的元素，首页是网站的第一个页面。

◎ 资讯和形象相结合的网站，如一些大公司、高校等，在设计这类网站时既要保证具有资讯类网站的性质，同时又要突出企业、单位的形象，如下图所示为中国农业银行网站首页。

资讯与形象相结合站点

◎ 形象类网站，如一些中小型公司或单位的网站。这类网站一般较小，功能也较为简单，设计时应将突出企业形象作为重点，如下图所示为美特斯邦威网站首页。

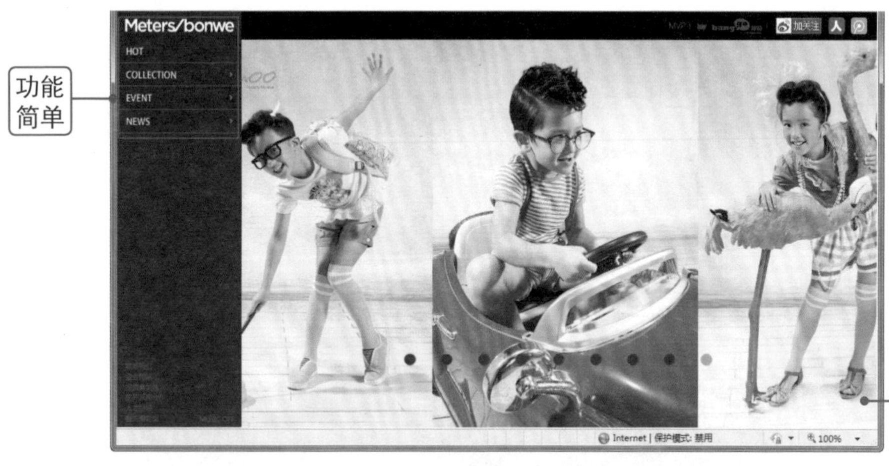

形象类站点

>> 1.1.2 网页基本功能元素

Internet 中的网页由于涉及内容和制作方法的差别而千变万化，但通常由几大版块组成，它们分别是网站 Logo、导航条、横幅、内容版块，以及版尾或版权版块等，下面将分别进行介绍。

行家提醒

网页设计的整体风格要靠图形图像、文字、色彩、版式和动画等来实现，不同性质的行业，应体现出不同的主页风格类型。

1. 网站 Logo

网站 Logo 是指网站的标志、标识。成功的网站 Logo 有着独特的形象标识，在网站的推广和宣传中将起到事半功倍的效果。一个设计优秀的 Logo 可以给浏览者留下深刻的印象，为网站和企业形象的宣传起到十分重要的作用。设计制作的网站 Logo 应能体现该网站的特色和内容，以及其内在的文化内涵和理念。

网站 Logo 一般在网站的左上角或其他醒目的位置。企业网站常常使用企业的标志或注册商标作为网站的 Logo，如下图所示为 hao123 网站和新浪网站的 Logo。

2. 导航条

导航条是网页设计中不可或缺的基础元素之一。导航条链接着各个页面，只要单击其中的超链接就能进入相应的页面，如下图所示为天猫网站的导航条。

导航条的形式多种多样，包括文本导航条、图像导航条及动画导航条等，一般有 4 种常见的位置：页面的顶部、左侧、右侧和底部，如下图所示。

页面底部的文本导航条

页面左侧的图像导航条

网站 Logo 的设计要在网站制作初期进行，这样才能从网站的长远发展角度出发，设计出一个能够长时间使用的、最能代表该网站的 Logo。

导航条设计的好坏决定着用户能否很方便地使用网站。导航条设计应直观明确，最大限度地为用户的使用考虑，尽可能使网页切换更加便捷。导航条的设计要符合整个网站的风格和要求，不同的网站会采用不同的导航方式。

导航条设计应该遵循以下原则：

（1）让用户了解当前所处的位置；

（2）让用户能够根据走过的路径，确定下一步的前进方向和路径；

（3）不要让用户浏览太多的页面才能找到需要的信息，应让用户能够快速而简捷地找到所需的信息，并以最佳的路径到达这些信息页面；

（4）让用户使用网站遇到困难时能够寻求到解决困难的方法，找到最佳路径；

（5）让用户清楚地了解整个网站的结构概况，从而产生整体性感知。

3. 横幅

横幅（Banner）的内容通常为网页中的广告。在网页布局中，大部分网页将 Banner 放置在与导航条相邻处或其他醒目的位置，以吸引浏览者，如下图所示。

页面顶部的横幅

页面底部的横幅

页面中间的横幅

4. 内容版块

网页的内容版块是整个页面的组成部分。设计人员可以通过该页面的栏目要求来设计不同的版块，每个版块可以有一个标题内容，并且每个内容版块主要显示不同的文本信息，如下图所示。

行家提醒

Banner 广告用于宣传站内某个栏目或者活动的广告，一般以 GIF 动画形式为主。

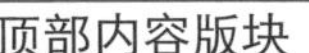

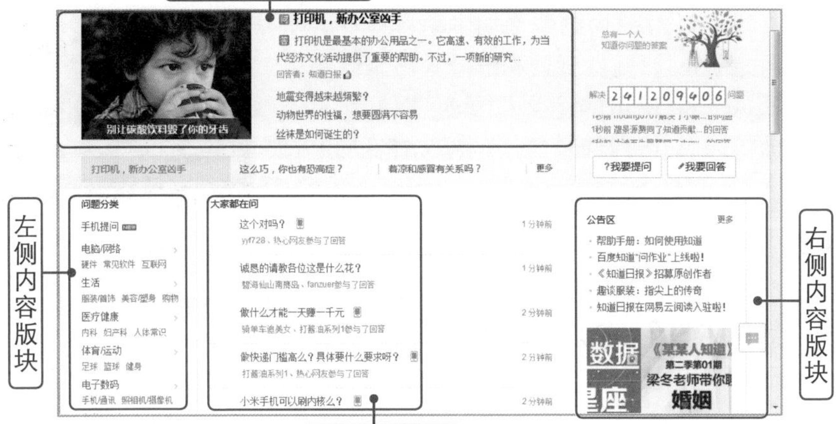

5. 版尾或版权版块

版尾，即页面最底端的版块。这部分位置通常放置网页的版权信息，以及网页所有者、设计者的联系方式等，如下图所示。有的网站也将网站的友情链接，以及一些附属的导航条放置在这里。

1.1.3 网页的基本组成元素

虽然网页种类繁多，形式内容各有不同，但网页的基本组成要素大体相同，包括文本、图片、超链接、动画、声音和视频、表格、表单和其他常见元素等。网页设计就是要将上述构成要素有机地整合，表现出美与和谐。

1. 文本

文本是网页界面的主体，用于传达信息的主要元素，能准确地表达信息的内容和含义。文本传输速度快，而且网页中的文本可以设置其大小、颜色、段落和层次等属性，风格独特的网页文本设置会给浏览者以赏心悦目的感觉。

网页中的文本主要有标题、文字信息和文字链接等形式，如右图所示。

操作提示

网页中的Logo、导航、按钮等重要信息，必须醒目标识，符合日常浏览习惯，不会给访客在浏览时造成障碍。

2. 图片

相对于文字来说，图片显得更加生动、直观，如右图所示。网站 Logo、网页背景和链接等都可以使用图片。在网页设计中使用的图片格式主要包括 GIF、JPEG 和 PNG 等，其中使用最广泛的是 GIF 和 JPEG 两种格式。

3. 超链接

超链接在本质上属于一个网页的一部分，是一种允许用户同其他网页或站点之间进行链接的元素。超链接是指从一个网页指向一个目标的链接关系，这个目标可以是另一个网页，也可以是相同网页上的不同位置，还可以是一个图片、一个电子邮件地址、一个文件，甚至是一个应用程序。如右图所示为网页中的超链接。

互联网新闻　更多>
- 微信海外版用户破亿
- 豆瓣：小清新，大宏图
- IT步入云计算时代—浅谈阿里云"飞天"过程中
- 老虎宝典CTO李鸿：用户总数突破5000万
- 视频网站自制内容，如何人气口碑两不误
- 移动购物两年番5倍 成移动互联第一大行业
- 奢侈品电商寺库："小时代"逆生存法则

4. 动画

动画具有很强的视觉冲击力，在网页中动画往往是第一视觉中心，在传达主要信息时动画是有效的手段。

网页中的动画主要有两种：GIF 动画和 Flash 动画。

（1）GIF 动画只能有 256 种颜色，主要用于简单动画和图标，如下图所示。

（2）Flash 动画，即 SWF 格式的动画，是通过 Flash 制作的。Flash 动画采用矢量图形和流式播放技术，保证了图形的质量和观看速度。如下图所示即为 Flash 动画。

行家提醒

在一个完整的网站中，至少要包括站内链接和站外链接。站内链接可以使浏览者在多个模块中迅速找到自己需要的信息。

5. 声音和视频

声音是多媒体网页的一个重要组成部分，用于网络的声音文件的格式非常多，常用的有 MIDI、WAV、MP3 和 AIF 等。很多浏览器不需要插件也可以支持 MIDI、WAV 和 AIF 格式文件的播放，而 MP3 和 RM 格式的声音文件则需要专门的浏览器进行播放。

6. 表格

在网页中，表格用来控制网页中信息的布局方式，包括两个方面：一是使用行和列的形式来布局文本和图像及其他的列表化数据，二是可以使用表格来精确控制各种网页元素在网页中出现的位置。

7. 表单

网页中的表单通常用来接受用户在浏览器端的输入，然后将这些信息发送到网页设计者设置的目标端。这个目标可以是文本文件、Web 页、电子邮件，也可以是服务器端的应用程序。表单一般用来收集联系信息、接受用户要求、获得反馈意见、设置来宾签名簿、让浏览者注册为会员并以会员的身份登录站点等。

>> 1.1.4 网页色彩搭配

1. 网页配色基础

自然界中有许多颜色，这些颜色实际上是由红、绿、蓝 3 种波长的光组成的。物体经光源照射，吸收和反射不同波长的红、绿、蓝光，光线信息再经由人的眼睛传到大脑，通过视觉使人们看到各种颜色。

◎ 红色

红色的色感温暖，性格刚烈而外向，是一种对人刺激性很强的颜色，红色容易引起人的注意，也容易使人兴奋、激动、紧张、冲动，还是一种容易造成人们视觉疲劳的颜色。

红色代表热情、活泼、热闹、温暖、幸福、吉祥，也代表愤怒、战争、革命、残忍、不道德、危险、幼稚、卑俗。在网页颜色应用中，红色与黑色的搭配比较常见，如右图所示。

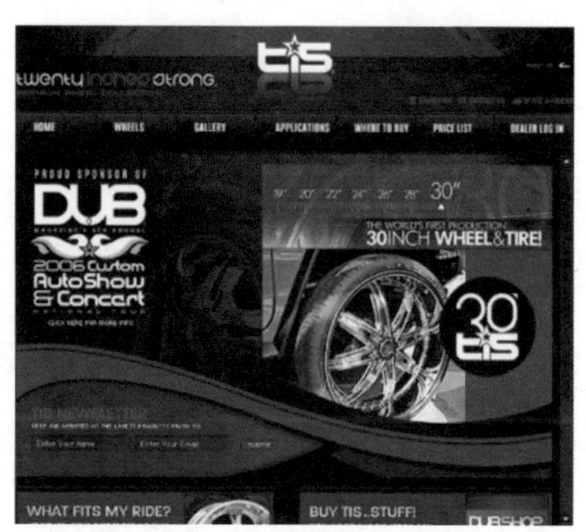

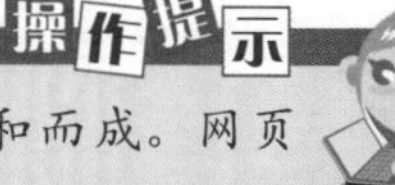

红、黄、蓝是三原色，其他的色彩都可以用这三种色彩调和而成。网页 HTML 语言中的色彩表达即用这三种颜色的数值表示。

◎ **黄色**

黄色是阳光的色彩，具有活泼与轻快的特点，给人十分年轻的感觉，象征光明、希望、高贵、愉快。

黄色在网页配色中的使用十分广泛，它和其他颜色配合让人感觉很活泼、很温暖，具有快乐、希望、智慧和轻快的个性。右图所示为使用黄色配色的网页。

◎ **蓝色**

蓝色是冷色系中最典型的代表色，也是网站设计中运用得最多的颜色。蓝色代表深远、永恒、沉静、理智、诚实、寒冷、学识、凉爽、沉思、忠诚、正义、智慧、平静、悠久、深远、无限、理想，下图（左）所示为使用蓝色配色的网页。

◎ **绿色**

绿色代表新鲜、平静、和平、柔和、安逸、青春、安全、生长、新鲜、丰产、希望、种植、健康、成功、自然、和谐、诚实。

绿色本身具有一定的与自然、健康有关的感觉，所以也经常用于此类网站。绿色介于蓝色和黄色之间，属于较中庸的颜色，是和平色，偏向自然美，也是网页中使用最为广泛的颜色之一，如下图（右）所示。

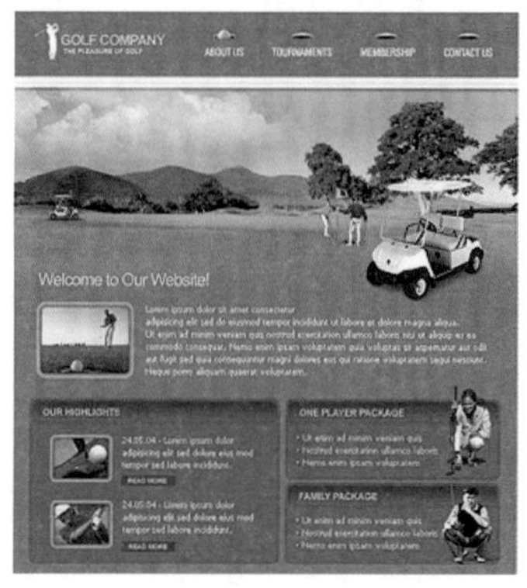

2. 网页色彩搭配原理

◎ **色彩的鲜明性**：网页的色彩要鲜艳，容易引人注目。

◎ **色彩的独特性**：要有与众不同的色彩，使浏览者对网页的印象强烈。

◎ **色彩的合适性**：色彩和设计者表达的内容与气氛相适合，如用粉色体现女性站点的柔性。

◎ **色彩的联想性**：不同色彩会产生不同的联想，蓝色使人想到天空，黑色使人想到黑夜，红色使人想到喜事等，选择色彩要和自己网页的内涵相关联。

3. 网页色彩搭配技巧

◎ **用一种色彩**：先选定一种色彩，然后调整透明度或饱和度（通俗来讲，就是

行家提醒

在网页配色中，不要将所有的颜色都用到，尽量控制在三种色彩以内；背景和前文的对比要尽量大，以便突出主要文字内容。

将色彩变淡或加深），产生新的色彩用于网页中，这样页面看起来色彩统一，具有层次感。

◎ **用两种色彩：**先选定一种色彩，然后选择它的对比色。

◎ **用一个色系：**简单地说，就是用一个感觉的色彩，如淡蓝、淡黄、淡绿，或土黄、土灰、土蓝。

◎ **用黑色和一种彩色：**比如大红的字体配黑色的边框感觉很“跳”。

◎ **以一种或几种邻近颜色为主导：**设计精美的网站都有其色调构成的总体倾向，要以一种或几种邻近颜色为主导，使网页全局呈现某种和谐、统一的色彩倾向。

◎ **运用色系：**先根据网页主题，选定一种主色，然后调整透明度或饱和度，也就是将色彩变浅或加深，调配出新的色彩。这样页面看起来色彩一致，具有层次感。一般来说，适合于网页标准色的颜色有三大色系：蓝色系、黄 / 橙色系和黑 / 灰 / 白色系。

◎ **使用对比色：**可以充分利用对比色进行设计，同时注意使用灰色调进行调和，这样的作品页面色彩丰富。

1.2 网页设计原则

网页的设计不仅涉及各种软件的操作技术，还关联到设计者对生活的理解和体验。网页设计就是要把适合的信息传达给适合的浏览者，要设计出一个既好看又实用的网页，就必须要遵循一些必要的原则。

（1）鲜明的主题

首先应该考虑网站的内容和用户的需要，以及网站的功能等。不论什么类型的网站，其内容只有满足读者需要才有可能称为一个好的网站。下图所示为国美电器的网站，符合了购物网站的特征，满足了用户的要求。

（2）良好的网站导览

设计师不能主观地认为用户和网站开发人员一样了解该网站，当浏览者在浏览一

操作提示

在网页中不要使用横跨整个屏幕的图像，避免访问者向右滚动屏幕。占 75% 的屏幕宽度为最佳。

个完全陌生的网站时，更需要网站具有很强的结构感和方位感，以便知道自己在哪儿，以及能到哪儿。如下图所示的网站，用户可以很容易找到自己要浏览的位置。

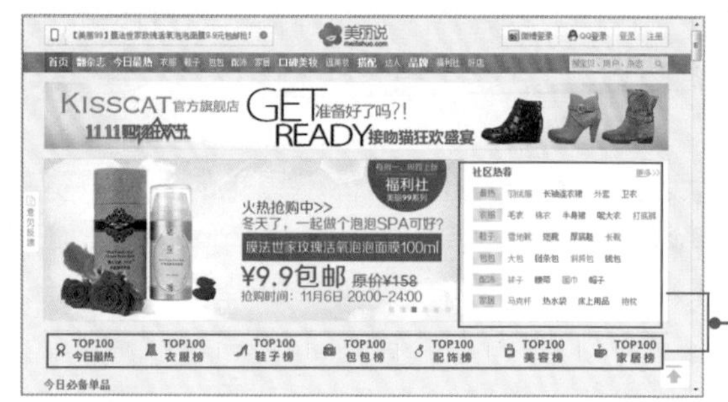

（3）**醒目的导航栏**

导航栏能让浏览者轻松到达不同的页面，它是网页元素中非常重要的内容之一，所以导航栏一定要清晰、醒目。一般来讲，导航栏要在“第一屏”能显示出来。此时，横向放置的导航栏要优于纵向的导航栏，原因很简单：如果浏览者的第一屏很“矮”，横向的仍能全部看到，而纵向的则不一定能完全看到。如下图所示为横向放置的导航栏。

（4）**合理设计视觉效果**

视觉效果对于网页来说相当重要，它主要体现在网页页面的结构和排版上。要善于使用表格来布局网页，注意多用表格把网站内容的层次性和空间性突出显示出来，使人一眼就能看出网站的重点所在，从而避免页面呆板。如下图所示的网站，使用表格布局把内容的层次性很好地表现了出来。

行家提醒

为了吸引眼球，Web 设计者可以利用空白去吸引注意力。空白比闪烁、旋转能吸引更多的注意力。

（5）为图片添加文字说明

给每幅图片添加文字说明，在图片显示之前就可以看到相关内容，尤其是导航按钮和大图片更应如此。这样，即使网络速度很慢不能把图像下载下来，或用户在使用文本类型的浏览器时也可以阅读网页的内容。如下图所示，每幅图下面都配有文字说明。

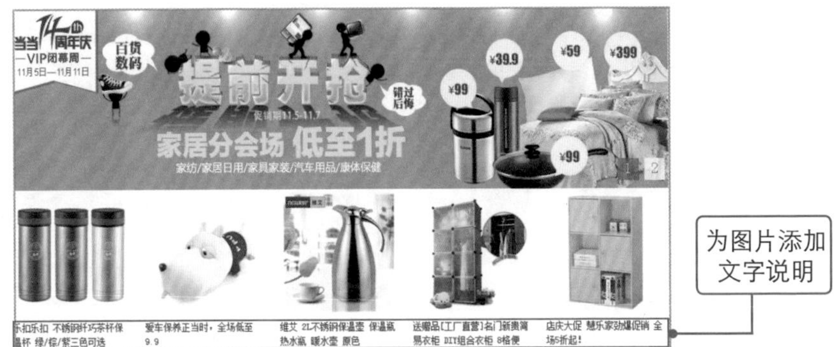

（6）尽量减少拼写和语法错误

如果一个网站上有拼写和语法错误，肯定会给访问者留下不好的印象，以致影响企业及其网站的形象。

（7）页面长度要适中

太长的页面传输会使用户在等待中失去耐心，而且为了阅读这些长文本，浏览者不得不使用滚动条。很多用户厌恶在网上使用滚动条，因此页面的长度不要太长。

（8）保持链接的有效性

首先，在将每个链接放到页面上之前应该对其有效性进行验证，但由于网站经常会发生变化，因此网络管理员在将其放到网站之后，还必须定期对其进行检查，以确定它们目前还是否有效。

（9）整个页面风格要一致

网站上所有网页中的图像、文字，包括背景颜色、区分线、字体、标题和脚注等，要统一表现风格，用户在浏览网页时会觉得舒服、顺畅，对该网站留下深刻的印象。

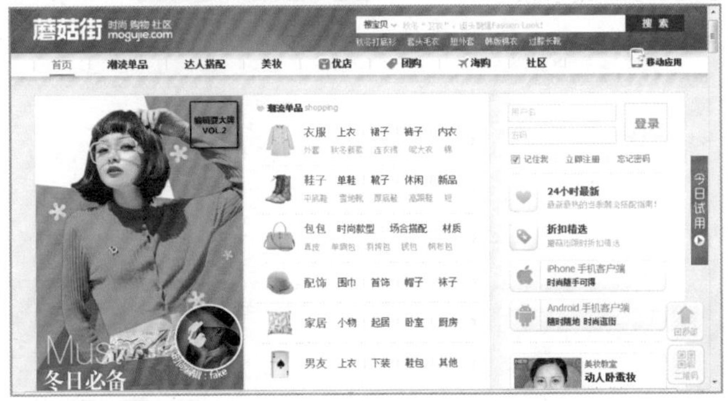

操作提示

在一个站点上有许多只有文本的页面是令人乏味的。如果有大量的基于文本的文档，应当以Adobe Acrobat格式的文件形式来放置。

1.3 网页常用页面结构

网页布局结构的好坏是决定网页美观与否的一个重要方面。通过合理的布局结构，可以将页面中的文字、图像等内容完美且直观地展现给访问者，同时合理安排网页空间，可优化网页的页面效果和下载速度。常见的网页结构包括：左右对称型结构、上下分割型结构、“同”字形结构、“T”字形结构、“三”字形结构、封面型结构、Flash 型结构和标题文本型结构等。

1.3.1 左右对称型结构

“左右对称”所指的只是在视觉上的相对对称，而非几何意义上的对称，这种结构将网页分割为左、右两部分。分别在左或右配置文字。当左、右两部分形成强弱对比时，则造成视觉心理的不平衡。不过，倘若将分割线虚化处理，或用文字进行左右重复或穿插，左、右图文则变得自然和谐。一般使用这种结构的网站均把导航区设置在左半部，而右半部用做主体内容的区域，如下图（左）所示。

左右对称型结构便于浏览者直观地读取主体内容，却不利于发布大量的信息，所以这种结构对于内容较多的大型网站来说并不合适。如下图（右）所示的网站，左侧放置简洁的导航，右侧为信息的展示。

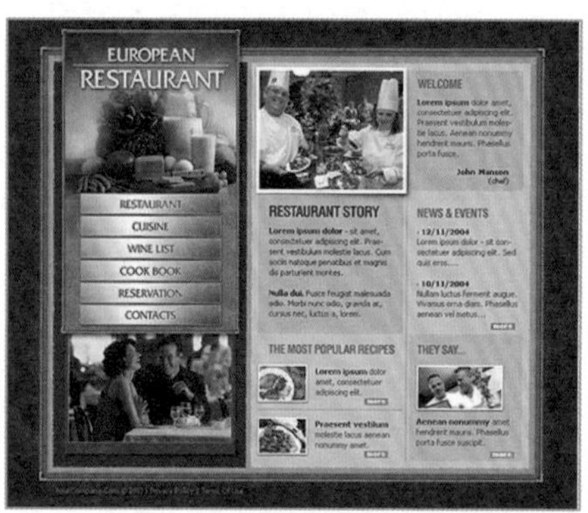

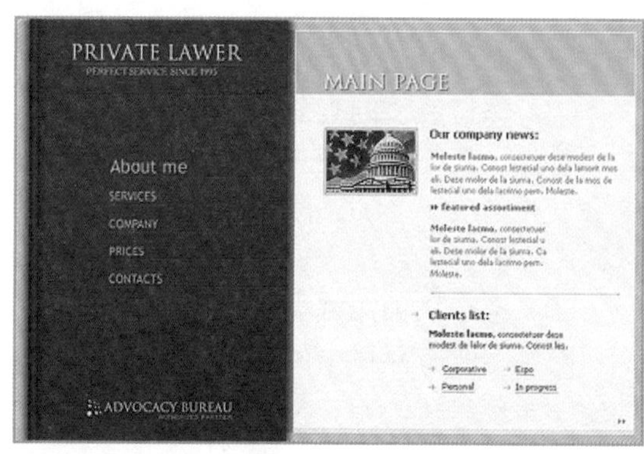

1.3.2 上下分割型结构

上下分割型结构把整个版面分为上、下两部分，在上半部或下半部配置图片，另一部分则配置文本。如下图（左）所示。配有图片的部分感性而有活力，而文本部分则理性而静止。上、下部分配置的图片可以是一幅或多幅，如下图（右）所示。

行家提醒

标题文本型结构是指页面内容以文本为主，这种类型页面最上面是标题或类似的内容，下面是正文，如注册页面就是这一类型的结构布局。

>> 1.3.3 “同”字形结构

“同”字形结构名副其实，采用这种结构的网页往往将导航区置于页面顶端，左、右两侧为功能区和附加信息区，中间为主要信息显示区和重要资料显示区，如下图（左）所示。

这种结构比左右对称结构要复杂一些，不但有条理，而且直观，有视觉上的平衡感，给人的感觉开放、大气，但这种结构也比较僵化。在使用这种结构时，高超的用色技巧会规避“同”字形结构的缺陷。如下图（右）所示，网站采用导航栏在上，内容分为左、中、右三部分，主要突出中间部分的内容。

>> 1.3.4 “T”字形结构

“T”字形结构的大致布局是将网站的主标识放在左上角，导航栏在上部的中间占有大部分的位置，然后左边出现重要的提示信息，右边是页面主体，出现大量信息并通过合理的版块划分达到传达信息的目的，如下图所示。

在“同”字形结构的下面增加一个横向通栏则会形成“回”字形结构，它将“同”字形结构不是很重视的页脚利用起来。

1.3.5 “三”字形结构

“三”字形结构是一种简洁明快的网页布局，在国外用得比较多。这种结构的特点是突出中间一栏的视觉效果。如下图所示均为采用上、中、下“三”字形结构的网页。

1.3.6 封面型结构

封面型结构基本上出现在一些网站的首页，大部分为一些精美的平面设计结合一些小的动画，放上几个简单的链接或仅是一个“进入”的链接，甚至直接在首页的图片上做链接而没有任何提示。这种类型大部分出现在企业网站和个人主页。

封面型结构的企业网站

封面型结构的个人主页

行家提醒

“T”字形结构布局的优点是页面结构清晰、主次分明，是初学者最容易上手的布局方法；缺点是页面呆板。

1.3.7 Flash型结构

Flash 型结构是指整个网页就是一个 Flash 动画，它本身就是动态的，画面一般比较绚丽、有趣，是一种比较新潮的结构方式，如下图（左）所示。

其实这种结构与封面型结构类似，不同的是由于 Flash 强大的功能，页面所表达的信息更加丰富。其视觉效果及听觉效果如果处理得当，会是一种非常有魅力的结构。

如下图（右）所示，全屏采用 Flash，极富动感，配以可爱的卡通人物和图形，显得十分活泼。

1.4 网站制作流程

规范的网站建设应遵循一定的流程，合理的流程可以最大限度地提高工作效率。网站建设流程主要由网站的规划设计、网站的制作、网站的测试、网站的上传与发布 4 个部分组成，下面将分别对其进行介绍。

1.4.1 网站结构规划

网站是由许多网页组成的，如何将这些内容组织成一个设计独特、受人欢迎的网站，这就需要设计人员对网站的内容、结构等各方面有一个很好的规划设计。建立一个网站，一般需要考虑以下几个方面：

（1）确定网站的主题及风格

设计网站的第一步，就是要确定网站的主题及风格，考虑为什么要建立网站，所建立的网站针对的访问者，网站能提供什么样的信息给访问者，将这些问题充分考虑清楚后，才能动手建立网站。

（2）规划网站的整体结构

这一步要确定网站中的栏目和层次。一个网站由若干个网页组成，设计时要通过合理的整体规划将网页组织起来形成网站。网站栏目实质上是一个网站内容的大

操作提示

由于动画图标很容易耗费系统资源，使网站的操作变得困难，因此，应该给用户一个跳过使用 Flash 动画的选择。

纲索引，规划栏目的过程实际上是细化网站内容的过程。

网站栏目设计原则：一是网站内容重点突出，二是方便访问者浏览，三是便于管理者进行维护。此外，网站栏目划分要服从并体现网站主题。

（3）收集整合网页素材

信息是网站的根本。确定主题和整体结构后，要根据网站主题组织网站内容、收集各种信息资料，将收集到的资料转换成网页所能识别的文件格式，将书面文字转化为文本文件，将图片转换成适用于网页的格式，录制并编辑需要的音效文件、视频文件和动画文件。例如，建立学院网站要收集学院简介、培训中心、专业简介等内容资料。整理资料则是根据上述收集到的资料进行进一步挑选和细化，将收集到的网页素材落实为站标、广告栏、导航栏等页面元素。

1.4.2 网站的制作

网站制作过程中，一般需要考虑以下几个方面：

（1）确定页面的版面布局

网页版面布局是指通过浏览器显示的完整页面。网页版面布局主要针对网站首页的版面设计，其他网页的版面在与主页风格统一的前提下有所变化。确定了页面的版面布局后，就可以在 Photoshop 等平面设计软件中设计页面的效果图了。效果图制作完成后，用切片工具对整体页面进行合理的分割并输出为 Web 页所用的格式。

（2）制作网页

按照确定的版面布局，利用网页制作工具制作成网页。制作网页包括静态网页制作和动态网页制作。

（3）添加网页特效

网页特效是指对网页进行美化，强化网页的视觉冲击力，使之更具有艺术效果。美化网页可以通过 HTML 语句、Flash 动画等技术手段实现。

1.4.3 网站的测试

当网站制作完成后，需要对网站进行审查和测试。测试的对象不仅是网页，而是整个网站及所涉及的所有链接，测试内容包括功能性测试和完整性测试两个方面。功能性测试就是要保证网页的可用性，达到最初的内容组织设计目标，实现所规定的功能，读者可方便、快速地寻找到所需的内容。完整性测试就是保证页面内容显示正确，链接准确。具体的测试主要有浏览器兼容性测试、平台兼容性测试和超链接完好性测试。

（1）浏览器兼容性测试

目前浏览器有 Internet Explorer 与 Netscape 两大主流浏览器，两者对 HTML 和 CSS 等语法的支持度是不同的。这两大浏览器分别拥有各自的卷标语法，其版本越高，

行家提醒

规划一个网站，尤其在制作大型网站时，特别要把架构规划好，还要考虑到以后的扩充性，免得以后再更改整个网站的结构。

所支持的语法就越多。如果在网页中应用了某浏览器的专有语法或较新的 HTML，在其他浏览器中浏览时可能会导致显示错误。在 Dreamweaver 中提供了可以检查网页中是否含有某版本、浏览器不能识别的语法功能，设计者可以借助其进行检查。

（2）平台兼容性测试

设计者要为用户着想，必须最少在一台 PC 和一台 Mac 机上测试自己的网站网页，看看兼容性如何。

（3）超链接完好性测试

超链接是连接网页之间、网站之间的桥梁，浏览者是不愿意访问一个经常出现“找不到网页”的问题网站的，作为设计者必须检测超链接的完好性，保证链接的有效性，不要留下太多的坏链接。

如果在测试过程中发现了错误，就要及时修改，在准确无误后方可正式上传到 Internet 上。

1.4.4 网站的上传与发布

网站制作完成后，需要将其发布到互联网上。在发布之前，要先申请域名和主页空间，然后利用专用软件上传，FTP 有很多种软件，最著名的是 CuteFTP 和 LeapFTP，如下图所示，也可以用 Dreamweaver 内置的 FTP 上传。

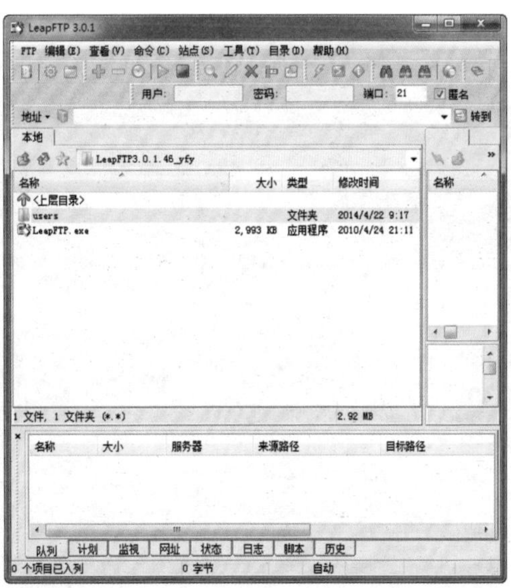

在设计网站时要使用最新的软件，但是人们并不一定会使用最新的浏览器，所以在测试网站时要顾及以前的浏览器。

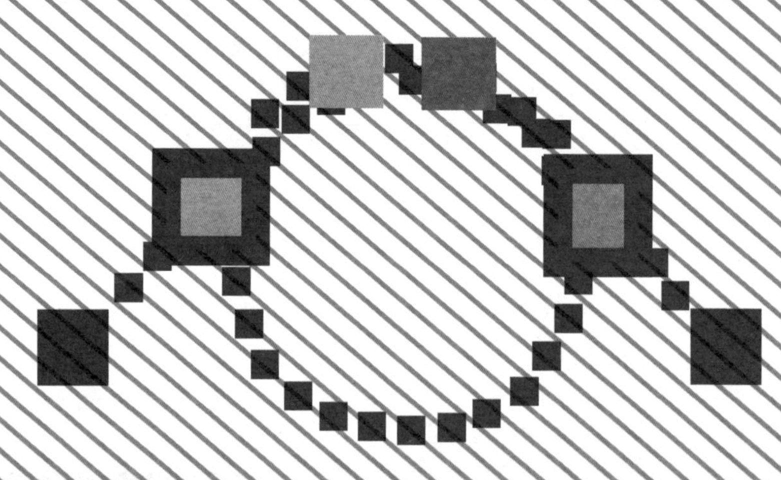

Chapter 02

Dreamweaver CS6轻松入门

Dreamweaver CS6拥有可视化编辑界面，用于制作并编辑网站和移动应用程序的网页设计软件。由于它支持代码、拆分、设计、实时视图等多种方式来创作、编写和修改网页，对于初学者来说，无须编写任何代码就能快速创建Web页面。

本章重点知识

- ◎ 初识Dreamweaver CS6界面
- ◎ 创建本地站点
- ◎ 创建、编辑与使用元件

2.1 初识Dreamweaver CS6界面

Dreamweaver 作为一款重量级的网页制作软件，其界面友好，操作方便，使每个人都能快速地通过它制作出各种精美的网页。

在完成 Dreamweaver CS6 的安装后，选择“开始”|“所有程序”| Adobe Dreamweaver CS6 命令，即可看到其起始页，如下图所示。

单击起始页“新建”栏中的任意一项，即可相应地创建一个空白文档，并进入工作界面。下图所示为 HTML 文档。

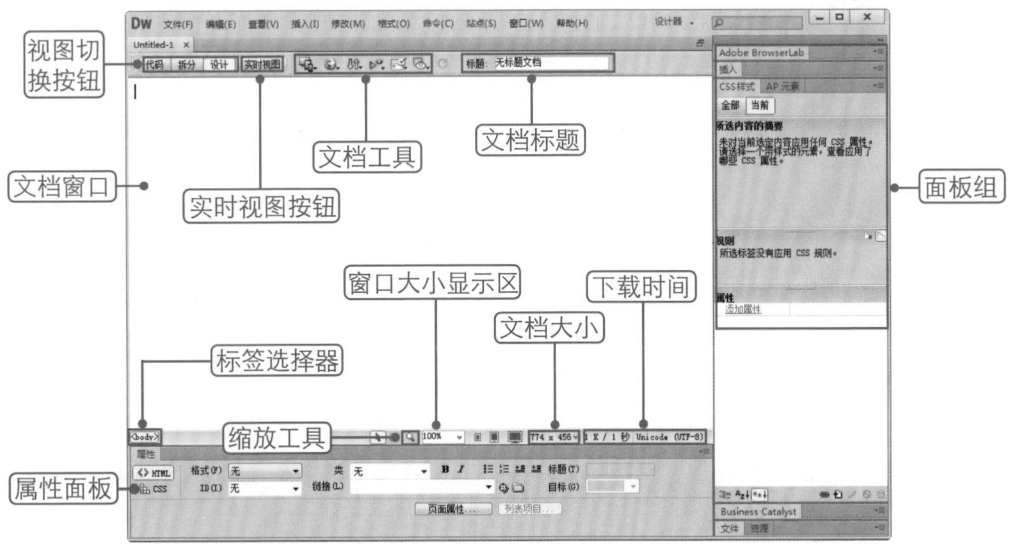

Dreamweaver 是网页设计与制作领域中用户最多、应用最广、功能最强的软件，无论在国内还是国外，都备受专业 Web 开发人员欢迎。

2.1.1 文档窗口

启动 Dreamweaver CS6，选择“文件”|“新建”命令，弹出如下图所示的“新建文档”对话框。

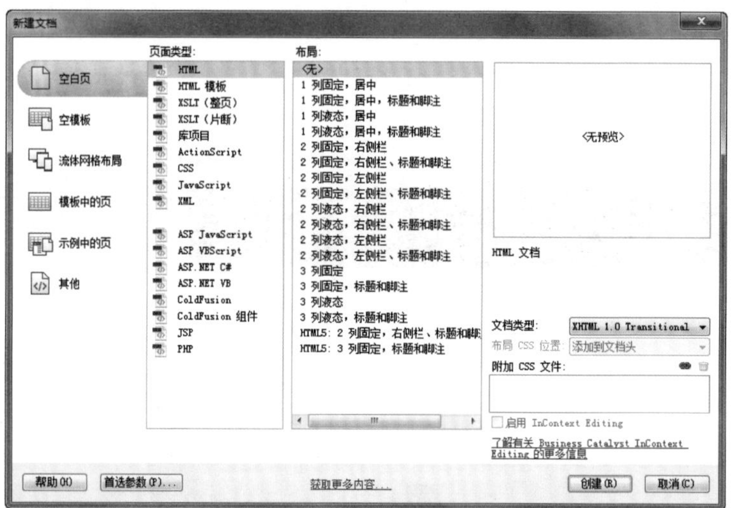

选择“页面类型”列表框中的 HTML 选项，单击“创建”按钮，即可新建页并进入文档窗口，如下图所示。

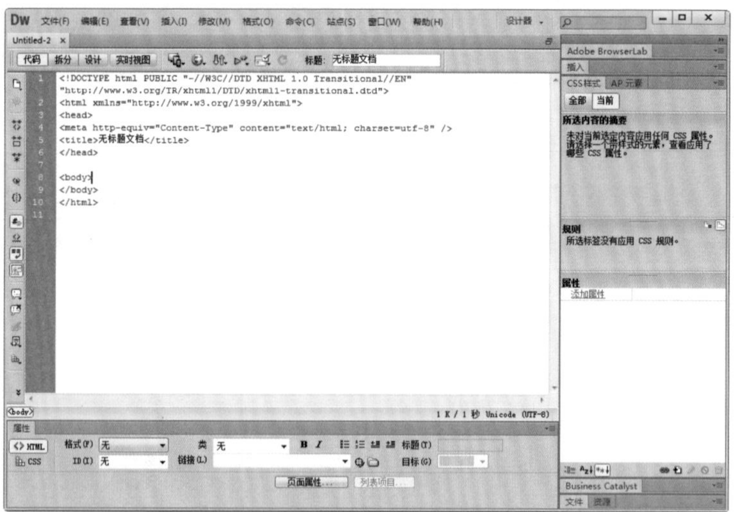

2.1.2 菜单栏

菜单栏中包含“文件”、“编辑”、“查看”、“插入”、“修改”、“格式”、“命令”、“站点”、“窗口”和“帮助”10 个菜单，分别用于网页制作的各种操作，如下图所示。

行家提醒

如果要基于模板创建文档，可单击“空模板”选项，在“模板类型”中选择相应的文件类型即可。

>> 2.1.3 辅助工具栏

文档辅助工具栏主要包括视图切换按钮、实时视图按钮、文档标题、文件管理、在浏览器中预览 / 调试、刷新设计视图、视图选项、可视化处理、W3C 验证、检查浏览器兼容性按钮等，如下图所示。

单击菜单名称或在按住【Alt】键的同时按键盘上各菜单英文名称的首字母，都能打开相应的下拉菜单，将其中的命令显示出来。

视图切换按钮可以在不同的视图之间切换，实时视图按钮可将设计视图切换到实时视图。

文档标题是为文档输入的一个标题，它将显示在浏览器的标题栏中，如输入“彩笔”作为标题，在浏览器中显示状态如右图所示。

文件管理提供了对站点的文件操作。在浏览器中预览/调试按钮用于把用户做好的网页、站点放在IE中浏览。刷新设计视图按钮是当用户在“代码”视图中进行更改后，刷新文档的“设计”视图。

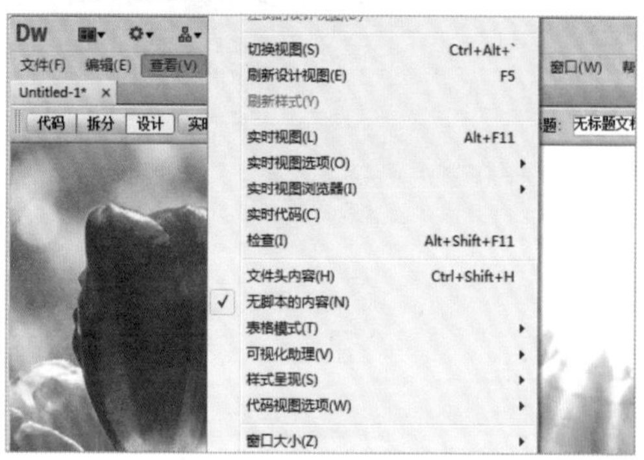

视图选项中包含了一些辅助设计工具，不同视图下其显示的选项也不尽相同，例如，设计视图下的“查看”菜单显示如右图所示。

辅助设计工具有标尺、网格、辅助线，如下图（左）所示。网格在“文档”窗口中显示的是一系列水平线和垂直线，可用于精确地放置对象，如下图（右）所示。

窗口大小(Z)
缩放比率(F)
标尺(R)
网格设置(G)...
辅助线(U)
跟踪图像(M)
插件(N)

若要显示或隐藏网格，可选择“查看”|“网格”|“显示网格”命令。设置其参数时，可选择“查看”|“网格”|“网格设置”命令，弹出如下图（左）所示的“网格设置”对话框。

行家提醒

选择“查看”|“工具栏”|“文档”命令，在Dreamweaver中显示文档工具栏。若去掉“文档”选项前的对勾标记，则隐藏文档工具栏。

标尺可用于测量、组织和规划布局，它显示在页面的左边框和上边框。选择“查看”|“标尺”|“显示”命令，即可显示标尺。下图（右）所示为以“像素”为单位的标尺。

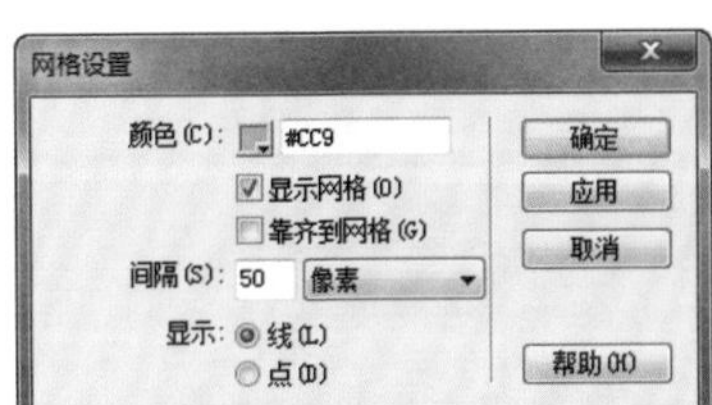

若要更改辅助线，可选择“查看”|“辅助线”|“编辑辅助线”命令，弹出如下图（左）所示的“辅助线”对话框，在其中进行设置。

如果要更改当前辅助线的位置，可将鼠标指针放在辅助线上，当指针变为双向箭头形状时拖动鼠标即可，如下图（右）所示。

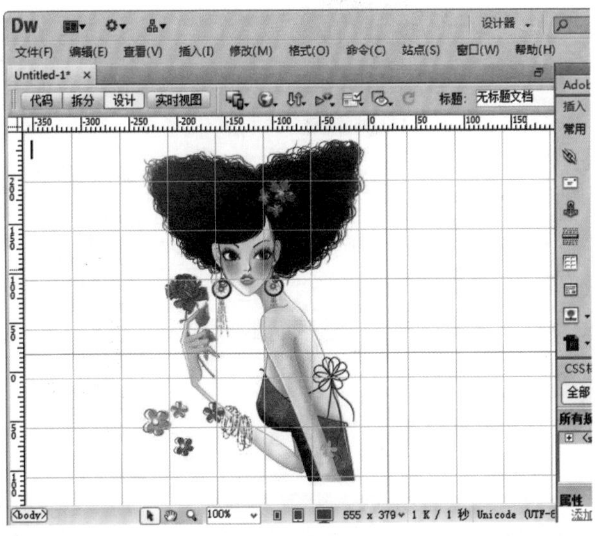

选择“查看”|“标尺”命令，在弹出的下拉菜单中即可修改文档的标尺量度单位。标尺单位有英寸、厘米和像素3种。

2.1.4 状态栏

下图所示为 Dreamweaver CS6 的状态栏，其中显示的信息含义如下：

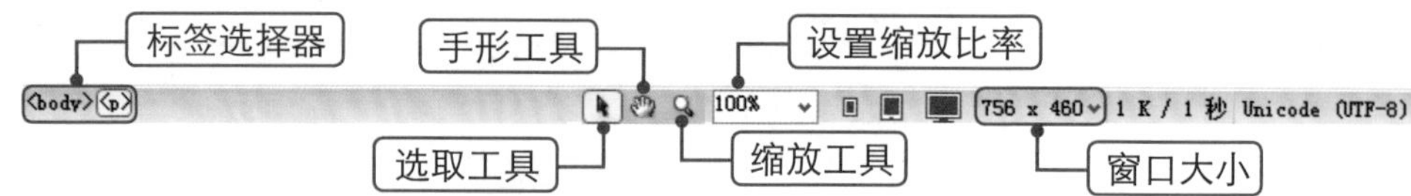

标签选择器是指当前选定内容的标签，单击相应的标签即可选择该标签及其包括的全部内容。例如，单击 <body>，即可选中文档的主体部分。

单击“选取工具”、“手形工具”按钮，可以在不同的工具间进行切换。使用“手形工具”可以在文档尺寸大于文档的显示窗口时，移动当前文档，以显示文档的全部内容。

“缩放工具”和“设置缩放比率”均用于设置文档的大小。其中，缩放比率可以通过选择下拉列表中的选项（如下图所示）或直接输入数值来实现。

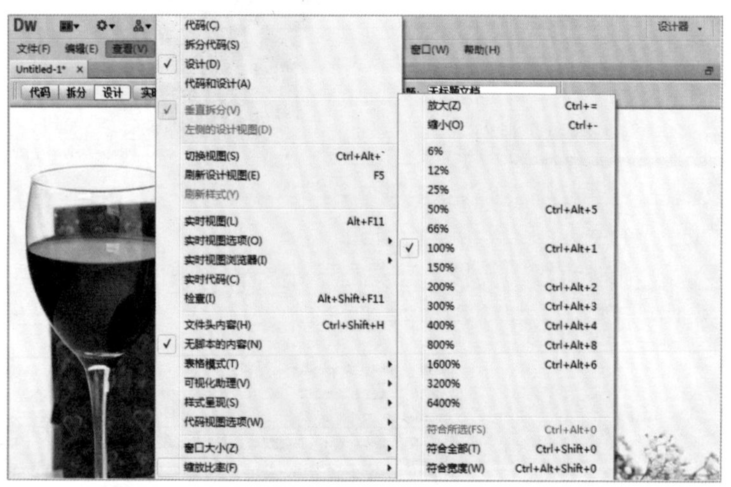

窗口大小显示了当前文档可显示部分的大小，单击右侧的下拉按钮，在弹出的列表中选择“编辑大小”选项，弹出如右图所示的“首选参数”对话框，可以自定义显示区的大小。需要注意的是，显示区的大小不能大于显示器分辨率的大小。

文档大小和下载时间说明了当前文档的大小和估计的下载时间。Unicode（UTF-8）显示当前的编码格式是 UTF-8。

行家提醒

Unicode（UTF-8）显示当前的编码格式是 UTF-8。目前存在的 UTF 格式有：UTF-7，UTF-7.5，UTF-8，UTF-16，以及 UTF-32。

>> 2.1.5 “属性”面板

整个文档窗口的底部是“属性”面板，如下图所示。“属性”面板显示的是当前处于选中状态的对象的各种属性及参数，可以通过设置其中的各个数值完成对所选对象的更改。如果当前没有显示“属性”面板，可以选择“窗口”|“属性”命令，打开“属性”面板。

2.2 创建、编辑与使用元件

下面将介绍有关 Dreamweaver CS6 的基本操作，其中包括如何创建新文档，如何保存文件，以及如何打开文件等。

>> 2.2.1 创建新文档

选择“文件”|“新建”命令，弹出如下图所示的“新建文档”对话框，在左侧选择“空白页”选项。

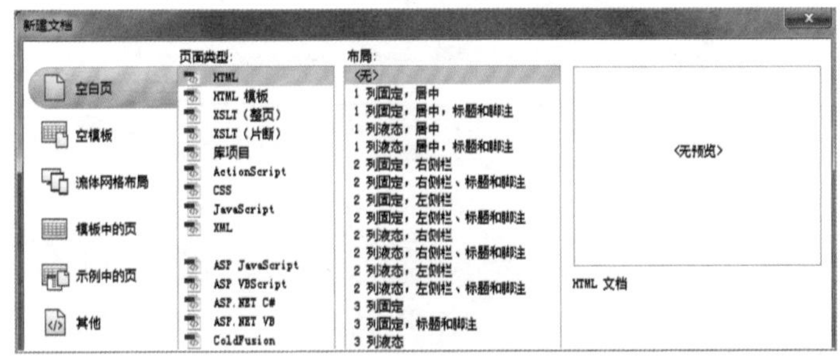

操作提示

除属性面板外，其他的面板统称为浮动面板，这主要是根据面板的特征命名的。每个面板组都可以展开或折叠。

在“页面类型”列表中选择一种网页类型，如HTML，单击“创建”按钮，即可创建一个新文档，如下图所示。

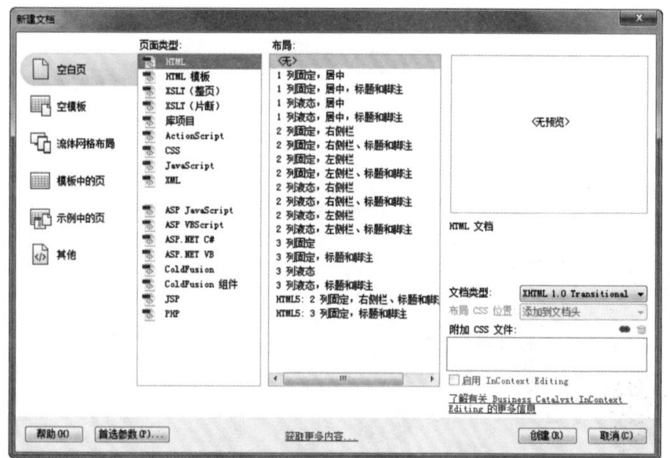

2.2.2 保存文件

当网页设计完成后应该对其进行保存，保存方法有多种，常用的保存文件的方法如下：

选择“文件”|“保存”命令，弹出“另存为”对话框。设置文件名，选择保存路径，单击“保存”按钮，即可保存文件，如下图所示。

2.2.3 打开文件

若要打开已有的文件，可通过以下几种方法进行操作。

方法一：右击要打开的文件，在弹出的快捷菜单中选择“Adobe Dreamweaver CS6”命令，即可打开该文件，如下图（左）所示。

行家提醒

按【Ctrl+S】组合键，可以保存网页文档；按【Ctrl+W】组合键，可以关闭网页文档。

方法二：在 Dreamweaver CS6 中直接打开。选择“文件”|“打开”命令，弹出“打开”对话框，选择文件位置和要打开的文件，单击“打开”按钮即可，如下图（右）所示。

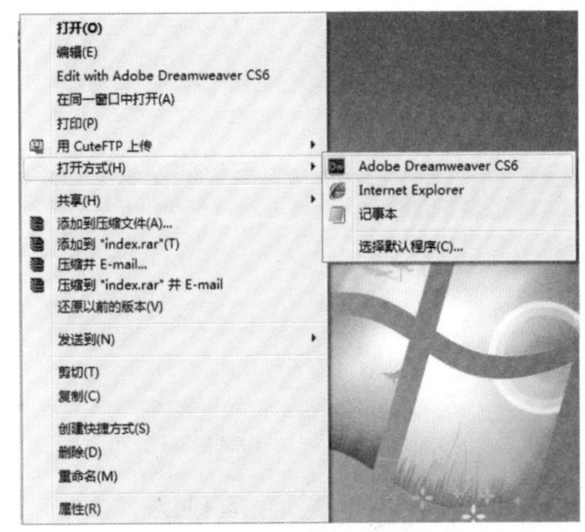

2.3 创建本地站点

在创建站点时，通常先创建一个文件夹作为根目录，将制作的所有网页放在此文件夹中，最后把这个根目录上传到 Web 服务器上。下面将介绍如何利用 Dreamweaver 创建并上传站点。

2.3.1 创建站点

在 Dreamweaver 6 中创建站点的具体操作方法如下：

1 选择“站点”|“管理站点”命令，弹出“管理站点”对话框，单击“新建站点”按钮，如下图所示。

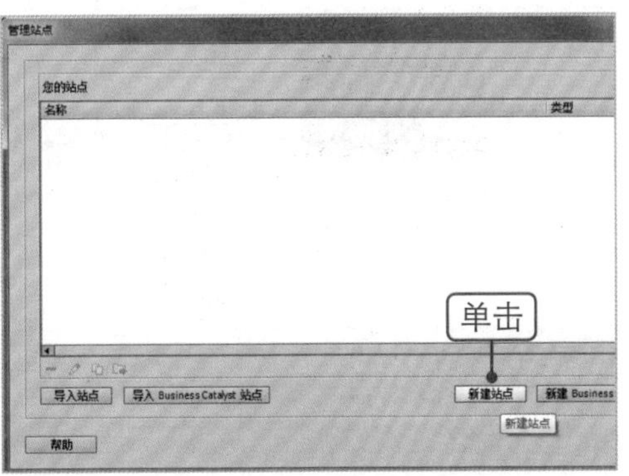

2 在弹出的对话框中选择“站点”选项卡，输入站点名称，单击“浏览文件夹”按钮，如下图所示。

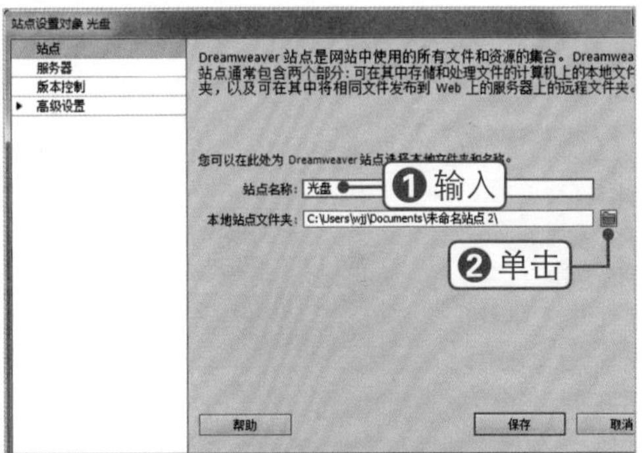

操作提示

新手创建站点切忌盲目，应该对网站进行整体规划。按照网站中存储的文件类型进行规划，将不同类型的文件分别放在不同的文件夹下。

❸ 弹出“选择根文件夹”对话框，选择站点文件，单击“选择”按钮，如下图所示。

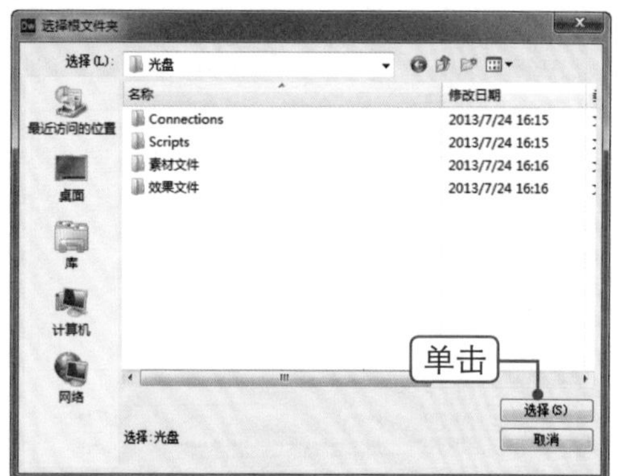

❹ 单击“保存”按钮，更新站点缓存，弹出“管理站点”对话框，其中显示了新建的站点，单击“完成”按钮，如下图所示。

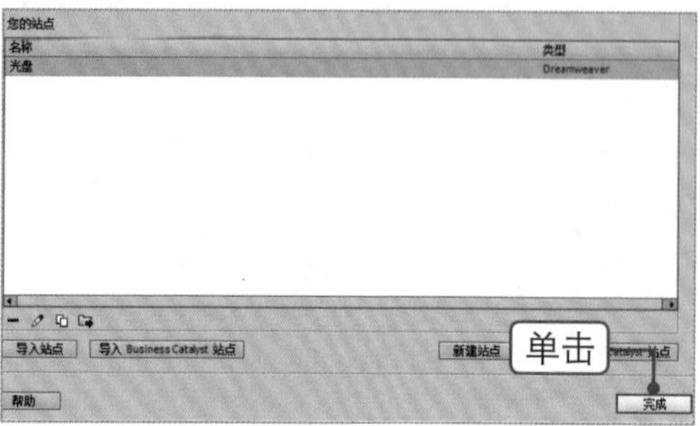

❺ 此时，即可在“文件”面板中查看创建的站点文件，如下图所示。

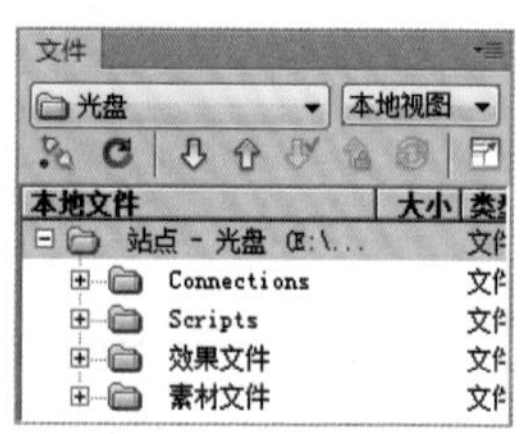

>> 2.3.2 上传站点

在 Dreamweaver CS6 中可以很轻松地完成站点的上传和下载操作，具体操作如下：

❶ 启动 Dreamweaver CS6，选择“窗口”|“文件”命令，如下图所示。

❷ 打开“文件”面板，单击“网页设计”站点下拉按钮，选择“管理站点”选项，如下图所示。

行家提醒

要使用 FTP 服务器上传和下载，就要用到 FTP 客户端软件。常用的 FTP 客户端软件有一 CuteFTP、FlashFXP 等。

3 弹出“管理站点”对话框，选择要上传的站点，然后单击按钮，如下图所示。

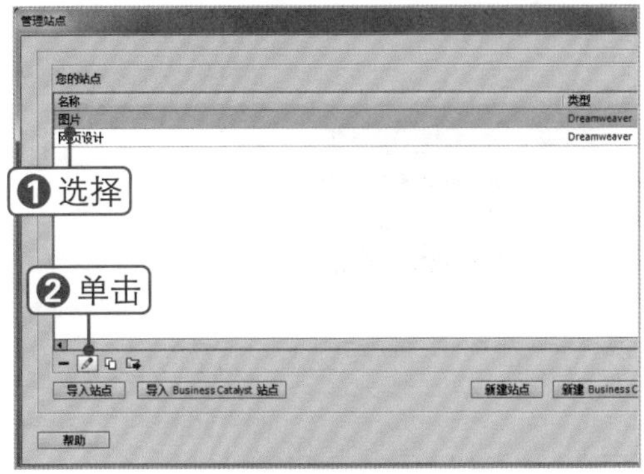

4 弹出“站点设置对象”对话框，在左侧选择“服务器”选项面板，在右侧列表下单击按钮，如下图所示。

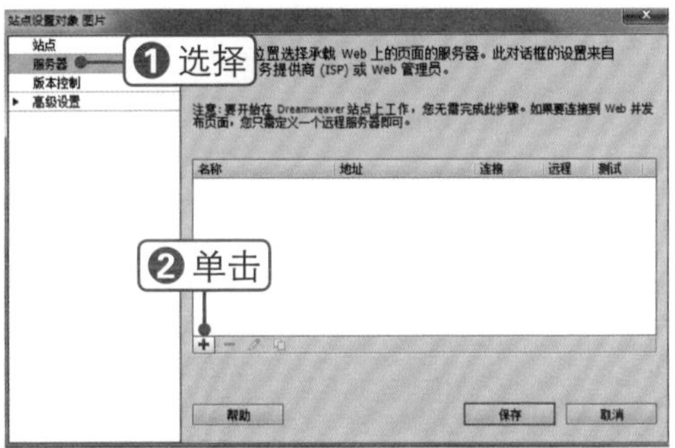

5 设置“连接方式”为FTP，输入FTP地址、用户名和密码，单击“保存”按钮，如下图所示。

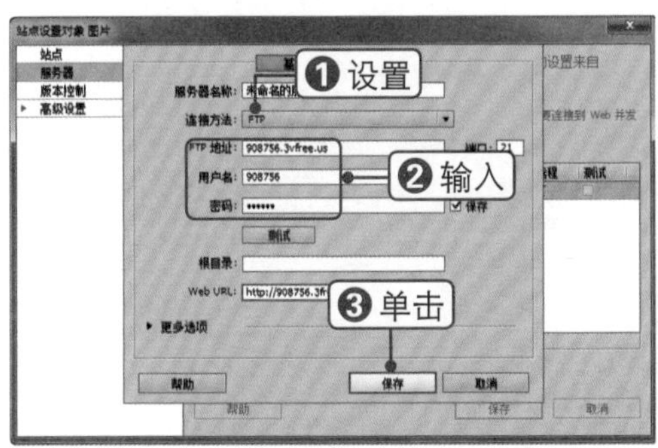

6 单击“保存”按钮，添加服务器。在“文件”面板中单击按钮，连接远程服务器，如下图所示。

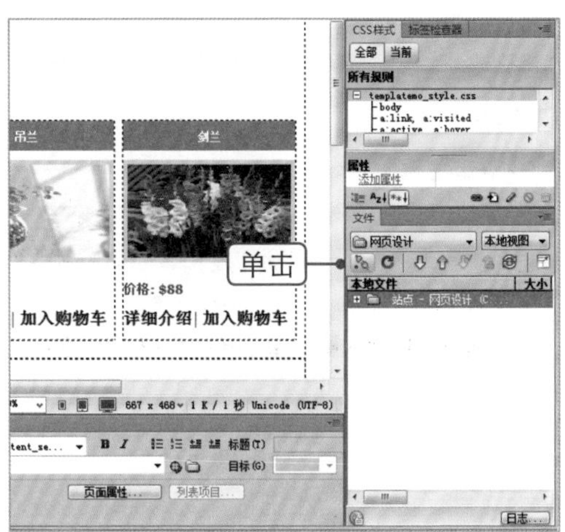

7 连接成功后，在“文件”面板中单击按钮，即可上传文件，如下图所示。

8 在弹出的提示信息框中单击“确定”按钮，上传整个站点，如下图所示。

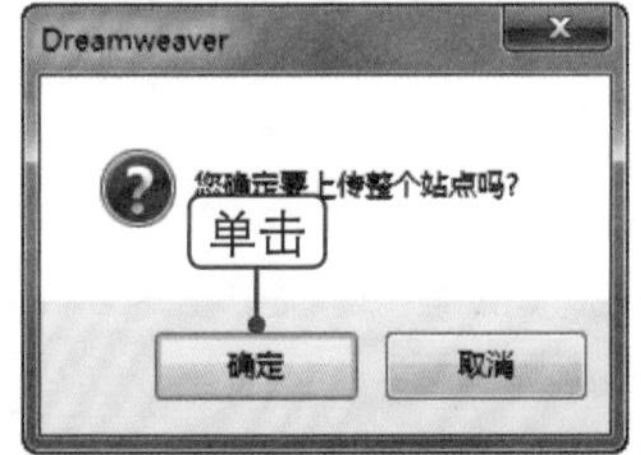

操作提示

采用FTP方式上传本地网站，需要在远程服务器端安装相应的FTP服务器软件，如Server-U软件。

9 开始上传站点，并显示上传的进度，如下图所示。

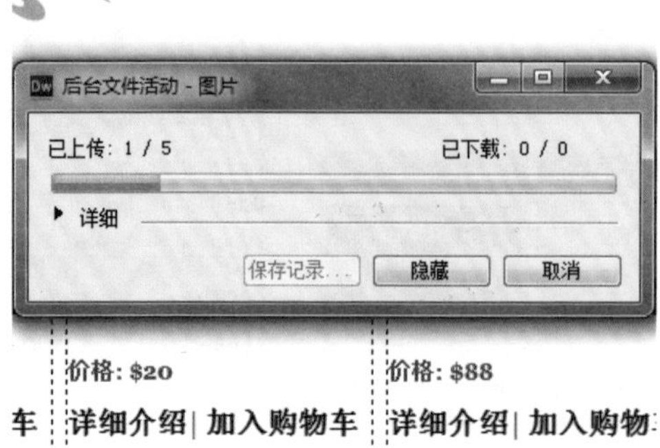

10 在“文件”面板中单击按钮，即可下载站点文件，如下图所示。

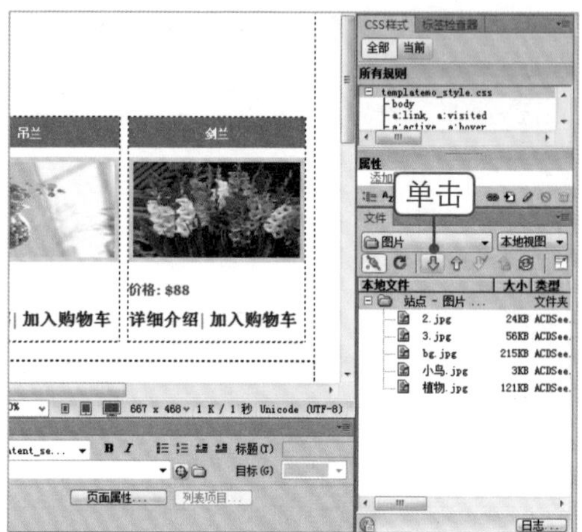

知识插播

Dreamweaver 将指定的远程文件夹称为远程站点。在设置远程文件夹时，必须为 Dreamweaver 选择连接方法，以将文件上传和下载到 Web 服务器。最典型的连接方法是 FTP。

FTP 是 TCP/IP 网络上两台计算机传送文件的协议，FTP 是在 TCP/IP 网络和 internet 上最早使用的协议之一。尽管 World Wide Web(WWW) 已经替代了 FTP 的大多数功能，FTP 仍然是通过 Internet 把文件从客户机复制到服务器上的一种途径。FTP 客户机可以给服务器发出命令来下载文件，上传文件，创建或改变服务器上的目录。FTP 服务一般运行在 20 和 21 两个端口。端口 20 用于在客户端和服务器之间传输数据流，而端口 21 用于传输控制流，并且是命令通向 FTP 服务器的进口。

一个完整的 FTP 文件传输需要建立两种类型的连接，一种为文件传输下命令，称为控制连接；另一种实现真正的文件传输，称为数据连接。客户端希望与 FTP 服务器建立上传下载的数据传输时，它首先向服务器的 TCP 21 端口发起一个建立连接的请求，FTP 服务器接受来自客户端的请求，完成连接的建立过程，这样的连接就称为 FTP 控制连接。FTP 控制连接建立之后，即可开始传输文件，传输文件的连接称为 FTP 数据连接。FTP 数据连接就是 FTP 传输数据的过程，它有两种传输模式：PORT（主动）方式连接和 PASV（被动）方式连接。

行家提醒

在远程服务器端对 FTP 服务器进行必要的设置后，即可通过 Dreamweaver CS6 实现本地站点的 FTP 上传。

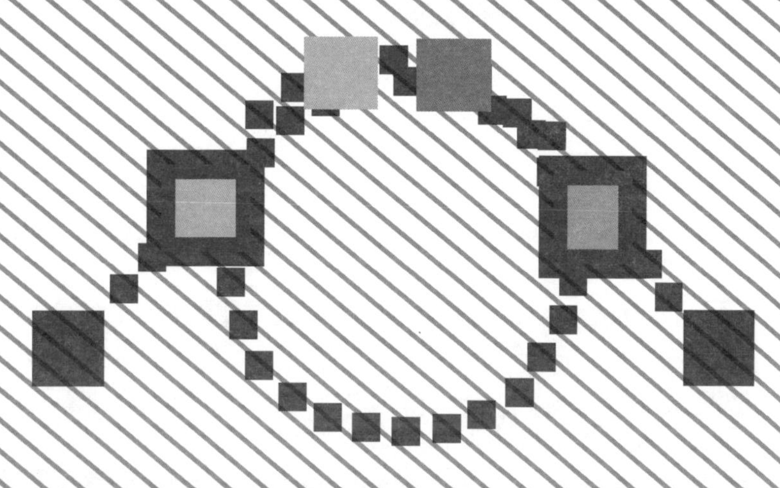

Chapter 03

创建网页基本对象

在Dreamweaver中创建空白文档后，用户可以根据需要添加各种元素对象，如插入文本，插入图像，插入Flash动画，创建超链接等。本章将详细介绍如何插入各类网页元素，并制作简单的页面。

本章重点知识

◎ 输入文本
◎ 插入图像与多媒体
◎ 在网页中创建超链接
◎ 实战演练——创建基本页面

3.1 输入文本

文本是网页的主要内容之一，它是传递信息的主要方式，下面将介绍如何在网页中输入文本。

3.1.1 输入各种文本

在 Dreamweaver 文档窗口中，可以像在文本编辑软件（如 Word 等）中一样插入文本、编辑文本格式等。

1. 输入文字

在 Dreamweaver CS6 中输入文字有多种方法，可以直接输入，也可以将文本剪切或复制过来，具体操作方法如下：

1 启动 Dreamweaver CS6，打开要输入文本的网页文档，如下图所示。

2 在文档窗口中单击，输入所需的文字，效果如下图所示。

也可以从其他程序中复制或剪切一些文本，直接粘贴到 Dreamweaver CS6 文档窗口中。

2. 导入外部数据

若要在网页中导入 Word 文档中的数据，可以进行以下操作：

行家提醒

在 Dreamweaver 中文本之间只允许输入一个空格。如果要添加多个连续的空格，可在“首选参数”对话框的“常规”选项中进行设置。

素材文件 光盘：素材文件\第3章\导入外部数据

❶ 打开素材文件，选择“文件”|“导入”|“Word 文档”命令，如下图所示。

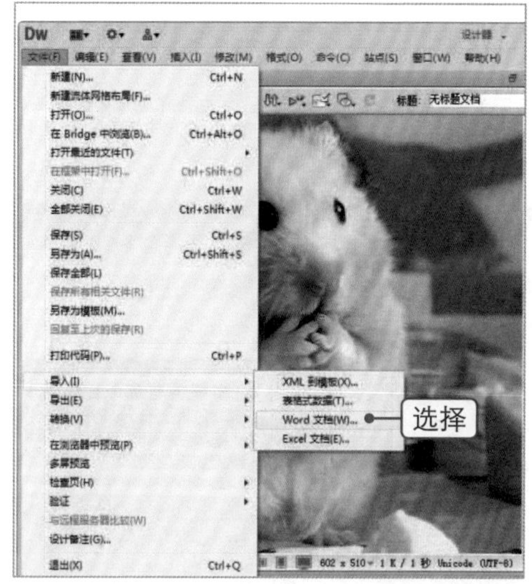

❷ 在弹出的对话框中选择要导入的 Word 文档，单击“打开”按钮，如下图所示。

❸ 返回网页文档，查看导入的 Word 文档数据，如下图所示。

若要在网页中导入 Excel 文档中的数据，可以进行以下操作：

❶ 打开素材文件，选择“文件”|“导入”|“导入 Excel 文档”命令，如下图所示。

❷ 在弹出的对话框中选择需要导入的文档，设置“格式化”选项，单击“打开”按钮，如下图所示。

❸ 导入 Excel 文档后，网页效果如下图所示。

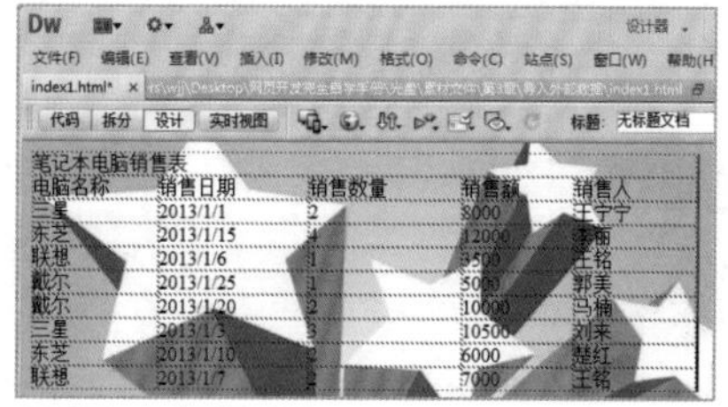

操作提示

使用 Dreamweaver 导入外部数据文件中的数据需要使用定界符隔开，常用的定界符主要有制表符、逗号、冒号和分号等。

>> 3.1.2 编辑文本属性

当文档中的文字较多时，为了网页的整体美观，需要对文本进行编辑。下面将分别介绍如何设置文本格式，以及如何设置段落格式等。

1. 设置文本格式

当在网页中添加文本后，为了让整个页面看起来更有条理、更美观，需要对其进行格式设置。使用“属性”面板来设置文本格式的具体操作方法如下：

素材文件 光盘：素材文件\第3章\设置文字字体的属性

1 打开素材文件，将光标定位在文本中，在“属性”面板中单击 CSS 按钮，设置“字体”为黑体，如下图所示。

2 设置字体“大小”为18，效果如下图所示。

3 单击按钮，选择所需的颜色，如下图所示。

4 应用颜色设置后，此时的文本效果如下图所示。

知识插播

在设置字体时，若以前没有使用过该字体，需要选择“编辑字体列表”选项，然后进行编辑。

行家提醒

文本换行，按【Enter】键换行的行距较大，按【Enter+Shift】键换行的行间距较小。

2. 设置段落格式

若要设置网页文本的段落格式，具体操作方法如下：

素材文件 光盘：素材文件\第3章\images\dance.jpg

❶ 将光标定位在第一行文档中，在“属性”面板中单击 HTML 按钮，如下图所示。

❷ 在“格式”下拉列表中选择“标题 1”选项，其显示效果如下图所示。

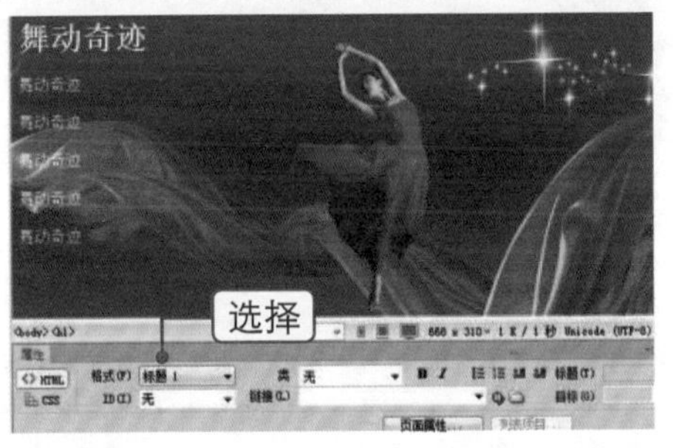

❸ 用同样的方法分别把“标题 2”~“标题 6”应用在第 2 行～第 6 行文档中，效果如下图所示。

❹ 若要删除段落格式，可在“属性”面板中选择“格式”下拉列表中的“无”选项，如下图所示。

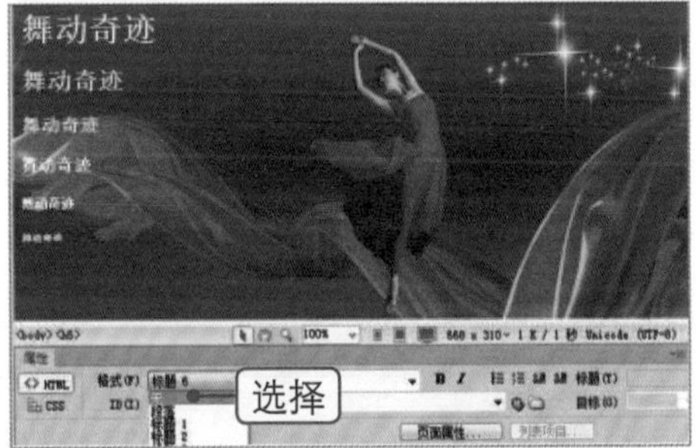

3.2 插入图像与多媒体

为了增强网页的魅力，几乎所有的网页上都或多或少地添加有图像与多媒体对象，这样可以使网页更加吸引人。

>> 3.2.1 插入图像

在网页中既可以插入常见的各种图像，还可以插入导航条，下面将分别对其进行介绍。

1. 在网页中插入图像

在 Dreamweaver CS6 中插入图像的方法有多种，最常用的方法如下：

对段落应用标题时，Dreamweaver 自动添加下一行文本作为标准段落。要更改此设置，可在“编辑”|“首选参数”命令的“常规”类别中更改。

素材文件 光盘：素材文件\第3章\images\girl.jpg

1 新建空白网页文档，在“插入”面板中单击“图像”按钮，如下图所示。

2 弹出“选择图像源文件”对话框，选择要插入的图像，单击“确定”按钮，如下图所示。

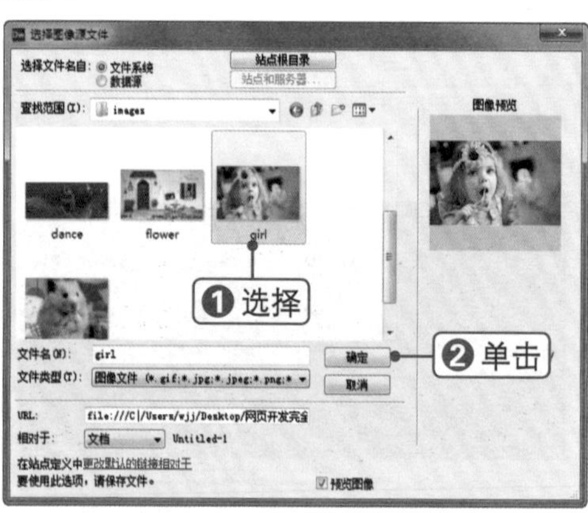

3 弹出“图像标签辅助功能属性”对话框，在“替换文本”文本框中输入文字，单击“确定”按钮，如下图所示。

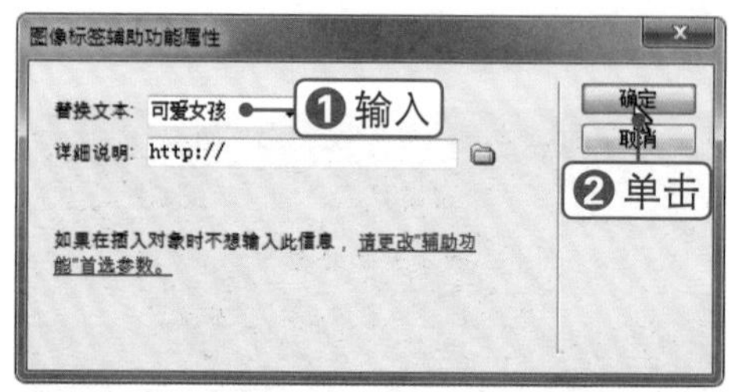

4 返回网页文档，查看插入的图像，效果如下图所示。

2．插入导航条

如果要在网页中插入导航条，具体操作方法如下：

素材文件 光盘：素材文件\第3章\插入导航条

1 将光标定位在要插入导航条的位置，在“插入”面板中选择 Spry |“Spry 菜单栏”选项。

2 弹出“Spry 菜单栏”对话框，选中“水平”单选按钮，单击“确定”按钮，如下图所示。

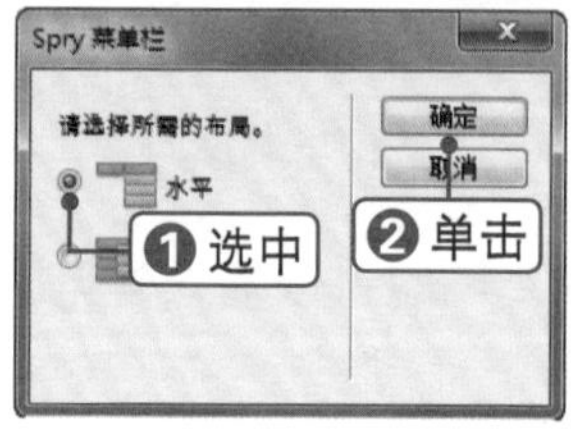

行家提醒

Web 通常使用 GIF 和 JPEG 两种图像格式。此外还有两种适合网络传播但没有被广泛应用的图像格式：PNG 和 MNG。

❸在文档窗口中选择一个菜单栏 Widget，在“属性”面板中单击第一列上方的加号按钮，即可添加一个主菜单项，如下图所示。

❹在“属性”面板中选择要添加子菜单的主菜单项名称，单击第二列上方的加号按钮，即可添加一个子菜单项，如下图所示。

>> 3.2.2 插入Flash动画

现在的网页不仅仅由文字和图片组成，还是动态的、多媒体的。为了增强网页的表现力，丰富网页的显示效果，还可以在页面中插入 Flash 动画、Java 小程序、音频播放插件等多媒体内容。下面以插入 Flash 动画为例进行介绍。

1．在网页中插入 Flash 动画

在 Dreamweaver 网页文档中插入 Flash 动画的具体操作方法如下：

素材文件 光盘：素材文件\第3章\时间.swf

❶ 新建空白文档，将光标定位于要插入 Flash 动画的位置，如下图所示。

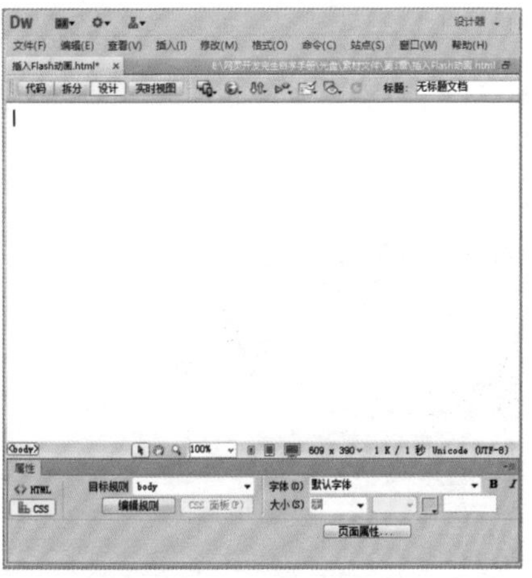

❷ 选择“插入”面板中的“常用”选项，单击“媒体”左侧下拉按钮，选择 SWF 选项，如下图所示。

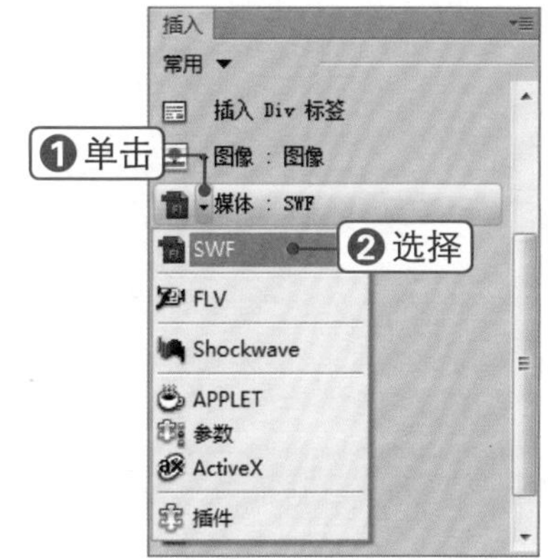

操作提示

Flash 动画可以用做网页中的广告、背景等。当用户浏览网页中的 Flash 动画时，需要用到浏览器中相关的插件。

3 弹出“选择 SWF”对话框，选择所需的文件，单击“确定”按钮，如下图所示。

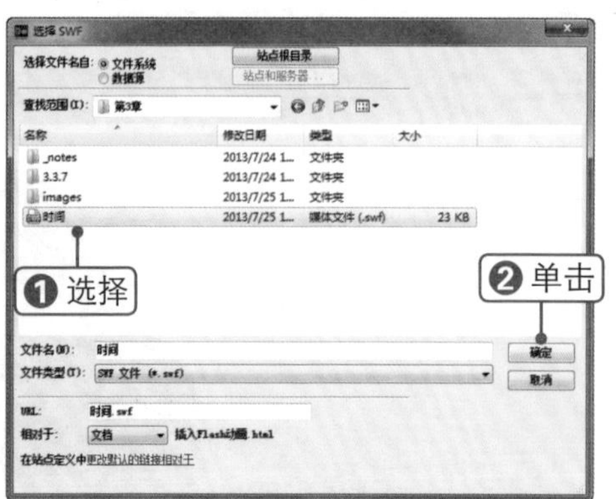

4 弹出“对象标签辅助功能属性”对话框，单击“确定”按钮，如下图所示。

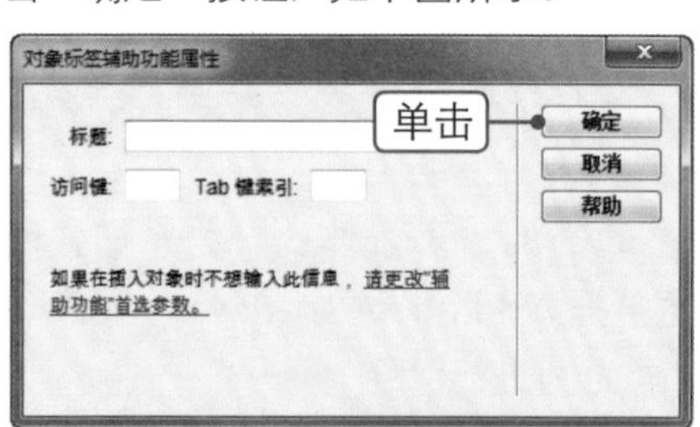

5 此时，所选文件已经插入到指定位置，如下图所示。

6 按【Ctrl+S】组合键，保存文档。按【F12】键，在浏览器中预览，如下图所示。

2. 修改 Flash 动画的属性

在网页文档中插入 Flash 动画后，单击插入的动画，可以在“属性”面板中显示出所选动画的各项属性。通过修改其中的选项可以更改所插入的动画，具体操作方法如下：

1 在网页文档中选择插入的动画文件，如下图所示。

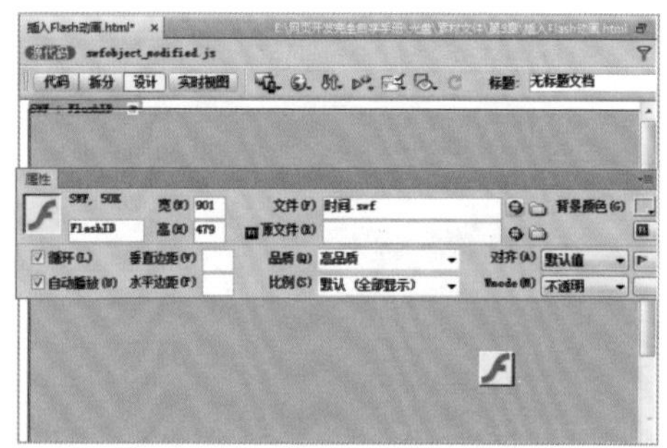

2 在“属性”面板中设置“宽”为 1 000，“高”为 500，“垂直边距”和“水平边距”设置为 50，如下图所示。

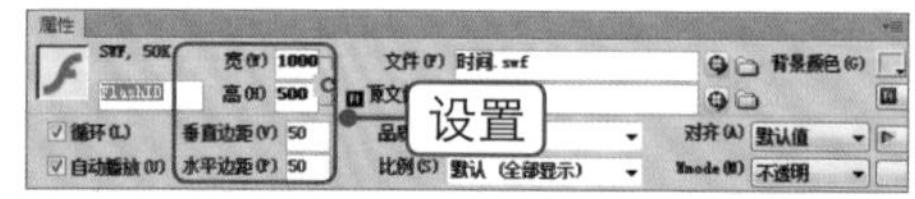

3 按【F12】键，在浏览器中预览，效果如下图所示。

行家提醒

在“品质”下拉列表中可以选择 Flash 影片的画质，以最佳状态显示即可选择“高品质”。

>> 3.2.3 插入背景音乐

一个精美的网页，再配合一段切合主题的背景音乐，可以使访问者在浏览网页的同时欣赏背景音乐，将无声的网页变得有声有色。

在 Dreamweaver CS6 中插入背景音乐的具体操作方法如下：

素材文件　光盘：素材文件\第3章\插入背景音乐

1 打开网页文档，选择“编辑”|“首选参数”命令，如下图所示。

2 在弹出对话框的左侧选择“代码提示”选项，在右侧将“延迟”设置为 0 秒，单击“确定”按钮，如下图所示。

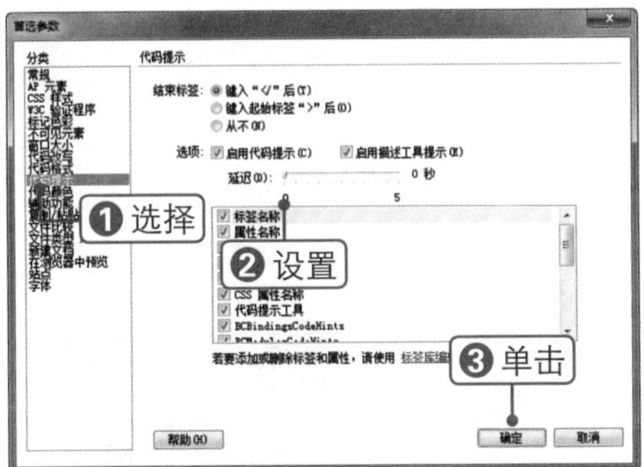

3 切换到“代码”视图，找到 <BODY> 标签，在后面输入“<”，在弹出的列表框中双击 besound 选项，插入该标签，如下图所示。

4 如果该标签支持属性，则按空格键，以显示该标签允许的属性列表，选择 src 属性，如下图所示。

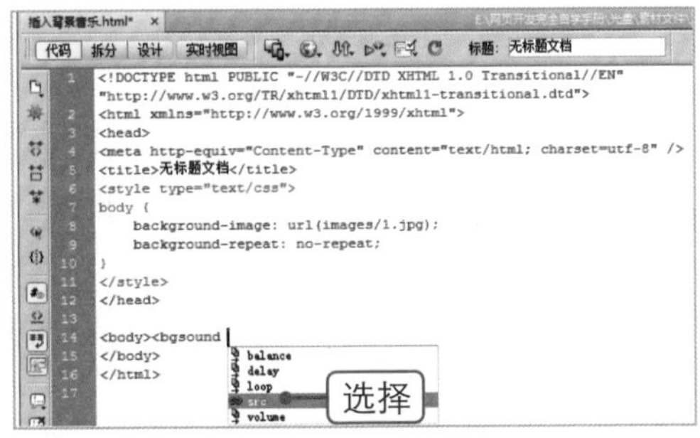

5 按【Enter】键，单击出现的“浏览”字样，弹出“选择文件”对话框，选择音乐文件，单击“确定”按钮，如下图所示。

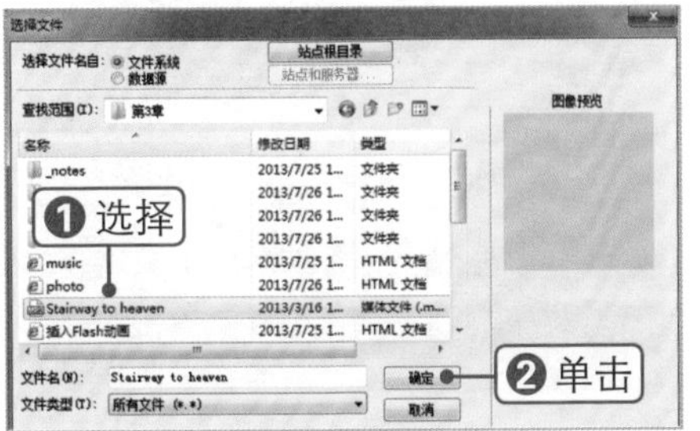

操作提示

背景音乐的使用一定要慎重选择，否则不但达不到所需的效果，反而影响浏览器打开网页的速度。

6 在新插入的代码后按空格键，在属性列表中选择并双击 loop 属性，如下图所示。

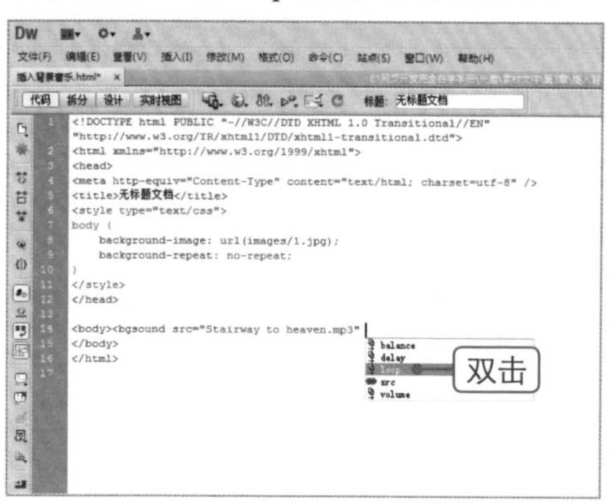

7 出现“-1”并将其选中，在属性值后面为 besound 标签输入“>”。按【Ctrl+S】组合键保存文件后按【F12】键预览，打开网页就能听到音乐，如下图所示。

3.3 在网页中创建超链接

超链接是指从一个网页指向一个目标的连接关系，这个目标可以是另一个网页，也可以是相同网页上的不同位置，还可以是一个图片、一个电子邮件地址、一个文件，甚至是一个应用程序。

3.3.1 创建图像热点链接

同一个图像的不同部分可以链接到不同的文档，这就是热点链接。要使图像特定部分成为超链接，就要在图像中设置热点，然后创建链接。

创建图像热区链接的具体操作方法如下：

素材文件 光盘：素材文件\第3章\图像热点链接

1 新建网页文档，在其中插入图像 fruits.jpg 并将其选中，如下图所示。

2 在“属性”面板中选择“矩形热点”工具，将鼠标指针置于图像上要创建热点的位置并拖动鼠标，绘制矩形热点，如下图所示。

行家提醒

图像热点链接可以为一幅图像添加多个链接。

❸ 在"属性"面板中的"链接"文本框中输入链接的地址或名称，如下图所示。

❹ 按【Ctrl+S】组合键保存文档，按【F12】键在浏览器中预览效果，在绘制热点的图像部分单击，如下图所示。

❺ 此时就会跳转到链接的页面，效果如下图所示。

>> 3.3.2 创建电子邮件链接

在网页上单击电子邮件链接时，将使用电脑上的邮件程序打开一个新的空白邮件窗口。创建电子邮件链接的具体操作方法如下：

素材文件 光盘：素材文件\第3章\电子邮件链接

❶ 打开素材文件，选中要创建电子邮件链接的对象"音乐交流"，如下图所示。

❷ 在"插入"面板"常用"选项中单击"电子邮件链接"按钮，如下图所示。

操作提示

注意：mailto 是连写的，若分开写成 mail to，则会出现"该页无法显示"的错误。

❸ 弹出“电子邮件链接”对话框，输入文本和电子邮件，单击“确定”按钮，如下图所示。

❹ 此时，电子邮件链接创建成功，效果如下图所示。

>> 3.3.3 创建下载文件链接

如果超链接指向的不是一个网页文件，而是其他文件（如 ZIP、MP3 或 EXE 文件等），单击超链接时就会下载文件。如果在网站中提供下载资料，就需要为文件提供下载链接。

在网页中创建下载文件链接的具体操作如下：

素材文件　光盘：素材文件\第3章\下载链接文件

❶ 打开素材文件，选中文字“美丽教主”，在“属性”面板中单击“链接”文本框右侧的按钮，如下图所示。

❷ 弹出“选择文件”对话框，选择要提供下载的文件，单击“确定”按钮，如下图所示。

❸ 此时，为文字成功创建了下载文件超链接，如下图所示。

❹ 按【Ctrl+S】组合键保存文档，按【F12】键在浏览器中预览效果，如下图所示。

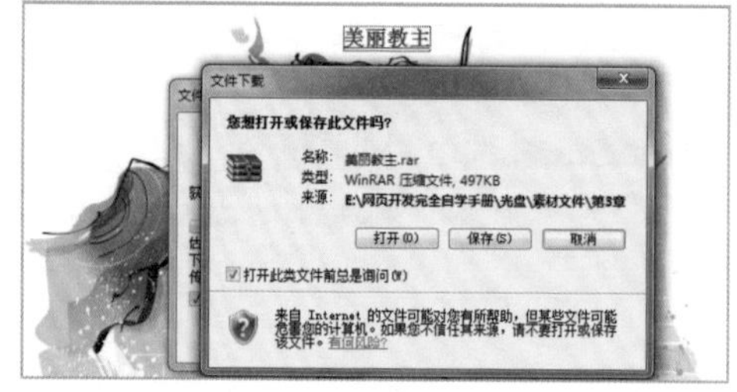

行家提醒

实现文件下载的功能很简单，就是建立一个到文件的超级链接，下载的文件和其他文件都放在本地站点中。

>> 3.3.4 创建锚点链接

有时网页很长，为了找到其中的目标，不得不上下拖动滚动条将整个文档的内容浏览一遍，这样就浪费了很多时间，利用锚点链接能够准确地使访问者快速浏览到指定的位置。

创建锚点链接的操作方法如下：

素材文件 光盘：素材文件\第3章\锚点链接

1 将插入点定位在要插入锚记的位置，单击“插入”面板“常用”选项中的“命名锚记”按钮，如下图所示。

2 弹出“命名锚记”对话框，输入锚记名称，然后单击“确定”按钮，如下图所示。

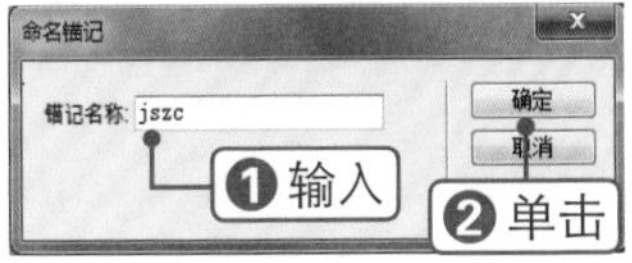

3 此时，即可在插入点插入一个“锚记”标记，如下图所示。

4 选择要建立链接的载体“技术支持”，在“属性”面板“链接”文本框中输入#jszc，如下图所示。

5 按【Ctrl+S】组合键保存文档，按【F12】键预览。单击“技术支持”，就会自动跳转到标记锚点位置，如下图所示。

操作提示

在#和锚点名称之间不能留空格，否则链接会出现错误。当其他网页文件链接到锚点，则在文件的link文本框中输入a.html#锚点名。

3.3.5 创建脚本链接

脚本超链接执行 JavaScript 代码或调用 JavaScript 函数，它非常有用，能够在不离开当前网页文档的情况下为访问者提供有关某项的附加消息。脚本超链接还可用于访问者单击特定项时执行计算、表单验证和其他处理任务。

创建脚本超链接关闭网页窗口的具体操作方法如下：

素材文件　光盘：素材文件\第3章\脚本链接

1 打开素材文件，选中“关闭窗口”文本，如下图所示。

2 在“属性”面板“链接”文本框中输入“javascript:window.close()”，如下图所示。

3 按【Ctrl+S】组合键保存文档，按【F12】键预览，单击“关闭窗口”超文本链接，会自动弹出提示信息框，如下图所示。

知识插播

由于 JavaScript 代码在链接的 html 代码中是出现在双引号里，所以对于脚本代码中的引号就必须使用单引号或使用转义符—反斜杠。

3.3.6 创建空链接

空链接是一种无指向的链接。使用空链接后的对象可以附加行为，一旦用户创建了空链接，就可以为之附加所需的行为，比如，当鼠标指针经过该链接时单击交换图像或显示、隐藏某个层。

创建空链接的具体操作方法如下：

行家提醒

脚本链接主要用于使页面文字具有获取事件的能力，尤其是方便文字与行为和脚本程序的结合。

素材文件 光盘：素材文件\第3章\空链接

❶ 打开素材文件，选中要创建空链接的文字，如下图所示。

❷ 选择“窗口”|“属性”命令，打开“属性”面板，在“链接”文本框中输入#，如下图所示。

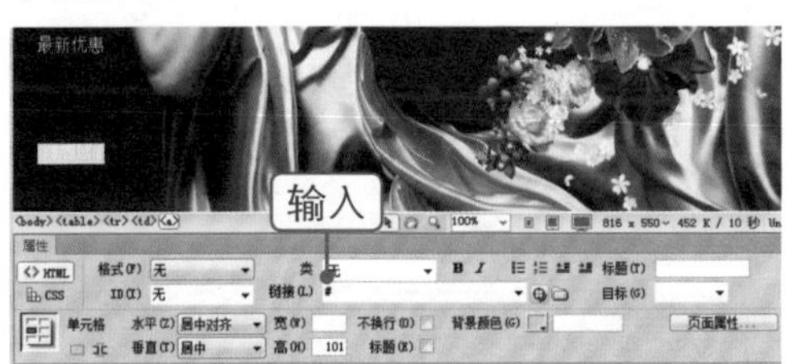

❸ 按【Ctrl+S】组合键保存文档，按【F12】键在浏览器中预览，效果如下图所示。

3.4 实战演练——创建基本页面

下面将综合运用本章所学的知识，创建一个网站的基本页面，具体操作方法如下：

素材文件 光盘：素材文件\第3章\创建基本网页

❶ 打开素材文件，将光标置于要插入文字的单元格，输入内容后并进行设置，效果如下图所示。

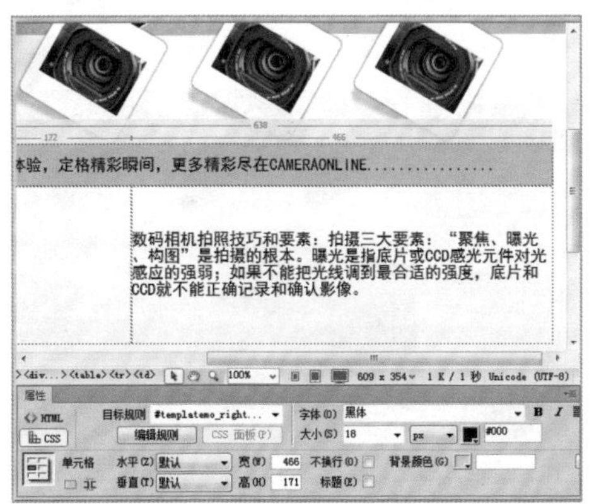

❷ 将光标置于要插入图片的单元格中，选择“插入”|“图像”命令，如下图所示。

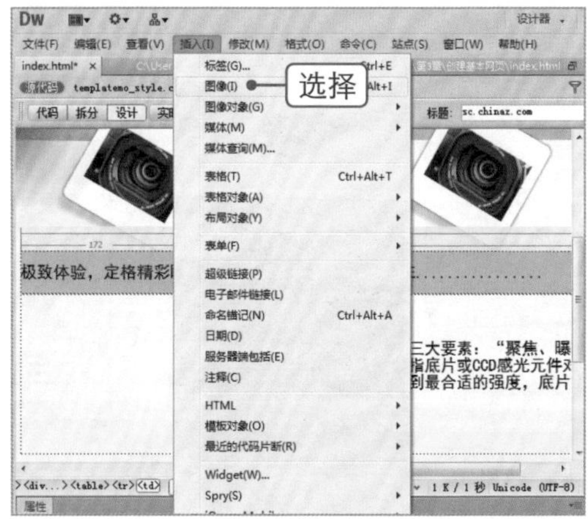

操作提示

超链接可以通过设置链接的颜色来表示链接是否已经被单击。注意这是在<body>标签中设置的，而不是在<a>标签中。

❸ 弹出“选择图像源文件”对话框，选择要插入的图片，单击“确定”按钮，如下图所示。

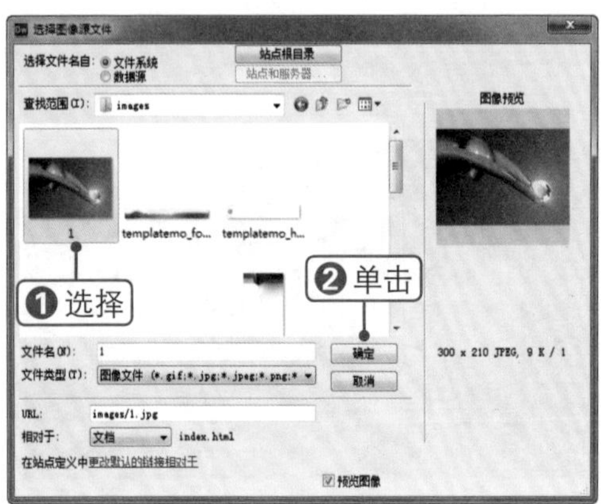

❹ 此时，即可将图片插入到网页中，效果如下图所示。

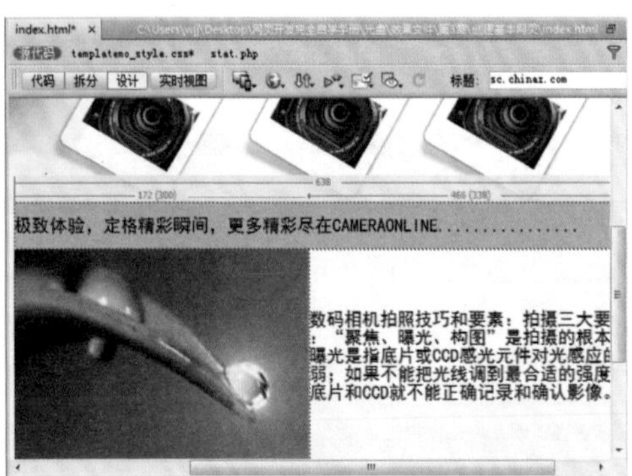

❺ 选中要插入 Flash 动画的单元格，在“插入”面板中单击“媒体：SWF”按钮，如下图所示。

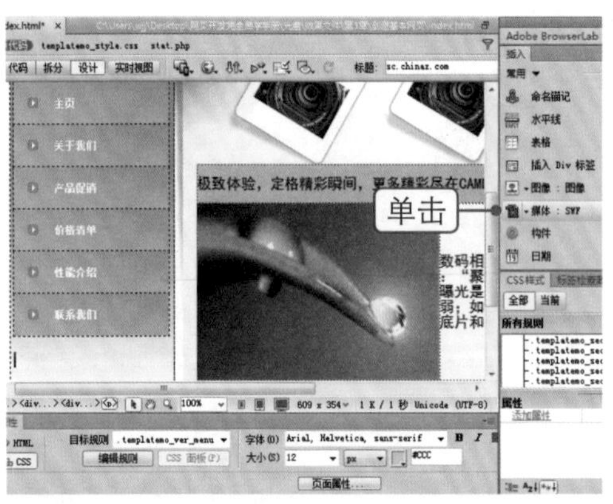

❻ 弹出“选择 SWF”对话框，选择要插入的动画文件，单击“确定”按钮，如下图所示。

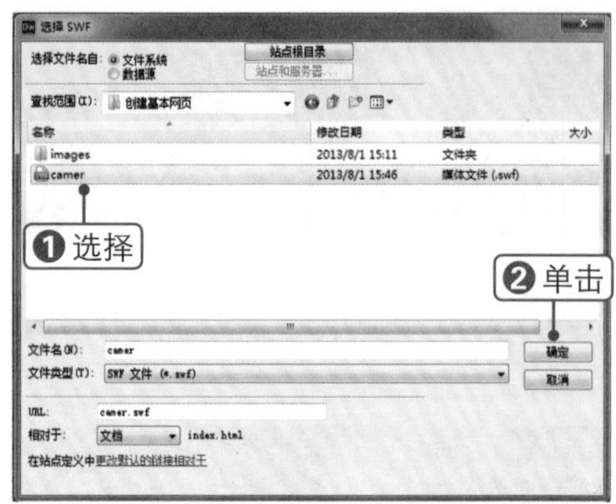

❼ 在“属性”面板中设置插入的 Flash 动画属性，如下图所示。

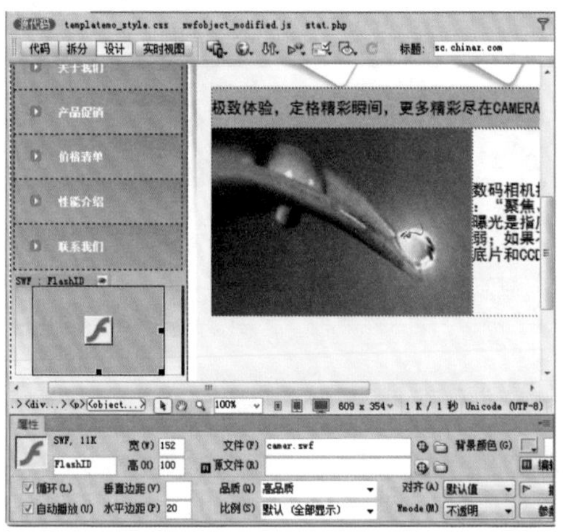

❽ 按【Ctrl+S】组合键保存网页，按【F12】键进行预览，效果如下图所示。

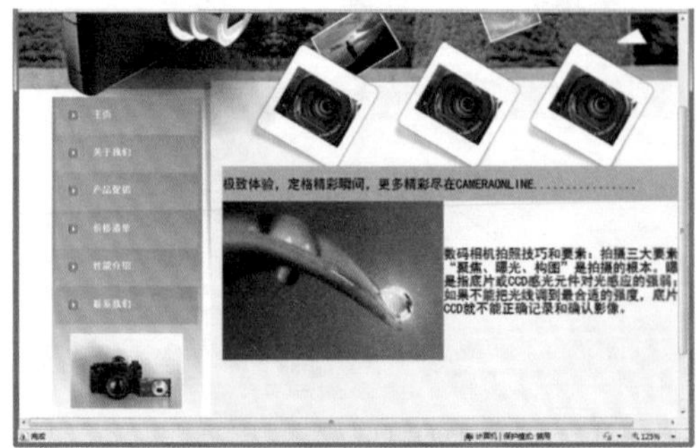

行家提醒

在制作网页时，除了插入文本、图片等内容，有时候还需要插入 flash 动画、音频、视频等来增强页面表现力。

9 选中要添加链接的标题，在“属性”面板中单击“链接”文本框右侧的📁按钮，如下图所示。

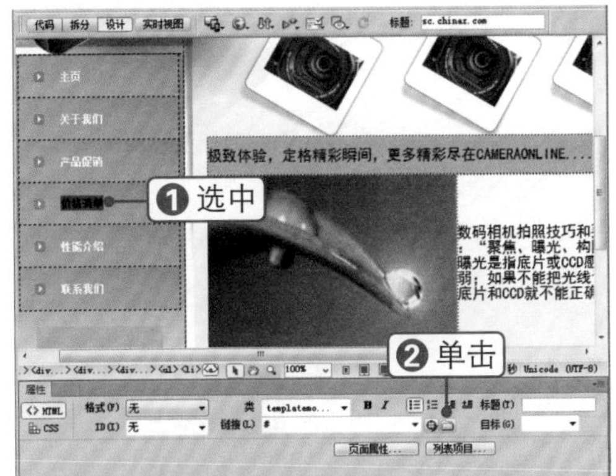

10 弹出“选择文件”对话框，选择要链接的文件，然后单击“确定”按钮，如下图所示。

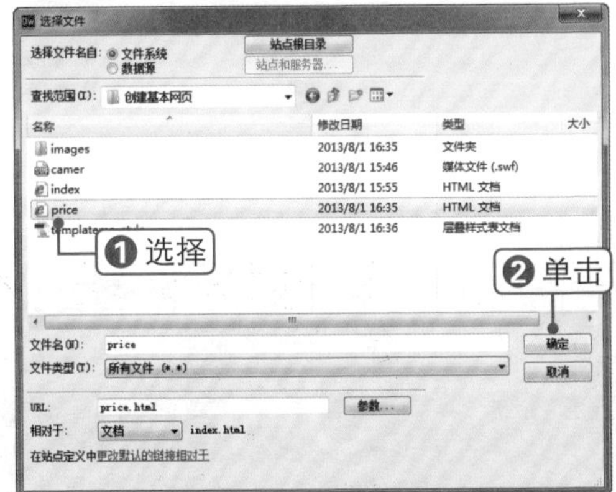

11 按【Ctrl+S】组合键保存网页，按【F12】键进行预览。单击超链接，网页就会跳转到链接的文件或网页，如下图所示。

操作提示

在“链接”文本框中可以为“锚记”命名，“锚记”名称区分大小写，且不能含有空格。

Chapter

灵活设置页面布局

在制作一些既美观又能充分利用有限空间的专业网页时，首先需要对网页的版面进行合理的布局。Dreamweaver CS6提供了多种强大的页面布局工具，如表格与AP Div。本章将学习如何灵活地设置页面布局。

本章重点知识

◎ 使用表格布局网页

◎ 利用AP Div布局页面

◎ 实战演练——AP Div的综合应用

4.1 使用表格布局网页

表格是网页中一个重要的容器元素，它使网页结构紧凑、整齐，使网页内容的显示一目了然。下面将介绍在 Dreamweaver CS6 中表格的基本操作，如新建表格、添加内容等。

4.1.1 创建表格

使用 Dreamweaver 不仅可以使创建表格简单、快捷，还可以使修改操作更为方便。

1．创建普通表格

Dreamweaver CS6 提供了多种插入表格的方法，下面将介绍如何插入表格。

素材文件　光盘：素材文件\第4章\插入表格

1 打开素材文件，选择“插入”|“表格”命令，如下图所示。

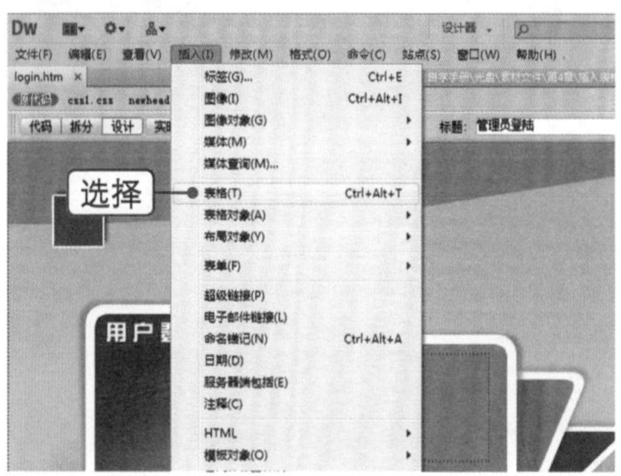

2 弹出“表格”对话框，设置各项参数，单击“确定”按钮，如下图所示。

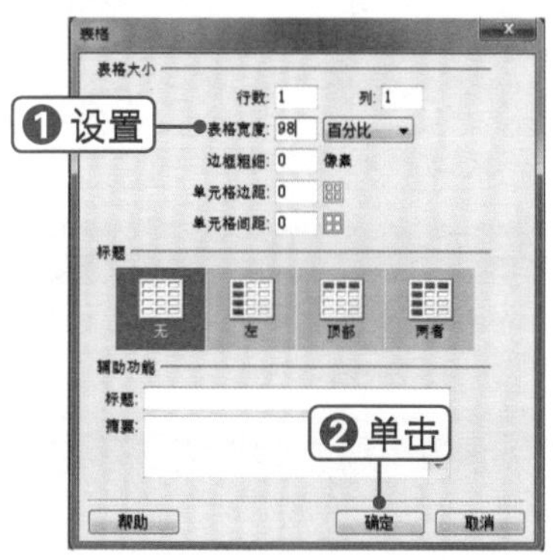

3 返回网页文档，查看插入表格效果，如下图所示。

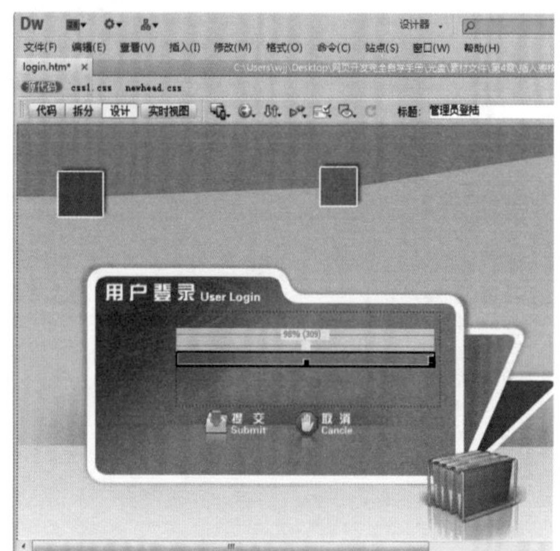

知识插播

在“插入”选项卡的“常用”面板中单击“表格”按钮，也可以打开“表格”对话框，用户可以根据自己的使用习惯选择插入表格的方法。

操作提示

表格是用于在页面上显示表格式数据，以及对文本和图形进行布局的强而有力的工具。

2. 创建嵌套表格

在表格中插入新的表格，称为表格的嵌套。采用这种方式可以创建出复杂的表格布局，这也是网页布局常用的方法之一。

创建嵌套表格的具体操作方法如下：

1 将光标定位于要嵌套表格的单元格中，单击“插入”面板中“常用”类别下的 表格 按钮，如下图所示。

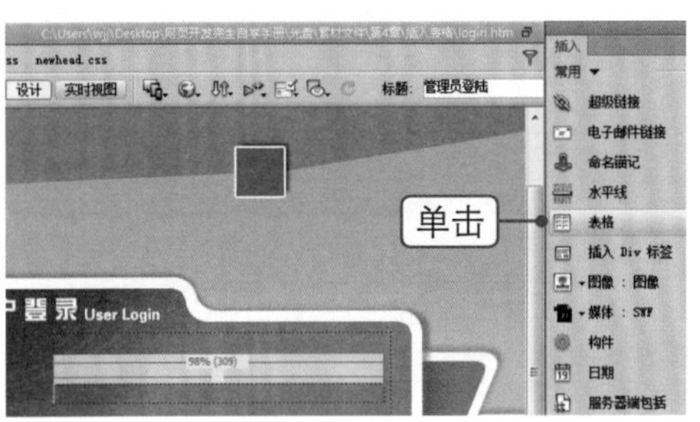

2 弹出“表格”对话框，进行各项参数设置，然后单击“确定”按钮，如下图所示。

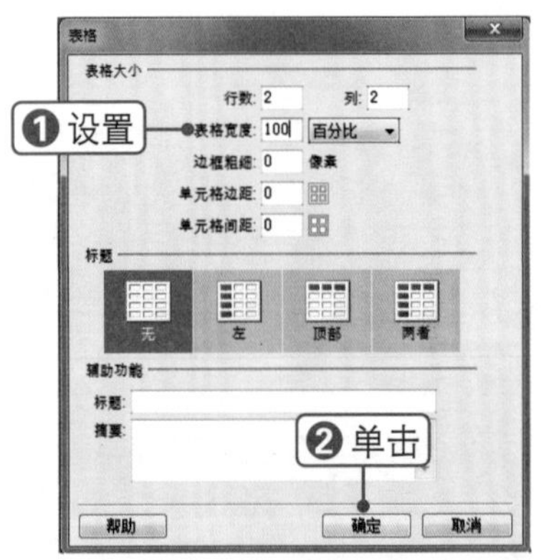

3 此时，即可将表格插入到光标所在的单元格中，如下图所示。

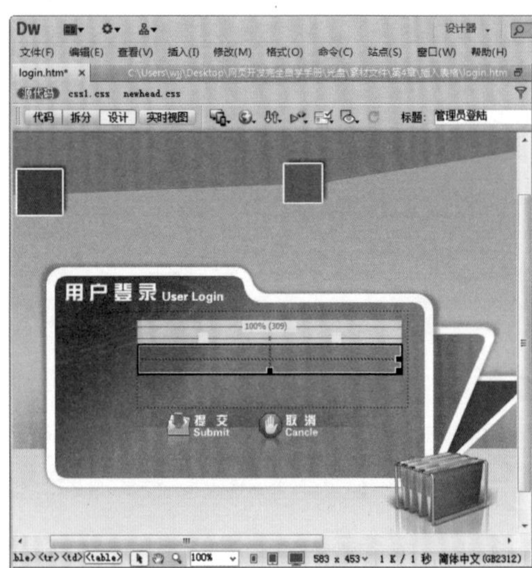

>> 4.1.2 编辑表格

在创建表格后，还可以对表格进行编辑操作，如插入图像、合并或拆分表格单元格、添加或删除表格行或列、调整行高或列宽，以及设置表格标题等。

素材文件　光盘：素材文件\第4章\编辑表格

1. 在表格中插入图像

在设计网页时，图像是一个重要的元素，因此在表格中插入图像是常用的操作，具体操作方法如下：

行家提醒

嵌套表格的宽度受表格单元的限制，也就是说所插入的表格宽度不会大于容纳它的单元格宽度。

❶ 定位光标，选择“插入”|“图像”命令，在弹出的对话框中选择要插入的图片，单击“确定”按钮，如下图所示。

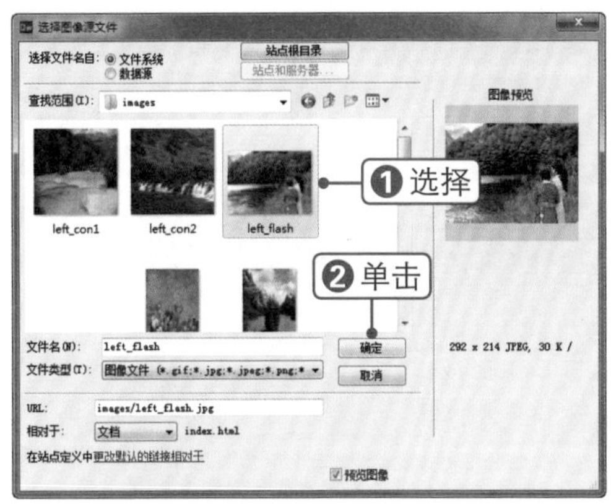

❷ 此时，即可在单元格中插入所需的图像，如下图所示。

2. 在表格中输入文本

若要在表格中添加文本，可将光标移至表格单元格中，通过键盘直接在单元格中输入文字，或由其他文档复制并粘贴文字到当前单元格中。

将光标移到要插入文本的单元格中，输入或粘贴文字即可，如右图所示。

3. 插入表格的行或列

当表格的行或列不足时，就需要在其中添加行或列。添加行或列的具体操作方法如下：

❶ 打开素材文件，选择“修改”|“表格对象”|“插入行或列”命令，如下图所示。

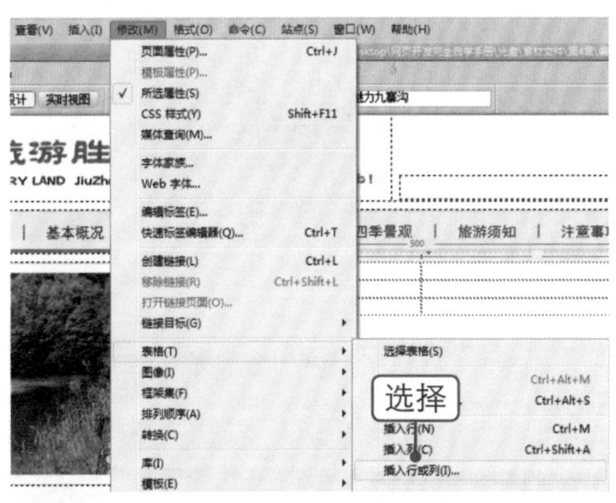

❷ 弹出“插入行和列”对话框，设置相关参数，单击“确定”按钮，如下图所示。

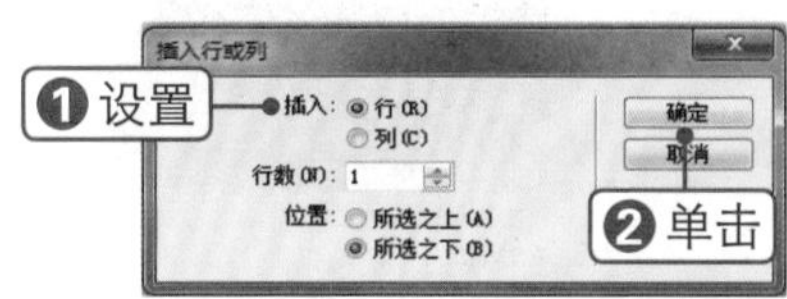

❸ 此时，即可在表格的下方插入一行，如下图所示。

选中整个表格，在“属性”检查器中的“行”或“列”文本框中输入数值也可以实现行或列的添加与删除。

4. 删除表格的行或列

将光标移到表格的某一单元格内，选择“修改”|“表格”|“删除列”命令，效果如下图所示。

5. 设置表格的行列属性

选中需要调整表格的行或列，在“属性”面板的“宽”与“高”文本框中输入实际需要的值，效果如下图所示。

6. 设置表格内容的对齐方式

单元格对齐属性包括“水平”和“垂直”。“水平”属性用于指定单元格、行或列内容的水平对齐方式，如“左对齐”、“右对齐”和“居中对齐”等；“垂直”属性用于指定单元格、行或列内容的垂直对齐方式，如“顶端”、“居中”、“底部”和“基线”等。

修改单元格对齐属性的具体操作方法如下：

行家提醒

按【Ctrl+Shift+M】组合键可快速删除行，按【Ctrl+Shift+-】组合键可快速删除列。

1 打开素材文件，选择要设置对齐方式的单元格，如下图所示。

2 设置单元格的水平对齐方式为“居中对齐”，垂直对齐方式为“居中”，如下图所示。

7. 设置表格内容的标题

在“属性”面板中选中“标题”复选框，可以将选中的单元格设置为表格标题单元格。设置标题前表格效果如下图（左）所示，选中“标题”复选框，效果如下图（右）所示。

8. 设置单元格颜色

为表格单元格设置背景颜色，可以使表格的外观更加多姿多彩，具体操作方法如下：

1 选择要设置颜色的单元格，单击“属性”面板中的“背景颜色”按钮，选择合适的颜色，如下图所示。

2 设置完成后，查看为单元格设置背景后的效果，如下图所示。

在设置单元格背景颜色时，选择的颜色要与整体的颜色布局相似，色调不能相差太大。

9. 设置表格边框属性

还可以对表格的边框属性进行设置，设置表格边框属性可以使表格更美观，具体操作方法如下：

❶ 打开素材文件，单击文档左下角标签选择器中的 table 标签，选中表格，如下图所示。

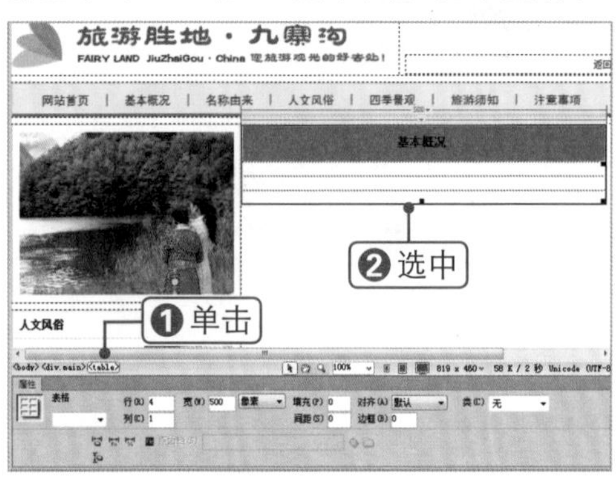

❷ 选择“窗口”|“标签检查器”命令，打开“标签检查器”面板，设置 width 为 650，如下图所示。

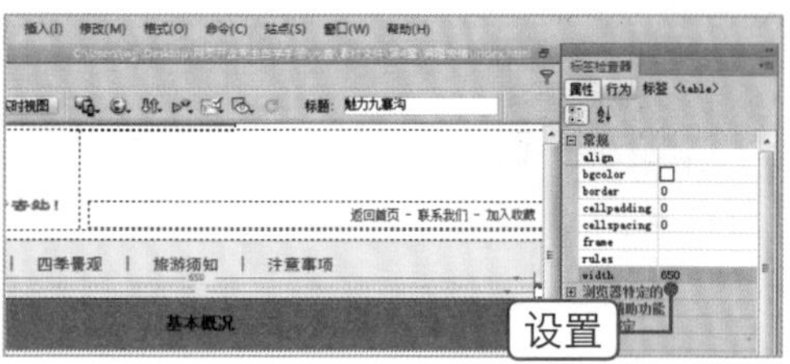

❸ 按【Ctrl+S】组合键保存文档，按【F12】键在浏览器中查看效果，如下图所示。

知识插播

在标签检查器中有两种设置表格的方法，一种是设置表格外边框，另一种是设置表格内分隔线。如果要设置表格的外边框，就在标签检查器中单击 frame 属性右侧的下拉按钮，在弹出的下拉列表中选择任一选项。

10. 设置表格内分隔线

若要在表格中设置内分隔线，具体操作方法如下：

❶ 选中整个表格，按【F9】键打开“标签检查器”面板，单击 rules 属性下拉按钮，选择所需的选项，如下图所示。

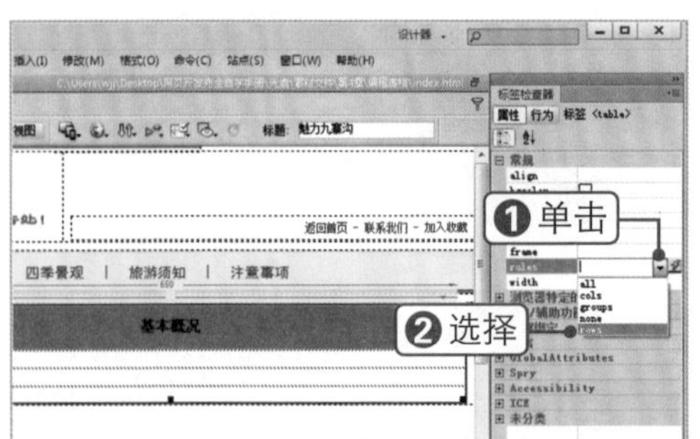

❷ 按【Ctrl+S】组合键保存文档，按【F12】键在浏览器中查看效果，如下图所示。

行家提醒

cols：表格会隐藏横向的分隔线，这样就只能看到表格的列。

rows：表格会隐藏纵向的分隔线，这样就只能看到表格的行。

>> 4.1.3 利用表格进行布局

前面学习了表格的基本操作，下面将介绍如何利用表格进行布局，具体操作方法如下：

素材文件 光盘：素材文件\第4章\利用表格进行布局

1 选择“文件” | “新建”命令，弹出“新建文档”对话框。在“页面类型”列表中选择 HTML，单击“创建”按钮，如下图所示。

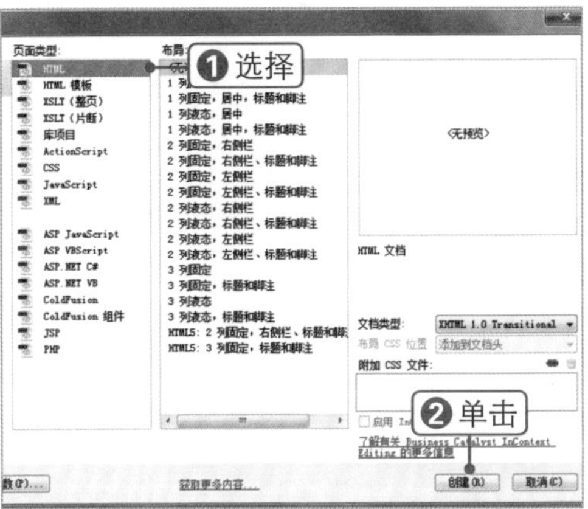

2 此时，即可创建一个空白文档。按【Ctrl+S】组合键保存文档，弹出“另存为”对话框，设置保存路径和文件名，单击“保存”按钮，如下图所示。

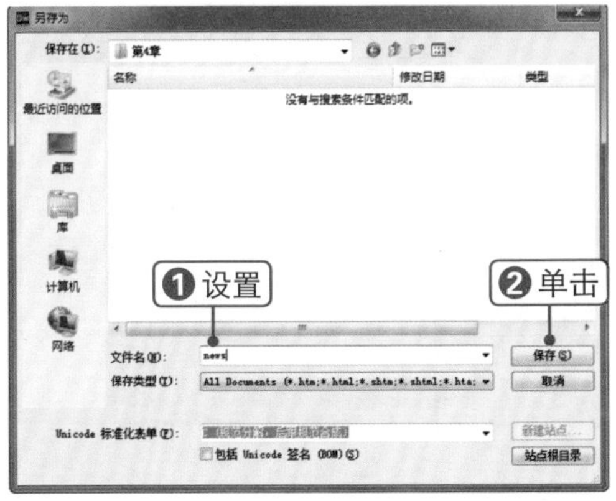

3 单击“插入”面板中“常用”类别下的“表格”按钮，弹出“表格”对话框，设置表格参数，单击“确定”按钮，如下图所示。

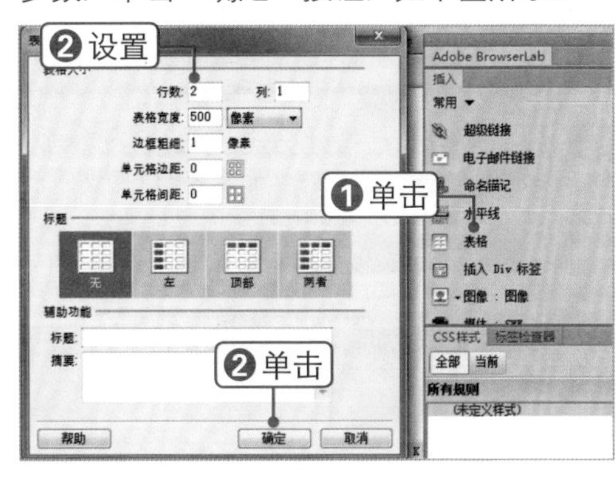

4 此时，即可在页面中插入一个 2 行 1 列的表格，在“属性”面板中设置“对齐”为“居中对齐”，如下图所示。

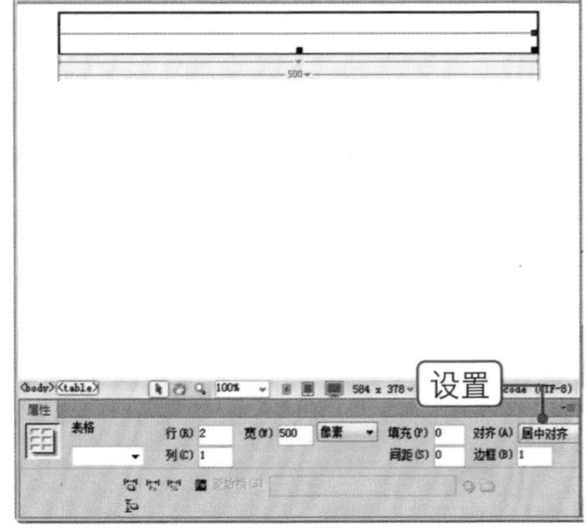

操作提示

边框粗细用于设置表格边框的宽度。如果设置为 0，浏览时则看不到表格的边框。

5 单击属性检查器上的“页面属性”按钮，弹出“页面属性”对话框，设置所需的选项，如下图所示。

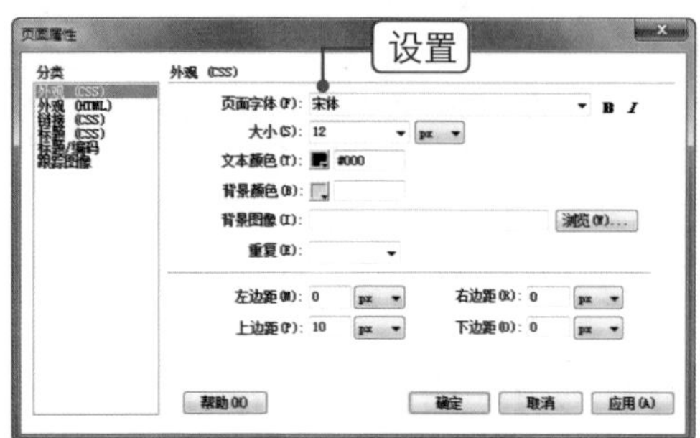

6 选择“链接（CSS）”分类，设置各项参数，然后单击“确定”按钮，如下图所示。

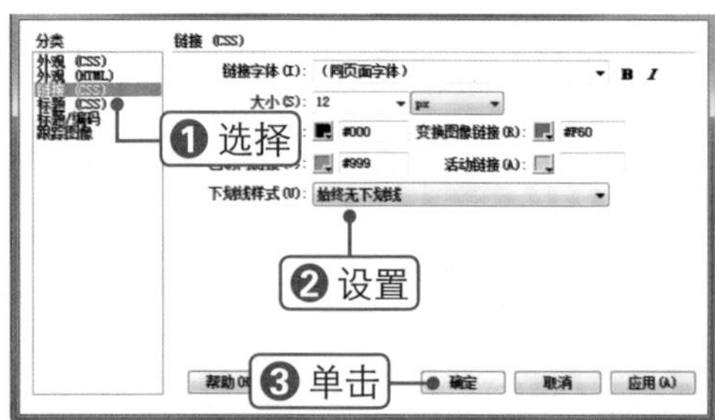

7 将光标移到第 1 行单元格，在属性检查器中设置单元格水平和垂直对齐方式分别为“居中对齐”和“居中”，设置背景色为 #FFFF99，如下图所示。

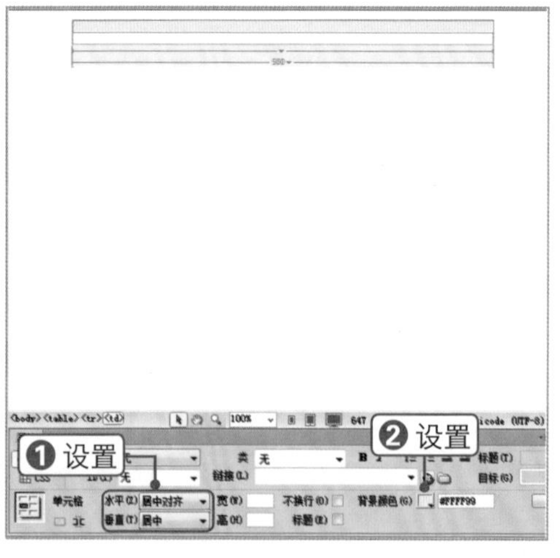

8 将光标移到第 2 行单元格，设置该单元格的高度为 185 像素，水平对齐方式为“居中对齐”，垂直对齐方式为“顶端”，如下图所示。

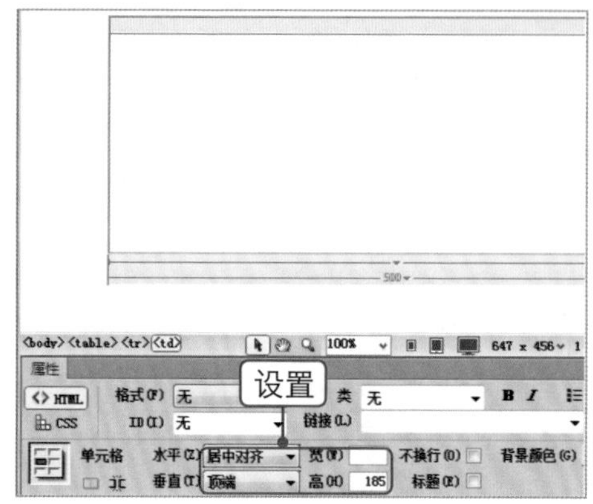

9 单击“插入”面板中“常用”类别下的“表格”按钮，在弹出的“表格”对话框中设置表格属性，单击“确定”按钮，如下图所示。

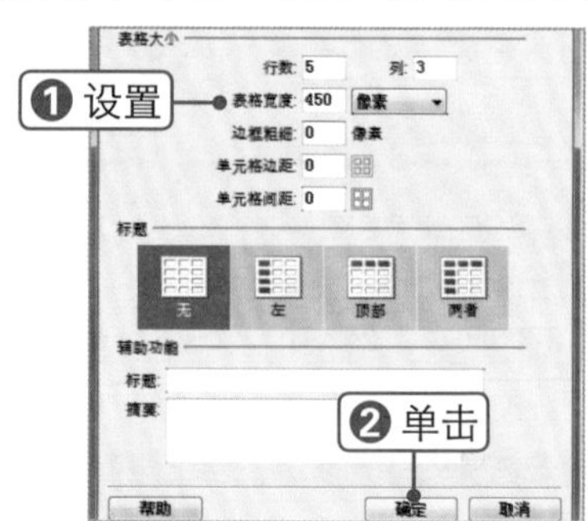

10 选择表格的第 1 列，设置该列的宽度为 35 像素，高度为 28 像素，水平对齐方式为“左对齐”，垂直对齐方式为“居中”，如下图所示。

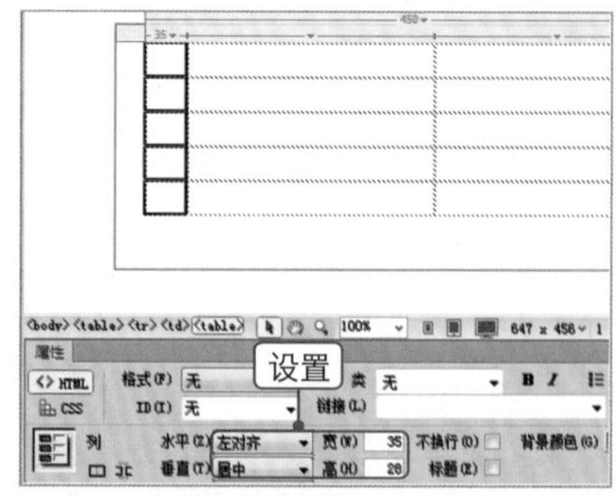

行家提醒

当光标移动到表格、行、列或单元格上时，Dreamweaver 将高亮显示选择区域中的所有单元格。

⓫ 选择第 2 列，设置其宽度为 316 像素，水平对齐方式为“左对齐”，垂直对齐方式为“居中”，如下图所示。

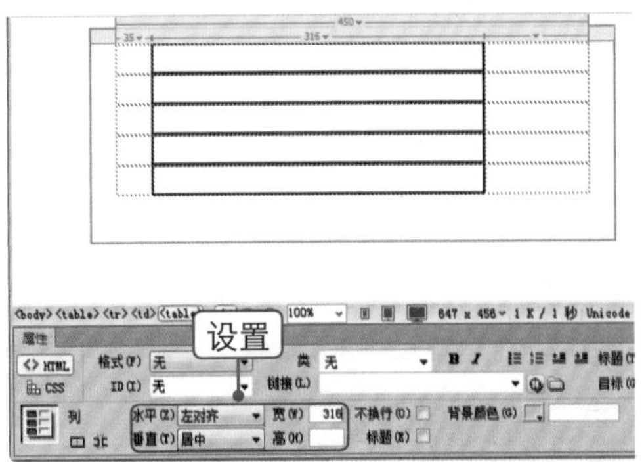

⓬ 选择第 3 列，设置其宽度为 99 像素，水平对齐方式为“右对齐”，垂直对齐方式为“居中”，如下图所示。

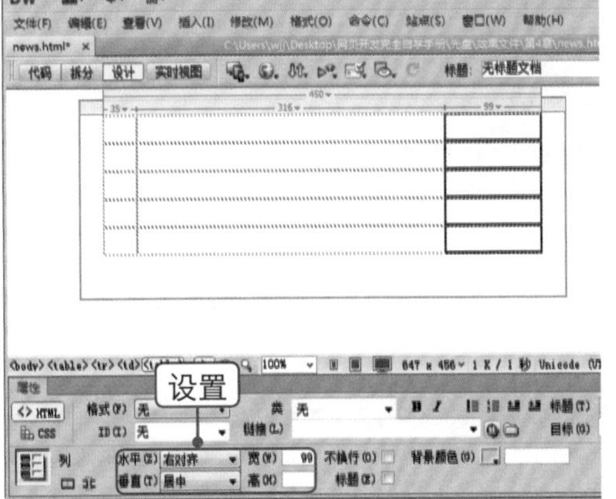

⓭ 选择最外面表格的第 1 行，输入文字“最新动态”。将光标移到里面表格第 1 列第 1 个单元格，单击“插入”面板“常用”类别下的“图像：图像”按钮，如下图所示。

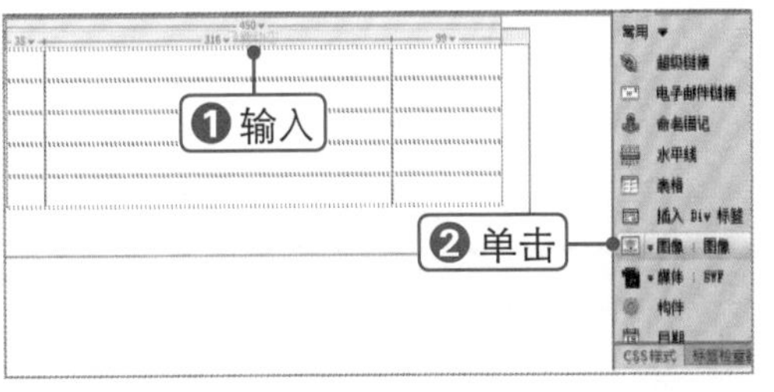

⓮ 弹出“选择图像源文件”对话框，选择要插入的图像，单击“确定”按钮，如下图所示。

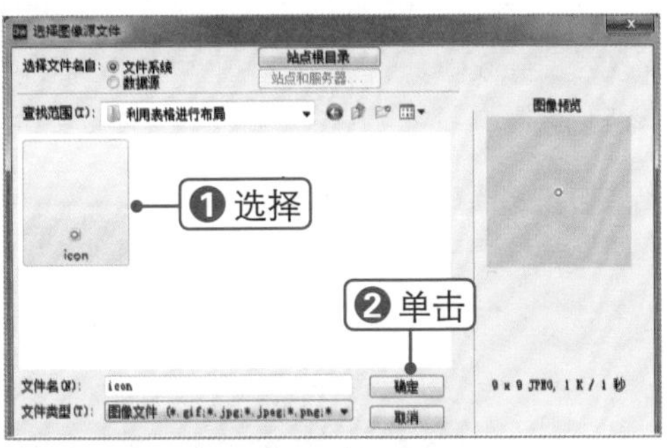

⓯ 此时，即可在单元格中插入所需的图像，复制图片，并将图片粘贴到第 1 列的每个单元格中，如下图所示。

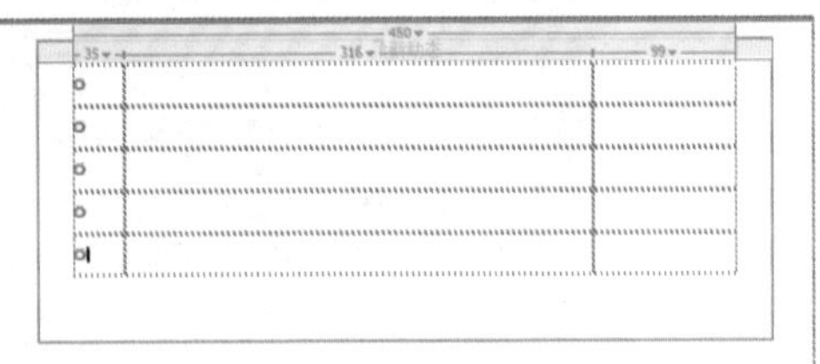

⓰ 在表格第 2 列中输入新闻标题文字，为每行文字标题添加空链接“#”，在表格第 3 列输入时间，如下图所示。

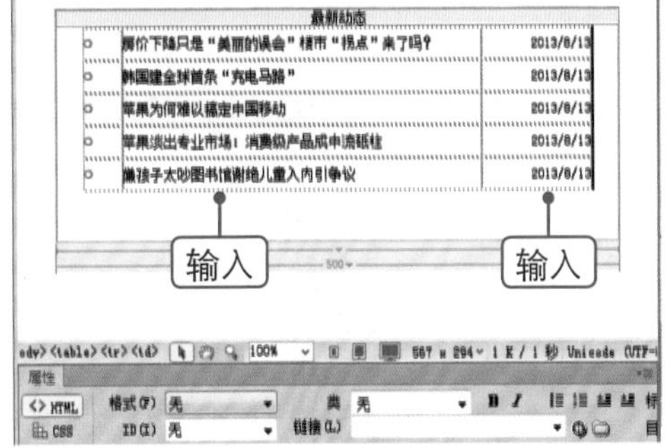

操作提示

通过设置单元格的对齐方式，可使单元格中的内容从不同的地方开始显示。如设置垂直对齐方式为“顶端”，文字则从最上面一行开始显示。

4.2 利用AP Div布局页面

AP Div 是使用了 CSS 样式中的绝对定位属性的 Div 标签，可以被准确定位在网页中的任何位置，它可以和表格配合实现网页的布局。

1. 利用面板插入 AP Div

在网页文档中定位光标，单击“插入”面板“布局”选项卡中的“绘制 AP Div”按钮，在“文档窗口”中按住鼠标左键并拖动，绘制一个 AP Div，如下图所示。

2. 创建嵌套 AP Div

选择“编辑”|“首选参数”命令，在弹出的“首选参数”对话框中进行参数设置，然后单击“确定”按钮即可，如下图所示。

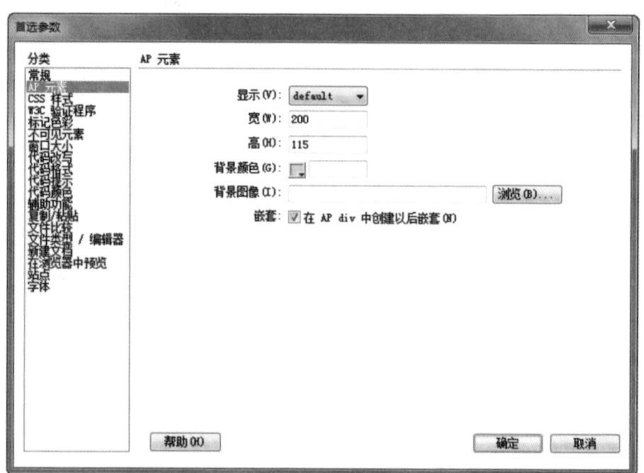

嵌套 AP Div 主要用于将多个 AP Div 组织在一起，既可实现一起移动，同时还可以设置为继承其父层的可见性。嵌套 AP Div 的具体操作方法如下：

行家提醒

Div 标签以一个框的形式出现在文档中，并带有占位符文本。将指针移到该框的边缘上时，Dreamweaver 会高亮显示该框。如果 Div 标签已绝对定位，则它将变成 AP 元素。

1 打开素材文件，定位光标，在“插入”面板“布局”选项卡中单击“绘制 AP Div”按钮，如下图所示。

2 在文档中按住鼠标左键，拖动鼠标绘制一个 AP Div，如下图所示。

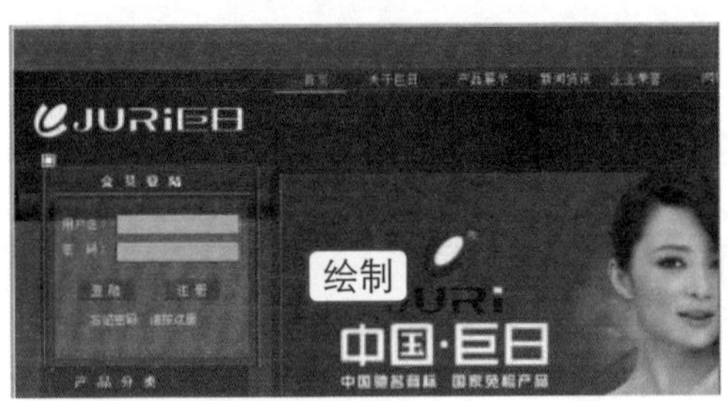

3 再次单击“绘制 AP Div”按钮，在第一个 AP Div 上继续拖动鼠标，绘制出第二个 AP Div，即可实现 AP Div 的嵌套，如下图所示。

3. AP Div 的基本操作

在 Dreamweaver CS6 中，只有选择了 AP Div 才可以对 AP Div 进行操作。下面将分别介绍 AP Div 的各种基本操作。

（1）选择 AP Div

方法 1：选择“窗口”|“AP 元素”命令，打开 AP 元素面板，从中选择一个 AP Div，如下图所示。

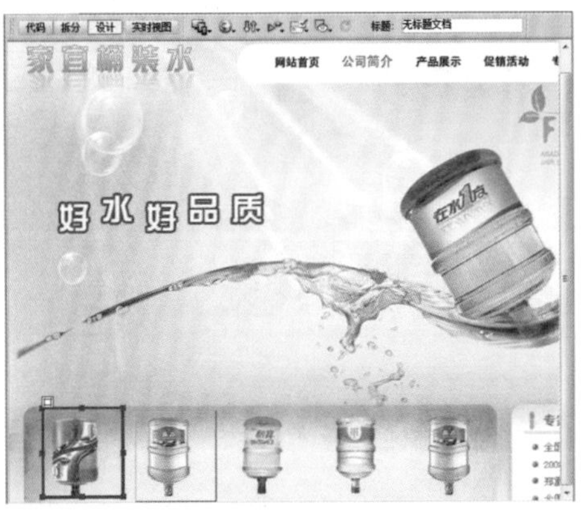

方法 2：将鼠标指针移到 AP Div 边框上，当指针变为✥形状时单击即可选择相应的 AP Div，如下图所示。

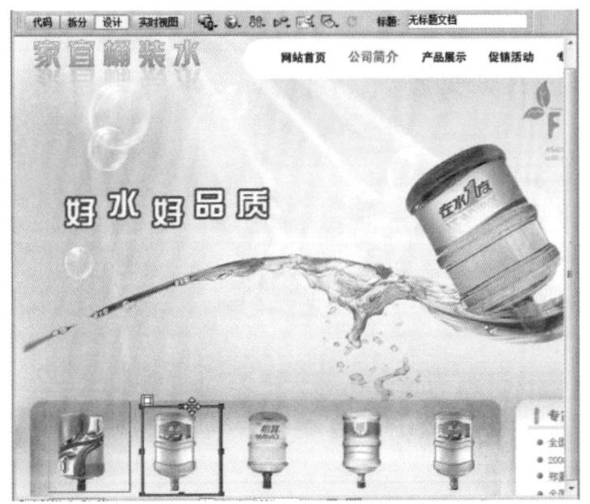

操作提示

要想绘制嵌套的 AP Div，必须取消选择“防止重叠”选项，才能在 AP Div 内部拖动鼠标进行绘制。

（2）移动 AP Div

选择 AP Div 后，将鼠标指针移到 AP Div 上方的标记时，指针变为形状，此时拖动鼠标便可移动 AP Div 到文档中相应的位置。如下图所示为移动 AP Div 前后的对比效果。

（3）缩放 AP Div

选中 AP Div 后，AP Div 的四周将出现控制点，用鼠标拖动控制点即可对 AP Div 进行粗略的缩放调整，如下图（左）所示。

如果要进行 AP Div 的精确调整，就要用到“属性”面板。选择 AP Div 后，“属性”面板中会显示 AP Div 的属性，从中设置相应的选项即可进行精确调整，此方法可以同时设定多个 AP Div，如下图（右）所示。

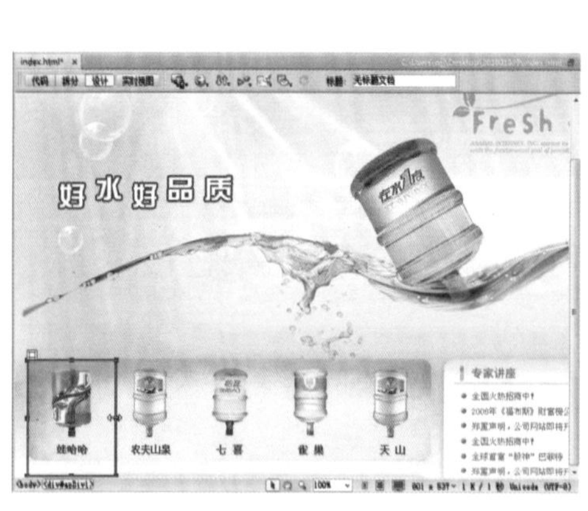

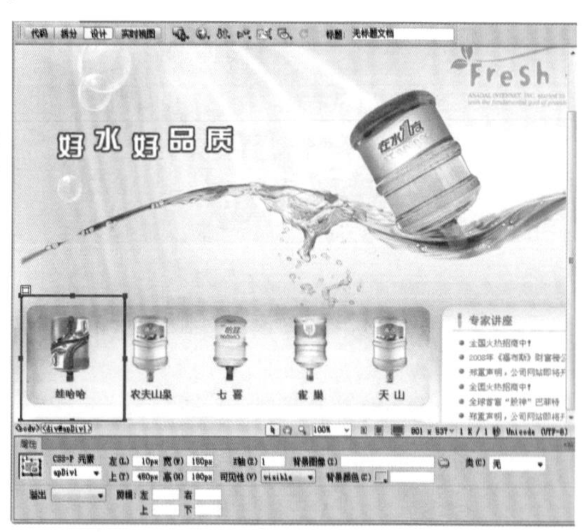

（4）排列 AP Div 的顺序

若想重新排列 AP Div 的顺序，具体操作方法如下：

行家提醒

按一次方向键，可以使 AP Div 向相应的方向移动 1 像素；按住【Shift】键的同时再按方向键，则可以一次移动 10 像素。

❶ 选择要进行对齐的 AP Div，选择“修改”|“排列顺序”命令，选择一种对齐方式，如下图所示。

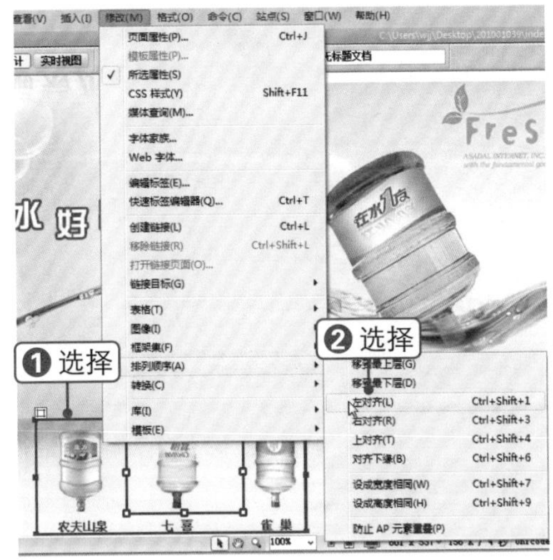

❷ 此时，即可查看对齐 AP Div 后的效果，如下图所示。

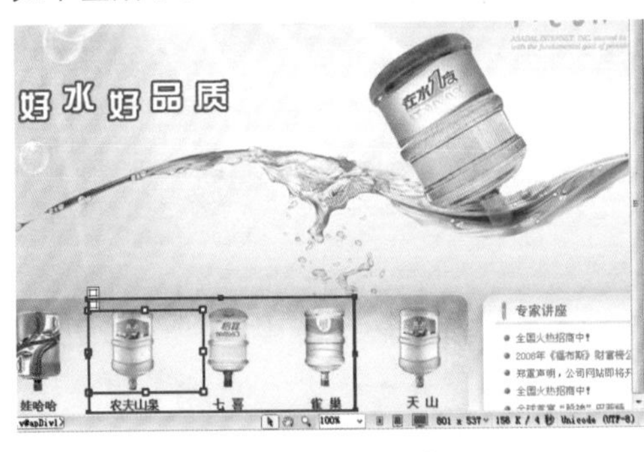

❸ 选择上面的 AP Div，选择“修改”|“排列顺序”|“移到最下层”命令，如下图所示。

❹ 此时，所选 AP Div 已经移到最下层，该 AP Div 变为虚线显示，如下图所示。

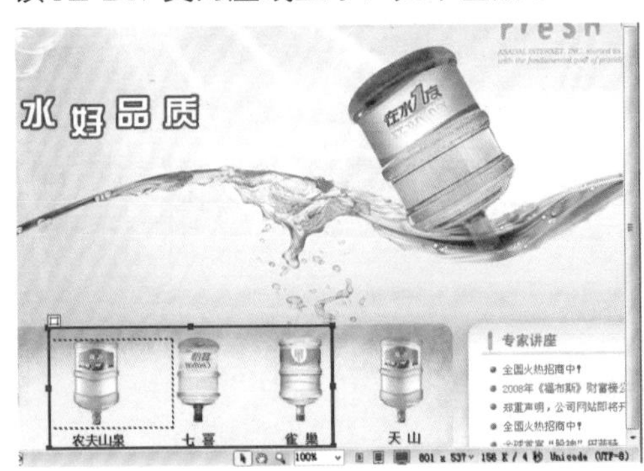

（5）上对齐与对齐下缘

选择“修改”|“排列顺序”|“上对齐”命令，可以将选择的多个 AP Div 进行上对齐，如下图（左）所示。选择“修改”|“排列顺序”|“对齐下缘”命令，可以将选择的多个 AP Div 进行下边缘对齐，如下图（右）所示。

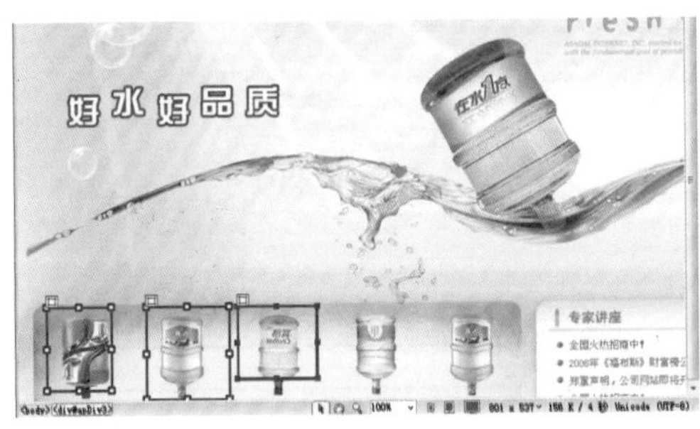

按【Ctrl】键的同时按光标移动键，可将选中的 Ap Div 对齐。【→】键为右对齐，【←】键为左对齐，【↑】键为上对齐，【↓】键为下对齐。

（6）插入文本

在 AP DIV 中插入文本的方法有多种，既可以直接使用键盘输入文本，也可以将编辑好的文本直接通过复制、剪切的方式粘贴到相应的 AP Div 中，然后根据设计的需要来设置文本的段落格式，如右图所示。

（7）插入图像

在 AP Div 中也可以插入图像，具体操作方法如下：

1 将光标定位于 AP Div 中，选择“插入”|“图像”命令，如下图所示。

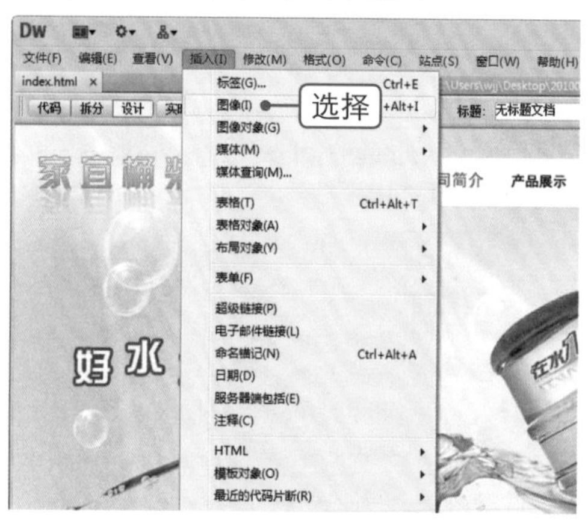

2 弹出“选择图像源文件”对话框，选择目标图像，单击“确定”按钮，如下图所示。

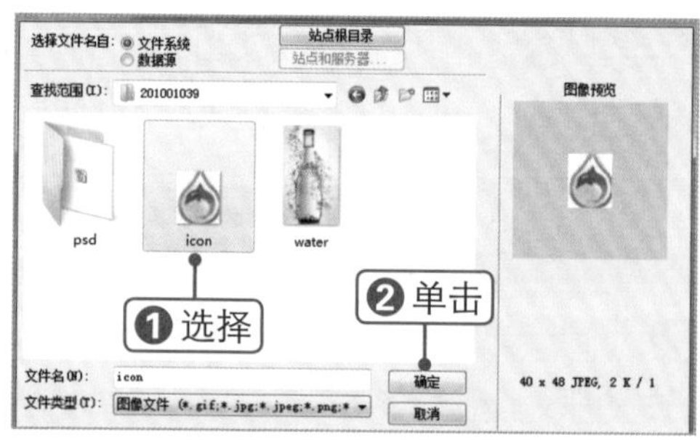

3 此时，即可在 AP Div 中插入图像，效果如下图所示。

（8）在 AP Div 中插入表格

选中要插入表格的 AP Div，在“插入”选项卡中选择“表格”命令，弹出“表格”对话框，进行所需的设置，然后单击“确定”按钮即可，如右图所示。

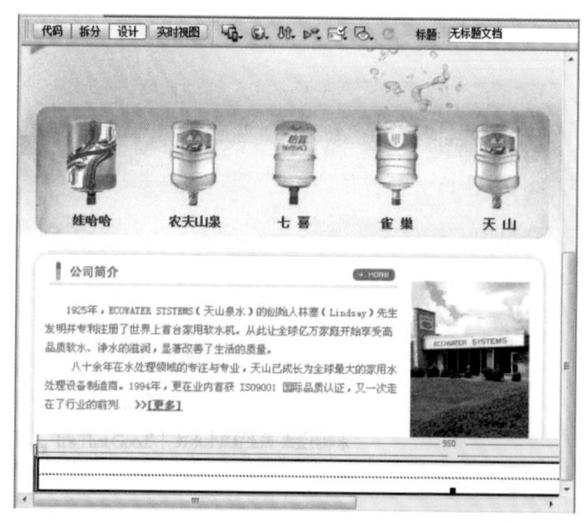

行家提醒

AP 元素中可以包含文本、图像或者其他任何可放置到 HTML 文档正文中的内容。

4.3 实战演练——AP Div的综合应用

AP Div 能使网页布局显得简洁、明了，下边将通过综合实例介绍如何利用 AP Div 进行布局，最终效果如下图所示。

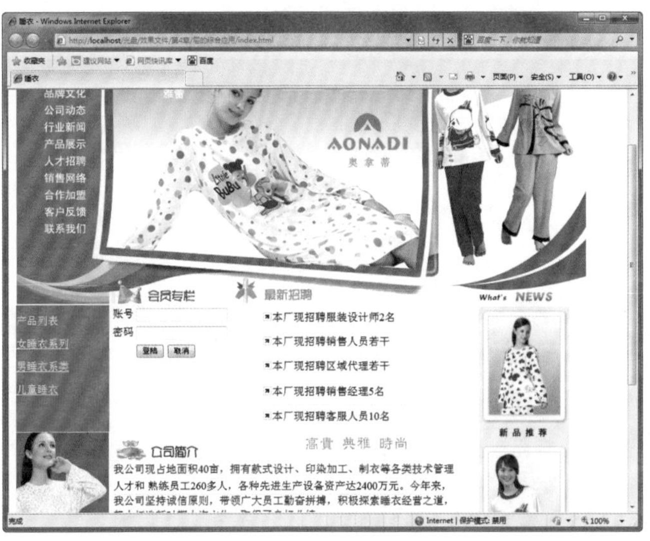

素材文件 光盘：素材文件\第4章\images

❶ 新建 HTML 文档，在工具栏的“标题”文本框中输入“睡衣”，选择“文件”|“保存”命令，如下图所示。

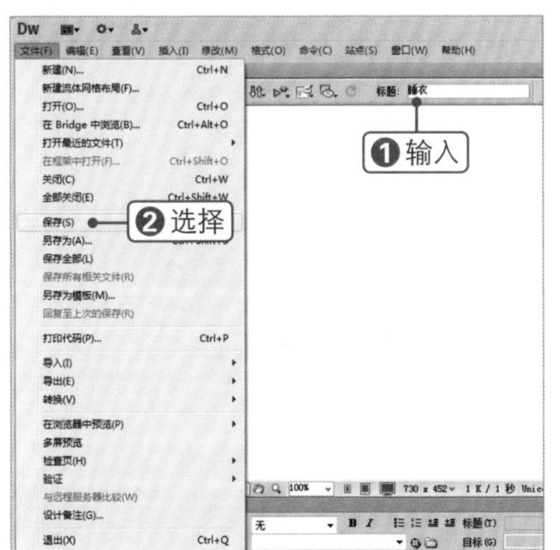

❷ 弹出“另存为”对话框，设置保存位置和文件名，单击“保存”按钮，如下图所示。

利用 AP 元素可以灵活准确地在页面中放置内容，无论将其放置到文档中的哪一个位置，都可以随意移动和设置大小。

3 单击“插入”面板“布局”选项卡中的“绘制 AP Div”按钮，在文档窗口中绘制一个 AP Div，其属性设置如下图所示。

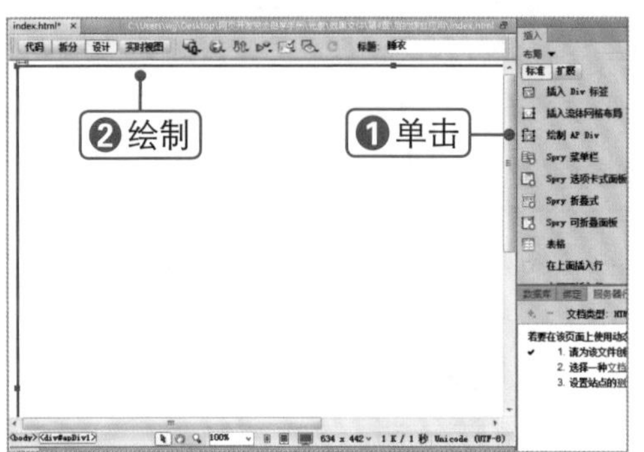

4 将光标置于 apDiv1 中，单击“插入”面板“布局”选项卡中的“绘制 AP Div”按钮，在文档窗口中绘制一个 AP Div，其属性设置如下图所示。

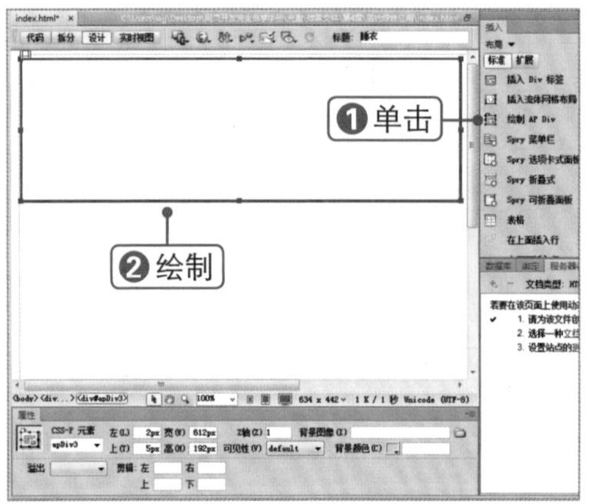

5 将光标置于 apDiv3 中，选择“插入”|“图像”命令，在弹出的对话框中选择要插入的图片，单击“确定”按钮，如下图所示。

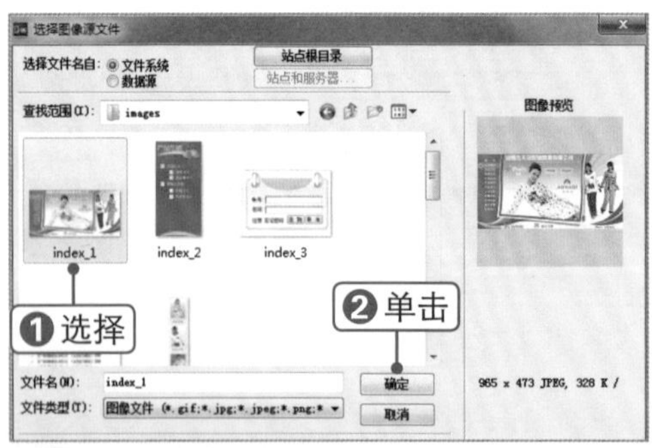

6 在插入的图片下方插入一个新的 AP Div，在其代码视图中加入代码，如下图所示。

7 插入代码后，查看设计视图效果，如下图所示。

8 打开代码视图，将光标置于下图所示的位置，选择“插入”|“布局对象”| AP Div 命令，如下图所示。

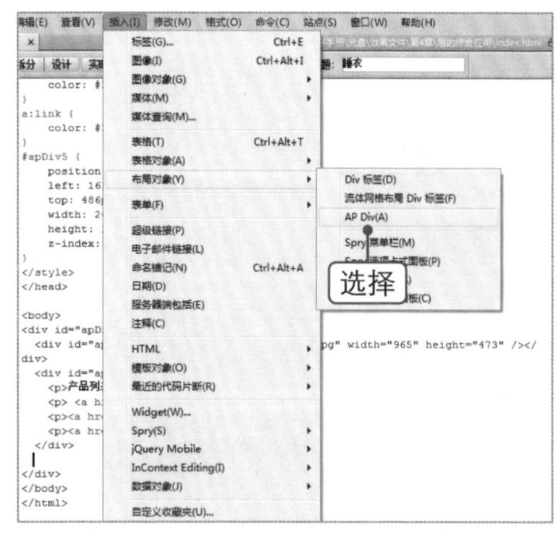

行家提醒

AP Div 可以和表格相配合实现网页的布局，还可以与行为相结合实现网页动画效果。

9 此时，在文档中插入了 AP Div，设置各项属性，如下图所示。

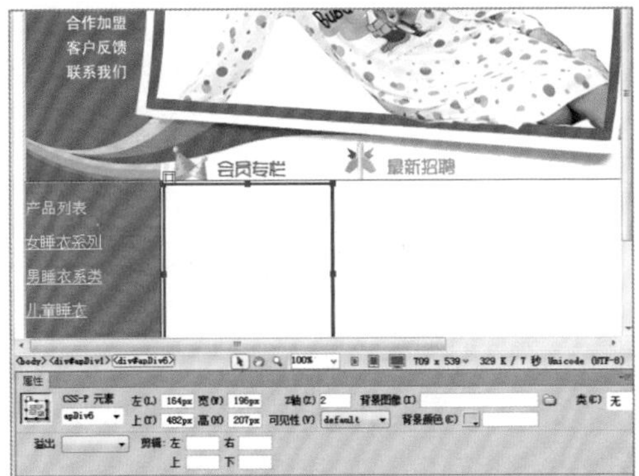

10 在 apDiv5 中选择“插入”|“表单”命令，弹出“表格”对话框，设置相关参数，单击“确定”按钮，如下图所示。

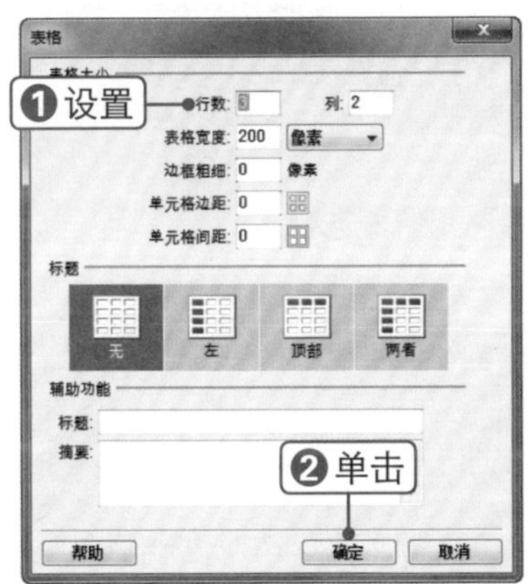

11 在单元格中输入所需文本，将光标定位于第 1 行第 2 列单元格中，选择“插入”|“表单”|“文本域”命令，如下图所示。

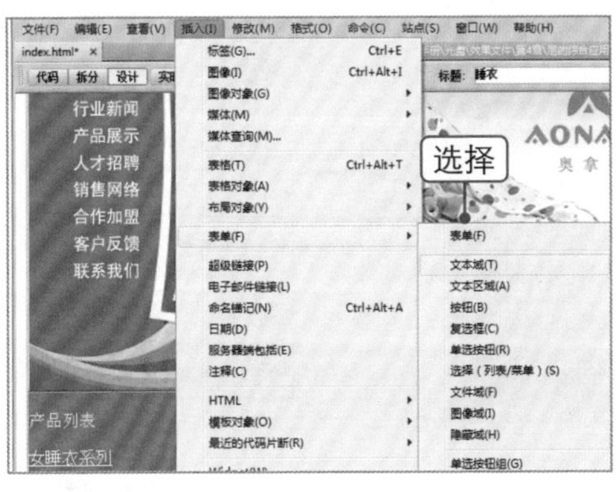

12 用同样的方法在第 2 行第 2 列单元格中插入文本域，如下图所示。

13 将光标定位于第 3 行第 2 列单元格中，选择“插入”|“表单”|“按钮”命令，如下图所示。

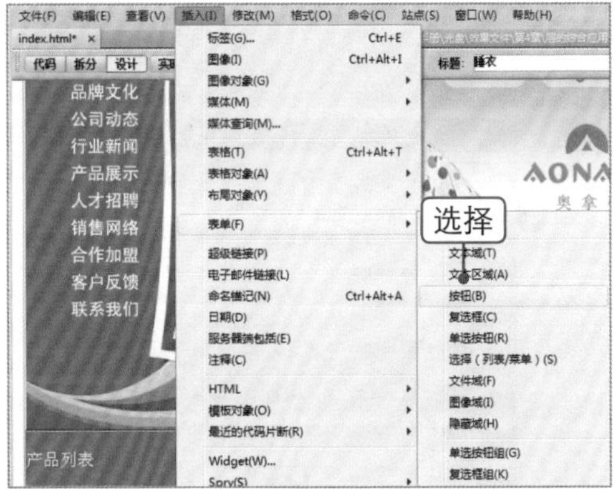

14 用同样的方法再插入一个按钮，选中插入的按钮，在“属性”面板中进行参数设置，如下图所示。

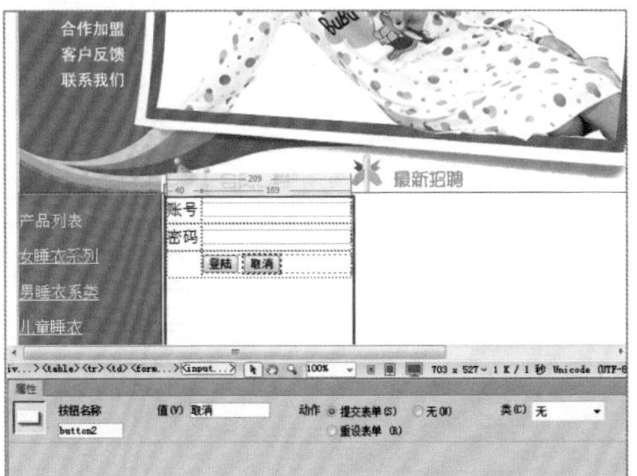

操作提示

要创建嵌套的 AP Div，可以先将光标定位在现有的 AP Div 内部，然后选择“插入”|“布局对象”|AP Div 命令即可。

15 单击“插入”面板“布局”选项卡中的绘制 AP Div按钮，在 apDiv5 的右侧绘制图层，如下图所示。

16 将光标定位于 apDiv6 中，选择“插入”|“表格”命令，弹出“表格”对话框，设置相关属性，单击“确定”按钮，如下图所示。

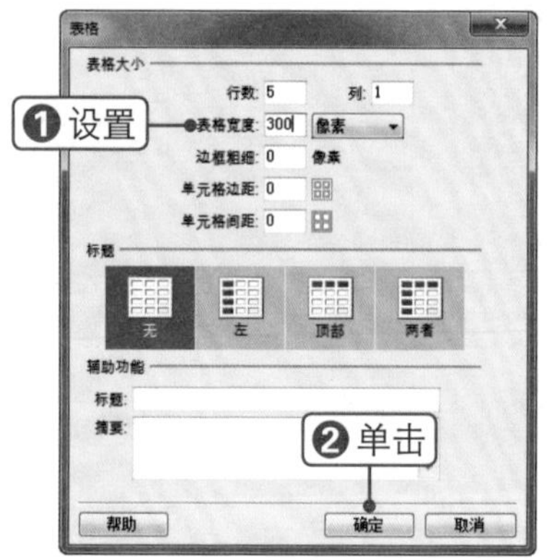

17 选中表格，在“属性”面板中设置水平方式为“左对齐”，垂直方式为“居中”，设置高为 40，如下图所示。

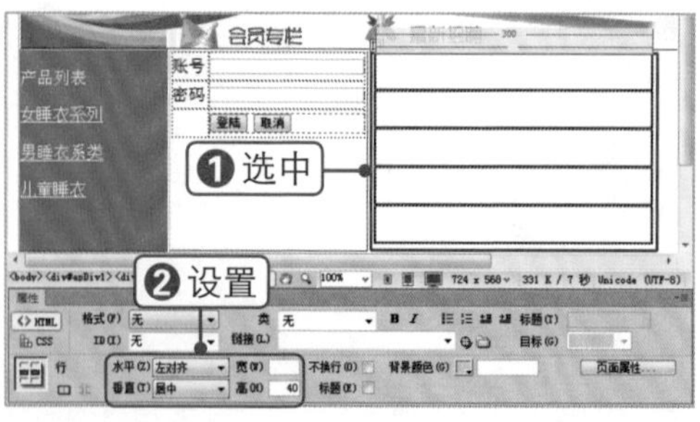

18 按【F9】键，打开“标签检查器”面板。单击 rules 属性下拉按钮，选择 rows 选项，如下图所示。

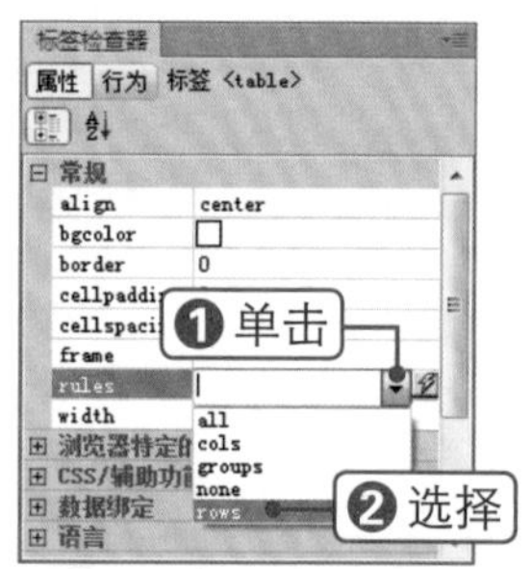

19 将光标定位于第 1 行单元格中，选择“插入”|“图像”命令，弹出“选择图像源文件”对话框。选择图片，单击“确定”按钮，如下图所示。

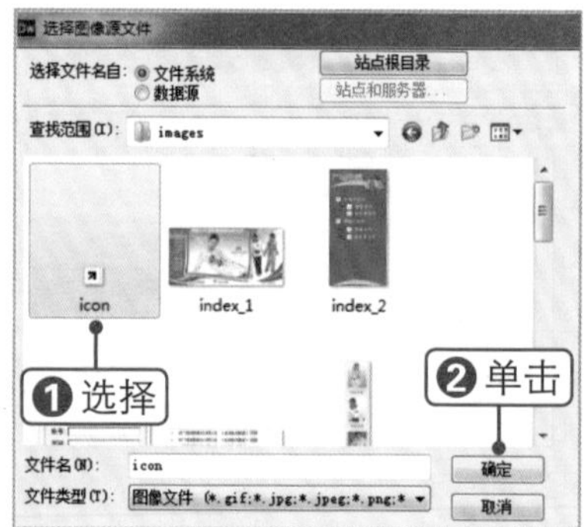

20 用同样的方法在其他行中插入同样的图片，在每一行中输入所需文本，如下图所示。

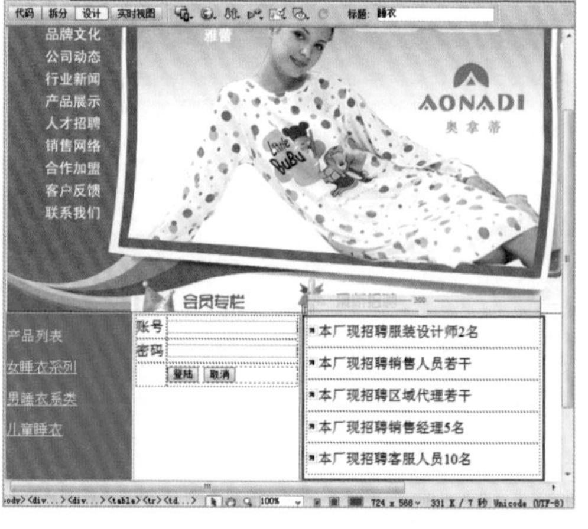

行家提醒

插入 DIV 标签和绘制 AP Div 的区别：插入 Div 标签是在当前位置插入固定层；绘制 AP Div 是在当前位置插入可移动层。

21 单击“插入”面板“布局”选项卡中的 绘制 AP Div 按钮，在 apDiv6 的右侧绘制 AP Div，如下图所示。

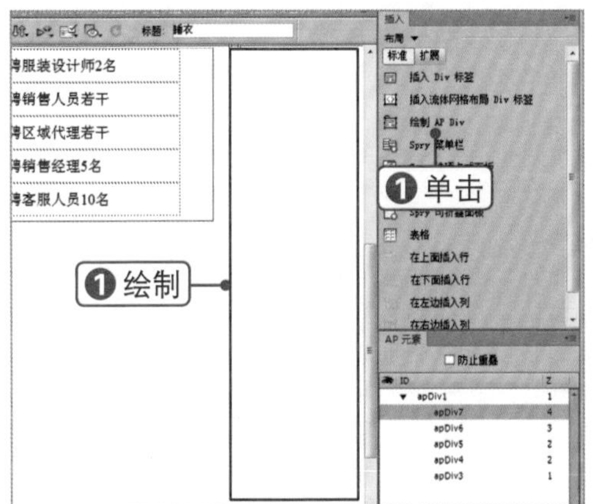

22 参照步骤 19，在 apDiv7 中插入图片，如下图所示。

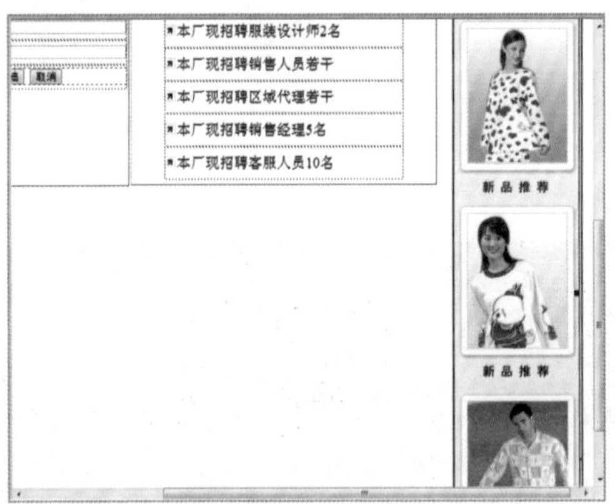

23 参照步骤 15~20，对其他部分进行布局，如下图所示。

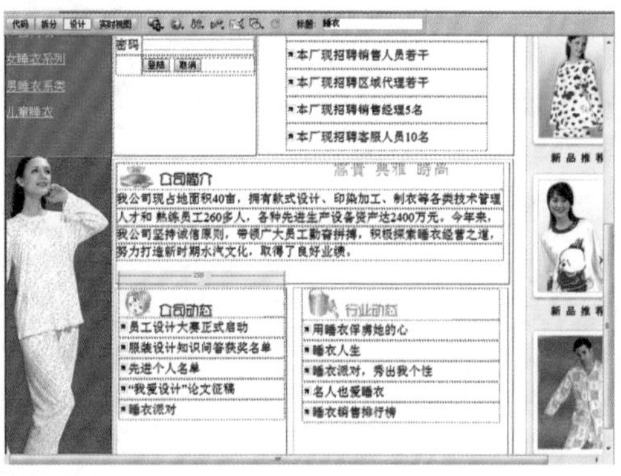

24 按【Ctrl+S】组合键保存网页文档，按【F12】键预览网页效果，如下图所示。

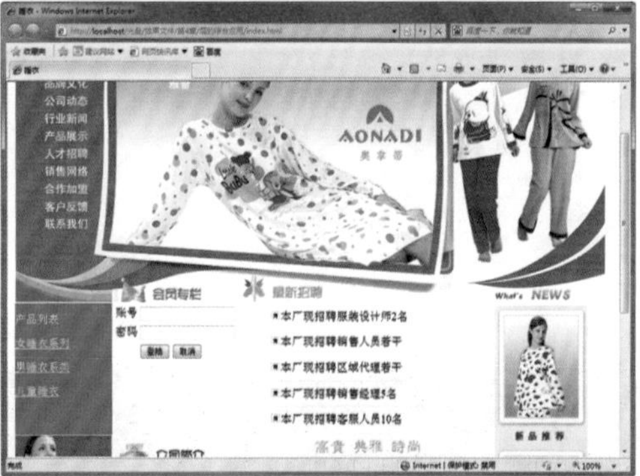

操作提示

对网页进行排版时，常需要控制叠放在一起的不同网页元素的显示顺序，以实现特殊的效果。

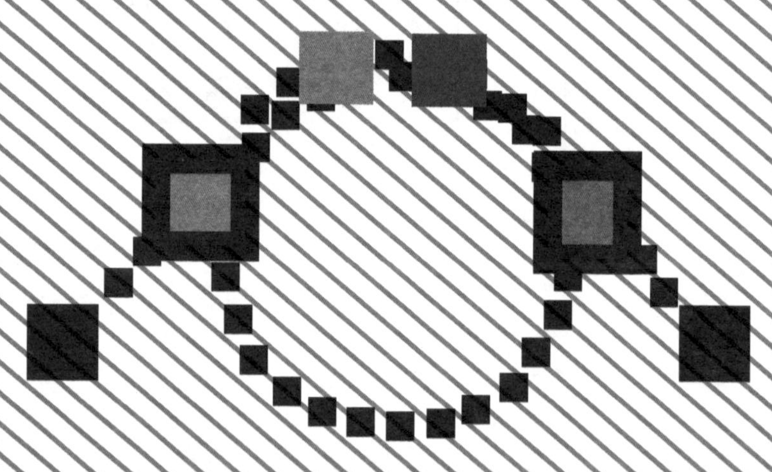

Chapter 05

使用CSS美化网页

CSS（Cascading Style Sheet，层叠样式单）是一系列的格式设置规则。利用这些格式规则可以很好地控制页面外观，对页面进行精确的布局定位，设置特定的字体和样式，统一修改及维护更新站点中的各个页面等。

本章重点知识

◎ 创建CSS样式
◎ 设置CSS样式
◎ 使用CSS样式
◎ CSS应用案例
◎ 实战演练——图片黑白效果

5.1 创建CSS样式

在默认状态下，新建的空白文档中没有定义任何 CSS 样式，“属性”面板的“样式”下拉列表框中仅显示“无”选项，即没有 CSS 样式。下面将重点介绍如何创建新样式。

>> 5.1.1 新建CSS样式

创建 CSS 有多种方法：有内联方式、单个页面嵌入方式、链接到外部样式表文件上等，在具体操作中可以根据实际需要来选择所需的方法。

在单个网页中使用 CSS 样式时，可以采用在文档头部嵌入 CSS 样式；在多个网页中使用 CSS 时，可以采用外部链接 CSS 文件的方式；当在网页的局部使用 CSS 样式时，可以采用内联方式。

新建 CSS 样式的具体操作方法如下：

1 选择“窗口”|“CSS 样式”命令，如下图所示。

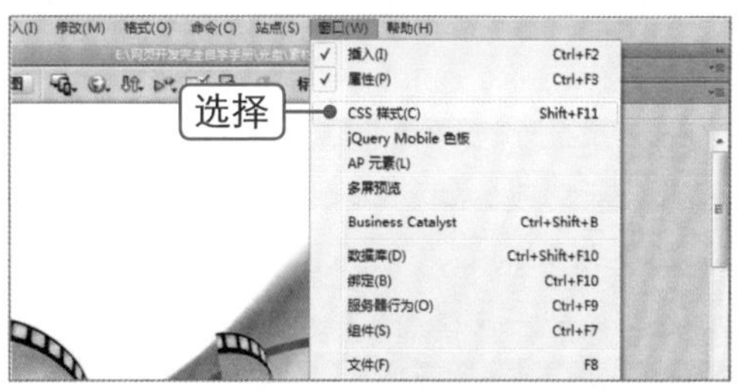

2 打开“CSS 样式”面板，单击“新建 CSS 规则”按钮，如下图所示。

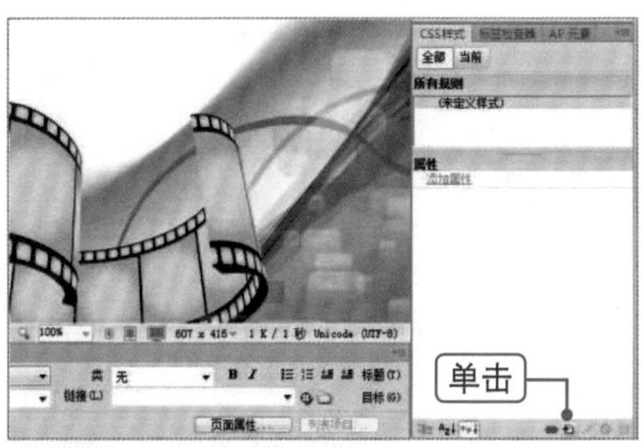

3 弹出“新建 CSS 规则”对话框，在“选择器名称”下拉列表框中输入“.form”，单击“确定”按钮，如下图所示。

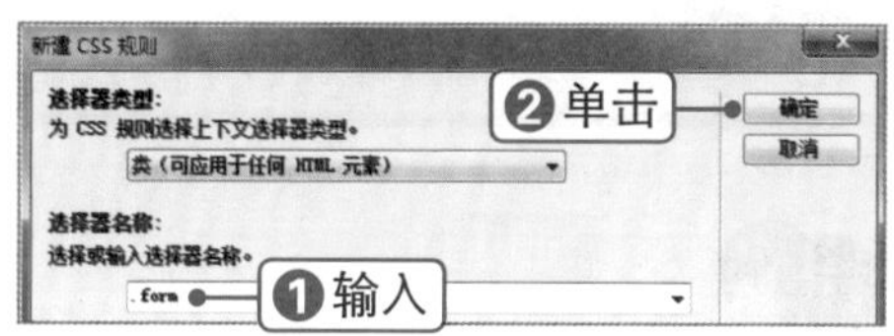

4 弹出“form 的 CSS 规则定义”对话框，根据需要进行参数设置，单击“确定”按钮，如下图所示。

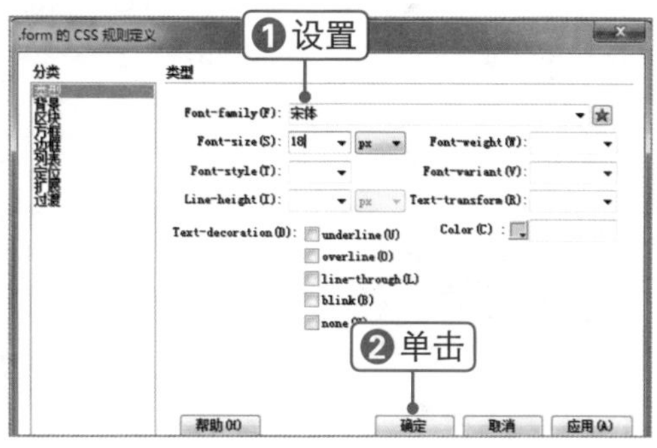

5 创建完成后，查看新建 CSS 属性，如下图所示。

操作提示

CSS 的主要优点是容易更新，只要对一处 CSS 规则进行更新，则使用该定义样式的所有文档的格式都会自动更新为新样式。

5.1.2 设置新建的CSS样式

打开 CSS 样式后，即可对新建的样式进行设置。新建一个 CSS 样式，在“新建 CSS 规则”对话框的“选择器类型”下拉列表框中选择“类（可应用于任何 HTML 元素）”选项，然后在“选择器名称”文本框中输入新建样式的名称，如下图（左）所示。样式必须以“.”开头，如果没有输入此符号，Dreamweaver CS6 会自动加上。

还可以在“选择器类型”下拉列表框中选择“ID（仅应用于一个 HTML 元素）”选项，则当前规则可以应用于一个 ID 的 HTML 元素，如下图（右）所示。

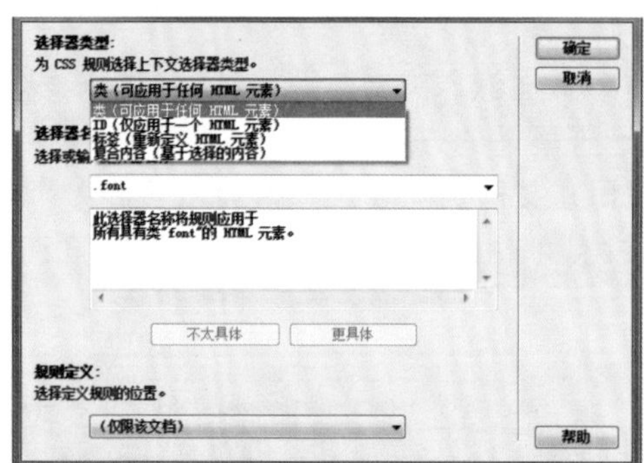

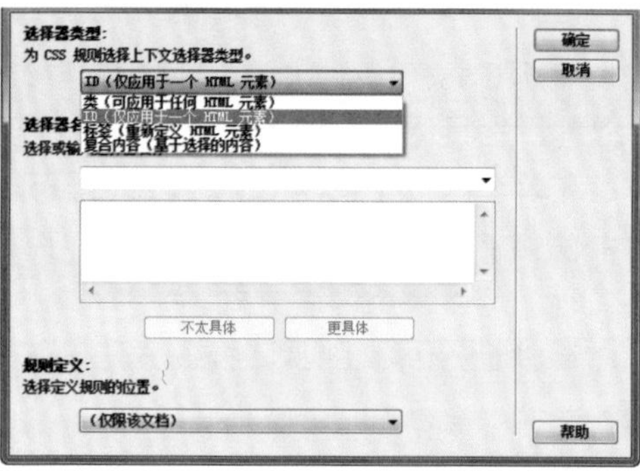

知识插播

ID 的值在整个当前网页中是唯一的，即某一个元素定义了 id=“aaa”，那么这个网页中其他元素的 id 就不能定义成 aaa，而 class 则可以。

若选择“标签（重新定义 HTML 元素）”选项，则可以输入 HTML 标记的名称，或在“选择器名称”下拉列表中选择一个选择器，如下图（左）所示。

在“选择器类型”下拉列表中选择“复合内容（基于选择的内容）”选项，则可以在“选择器名称”下拉列表框中选择一个名称，如下图（右）所示。

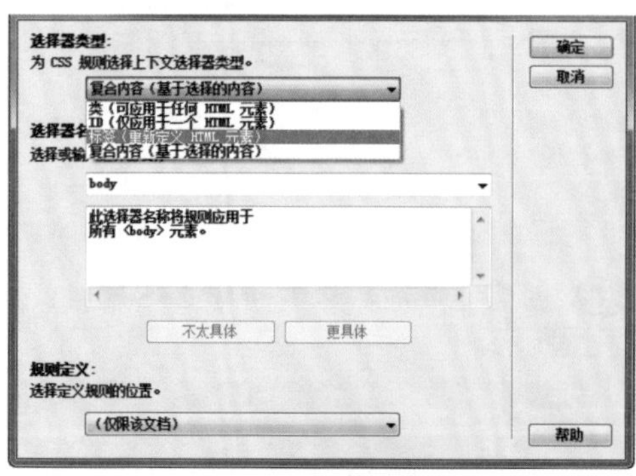

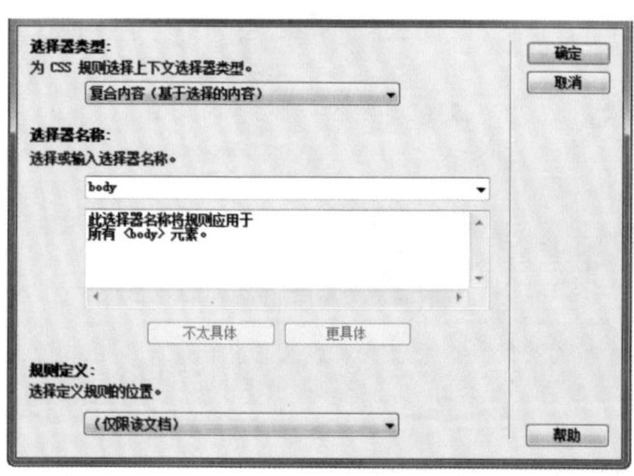

“规则定义”下拉列表框用于设置该规则使用的范围，如“仅限该文档”或“新建样式表文件”，如下图所示。

行家提醒

默认状态下，新建的空白文档没有定义任何 CSS 样式，“属性”面板的“样式”下拉列表框中仅显示“无”，即没有 CSS 样式。

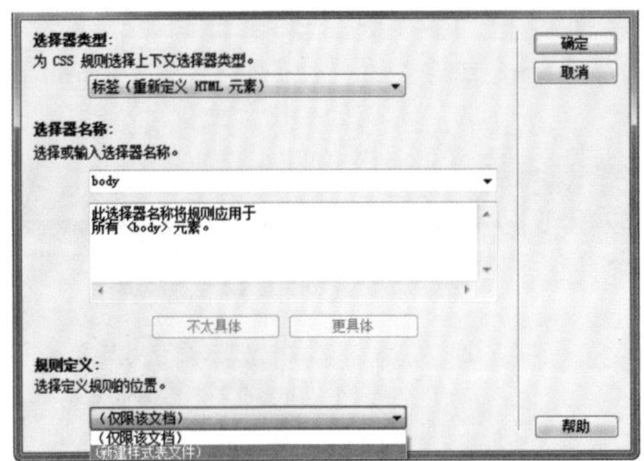

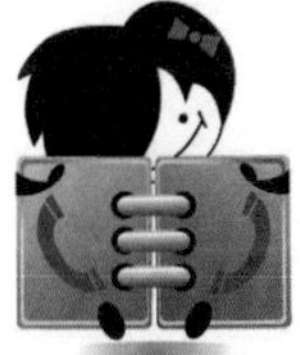

知识插播

CSS 样式可以精确地规定文字等内容的格式，通过 CSS 样式规定的文字不会随浏览器的不同而改变，从而使页面的布局更加“牢固”，并保持页面的美观。

5.2 设置CSS样式

对于已经创建和编辑完成的 CSS 样式，在需要时可以直接套用。下面将介绍如何设置创建的 CSS 样式。

5.2.1 设置CSS样式类型

在浏览网页时，可能会因为浏览器默认字体大小不同，在不同的浏览器中浏览时造成版式混乱的情况，因此需要用 CSS 样式的类型属性来固定文本的大小。

利用 CSS 样式设置字体大小的具体操作方法如下：

素材文件 光盘：素材文件\第5章\设置类型

1 启动 Dreamweaver，打开网页文档，输入所需的文本，如下图所示。

2 打开“CSS 样式”面板，单击“CSS 样式”面板中的“新建 CSS 样式”按钮，如下图所示。

操作提示

CSS 样式将网页的内容与表现形式分开，使网页的外观设计从网页内容中独立出来并进行单独管理。

3 弹出“新建 CSS 规则”对话框，在“选择器名称”下拉列表框中输入 .font，单击“确定”按钮，如下图所示。

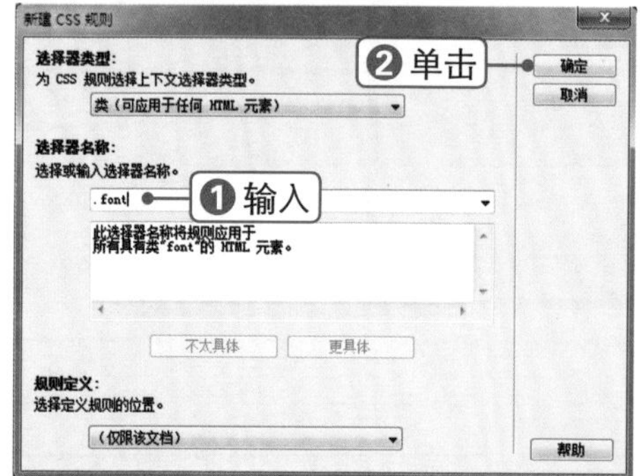

4 弹出“font 的 CSS 规则定义”对话框，设置 Font-size 为 14px、Line-height 为 16px、Color 为白色，单击“确定”按钮，如下图所示。

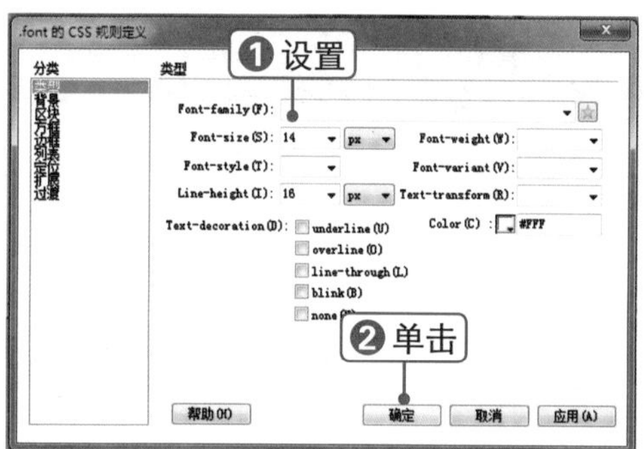

5 设置完成后，此时的“CSS 样式”面板如下图所示。

6 此时字体并没有发生变化。将光标置于文本中，右击 .font 选项，选择“应用”命令，如下图所示。

7 查看应用 .font 样式后的文字效果，如下图所示。

5.2.2 使用CSS设置网页背景

CSS 样式可以固定背景图片，不能平铺居中的图片。在制作网页时，需要把图片和网页文档存放在同一个文件夹中，否则背景图片无法显示。

使用 CSS 设置网页背景的具体操作方法如下：

行家提醒

当需要改变网页的外观时，只要修改保存网站格式的 CSS 样式表文件，就可以改变整个站点的风格特色。

素材文件　光盘：素材文件\第5章\2.jpg

1 新建一个空白文档，单击“CSS样式”面板中的“新建CSS规则”按钮，如下图所示。

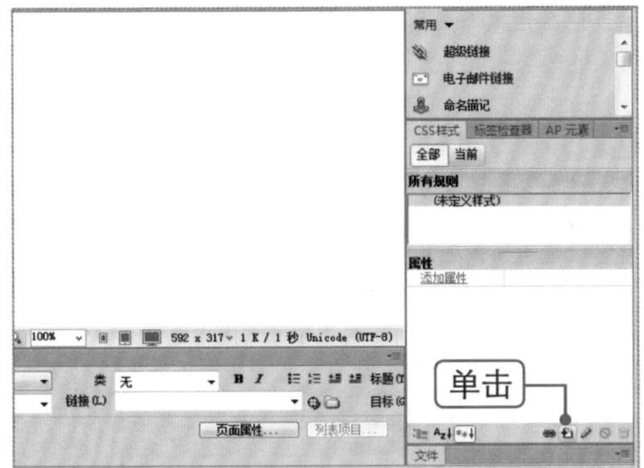

2 弹出“新建CSS规则”对话框，设置各项参数，单击“确定”按钮，如下图所示。

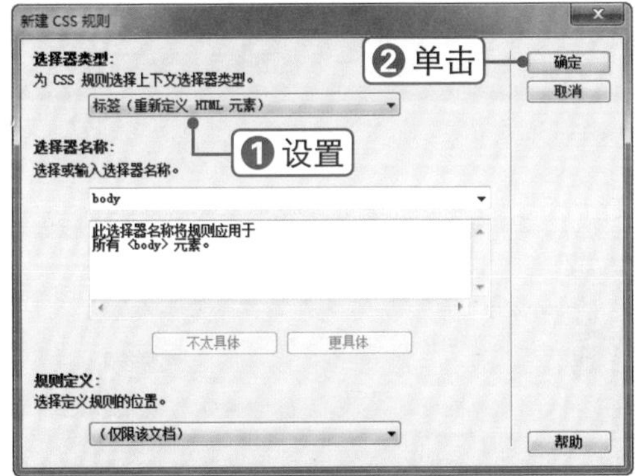

3 在弹出对话框的左侧选择“背景”选项，在右侧单击Background-image下拉列表框右侧的“浏览”按钮，如下图所示。

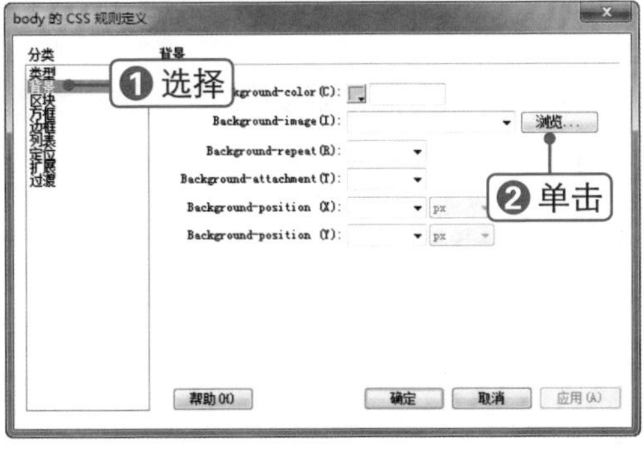

4 弹出“选择图像源文件”对话框，选择背景图像，单击“确定”按钮，如下图所示。

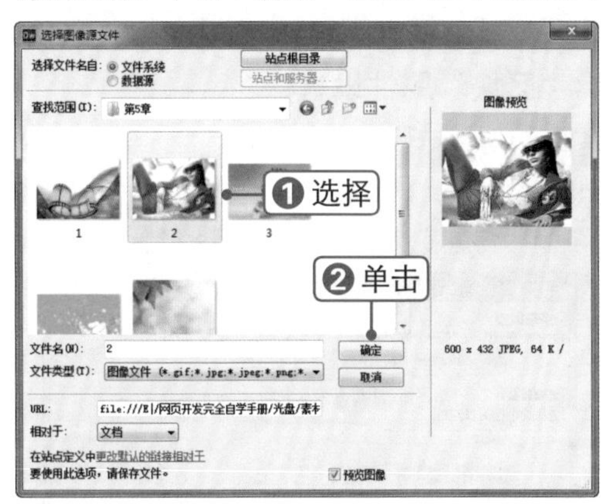

5 返回“body的CSS定义规则”对话框，设置Background-repeat为no-repeat，单击“确定”按钮，如下图所示。

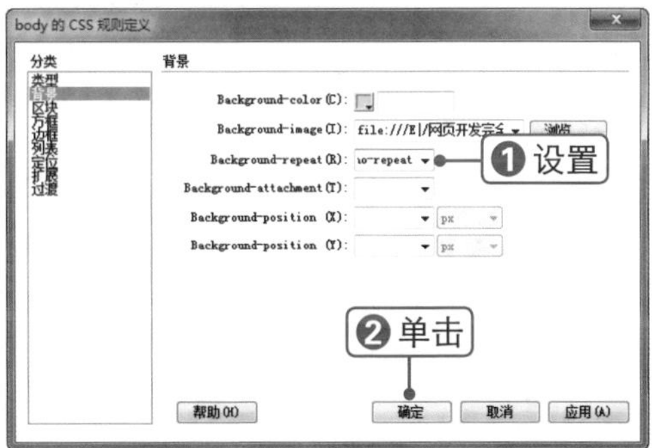

6 在网页文档中查看设置的背景效果，如下图所示。

网页中的任何元素都可以应用背景属性。例如，创建一个样式，将背景颜色或背景图像添加文本、表格或页面的后面。

>> 5.2.3 使用CSS设置段落格式

前面学习了如何使用 CSS 定义字体、颜色和背景属性，下面将对定义好的文本进行排版，即使用 CSS 设置段落格式。

1. “区块”属性设置

❶ 新建 CSS 样式，在弹出的“新建 CSS 规则”对话框中进行设置，单击“确定”按钮，如下图所示。

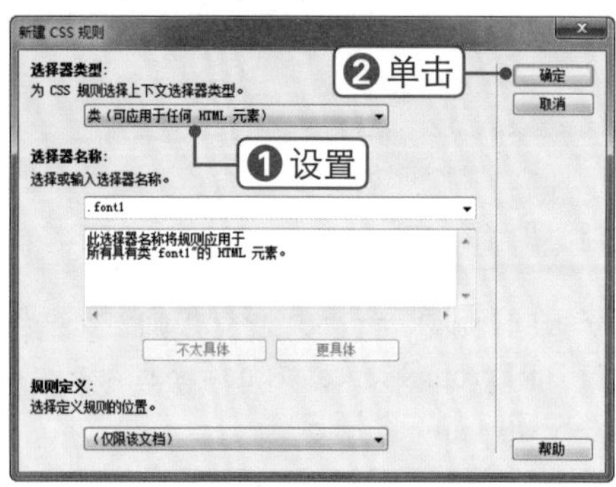

❷ 弹出“.font1 的 CSS 规则定义”对话框，进行所需的格式设置，单击“确定”按钮，如下图所示。

2. “方框”属性设置

通过设置“font1 的 CSS 规则定义”对话框中的“方框”属性，可以控制相应元素在页面上的放置方式，以及各元素的标签和属性。在左侧选择“方框”选项，在右侧显示方框相关选项，进行所需的设置，如右图所示。

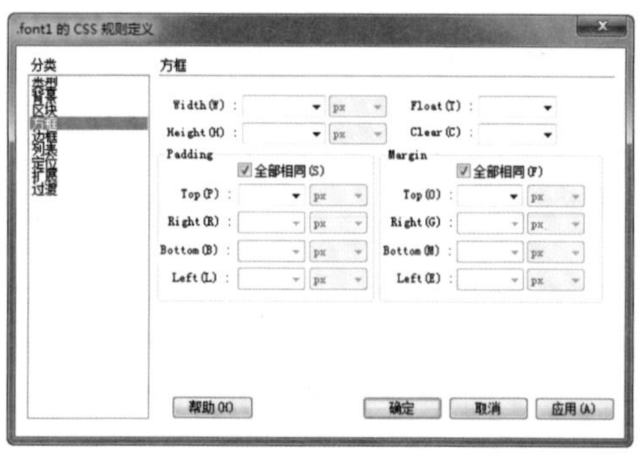

在应用 Padding 和 Margin 时，可以将设置应用于元素的各个边，也可以选中“全部相同”复选框，将所有边设置为相同值。

3. “边框”属性设置

CSS 的边框属性可以应用于任何元素，如表格。元素的边框就是围绕对象的一条或多条线条，每个边框有 3 个属性：宽度、样式及颜色，如右图所示。

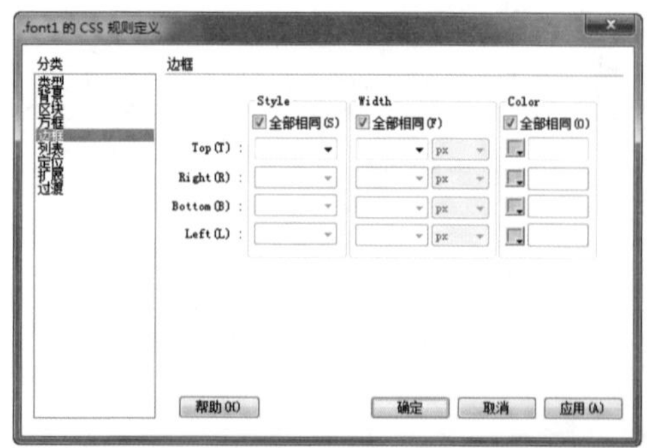

行家提醒

Text-indent 用于设置文本第一行的缩进值。负值用于将文本第一行向外拉。要在每段前空两格，可设置为 2em。

下面利用“边框”属性制作各式各样的边框文字，具体操作方法如下：

素材文件 光盘：素材文件\第5章\使用CSS设置段落格式

1 打开素材文件，单击“CSS样式”面板中的“新建CSS规则”按钮，如下图所示。

2 在弹出的对话框中设置“选择器类型”为“类”、“选择器名称”为“.font”、“规则定义”为“(仅限该文档)”，单击“确定”按钮，如下图所示。

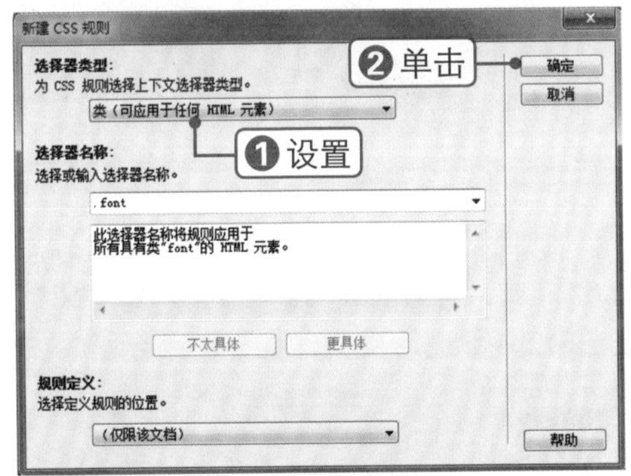

3 弹出“.font的CSS规则定义”对话框，在左侧选择“类型”选项，在右侧进行参数设置，如下图所示。

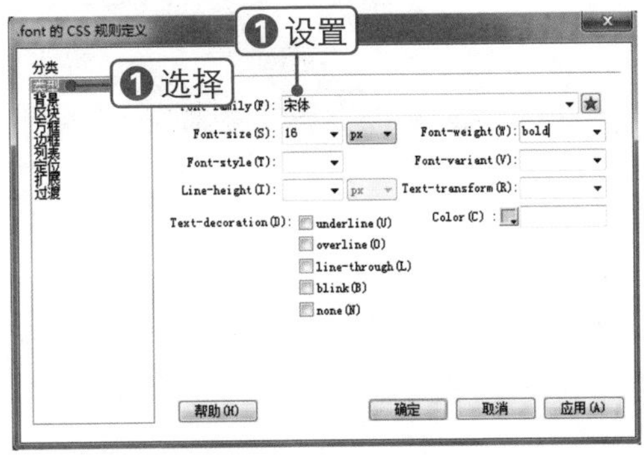

4 在左侧“分类”列表中选择“方框”选项，在右侧进行参数设置，如下图所示。

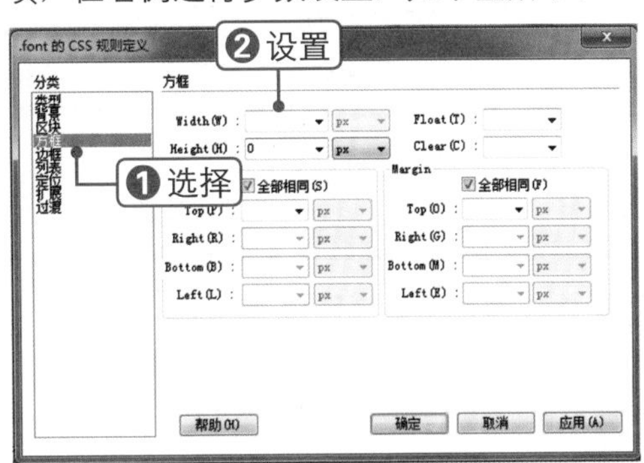

5 在左侧“分类”列表中选择“边框”选项，在右侧进行参数设置，单击“确定”按钮，如下图所示。

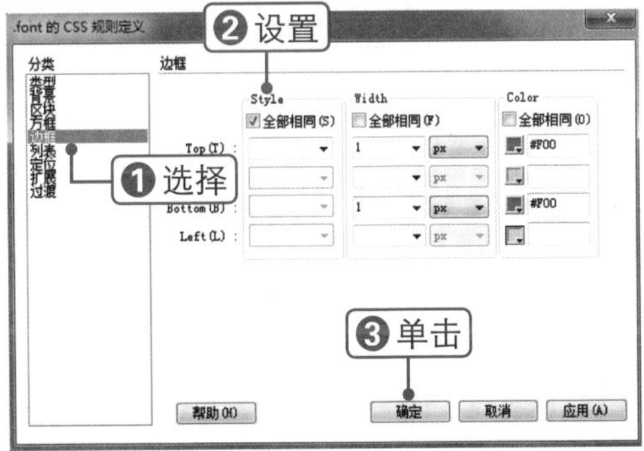

6 用同样的方法新建.font1，在“.font1的CSS规则定义”对话框中设置“区块”参数，如下图所示。

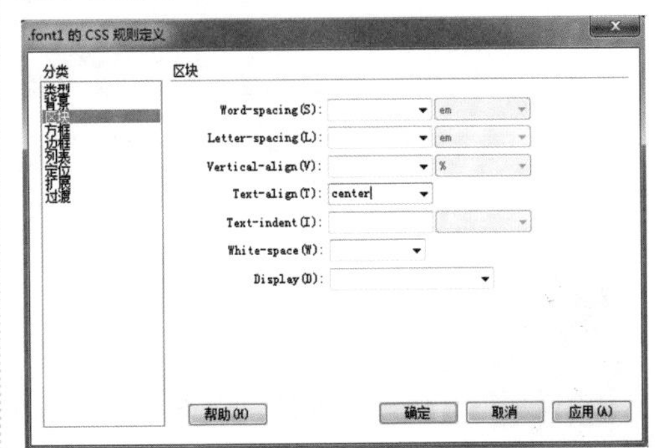

操作提示

取消“全部相同”选项，可以分别设置元素各个边的边框样式属性、边框宽度和边框颜色。

7 在左侧“分类”列表中选择“方框”选项，在右侧进行参数设置，如下图所示。

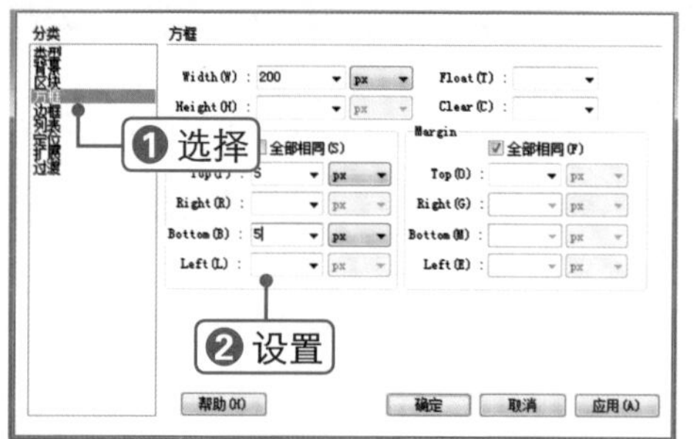

8 在左侧“分类”列表中选择“边框”选项，在右侧进行参数设置，如下图所示。

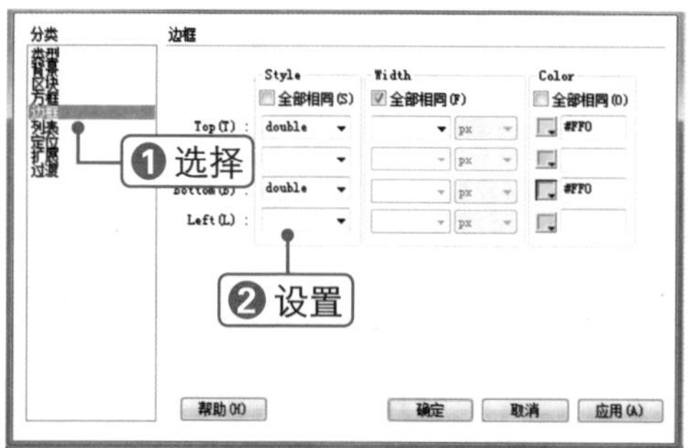

9 新建 .font2，在“.font2 的 CSS 规则定义”对话框中选择“背景”选项，设置背景属性，如下图所示。

10 在左侧“分类”列表中选择“边框”选项，在右侧设置边框属性，如下图所示。

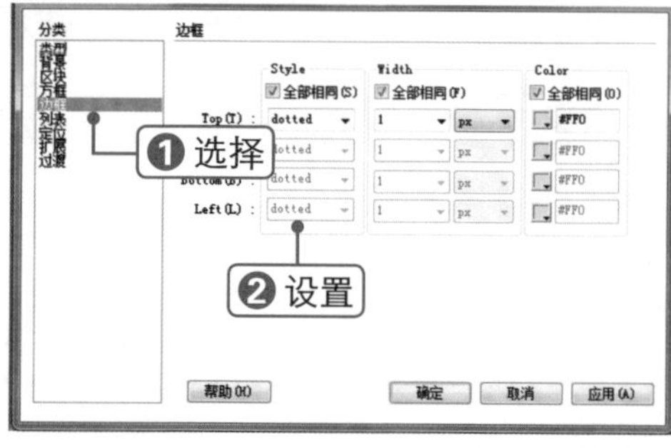

11 选中第一行文字，为其应用“.font”类，如下图所示。

12 同样，为其他文字分别应用 font1、font2 样式。按【Ctrl+S】组合键保存文档，按【F12】键进行预览，如下图所示。

知识插播

对于已经制定好的 CSS 样式，用户如果感到不满意，可以对其进行编辑、修改或删除后重新创建等操作。

行家提醒

可以在应用填充和边距设置时将设置应用于元素的各个边，也可以使用“全部相同”设置将相同的设置应用于元素的所有边。

4. “列表”属性设置

通过“.Font1 的 CSS 规则定义”对话框中的“列表”类别，可以对列表标签进行相应的定义设置（如项目符号大小和类型等）。在左侧选择“列表”选项，在右侧显示相应的选项，进行所需的设置，如下图所示。

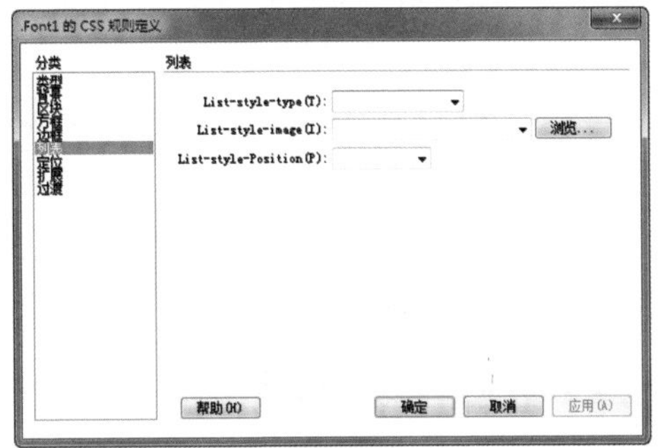

5. “定位”属性设置

“定位”选项可用于定义层，在“.Font1 的 CSS 规则定义”对话框左侧选择“定位”选项，在右侧显示相应的选项，进行所需的设置，如下图所示。

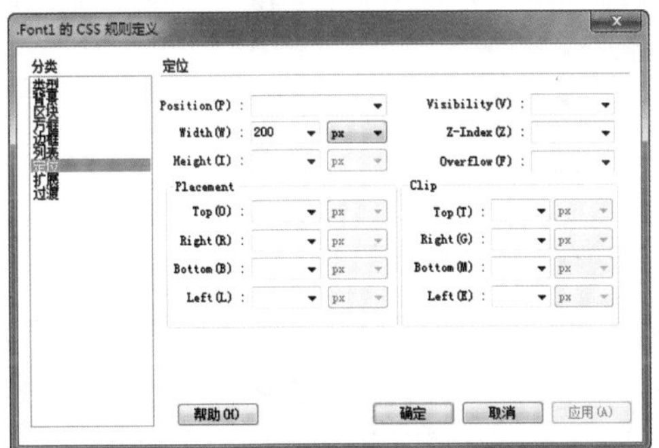

6. “扩展”属性设置

在“.Font1 的 CSS 规则定义”对话框左侧选择“扩展”选项，在右侧显示相应的选项，进行所需的设置，如下图所示。

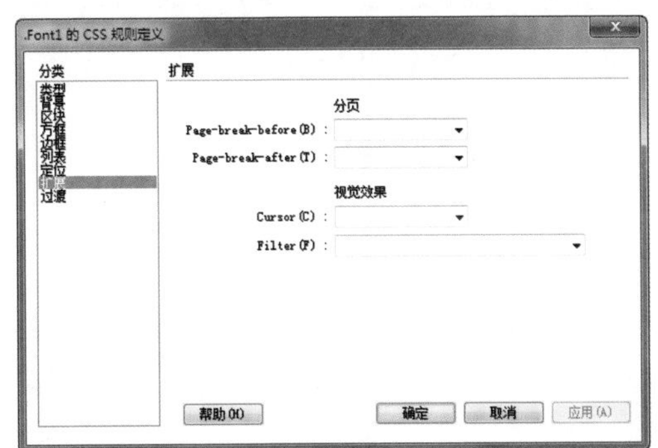

操作提示

“定位”样式属性使用“层”首选参数中定义层的默认标签，将标签或所选文本块更改为新层。

5.3 使用CSS样式

在新建并设置 CSS 样式后，即可将其应用于网页中。下面将重点介绍几种常用的使用 CSS 样式的方法。

5.3.1 套用CSS样式

下面以文本对象套用 CSS 样式为例介绍 CSS 样式的应用，具体操作方法如下：

素材文件 光盘：素材文件\第5章\套用CSS样式

1 打开素材文件，选择“窗口”|“CSS 样式”命令，打开“CSS 样式”面板，单击“新建”按钮，如下图所示。

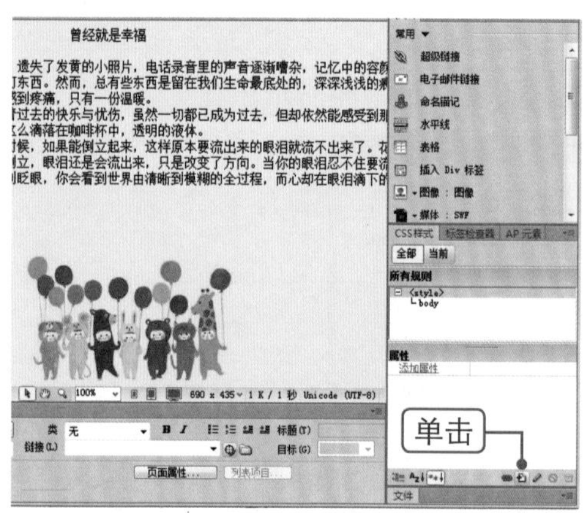

2 弹出“新建 CSS 规则”对话框，设置“选择器类型”为“类”，名称为“.font1”，单击“确定”按钮，如下图所示。

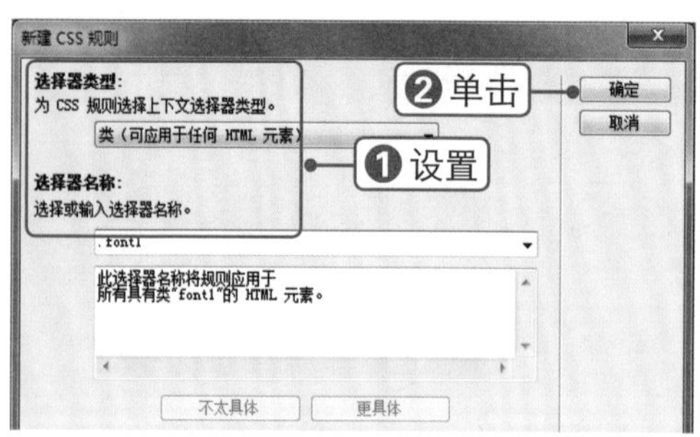

3 弹出“font1 的 CSS 规则定义”对话框，在左侧选择“类型”选项，在右侧设置各项参数，如下图所示。

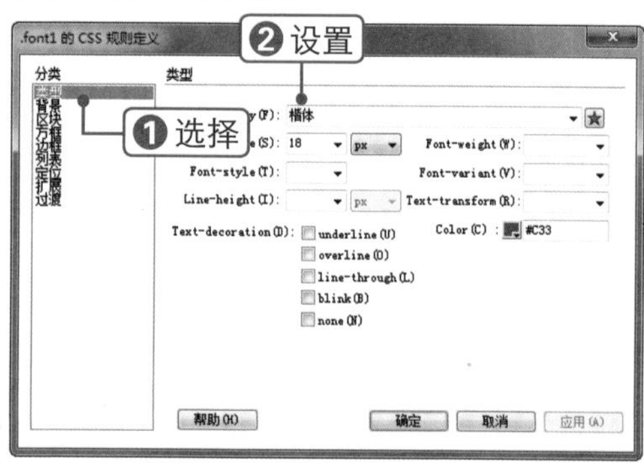

4 在左侧选择“扩展”选项，在右侧设置各项参数，单击“确定”按钮，如下图所示。

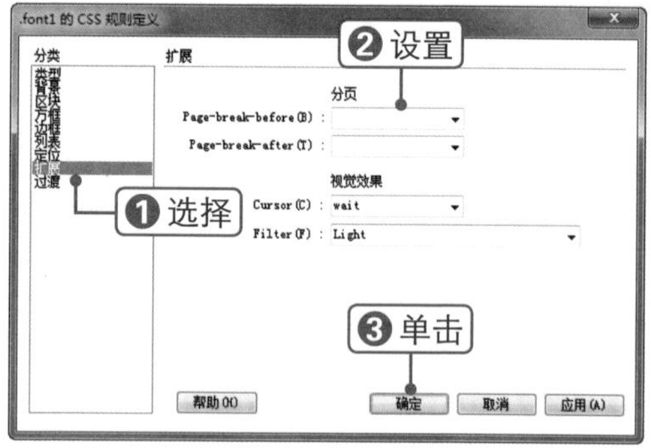

行家提醒

样式表的使用有三种方式：连接、导入、嵌入。其中连接和导入可用于多个页面共用一个样式表文件；嵌入则仅对单一页面起作用。

5 将光标置于文本对象中，打开“CSS样式”面板，选择.font1样式并右击，选择“应用”命令，如下图所示。

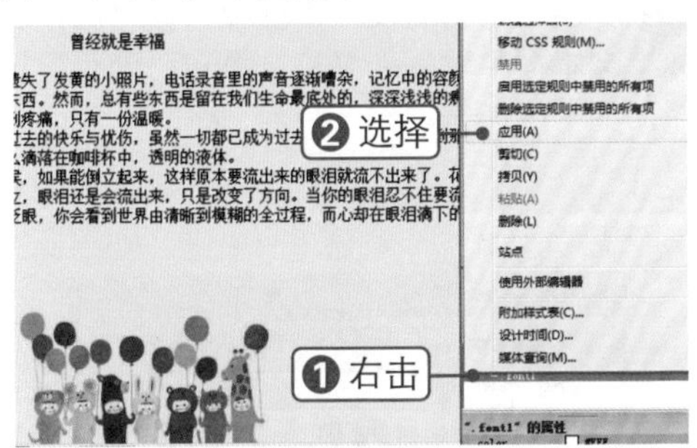

6 设置完成后，按【F12】键进行预览，效果如下图所示。

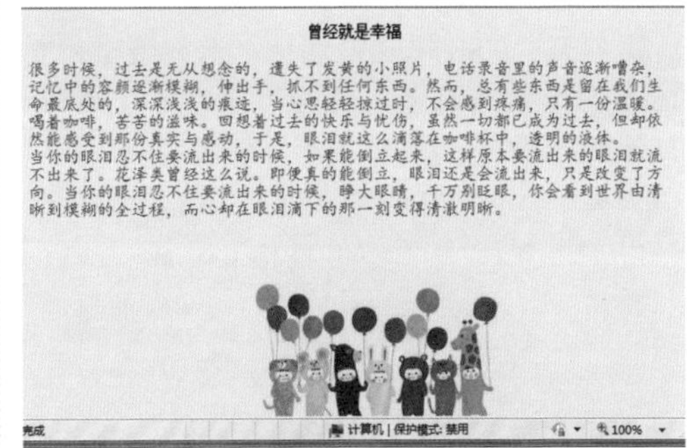

>> 5.3.2 修改CSS样式

新建CSS样式后，还可以通过“CSS样式”面板对已有样式进行修改，下面将详细介绍如何修改样式。

1. 复制样式

如果要复制样式，具体操作方法如下：

1 选择“窗口”|“CSS样式”命令，如下图所示。

2 打开“CSS样式”面板，选择要进行复制的样式并右击，选择“复制”命令，如下图所示。

3 弹出“复制CSS规则”对话框，设置复制样式选项，单击“确定”按钮，如下图所示。

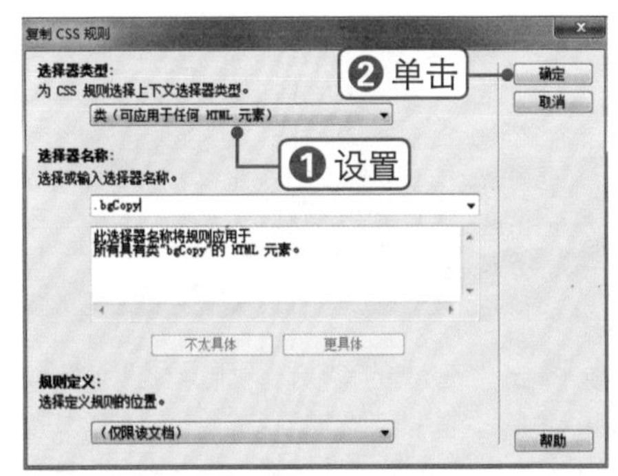

4 复制.bg样式后，即可得到一个.bgCopy复本，如下图所示。

操作提示

复制一个已经创建完成的CSS样式，再对其参数进行修改，即可创建一个全新的CSS样式，这样可以提高工作效率。

2. 重命名样式

如果要重命名样式，具体操作方法如下：

❶ 打开“CSS 样式”面板，选择要进行重命名的样式并右击，选择“重命名”命令，如下图所示。

❷ 弹出“重命名类”对话框，在“新建名称”文本框中输入新名称，单击“确定”按钮，如下图所示。

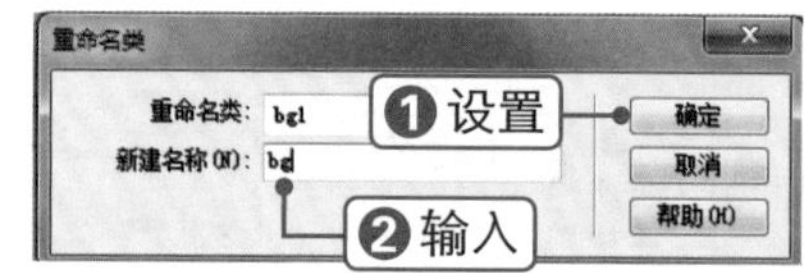

3. 修改样式选项

如果要修改样式选项，具体操作方法如下：

❶ 选择要修改的样式，单击“CSS 样式”面板下方的按钮，如下图所示。

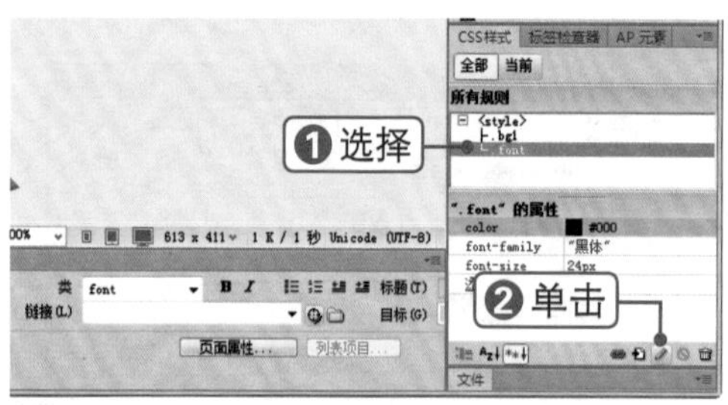

❷ 弹出“.font 的 CSS 规则定义”对话框，将 .font 的字体改为“华文彩云”，大小改为 36px，单击“确定”按钮，如下图所示。

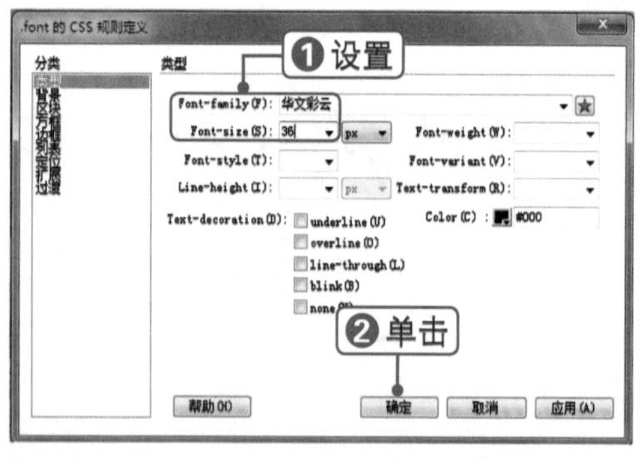

❸ 修改样式后，应用此样式的对象也会发生相应的改变，如下图所示。

❹ 若要将某个 CSS 样式删除，可以右击该样式，选择“删除”命令（如下图所示），即可从列表中删除。

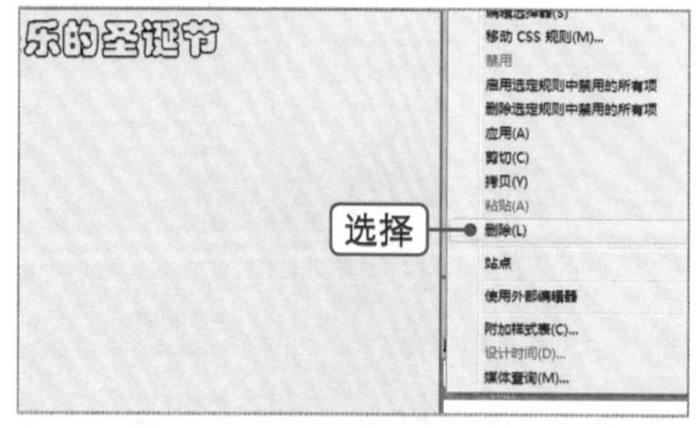

行家提醒

在所有规则中选择要编辑的 CSS 样式并双击，弹出“CSS 规则定义”对话框，从中可以进行 CSS 样式的修改。

>> 5.3.3 外部链接CSS样式

外部样式表是一个包含样式并符合 CSS 规范的外部文本文件。当编辑外部样式表后，当前文档中使用该样式的所有对象将发生相应的变化。

素材文件　光盘：素材文件\第5章\外部链接CSS样式

1 打开素材文件，单击“CSS 样式”面板中的“附加样式表”按钮，如下图所示。

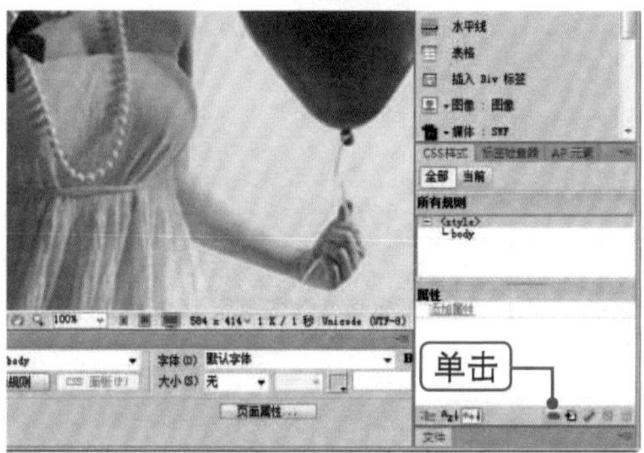

2 在弹出的对话框中单击“浏览”按钮，或在“文件 /URL”下拉列表框中输入该样式表的路径，如下图所示。

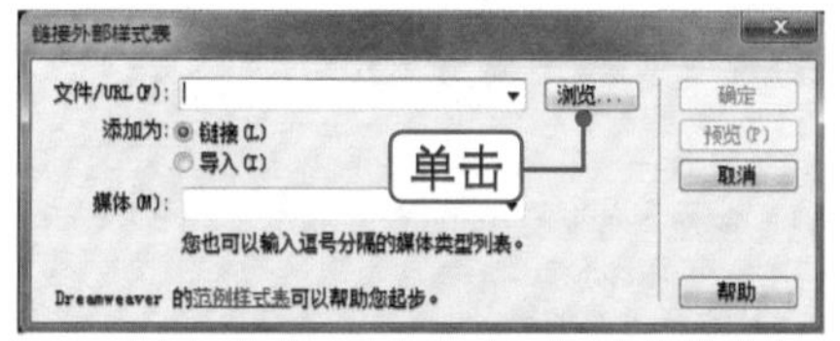

3 弹出“选择样式表文件”对话框，选择样式表，然后单击“确定”按钮，如下图所示。

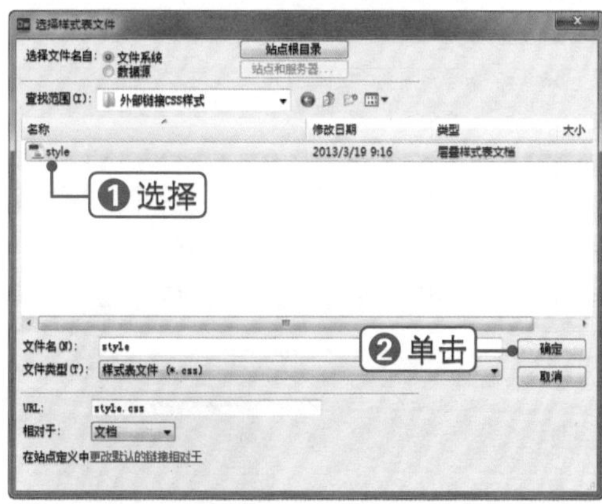

4 在“添加为”选项区中设置使用方式，在此选中“链接”单选按钮，如下图所示。

5 在“媒体”下拉列表中选择样式表的目标媒介，如下图所示。

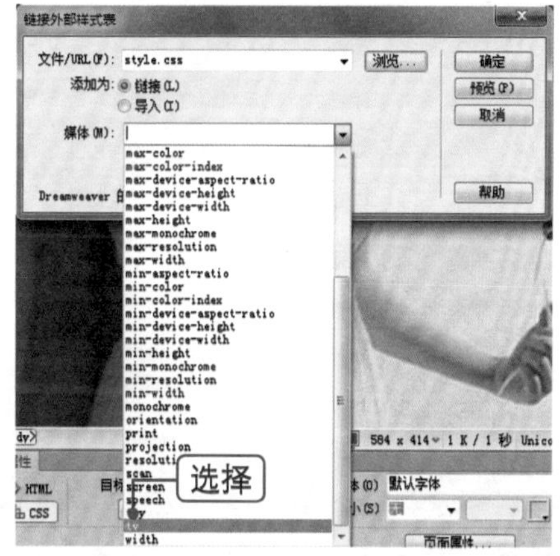

6 单击“预览”按钮，查看样式效果。若符合需要，则单击“确定”按钮，如下图所示。

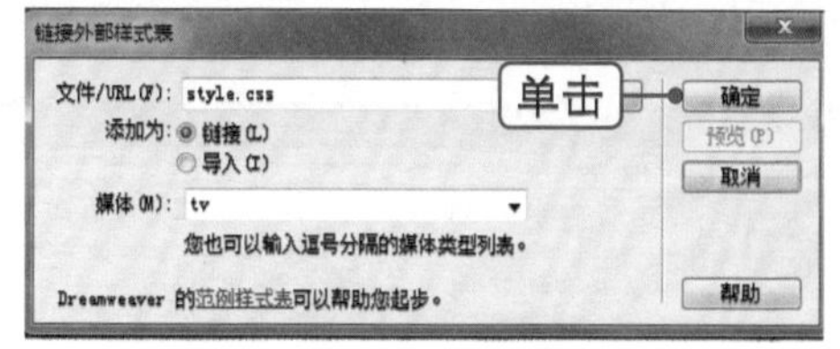

操作提示

选择“链接”单选按钮将在 HTML 代码中创建一个 link href 标签，并引用已发布的样式表所在的 URL。

5.4 CSS应用案例

下面将结合本章所学的知识，利用 CSS 样式制作一些特殊的效果，如文字效果、图像效果和段落效果等。

5.4.1 文字特效

下面将介绍如何利用 CSS 样式制作文字特效，如阴影字、光晕字等。

1. 阴影字

利用 CSS 样式制作阴影字的具体操作方法如下：

素材文件　光盘：素材文件\第5章\光晕字实例\9.jpg

1 新建空白文档，设置文档标题为“文字阴影效果”。选择“修改”|“页面属性”命令，如下图所示。

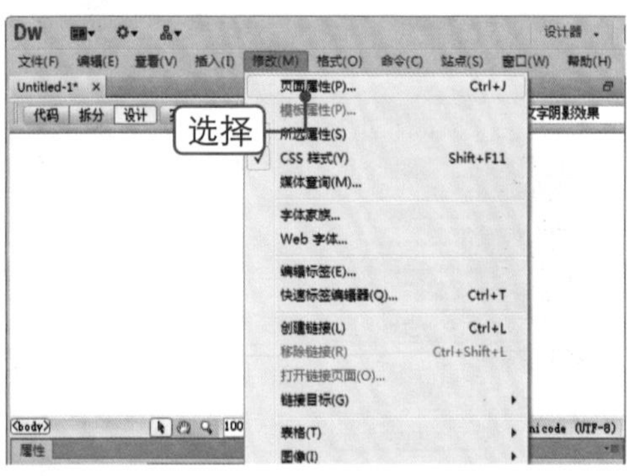

2 弹出“页面属性”对话框，选择“外观”选项，设置“重复”为 no-repeat，单击“背景图像”文本框右侧的“浏览”按钮，如下图所示。

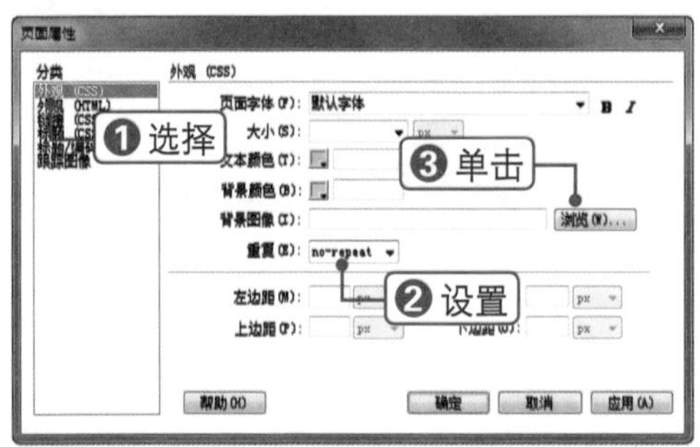

3 弹出“选择图像源文件”对话框，选择背景图像，单击“确定”按钮，如下图所示。

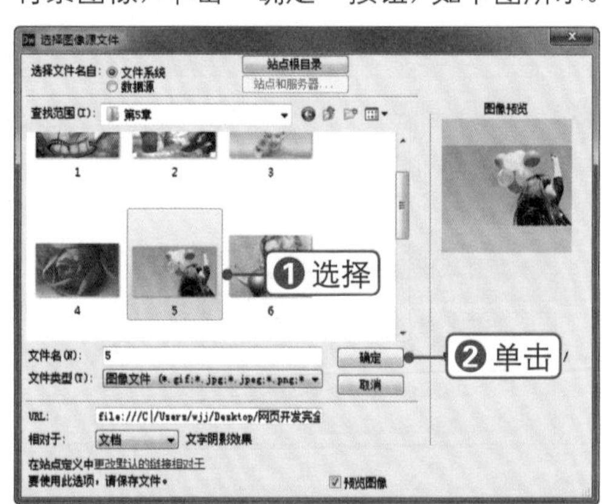

4 在文档窗口中输入文字“阴影字效果”，如下图所示。

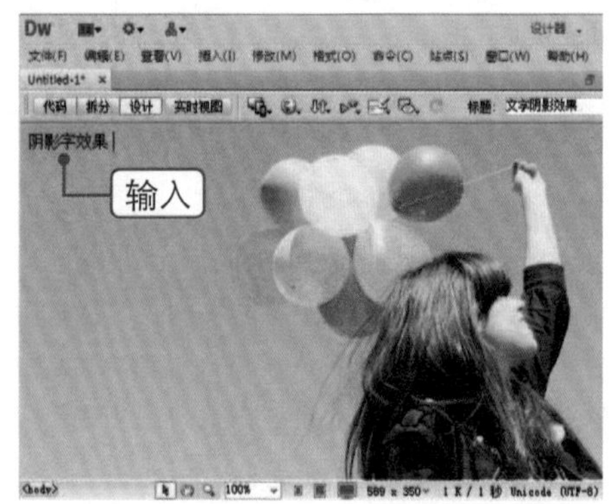

行家提醒

如果用图像作为 Web 页的背景，可指定其位置和平铺属性。通过组合使用这两种属性，可确定背景图像在页面上的位置及图像显示频率。

5 选择“窗口”|“CSS样式”命令，打开“CSS样式”面板，单击“新建CSS规则”按钮 ，如下图所示。

6 弹出“新建CSS规则”对话框，设置各项参数，单击“确定”按钮，如下图所示。

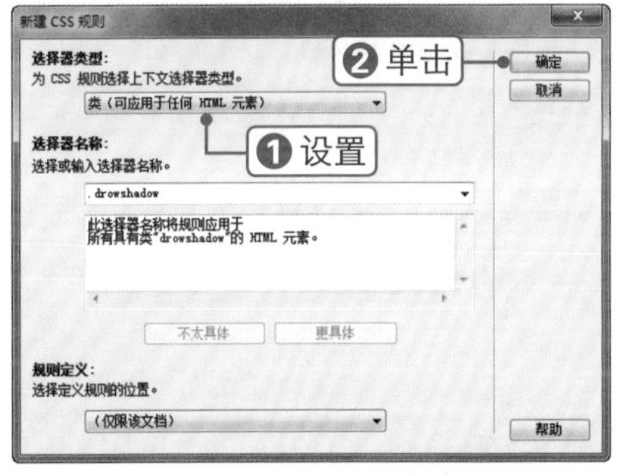

7 弹出“drowshadow的CSS规则定义”对话框，在左侧选择“类型”选项，在右侧设置各项参数，如下图所示。

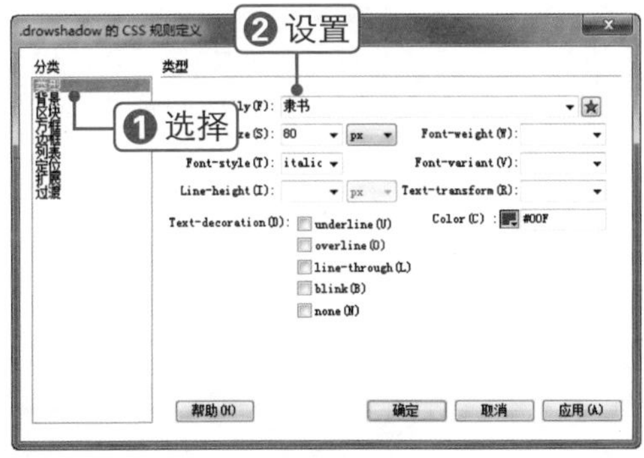

8 在左侧选择“扩展”选项，在右侧设置“扩展”参数，单击“确定”按钮，如下图所示。

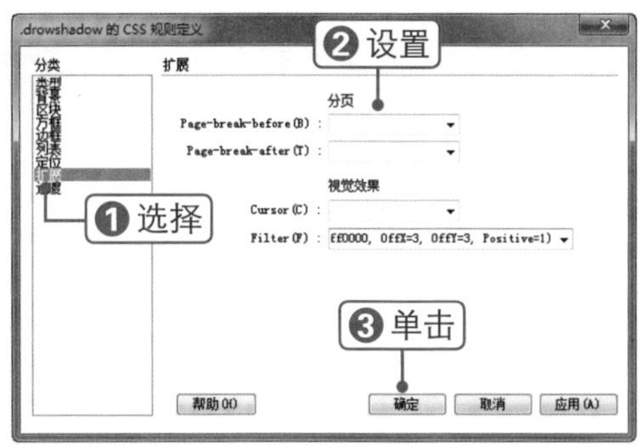

9 选中文字，在“属性”面板中设置“类”为“.drowshadow”，如下图所示。

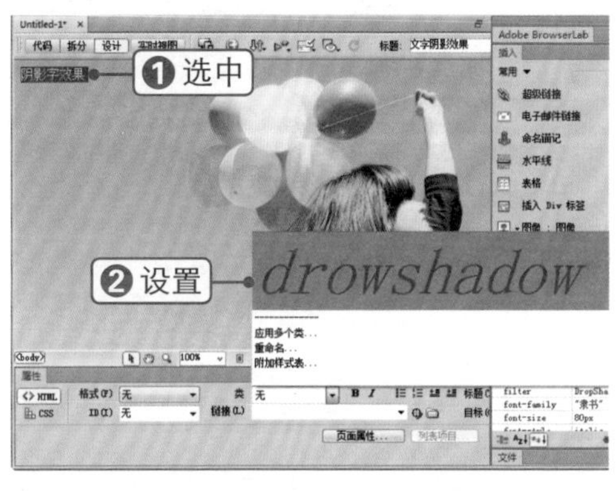

10 此时阴影效果应用于文字对象，按【Ctrl+S】组合键保存文档，按【F12】键预览效果，如下图所示。

操作提示

打开“CSS样式”面板有多种方法，例如，按【Shift+F11】组合键也可以打开“CSS样式”面板。

2．光晕字

利用 CSS 样式制作光晕字的具体操作方法如下：

素材文件 光盘：素材文件\第5章\光晕字实例

1 打开素材文件，选择“插入”|“表格”命令，如下图所示。

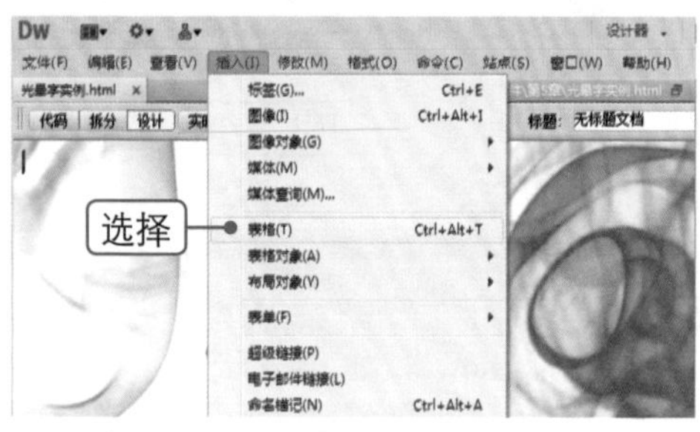

2 弹出“表格”对话框，设置参数，单击“确定”按钮，如下图所示。

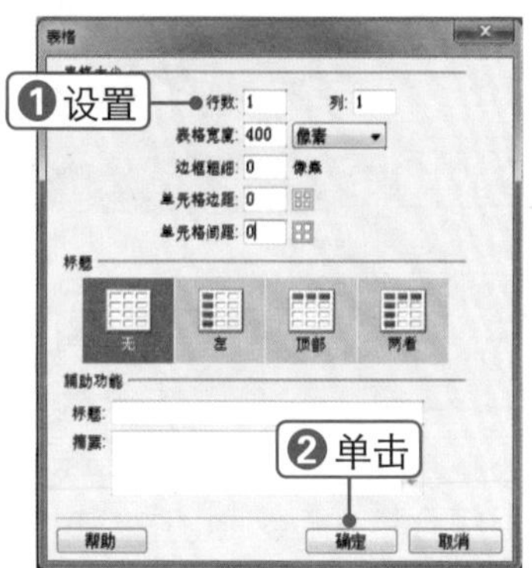

3 在“属性”面板中设置表格对齐方式为“居中对齐”，如下图所示。

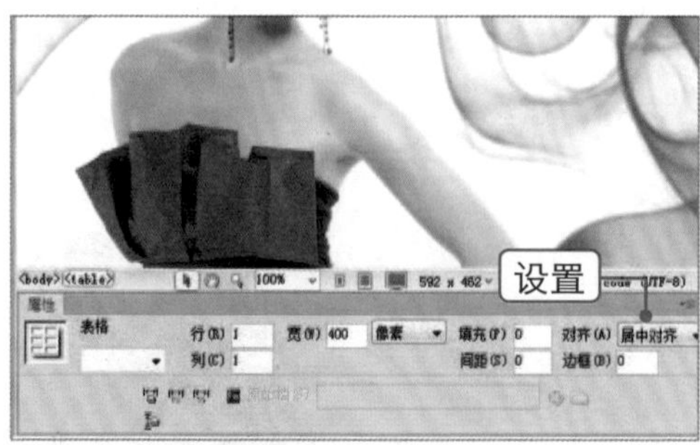

4 在表格中输入文字，设置水平、垂直对齐方式分别为“居中对齐”和“居中”，在“CSS样式”面板中单击按钮，如下图所示。

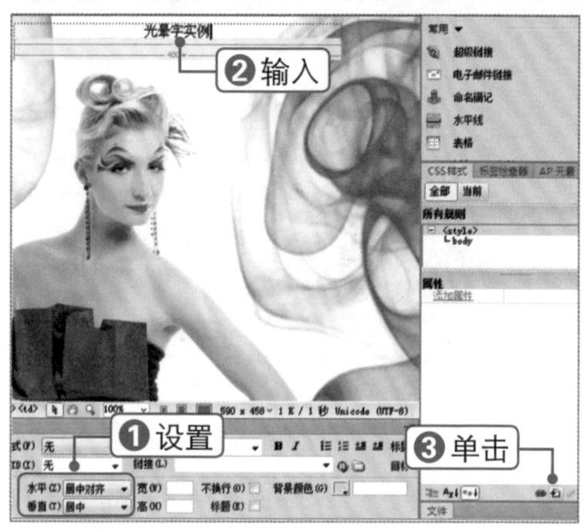

5 弹出“新建 CSS 规则”对话框，设置各项参数，单击“确定”按钮，如下图所示。

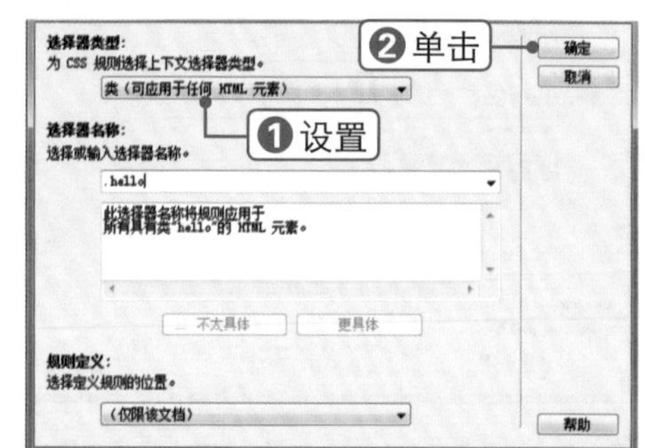

6 在弹出的对话框中设置“类型”选项，如下图所示。

7 在左侧选择“扩展”选项，在右侧设置各项参数，单击“确定”按钮，如下图所示。

行家提醒

一个页面中可以创建多个所需的 CSS 样式，同一个 CSS 样式也可以被反复使用。

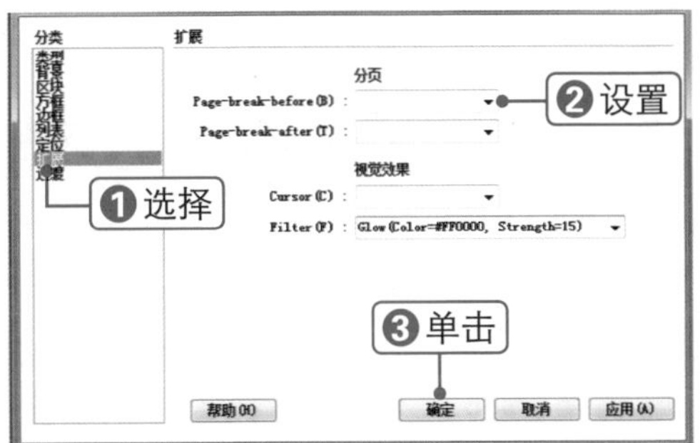

8 选中文字，在“属性”面板中设置“类”为 hello，如下图所示。

9 按【F12】键，在浏览器中预览效果，如下图所示。

>> 5.4.2 段落首字下沉效果

利用 CSS 样式可以制作段落首字下沉效果，具体操作方法如下：

素材文件 光盘：素材文件\第5章\段落首字下沉效果

1 打开素材文件，选择“窗口”|“CSS 样式”命令，如下图所示。

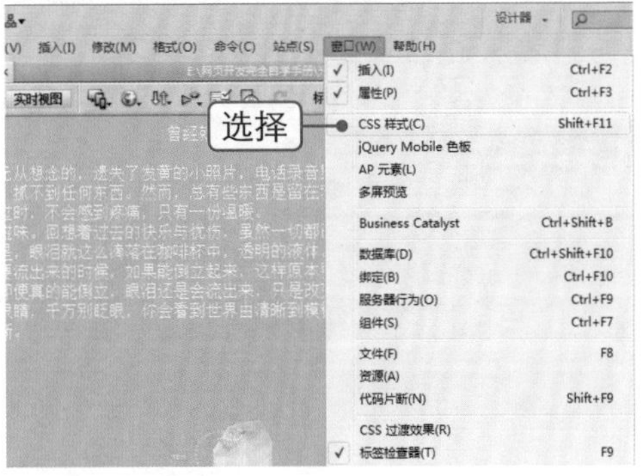

2 打开“CSS 样式”面板，单击“新建 CSS 规则”按钮，如下图所示。

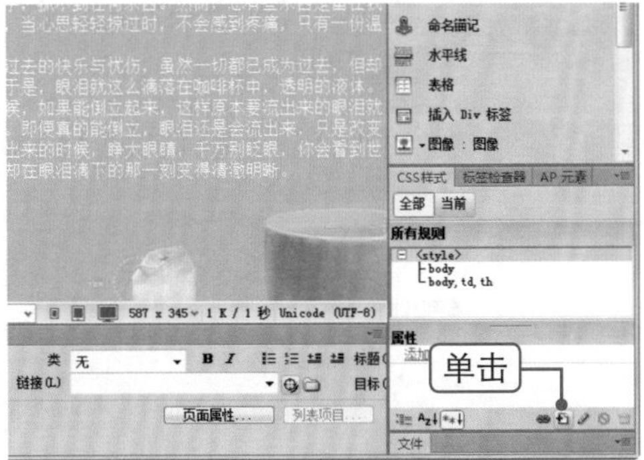

操作提示

使用 Word、Dreamweaver 中的 CSS 和一些普通排版软件都可以制作出段落首字下沉效果。

3 在弹出的"新建CSS规则"对话框中进行参数设置，单击"确定"按钮，如下图所示。

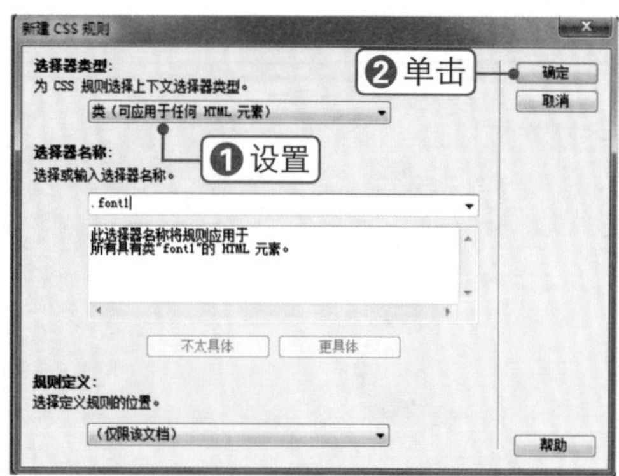

4 弹出"font1 的 CSS 规则定义"对话框，在左侧选择"类型"选项，在右侧设置类型属性，如下图所示。

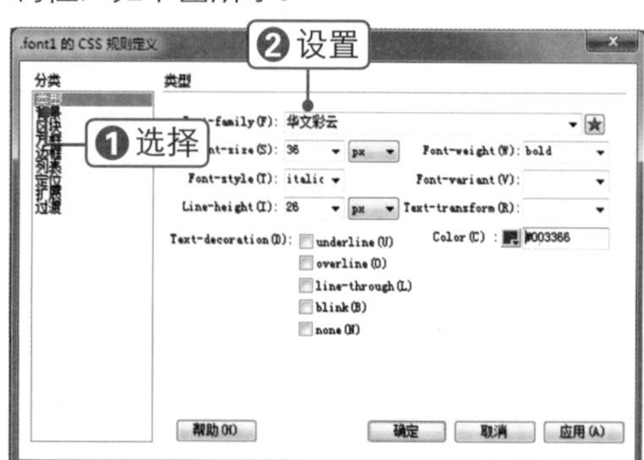

5 在左侧选择"背景"选项，在右侧设置"背景"属性，如下图所示。

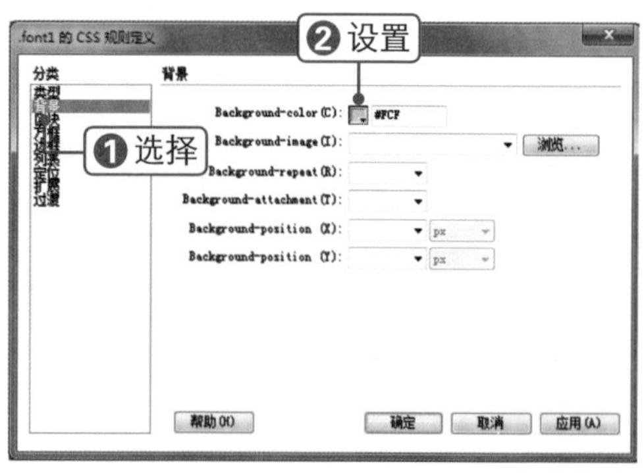

6 在左侧选择"方框"选项，在右侧设置"方框"属性，如下图所示。

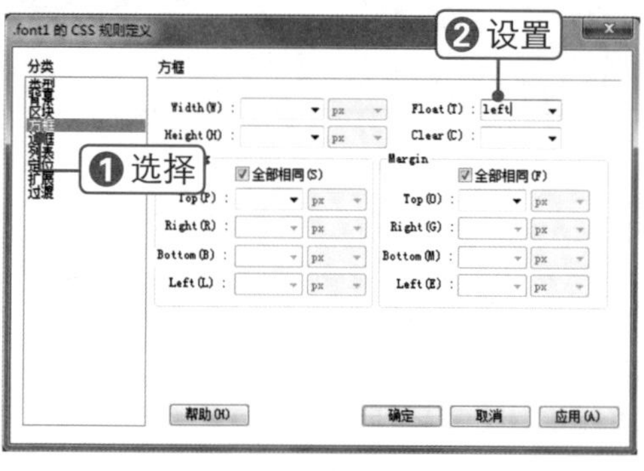

7 在页面中选中段落的第一个字，在"属性"面板中设置"类"为".font1"，如下图所示。

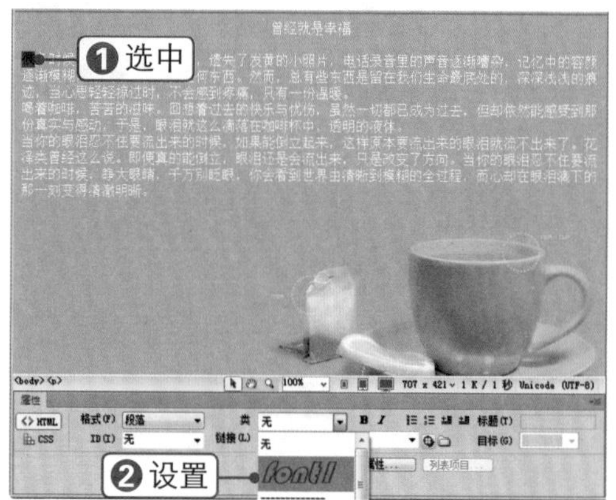

8 按【Ctrl+S】组合键保存文档后，按【F12】键进行浏览，效果如下图所示。

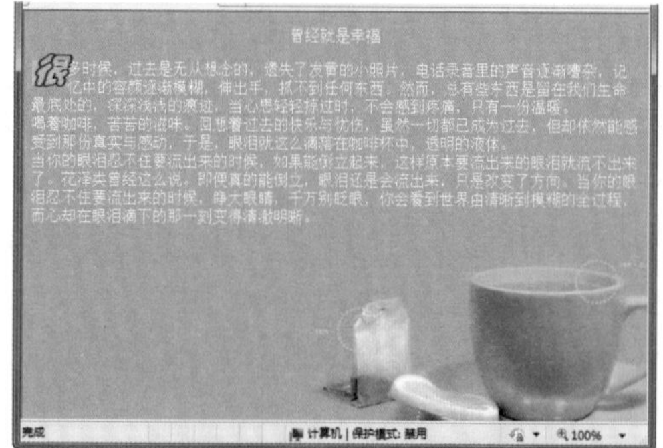

行家提醒

使用图像处理软件将文字制作成图片插入到网页中也可以实现段落首字下沉效果，但这种方法不易修改。

5.5 实战演练——图片黑白效果

下面将利用 CSS 的 Gray 滤镜、Inverter 滤镜和 Xray 滤镜，分别制作图片的黑白效果、底片效果和 X 光效果，具体操作方法如下。

素材文件　光盘：素材文件\第5章\apple.jpg

1 新建空白文档，选择“插入”|“表格”命令，如下图所示。

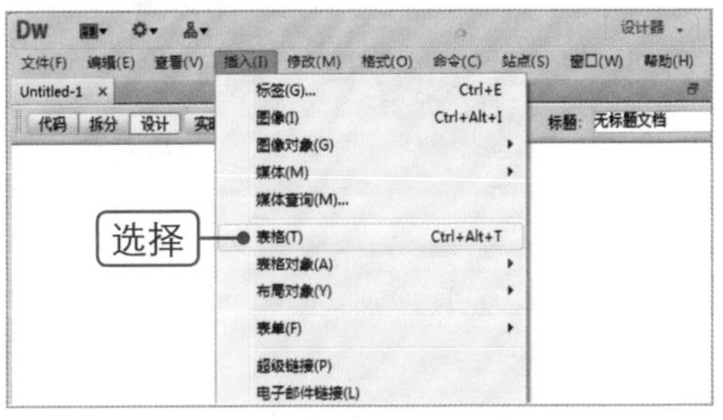

2 弹出“表格”对话框，设置各项参数，单击“确定”按钮，如下图所示。

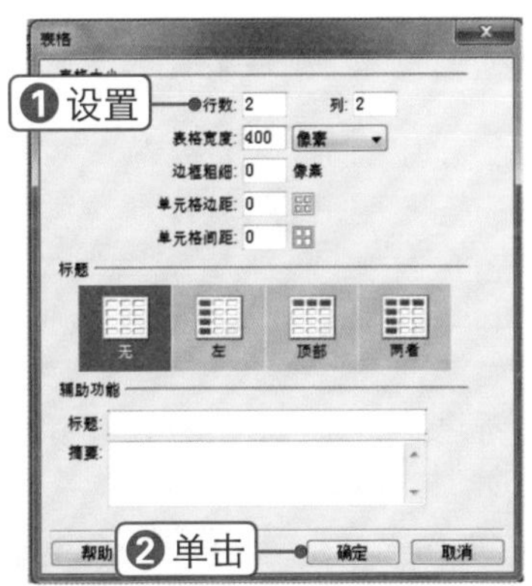

3 将光标定位在第 1 行第 1 列单元格中，选择“插入”|“图像”命令，如下图所示。

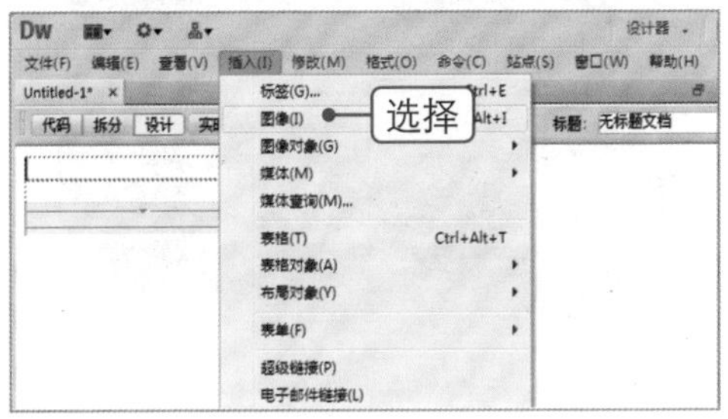

4 弹出“选择图像源文件”对话框，选择要插入的图像，单击“确定”按钮，如下图所示。

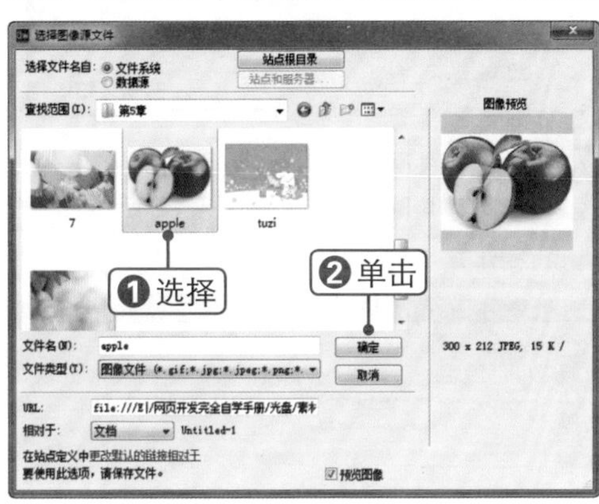

5 用同样的方法在其他单元格中插入该图片。在“CSS 样式”面板中单击按钮，如下图所示。

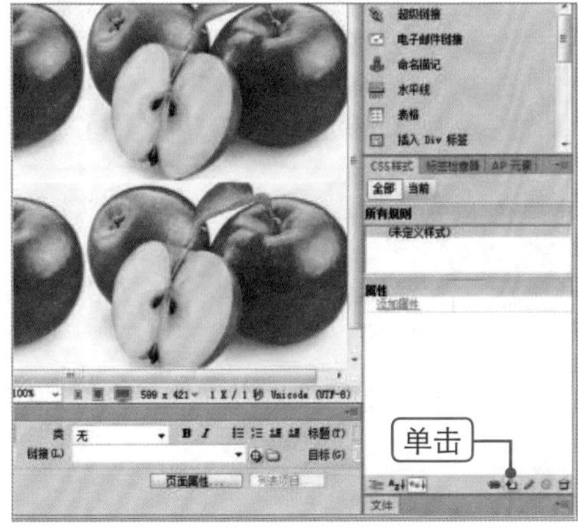

滤镜是对 CSS 的扩展，与制图软件 Photoshop 中的滤镜相似，它可以用很简单的方式对页面中的文字进行特效处理。

6 在弹出的“新建 CSS 规则”对话框中进行参数设置，单击“确定”按钮，如下图所示。

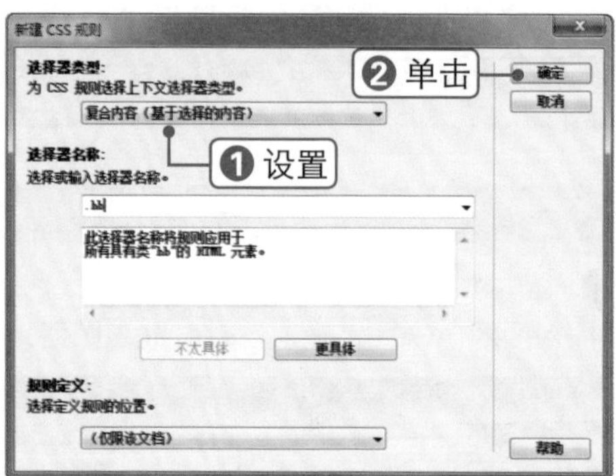

7 在弹出对话框的左侧选择“扩展”选项，在右侧设置 Filter 为 Gray，单击“确定”按钮，如下图所示。

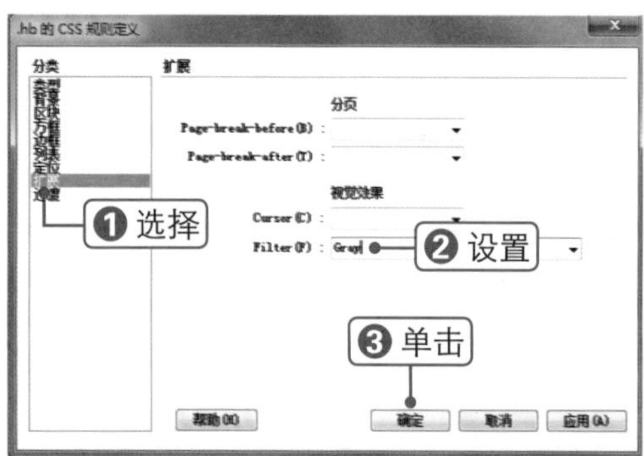

8 选中第 1 行第 2 列单元格中的图片，在“属性”面板中选择“类”为 .hb，如下图所示。

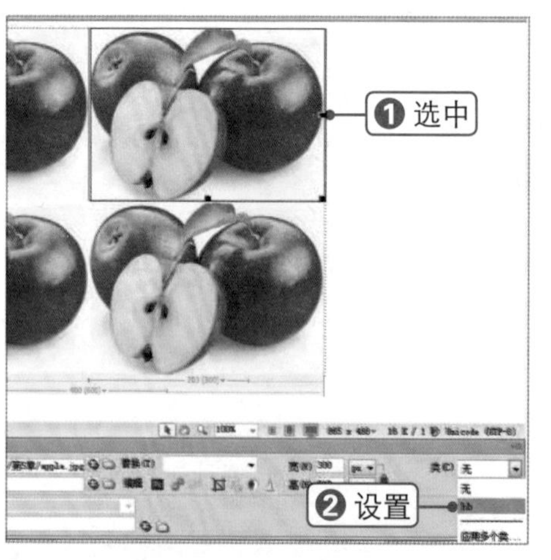

9 按【Ctrl+S】组合键保存文档后，按【F12】键进行预览，效果如下图所示。

10 用同样的方法新建一个名为 .hb1 的 CSS 样式，设置其规则，单击“确定”按钮，如下图所示。

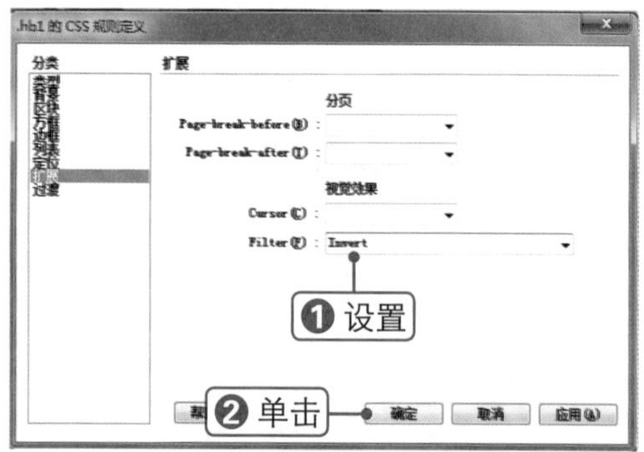

11 将新建的 .hb1 应用于第 2 行第 1 列单元格中的图片，如下图所示。

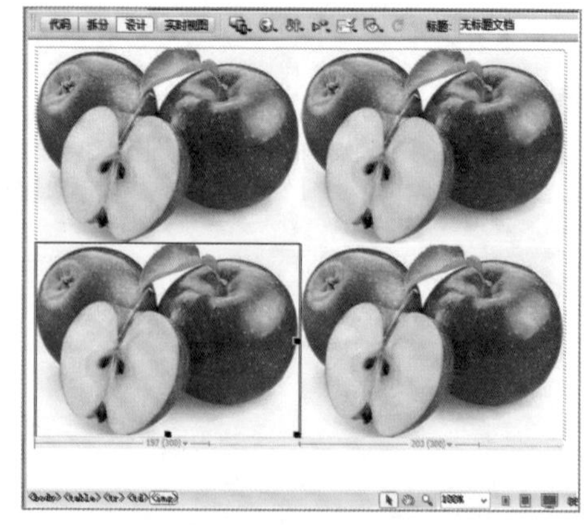

行家提醒

Invert 滤镜是将色彩、饱和度及亮度值完全反转建立底片效果。语法为 Filter：Invert。

⑫ 新建一个 .hb2 的 CSS 样式，设置 .hb2 的规则，单击“确定”按钮，如下图所示。

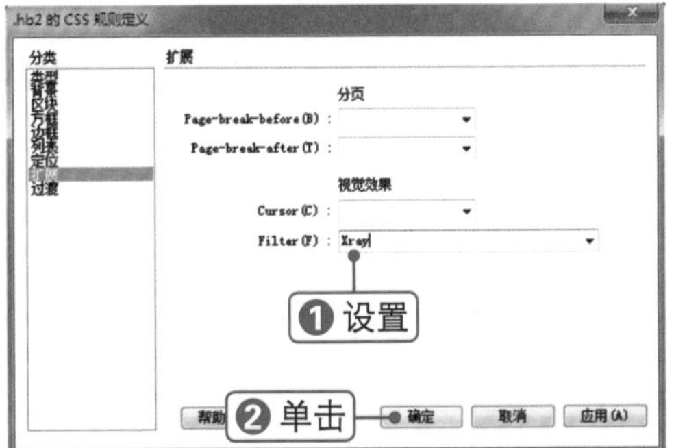

⑬ 将 .hb2 样式应用于第 2 行第 2 列单元格中的图片，如下图所示。

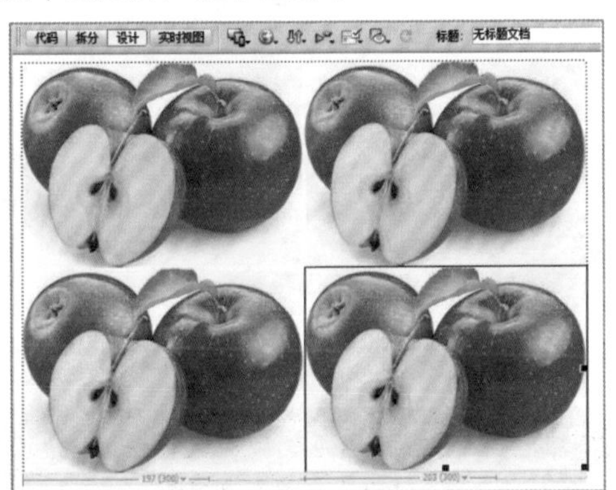

⑭ 按【Ctrl+S】组合键保存文档后，按【F12】键进行预览，整体效果如下图所示。

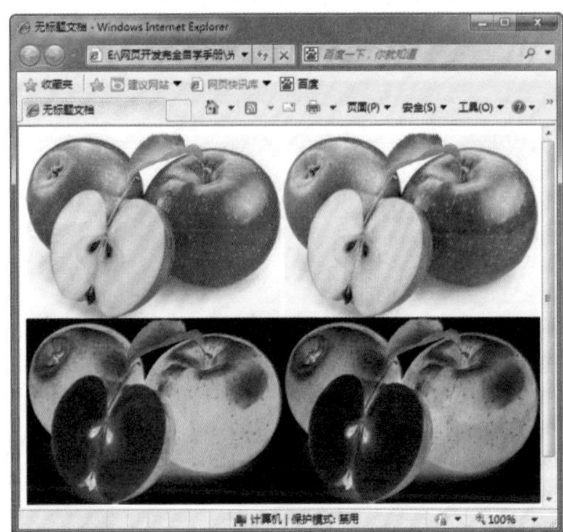

知识插播

ID 选择器类似于类选择器，用来定义网页中某一个特殊元素的外观样式，ID 选择器的名称由用户自定义，一般需要以“#”开头。在网页中应用 ID 选择器定义的外观时，需要在应用样式的 HTML 标签中添加 id 属性，并将 ID 选择器名称作为其属性值进行设置，如下图所示。

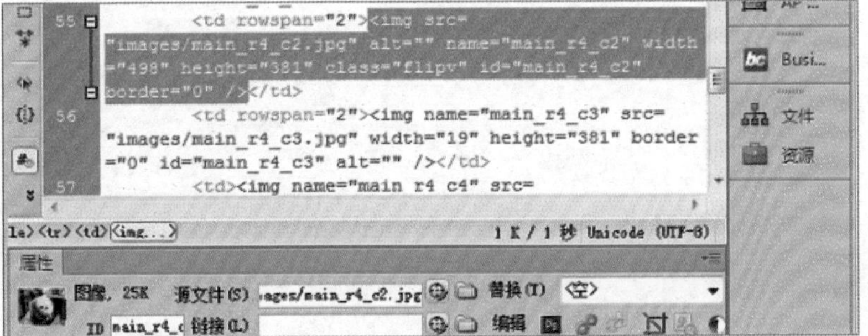

X 射线滤镜（Xray）用于加亮对象的轮廓，呈现 X 片效果。X 射线滤镜不需要设置参数，它可以像灰色滤镜一样去除对象的所有颜色。

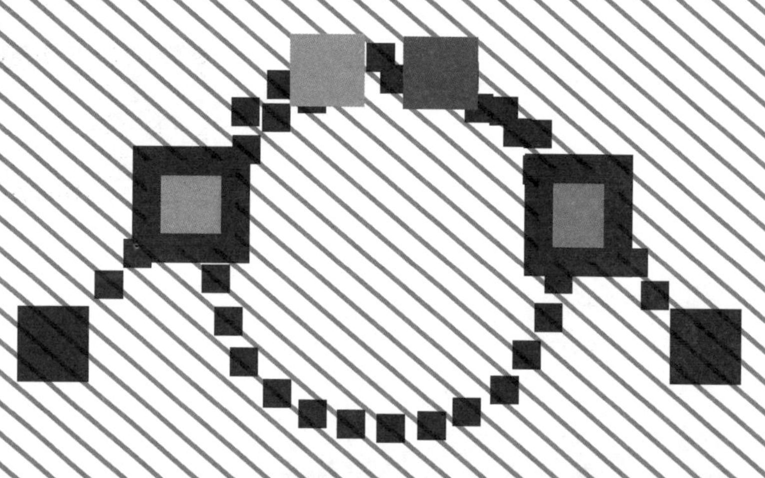

Chapter 06 使用行为与表单

表单专门用于接收访问者填写的信息，从而采集客户端信息，使网页具有交互的功能。行为是JavaScript的程序库，是动作和事件的组合，也是实现网上交互的一种捷径。本章将详细介绍如何在网页中创建表单和添加行为。

本章重点知识

◎ 创建表单
◎ 创建表单对象
◎ 行为和事件
◎ Dreamweaver内置行为的使用
◎ 实战演练——添加行为

6.1 创建表单

在制作要实现信息交互的动态网页时，表单是一个必不可少的选项。它是接收用户信息的重要窗口，然后交由服务器端的脚本处理相关信息，并进行反馈。

>> 6.1.1 认识表单

一个完整的交互表单由两部分组成：一个是客户端包含的表单页面，用于填写浏览者进行交互的信息；另一个是服务器端的应用程序，用于处理浏览者提交的信息。如下图所示即为使用表单的网页。

>> 6.1.2 创建表单

下面将介绍如何在 Dreamweaver CS6 中创建表单。新建或打开一个文档，可从中插入一个表单，具体操作方法如下：

1 将光标定位于要插入表单的位置，选择“插入”|“表单”|“表单”命令，如下图所示。

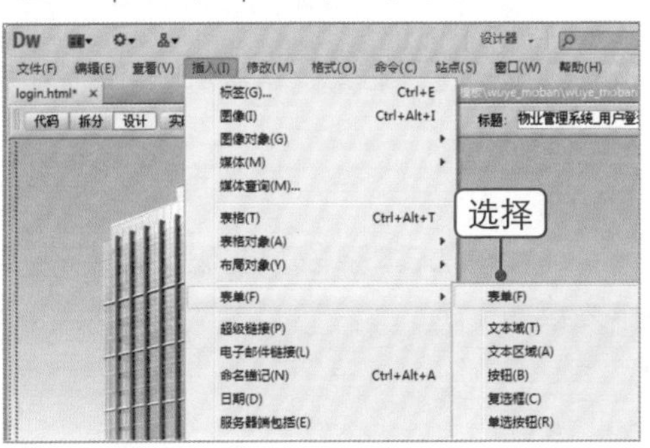

2 此时即可在文档中插入一个表单域，如下图所示。

操作提示

表单是用户和服务器之间的桥梁，用于收集用户信息。表单由两部分组成：一部分是前台显示程序，另一部分是后台处理程序。

6.1.3 表单属性的设置

在 6.1.2 节中插入的是一个空表单，单击红色虚线选中表单，在属性检查器中可以查看表单的相关属性，如下图所示。

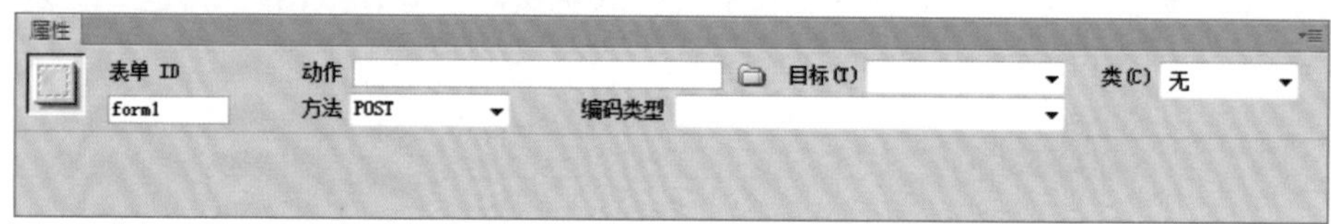

◎ **表单 ID**：用于输入表单名称，以便在脚本语言中控制该表单。

◎ **方法**：用于选择表单数据传输到服务器的方法。

◎ **动作**：用于输入处理该表单的动态页或脚本的路径，可以是 URL 地址、HTTP 地址，也可以是 Mailto 地址。

◎ **目标**：用于选择服务器返回反馈数据的显示方式。

◎ **编码类型**：用于指定提交服务器处理数据所使用的 MIME 编码类型。

知识插播

使用表单，能够帮助 Internet 服务器从用户那里收集信息，例如，收集用户资料，在 Internet 上也同样存在大量的表单，让用户输入文字进行选择。

6.2 创建表单对象

在创建表单后，即可向其中添加表单对象。在 Dreamweaver 中可以创建各种表单对象，如文本框、单选按钮、复选框、按钮和下拉菜单等，下面将分别对其进行介绍。

6.2.1 插入文本字段

在表单中插入文本字段后，浏览者便可以在网页中输入各种信息，常被用作“用户名”或“密码”文本框等。

1. 插入文本字段

文本字段是表单中常用的元素之一，主要包括单行文本字段、密码文本字段和多行文本区域三种。添加文本字段的具体操作方法如下：

行家提醒

在 Dreamweaver 中，文本域可以通过使用“文本字段”或“文本区域”两种方法来创建。

素材文件　光盘：素材文件\第6章\插入文本字段

1 打开素材文件，将光标定位于表单区域中，单击“文本字段”按钮，如下图所示。

2 弹出“输入标签辅助功能属性”对话框，设置相关属性，单击“确定”按钮，如下图所示。

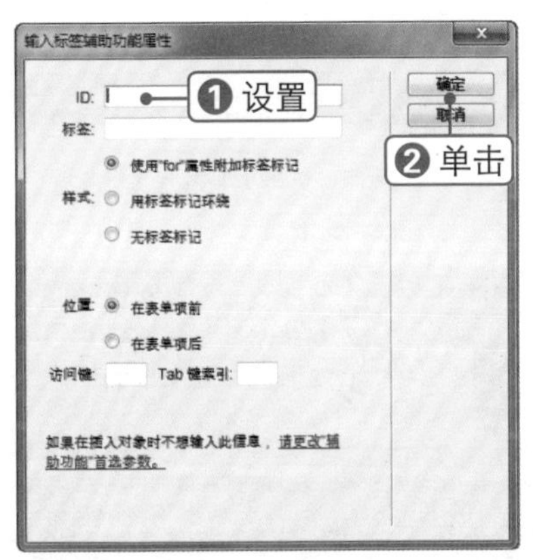

3 此时，即可在表单中插入一个文本字段，如下图所示。

4 采用同样的方法插入另外一个文本字段，效果如下图所示。

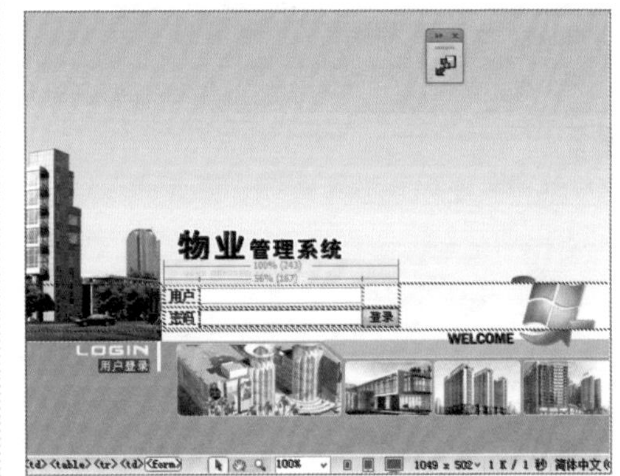

2. 设置文本字段的属性

在插入文本字段后，可以对其属性进行设置，具体操作方法如下：

1 选中插入的文本字段，在文档底部显示“属性”面板，其中显示了该文本字段的属性，如下图所示。

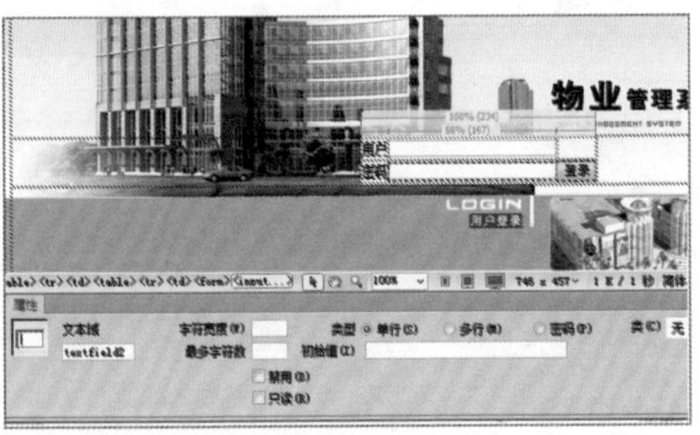

2 在“类型”选项区中选中“密码”单选按钮，如下图所示。

操作提示

插入一个文本域，可以在其中输入字母或数字，可以是单行或多行，或者作为密码文本域，还可以将输入的密码以 * 字符显示。

❸ 按【Ctrl+S】组合键保存文档，按【F12】键进行预览。在文本框中输入内容后内容显示为项目符号或星号，如下图所示。

❹ 若在“类型”选项区中选中“多行”单选按钮，即可插入列表框，如下图所示。

>> 6.2.2 插入复选框

在网页中应用复选框，能为用户提供多个选项，可以选择其中的一项或多项。下面将详细介绍如何插入复选框并进行属性设置，具体操作方法如下：

素材文件 光盘：素材文件\第6章\插入复选框

❶ 打开素材文件，将光标定位于表单区域中，选择“插入”|“表单”|“复选框”命令，如下图所示。

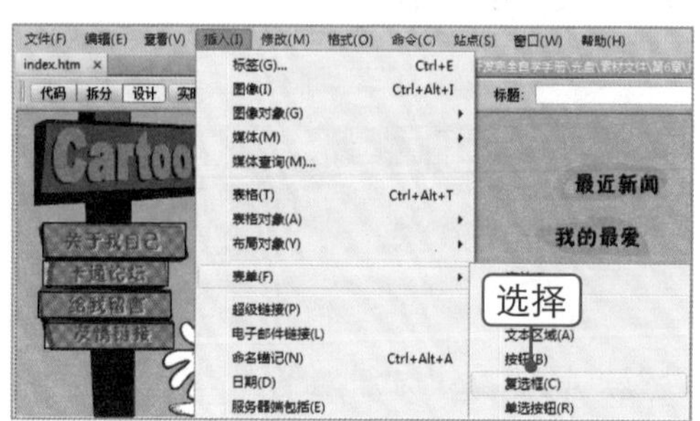

❷ 弹出“输入标签辅助功能属性”对话框，设置标签名，单击“确定”按钮，如下图所示。

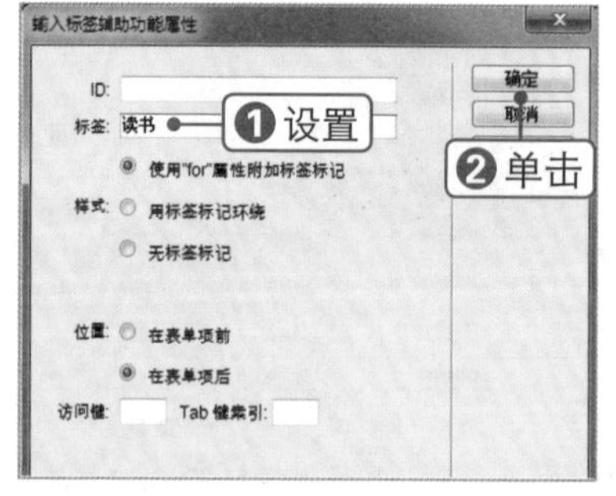

❸ 此时，即可在文档中插入复选框。重复进行操作，插入多个复选框，如下图所示。

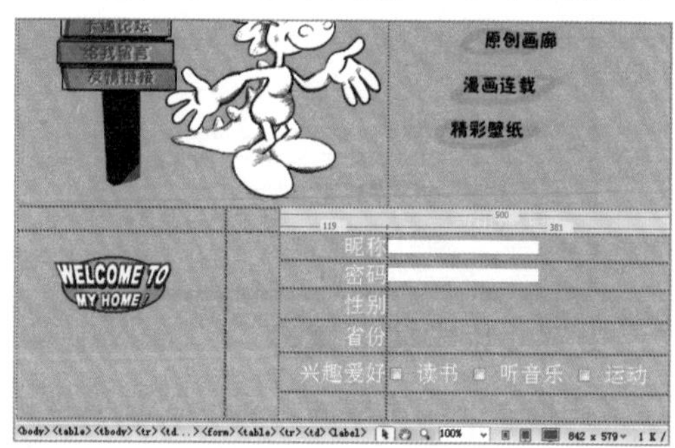

❹ 选择插入的复选框，打开“属性”面板，从中可以设置复选框选项，如下图所示。

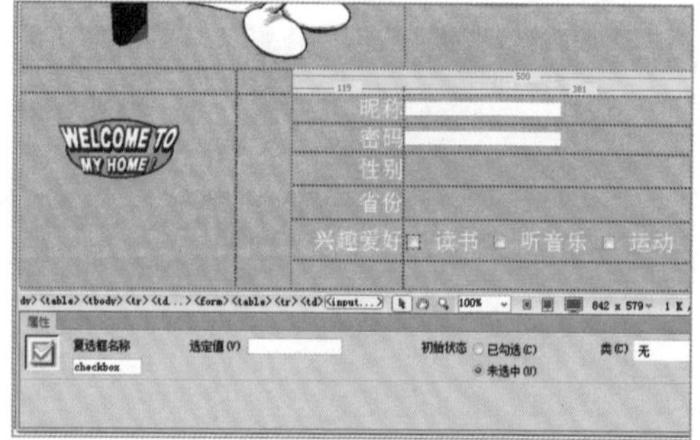

行家提醒

复选框表单对象可以限制访问者填写的内容，使收集的信息更加规范，更有利于信息的统计。

>> 6.2.3 插入单选按钮

单选按钮通常不会单一出现，而是多个单选按钮一起成组使用，且只允许选择其中的一个选项。

若要在网页文档中添加单选按钮，具体操作方法如下：

1 打开素材文件，将光标定位于表单区域中，单击“插入”面板“表单”列表中的“单选按钮”按钮，如下图所示。

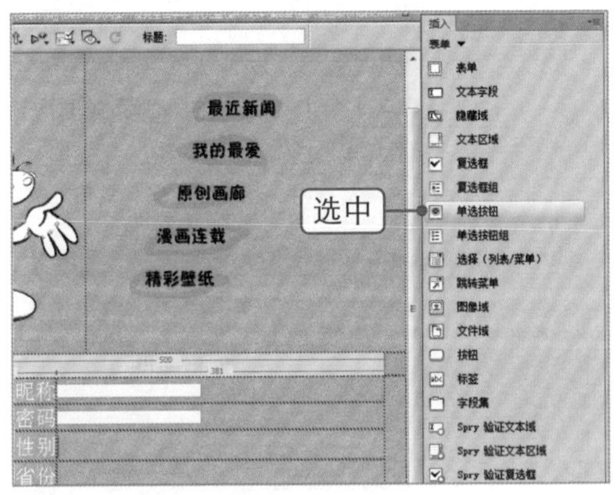

2 弹出“输入标签辅助功能属性”对话框，设置相关参数，单击“确定”按钮，如下图所示。

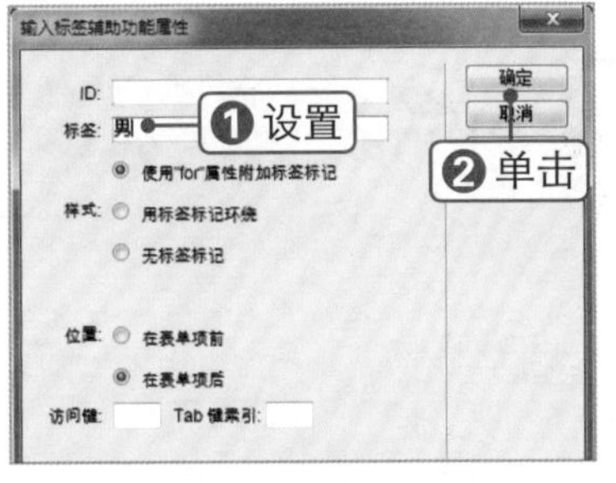

3 此时，即可在文档表单区域中插入一个单选按钮，效果如下图所示。

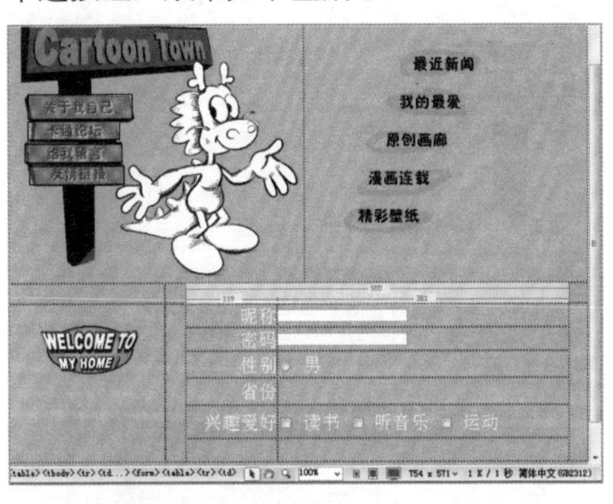

4 采用同样的方法，在文档中再添加一个单选按钮，如下图所示。

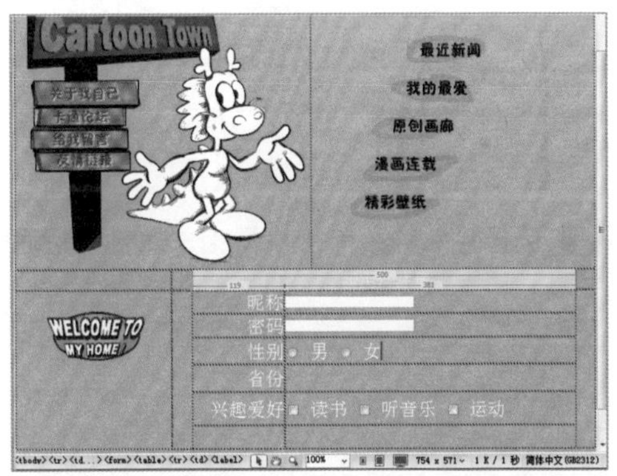

>> 6.2.4 插入列表和菜单

在 Dreamweaver 中，表单对象有两种形式：一种为“列表”形式，另一种为“菜单”形式。在应用过程中，可以根据需要选择一种形式。下面将介绍列表 / 菜单对象的应用方法。

1. 插入菜单

若要在网页中插入菜单，具体操作方法如下：

一旦单选按钮被选择，同一组的单选按钮将始终有一个处于选中状态，除非点击重置按钮进行重新设定。

1 打开素材文件，将光标定位于表单域内，选择“插入”|“表单”|“选择（列表 / 菜单）”命令，如下图所示。

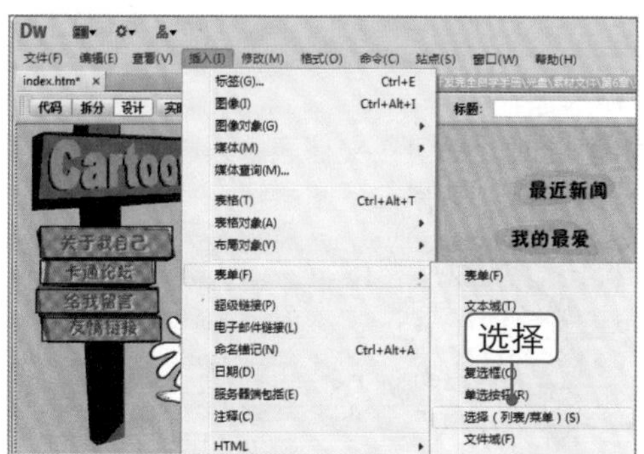

2 弹出“输入标签辅助功能属性”对话框，设置相关选项，然后单击“确定”按钮，如下图所示。

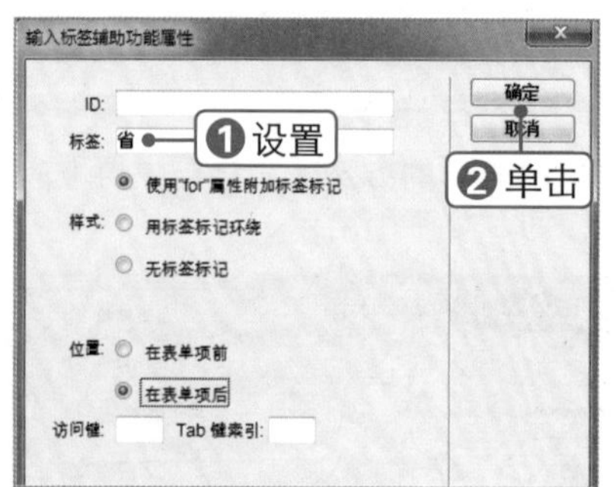

3 选择插入的菜单，设置相关属性，然后单击“列表值”按钮，如下图所示。

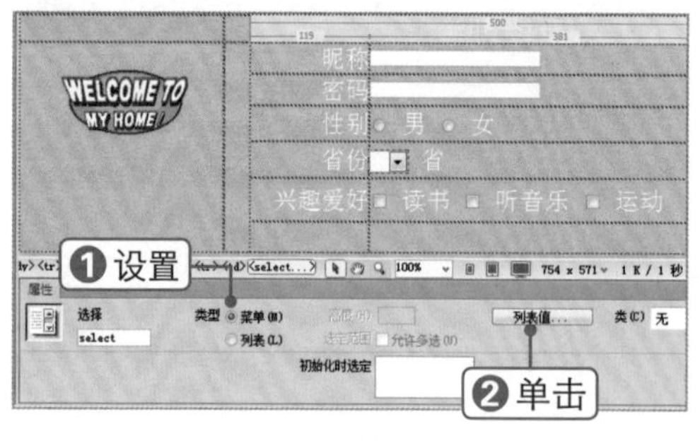

4 在弹出的对话框中输入项目标签，单击⊕或⊖按钮，添加或删除菜单中的选项，如下图所示。

5 单击▲或▼按钮，可以调整菜单中选项的顺序，单击“确定”按钮。

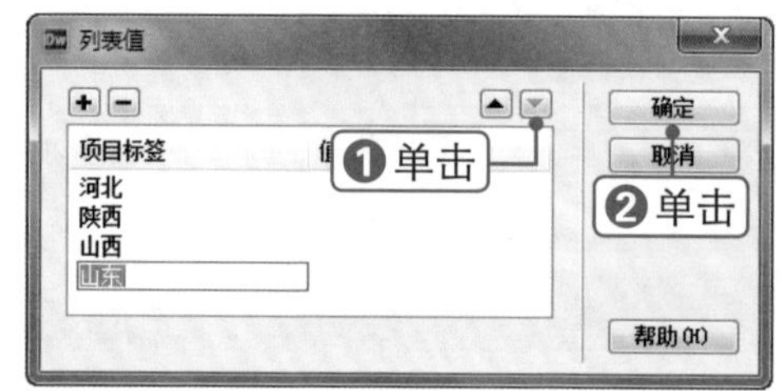

6 完成菜单选项添加后，还可以根据需要设置其他属性，如下图所示。

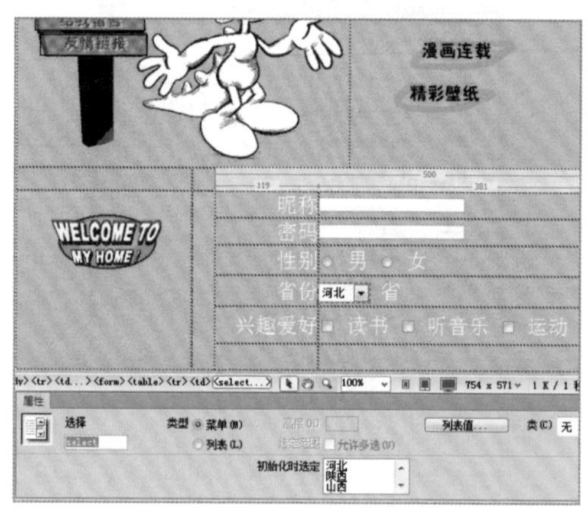

2．插入列表

若要在网页中插入列表，具体操作方法如下：

行家提醒

列表和菜单都属于 HTML 表单菜单，对应的标签为 <select></select>。但菜单是用户单击时下拉的，为下拉菜单或下拉列表。

❶ 将光标定位于表单中，在“插入 | 表单”类别中单击“选择（列表 / 菜单）”按钮，如下图所示。

❷ 弹出“输入标签辅助功能属性”对话框，设置相关选项，单击“确定”按钮，如下图所示。

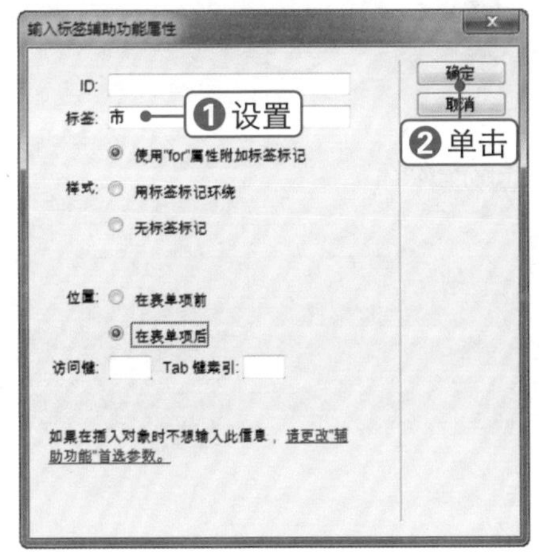

❸ 选择添加的列表，选中“列表”单选按钮，单击“列表值”按钮，如下图所示。

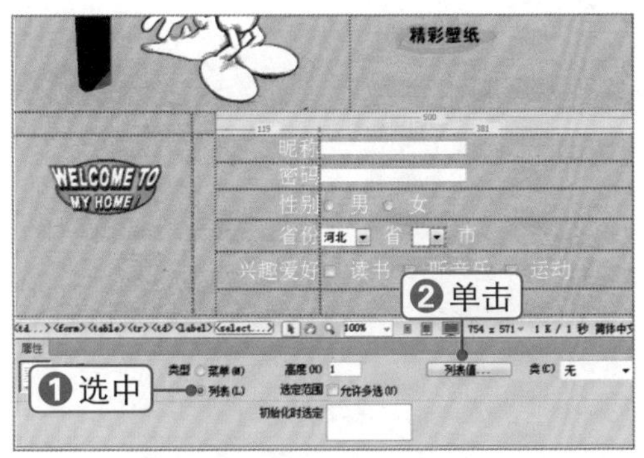

❹ 单击[+]按钮，添加列表值，单击“确定”按钮，如下图所示。

❺ 查看滚动列表，根据需要设置其他属性，如下图所示。

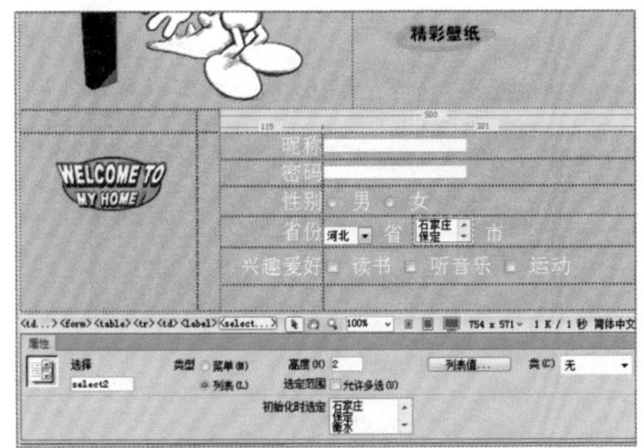

>> 6.2.5 插入按钮

通过脚本的支持，单击相应的按钮，可以将表单信息提交到服务器，或者重置该表单。标准表单按钮带有“提交”、“重置”或“发送”标签，还可以根据需要分配其他已经在脚本中定义的处理任务。

表单中的按钮一般放置在表单的最后，用于实现相应的操作，如提交、重置等。在文档中插入按钮对象的具体操作方法如下：

列表显示为一个列有项目的可滚动列表，可以从该列表中选择项目，为滚动列表或者列表菜单。

❶ 打开素材文件，将光标定位于表单区域中，单击“插入”面板“表单”列表中的“按钮”按钮，如下图所示。

❷ 弹出“输入标签辅助功能属性”对话框，设置相关属性，然后单击“确定”按钮，如下图所示。

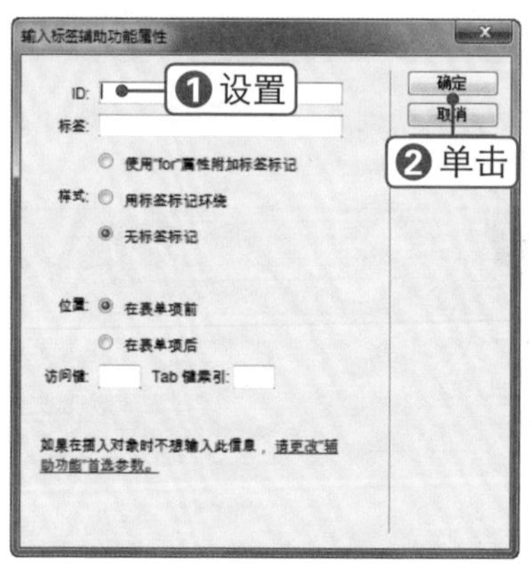

❸ 此时，即可在文档表单区域中插入一个按钮，如下图所示。

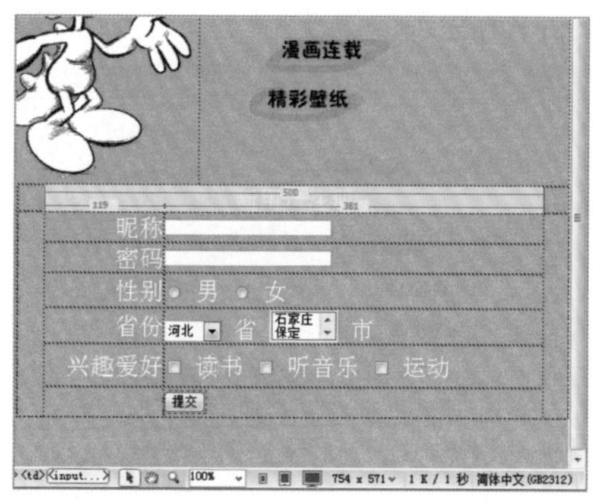

❹ 采用同样的方法，插入另一个按钮。打开“属性”面板，根据需要进行相关设置，如下图所示。

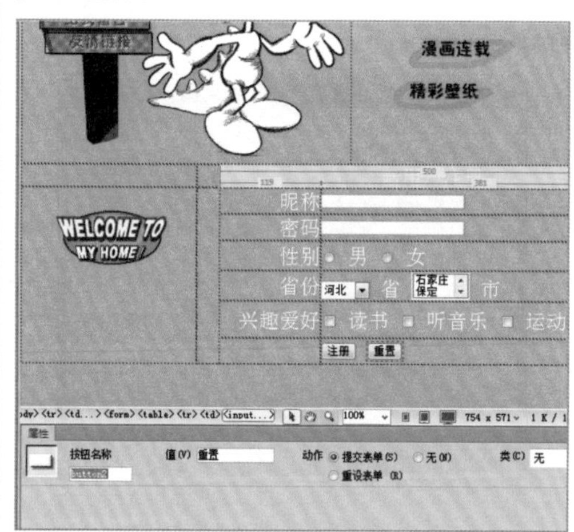

>> 6.2.6 创建跳转菜单

当在浏览器中浏览含有跳转菜单的网页时，单击菜单旁边的下拉按钮▼，在弹出的下拉菜单中选择所需项目，即可跳转到相应的网页中。该功能在 Dreamweaver CS6 中可以通过跳转菜单来实现。

在 Dreamweaver CS6 中插入跳转菜单对象的具体操作方法如下：

行家提醒

若设置“动作”为“提交表单”，则该按钮为提交按钮；若选择“重设表单”，则该按钮为重置按钮；若选择“无”，则该按钮为普通按钮。

❶ 打开素材文件，将光标定位于合适的位置。单击“插入”面板“表单”列表中的“跳转菜单”按钮，如下图所示。

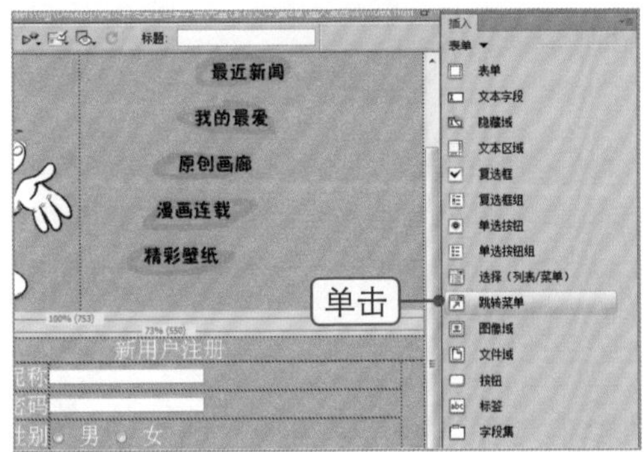

❷ 弹出“插入跳转菜单”对话框，设置各项参数，然后单击“确定”按钮，如下图所示。

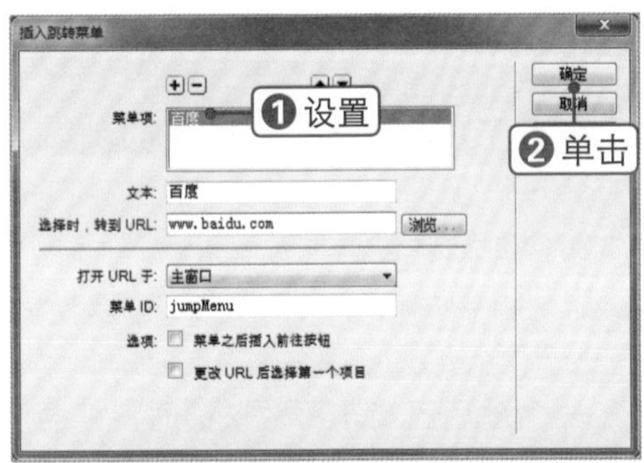

❸ 根据需要可以添加多个跳转菜单，查看添加跳转菜单后的网页效果，如下图所示。

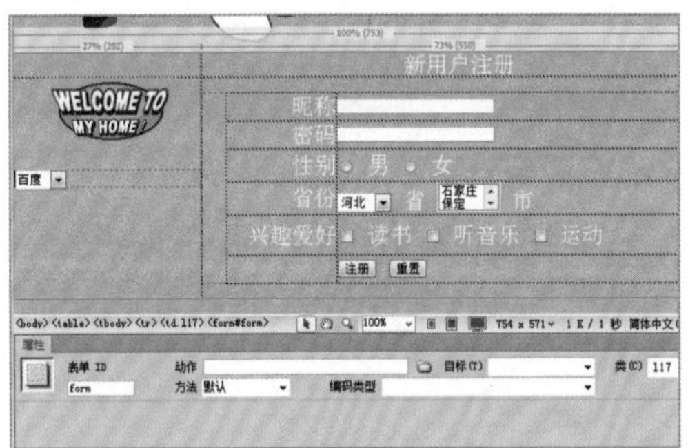

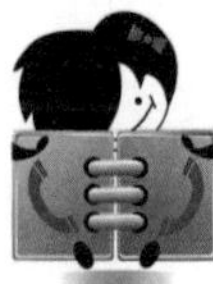

知识插播

在“插入跳转菜单”对话框中，各选项的功能如下。打开 URL 于：用于选择文件打开的窗口，如选择“主窗口”选项，可以使目标文件在同一窗口中打开。菜单 ID：用于为菜单命名，以便于被脚本程序调用。选项：若选中“菜单之后插入前往按钮”复选框，就会在跳转菜单后面添加“前往”按钮，如下图所示。

www.baidu.com 前往

6.3 行为和事件

所谓行为，就是响应某一事件而执行的操作。行为是一系列使用 JavaScript 程序预定义的页面特效工具，是 JavaScript 在 Dreamweaver 中内置的程序库。当把行为赋予页面中某个元素时，也就是定义了一个操作，以及用于触发这个操作的事件。

>> 6.3.1 认识行为和事件

下面将对行为和事件分别进行简要介绍。

1. 什么是行为

行为是某个事件和由该事件触发的动作组合，事件用于指明执行某项动作的条件，如鼠标指针移动到对象上方、离开对象、单击对象、双击对象等都是事件。

操作提示

跳转菜单开始动作和跳转菜单动作关系非常密切。跳转菜单开始动作是在跳转菜单中加入一个“前往”按钮。

动作是行为的另一个组成部分，它由预先编写的 JavaScript 代码组成，利用这些代码执行特定的任务，如打开浏览器窗口、弹出信息等。

通过事件可以触发动作，如页面加载、鼠标指针移到其上、鼠标单击等都可以作为事件，用来触发行为动作的产生。

2. 添加事件

在 Dreamweaver CS6 中，可以将事件分为不同的种类，有的与鼠标有关，有的与键盘有关，如鼠标单击、键盘某个键按下。有的事件还和网页相关，如网页下载完毕、网页切换等。为了便于理解，可以将事件分为四类：鼠标事件、键盘事件、页面事件和表单事件。

常用的事件如下：

◎ onBlur：当指定的元素停止从用户的交互动作上获得焦点时，触发该事件。例如，当用户在交互文本框中单击后，再在文本框之外单击，浏览器会针对该文本框产生一个 onBlur 事件。

◎ onClick：当用户在页面中单击使用行为的元素，如文本、按钮或图像时，就会触发该事件。

◎ onDblclick：在页面中双击使用行为的特定元素，如文本、按钮或图像时，就会触发该事件。

◎ onError：当浏览器下载页面或图像发生错误时触发该事件。

◎ onFocus：指定元素通过用户的交互动作获得焦点时触发该事件。例如，在一个文本框中单击时，该文本框就会产生一个 onFocus 事件。

◎ onKeyDown：当用户在浏览网页时按下一个键后且尚未释放该键时，就会触发该事件。该事件常与 onKeyDown 与 onKeyUp 事件组合使用。

◎ onKeyUp：当用户浏览网页时按下一个键后又释放该键时，就会触发该事件。

◎ onLoad：当网页或图像完全下载到用户浏览器后，就会触发该事件。

◎ onMouseDown：在浏览网页时，单击网页中建立行为的元素且尚未释放鼠标之前，就会触发该事件。

◎ onMouseMove：在浏览器中，当用户将鼠标指针在使用行为的元素上移动时，就会触发该事件。

◎ onMouseOver：在浏览器中，当用户将鼠标指针指向一个使用行为的元素时，就会触发该事件。

◎ onMouseOut：在浏览器中，当用户将鼠标指针从建立行为的元素移出后，就会触发该事件。

◎ onMouseUp：在浏览器中，当用户在使用行为的元素上按下鼠标并释放后，就会触发该事件。

◎ onUnload：当用户离开当前网页，如关闭浏览器或跳转到其他网页时，就会触发该事件。

行家提醒

行为是用来动态响应用户操作、改变当前页面效果或执行特定任务的一种方法。行为由对象、事件和动作构成。

6.3.2 “行为”面板

通过“行为”面板可以使用和管理行为。“行为”面板的显示列表分为两部分，左栏用于显示触发动作的事件，右栏用于显示动作，如右图所示。

◎ 显示设置事件按钮：仅显示附加到当前文档的那些事件。事件被分别划归到客户端或服务器端类别中。每个类别的事件都包含在可折叠的列表中。“显示设置事件”是默认的视图。

◎ 显示所有事件按钮：按字母顺序显示属于特定类别的所有事件，如下图（左）所示。

◎ 添加行为按钮：单击该按钮，将显示特定下拉菜单，其中包含可以附加到当前选定元素的动作。当从该列表中选择一个动作时，将弹出对话框，可以在此对话框中设置该动作的参数。如果下拉菜单上的所有动作都处于灰色状态，则表示选定的元素无法生成任何事件，如下图（右）所示。

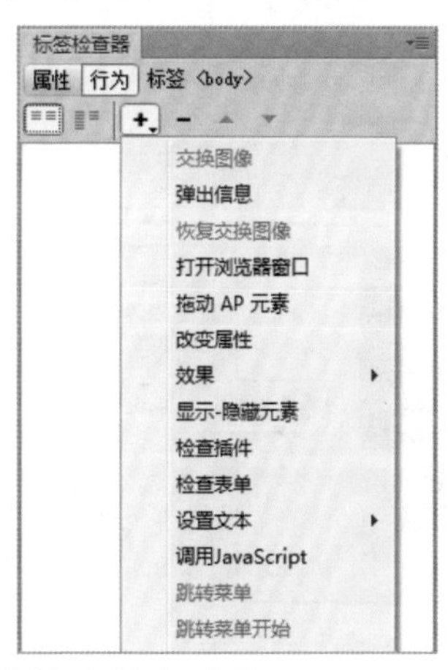

◎ 删除事件按钮：从行为列表中删除所选的事件和动作。

向上箭头按钮和向下箭头按钮：在行为列表中上、下移动特定事件的选定动作，只能更改特定事件的动作顺序。

◎ 事件：显示一个下拉菜单，其中包含可以触发该动作的所有事件，如右图所示。此下拉菜单仅在选中某个事件时可见（当单击所选事件名称旁边的箭头按钮时显示此下拉菜单）。

“行为”面板的基本操作包括打开面板、显示事件、添加行为和删除行为等，具体操作方法如下：

“行为”面板可以实现很多功能，如调用 JavaScript、改变属性、检查浏览器等。按【Shift+F4】组合键可打开行为面板。

素材文件 光盘：素材文件\第6章\行为.html

1 打开素材文件，选择“窗口”|“行为”命令，如下图所示。

2 在“行为”面板中单击“添加行为”按钮，选择“弹出信息”选项，如下图所示。

3 弹出“弹出信息”对话框，输入需要弹出的信息，单击“确定”按钮，如下图所示。

4 查看添加的行为，单击事件右侧的下拉按钮，选择 onMouseOver 事件，如下图所示。

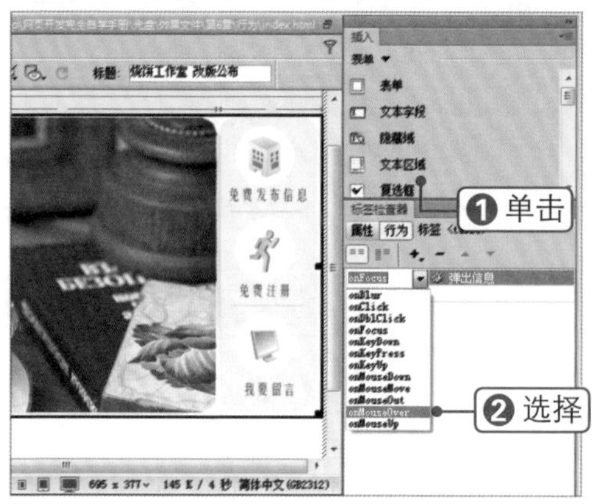

5 若需修改动作属性，则双击“行为”面板右栏，即可重新设置动作属性，如下图所示。

6 若要删除行为，将其选中后单击“删除事件”按钮即可，如下图所示。

行家提醒

如果输入 JavaScript 表达式，需将其放在花括号（{}）中。如果要显示花括号，需在前面添加反斜杠转义字符（\{ 和 \}）。

6.4 Dreamweaver内置行为的使用

Dreamweaver CS6 内置了很多行为，如交换图像、弹出信息和打开浏览器窗口等。下面将简单介绍如何使用内置的行为，轻松实现各种交互效果。

6.4.1 弹出信息

在网页中弹出信息对话框是一种常见的行为，包括警告信息、提示信息等，它们主要用于提示浏览者在网站中的活动。通常这种对话框中只有一个“确定”按钮，所以使用此动作可以提供信息，而不能为用户提供选择。

在网页中使用弹出信息的具体操作方法如下：

素材文件 光盘：素材文件\第6章\内置行为的使用

1 打开素材文件，选择需要添加行为的对象，选择“窗口”|“行为”命令，如下图所示。

2 在“行为”面板中单击“添加行为”按钮+，选择“弹出信息”选项，如下图所示。

3 弹出“弹出信息”对话框，在“消息”文本框中输入所需的消息内容，单击“确定”按钮，如下图所示。

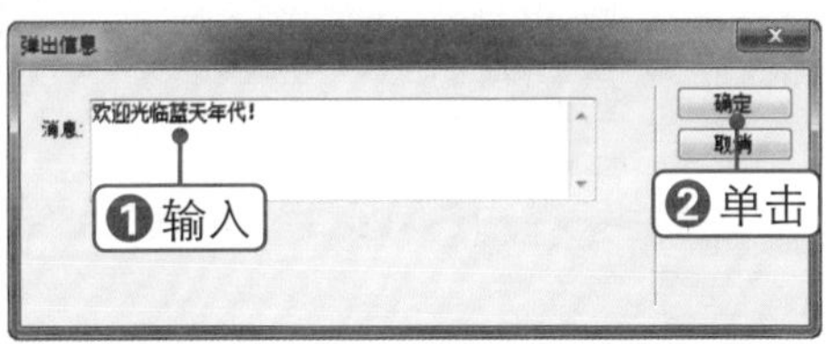

4 为动作设定默认事件为 onClick，按【Ctrl+S】组合键保存网页文档，如下图所示。

5 按【F12】键浏览页面，单击相应的图片，就会弹出提示信息框，如下图所示。

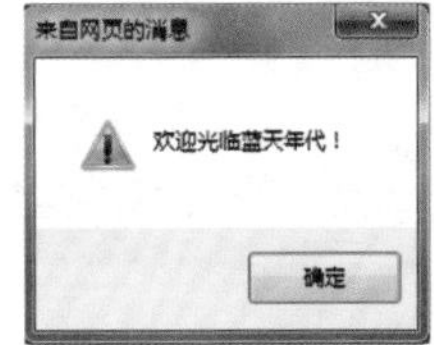

可以在“消息”右侧的文本框中输入任何 JavaScript 函数、属性、变量或者表达式。

6.4.2 设置状态栏文本

使用“设置状态栏文本”行为可以设置在浏览器窗口底部的状态栏中显示消息，例如，可以使用此行为在状态栏中加入一些欢迎词，具体操作方法如下：

1 打开素材文件，在“行为”面板中单击“添加行为”按钮+，选择“设置文本”|“设置状态栏文本”选项，如下图所示。

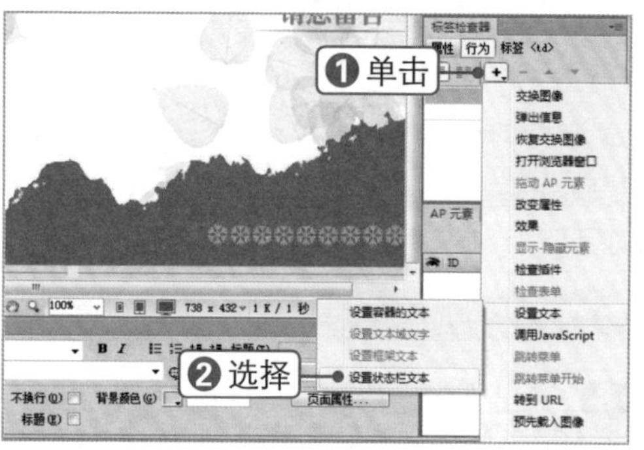

2 弹出“设置状态栏文本”对话框，在“消息”文本框中输入所需的消息内容，单击“确定”按钮，如下图所示。

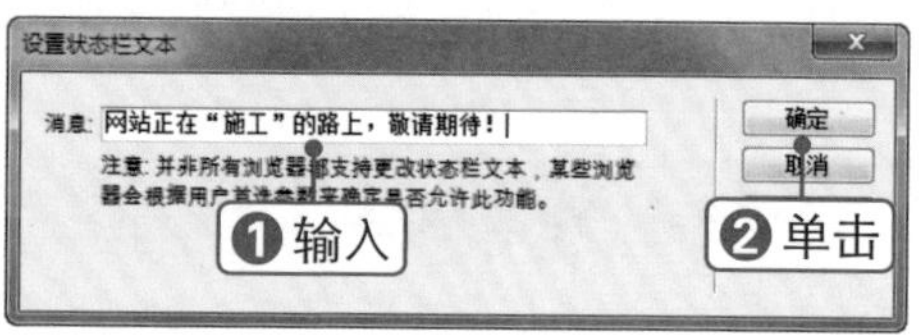

3 按【F12】键，在浏览器中进行效果预览，如下图所示。

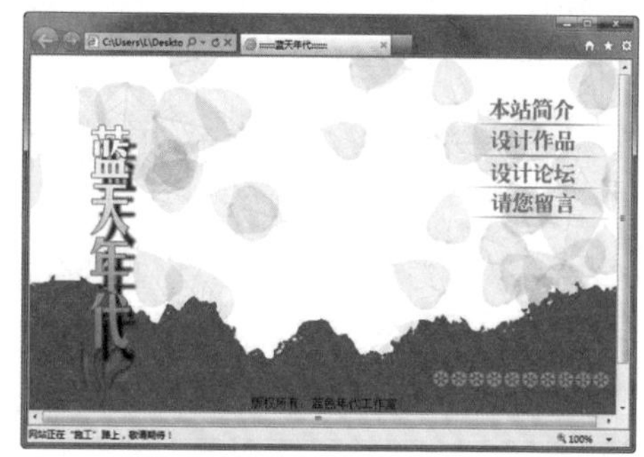

6.4.3 打开浏览器窗口

使用“打开浏览器窗口”动作可以在一个新的窗口中打开目标页面，可以指定新窗口的属性、特性和名称。例如，在网页中单击一张小图像，如下图（左）所示。这时，便可以在另一个网页中打开一张放大的图像，如下图（右）所示。

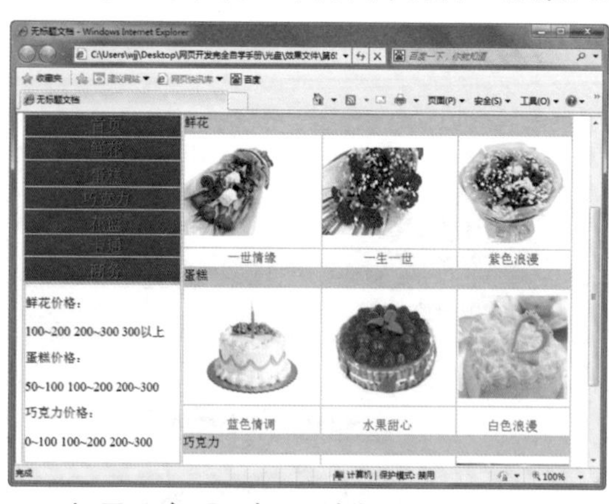

如果要实现“打开浏览器窗口”动作，可以进行以下操作：

行家提醒

并不是所有的浏览器都提供设置状态栏文本的完全支持，访问者也常常会忽略状态栏中的消息。所以消息非常重要时，可以使用弹出式消息。

素材文件　光盘：素材文件\第6章\打开浏览器窗口

1 打开素材文件，选择一张要添加该行为的图片对象，如下图所示。

2 在“行为”面板中单击“添加行为”按钮+，选择“打开浏览器窗口”选项，如下图所示。

3 弹出“打开浏览器窗口”对话框，单击“要显示的 URL”文本框右侧的“浏览”按钮，如下图所示。

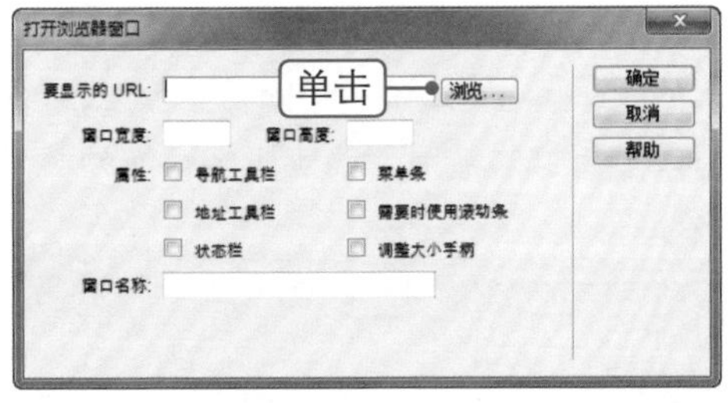

4 弹出“选择文件”对话框，从中选择所需的文件，然后单击“确定”按钮，如下图所示。

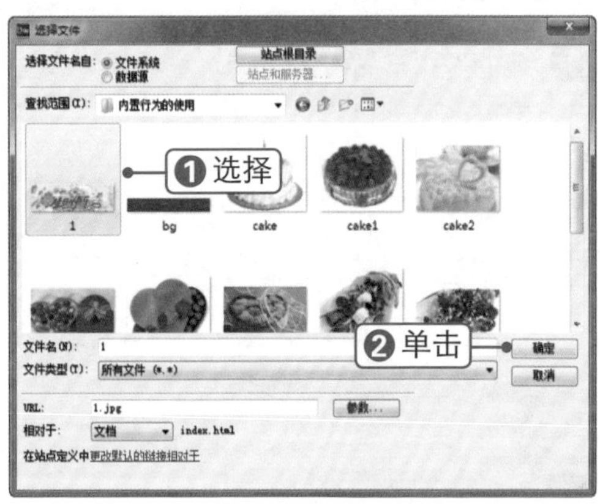

5 弹出“打开浏览器窗口”对话框，设置窗口宽度和高度值，单击“确定”按钮，如下图所示。

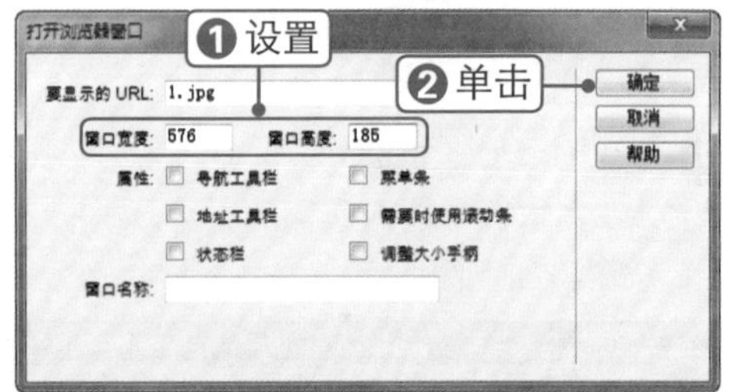

6 此时，即可查看添加的“打开浏览器窗口”行为，如下图所示。

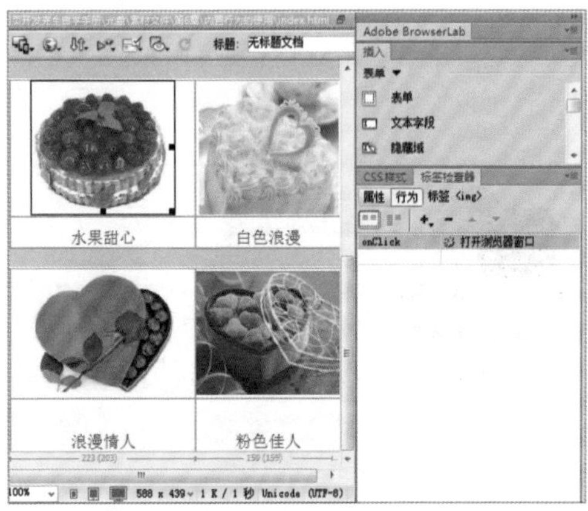

操作提示

如果不为窗口设置属性，那么它将使用启动它的窗口的大小和属性打开。为窗口指定任何属性都会自动关闭其他那些没有明确打开的属性。

6.4.4 设置文本域文字

设置文本域文字是指以用户指定的内容替换表单文本域中原有的内容，具体操作方法如下：

素材文件 光盘：素材文件\第6章\设置文本域文字

1 选中“用户名”文本域，在“行为”面板中单击“添加行为”按钮，选择“设置文本”|“设置文本域文字”选项，如下图所示。

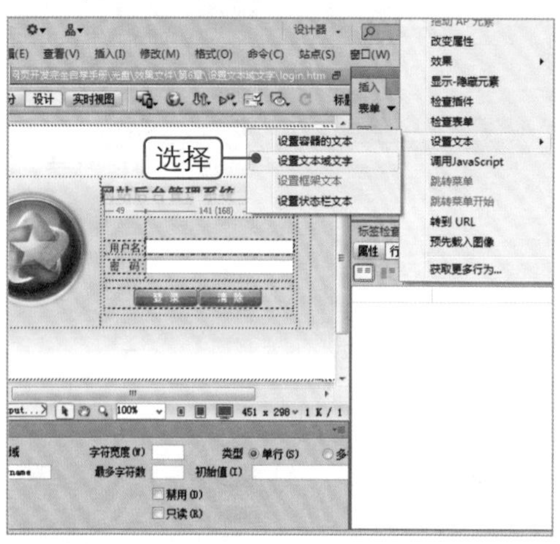

2 弹出“设置文本域文字”对话框，在“新建文本”文本框中输入所需的文字，单击“确定”按钮，如下图所示。

3 在“行为”面板中单击“事件”右侧的下拉按钮，选择 onMouseOver 选项，如下图所示。

4 按【Ctrl+S】组合键保存文档，按【F12】键进行预览，当鼠标指针经过文本区域时，效果如下图所示。

知识插播

Dreamweaver 设置文本域文字的另一种方法为，用 Dreamweaver 创建命名的文本域。在创建单行或多行文本域时，确定已经在属性面板的“文本域”框中添加了 ID 号。

行家提醒

也可以在“新建文本”右侧的文本框中输入任何 JavaScript 函数、属性、变量或者表达式。

6.5 实战演练——添加行为

下面将介绍如何将 Dreamweaver 的这些行为综合应用到网页中，具体操作方法如下。

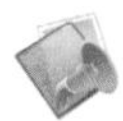

素材文件　光盘：素材文件\第6章\添加行为

1 打开素材文件，在“行为”面板中单击“添加行为”按钮+,选择“设置文本”|“设置状态栏文本”选项，如下图所示。

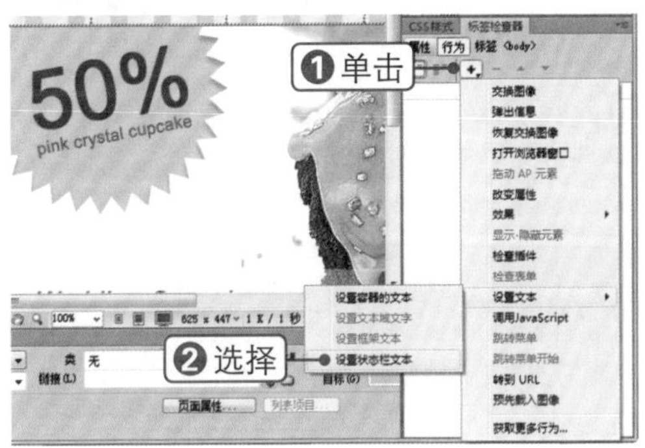

2 弹出“设置状态栏文本”对话框，设置消息内容，单击“确定”按钮，如下图所示。

3 选中“联系我们”文本，单击“属性”面板中的“浏览文件”按钮，如下图所示。

4 弹出“选择文件”对话框，选择要链接的文件，单击“确定”按钮，如下图所示。

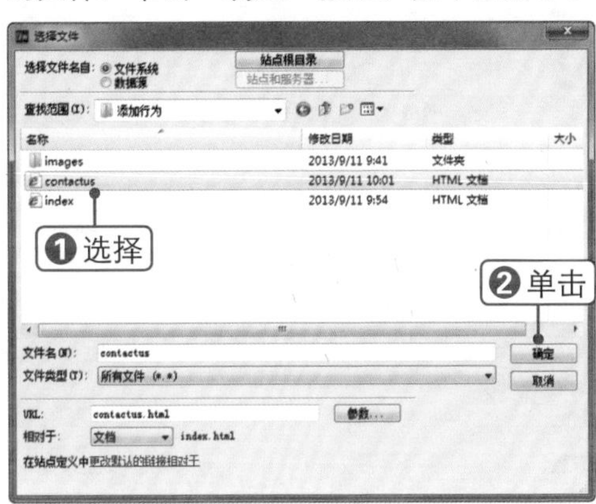

5 选中导航条的其他文本，在“属性”面板“链接”右侧的文本框中输入 #，创建空链接，如下图所示。

操作提示

设置状态栏文本只有一个参数“消息”，注意在文本框中不能使用 HTML 代码。

6 选中要在浏览器窗口中打开的图片，单击“添加行为”按钮+.，选择“打开浏览器窗口”选项，如下图所示。

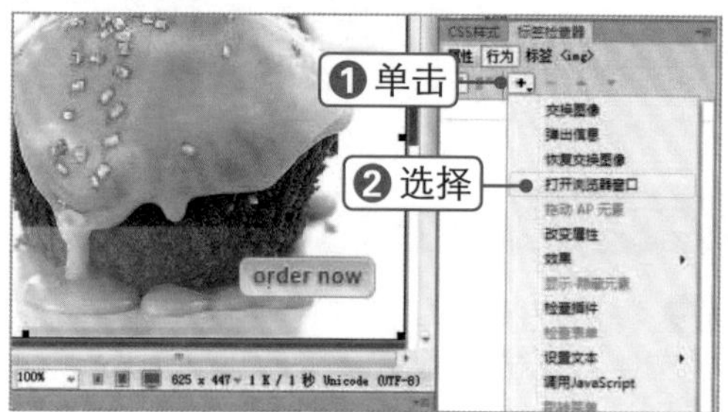

7 弹出“打开浏览器窗口”对话框，单击“要显示的URL”文本框右侧的“浏览”按钮，如下图所示。

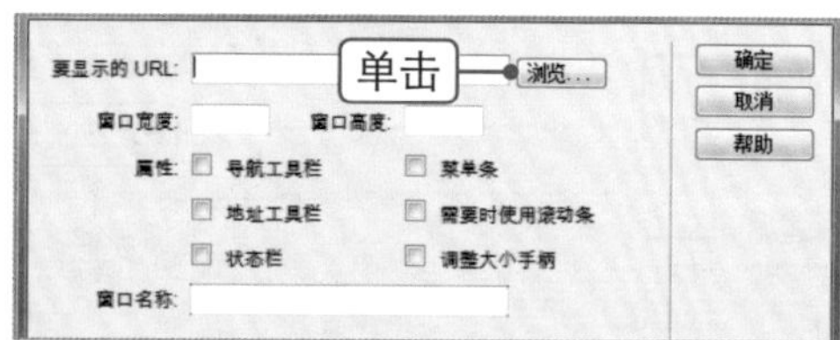

8 弹出“选择文件”对话框，选择要链接的图片，单击“确定”按钮，如下图所示。

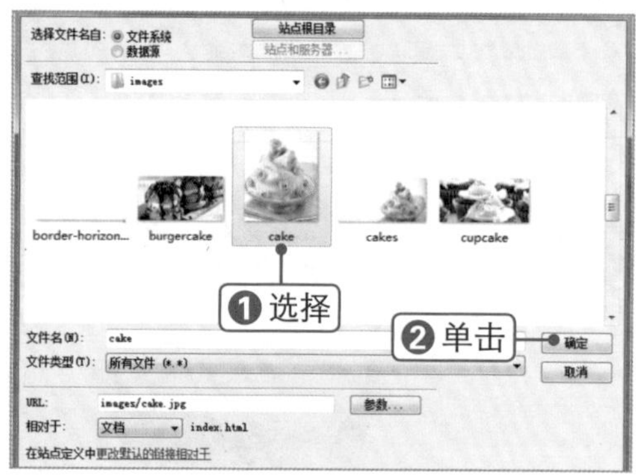

9 弹出“打开浏览器窗口”对话框，设置要显示的浏览器的窗口宽度和高度，单击“确定”按钮，如下图所示。

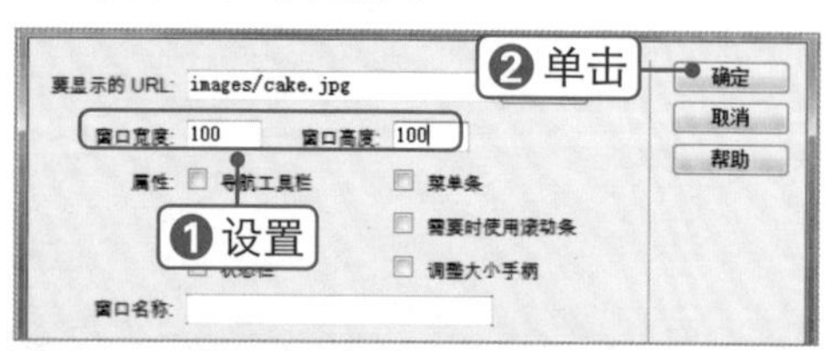

10 按【F12】键保存预览网页，单击图片对象，效果如下图所示。

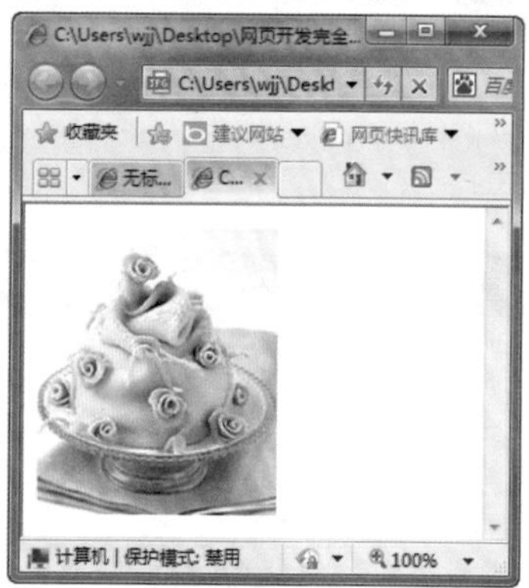

11 选择要设置弹出提示信息的图片对象，在“行为”面板中单击“添加行为”按钮+.，选择“弹出信息”选项，如下图所示。

12 弹出“弹出信息”对话框，设置相关参数，然后单击“确定”按钮，如下图所示。

13 按【F12】键预览网页，单击图片对象，效果如下图所示。

行家提醒

选中应用行为的对象，然后切换到“代码”视图，从中可看到响应的行为代码，根据需要进行编辑即可。

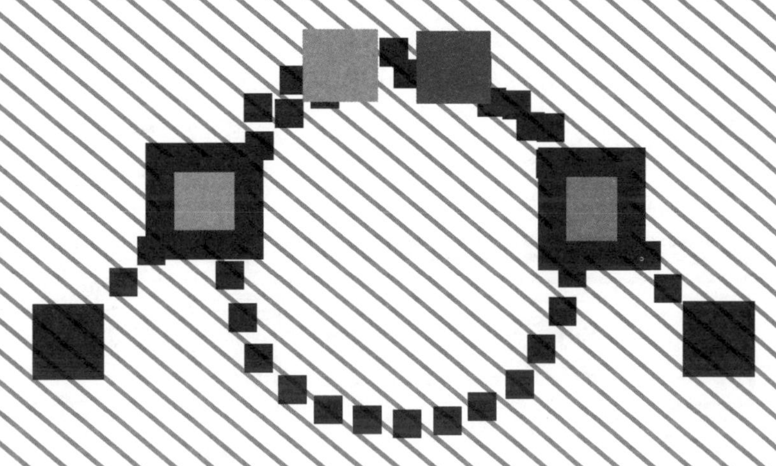

Chapter

创建动态交互网页

在制作网页时，为了丰富网页内容，可以在网页中添加动态交互效果，提高网站的访问量，从而提高网站功能。创建动态交互网页需要搭建服务器平台，并要创建和连接相应的数据库来实现信息交互。本章将详细介绍如何创建动态交互网页。

本章重点知识

- ◎ 搭建服务器平台
- ◎ 创建数据库
- ◎ 链接数据库
- ◎ 编辑数据表记录
- ◎ 添加服务器行为
- ◎ 创建在线留言系统

7.1 搭建服务器平台

在网站制作完成后，需要专门的平台进行测试。下面将详细介绍如何设置动态网页的测试平台。

7.1.1 IIS的安装

如果系统是 Windows 2000 Server 或者 Windows 2000 Advance 版本，则无须安装 IIS，其他版本的系统，则需要用户手动安装 IIS 管理器，具体操作方法如下：

1 选择“开始”|“控制面板”|“程序”命令，在“程序和功能”中单击“打开或关闭 Windows 功能”超链接，如下图所示。

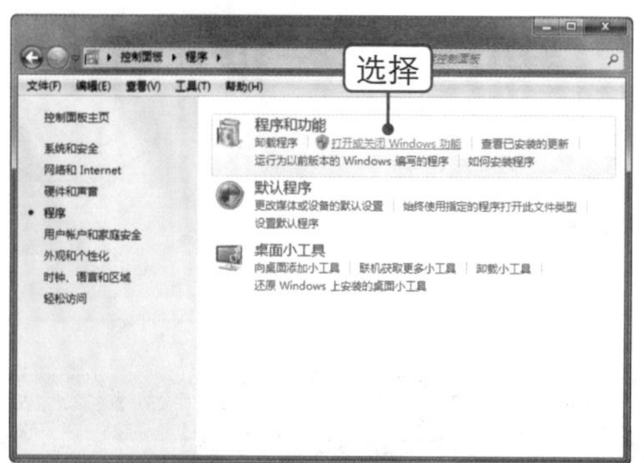

2 弹出“Windows 功能”对话框，在列表框中选中以下各复选框，单击“确定”按钮，如下图所示。

3 弹出 Microsoft Windows 提示信息框，开始安装 IIS，如下图所示。

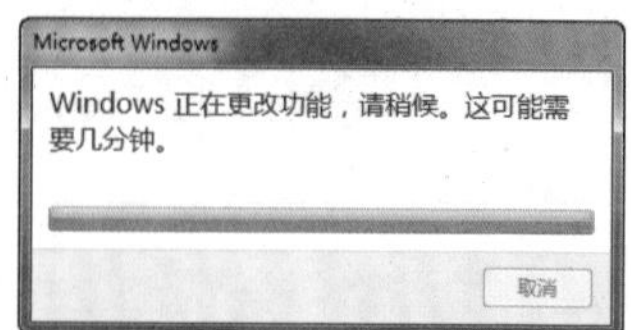

知识插播

卸载 IIS 非常简单，只要在“Windows 功能”对话框中取消选中“Internet 信息服务”选项，单击“确定”按钮即可。卸载完成需要重新启动计算机保存配置。

7.1.2 配置服务器

IIS 安装完成后，必须进行相应的配置才能使用，具体配置操作如下：

行家提醒

IIS 的安装有两种方法，可以在系统盘中直接安装，也可以从相关网站下载安装。

❶ 选择“程序”|“控制面板”|“系统和安全”|“管理工具”命令，双击“Internet 信息服务（IIS）管理器”文件，如下图所示。

❷ 展开左侧“连接”选项，单击 Default Web Site 选项，在中间“筛选”面板中选择“功能视图”选项卡。单击 ASP 模块图标，在右侧“操作”面板中单击“基本设置”超链接，如下图所示。

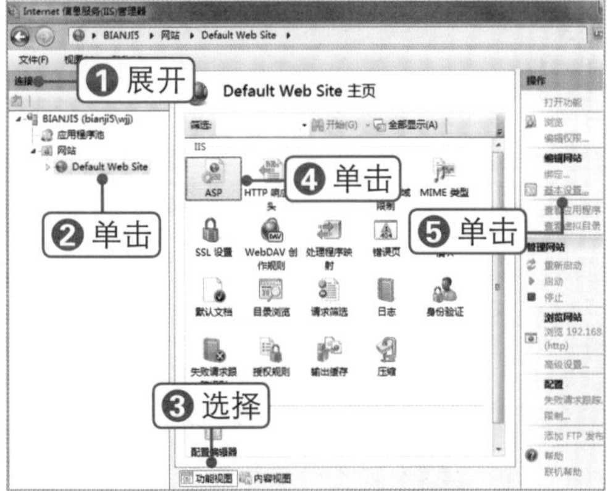

❸ 弹出“编辑网站”对话框，在“物理路径”文本框中输入网站的存储路径，然后单击“确定”按钮，如下图所示。

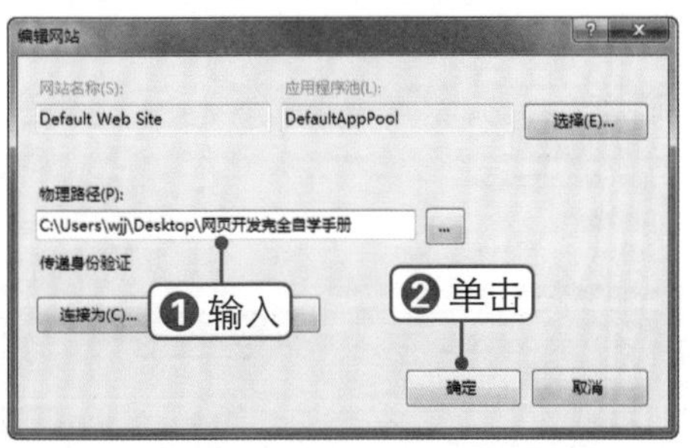

❹ 在中间“筛选”面板中双击 ASP 模块图标，将“启用父路径”值改为 True，单击右侧“操作”面板中的“应用”超链接，IIS 会保存更改，如下图所示。

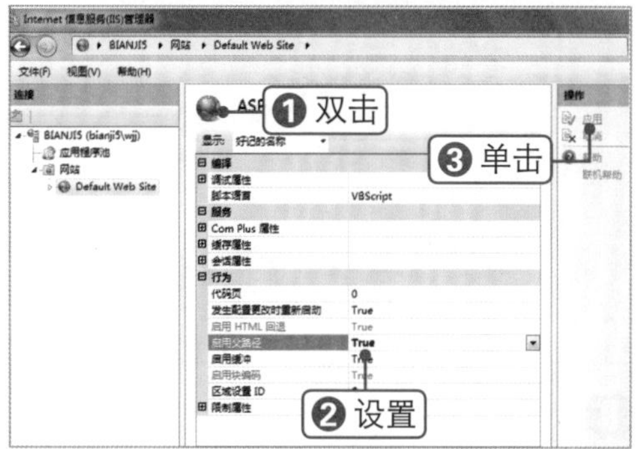

❺ 单击左侧“连接”面板的 Default Web Site 图标，返回上一层功能视图，在中间“筛选”面板中双击“目录浏览”图标，在“操作”面板中单击“启用”超链接，如下图所示。

❻ 单击左侧“连接”面板的 Default Web Site 图标，返回上一层功能视图，双击“默认文档”图标，在“操作”面板中单击“添加”按钮，在弹出的对话框中输入网站首页，单击“确定”按钮，如下图所示。

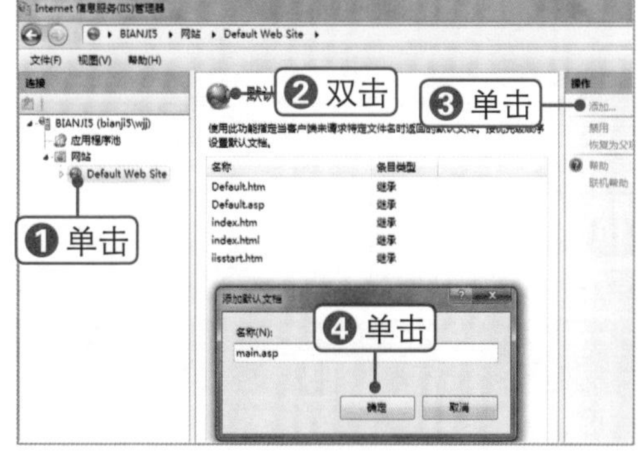

操作提示

选中“计算机”图标并右击，在弹出的快捷菜单中选择“管理”选项，也可以打开 IIS 本地控制台窗口。

❼ 在左侧“连接”面板中选中Default WebSite图标并右击，选择“编辑绑定”命令，如下图所示。

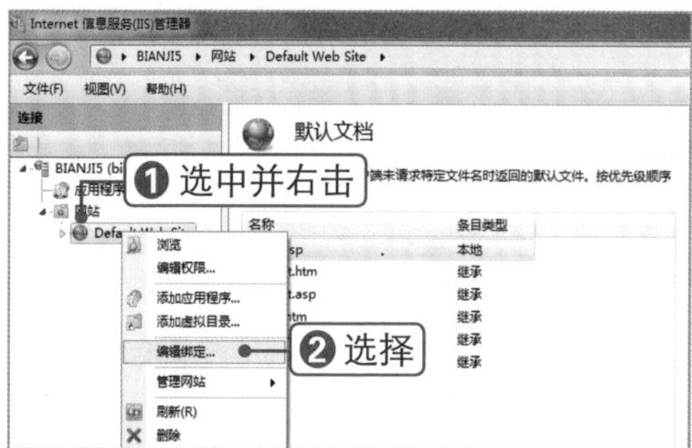

❽ 弹出“添加网站绑定”对话框，单击“添加”按钮，输入发布网站的端口，分别单击“确定”按钮，如下图所示。

❾ 在“连接”面板中选中Default Web Site图标并右击，选择“管理网站”|“启动”命令，如下图所示。

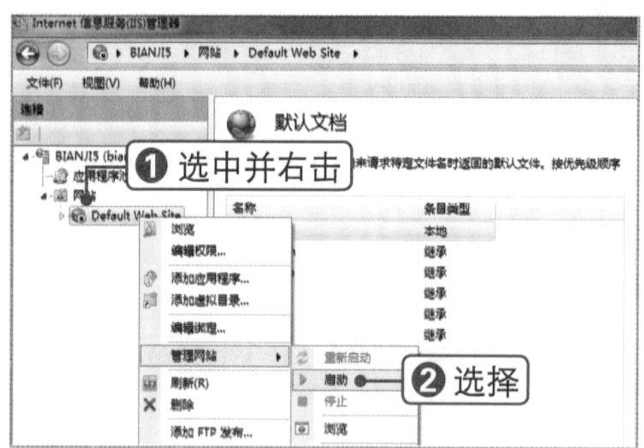

❿ 将main.asp网页复制到网站发布路径下，单击“连接”面板的Default Web Site图标。在中间选择“内容视图”，可以看到当前网站根目录下的所有文件及文件夹，如下图所示。

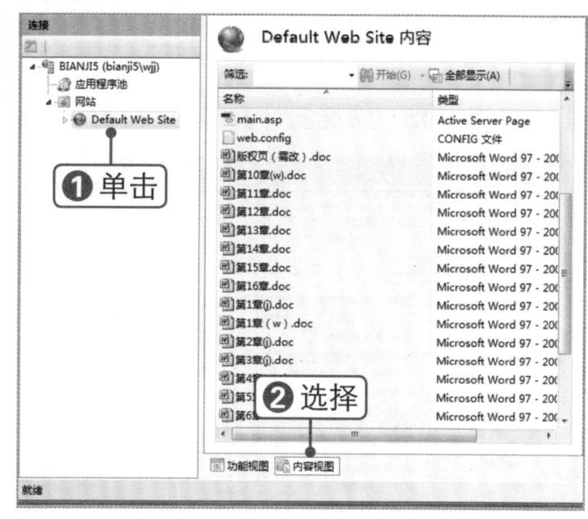

⓫ 右击站点目录所在的文件夹，在弹出的快捷菜单中选择“属性”命令，如下图所示。

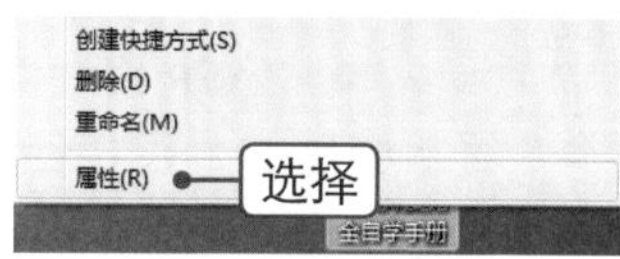

⓬ 弹出“属性”对话框，选择“安全”选项卡，单击“编辑”按钮，弹出“权限”对话框，单击“添加”按钮，如下图所示。

⓭ 弹出“选择用户或组”对话框，输入对象名称，然后单击“确定”按钮，如下图所示。

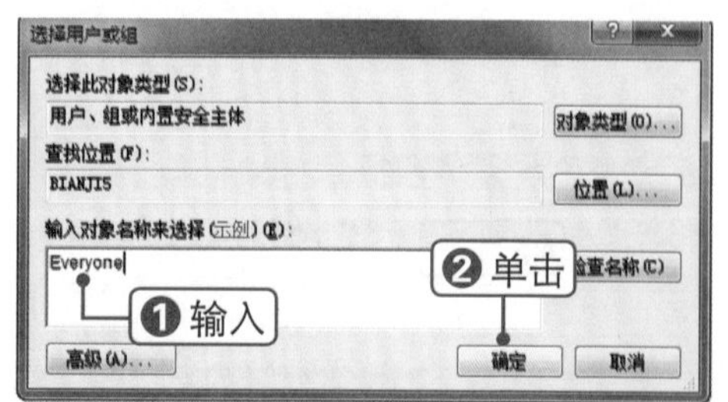

行家提醒

动态网站需具备的4个条件：Web服务器（IIS、Apache）；与Web服务器配合工作的应用程序服务器（ASP、PHP）；数据库系统、数据库驱动程序。

14 选中 Everyone 的权限“允许修改”复选框，单击“确定”按钮，如下图所示。

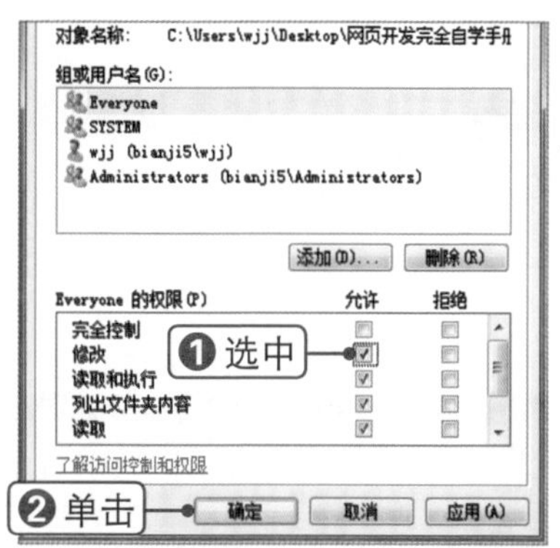

15 打开 IE，输入 http://localhost:8081，就会直接打开 main.asp。IIS 配置成功，如下图所示。

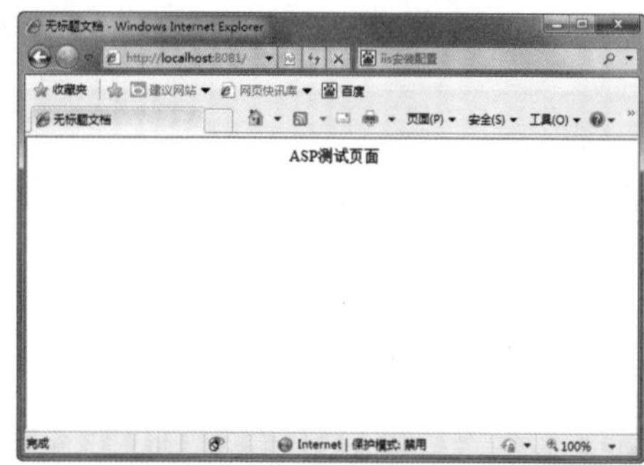

7.2 创建数据库

在创建数据库时，应该根据数据的类型和特性将它们分别保存在各自独立的存储空间中，这些空间称为表。表是数据库的核心，一个数据库可以包含多个表，每个表具有唯一的名称，这些表可以是相关的，也可以是相互独立的。

创建 Access 数据库的操作方法如下：

1 启动 Access2010 软件，在“可用模板”中双击“空数据库”选项，如下图所示。

2 在左侧选择“表 1”选项并右击，在弹出的快捷菜单中选择“设计视图”命令，如下图所示。

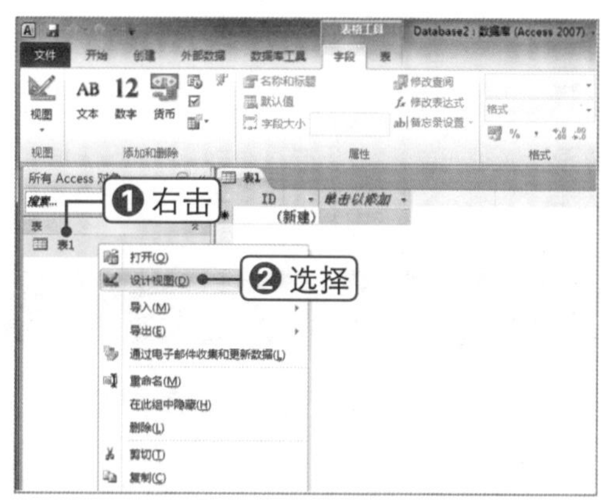

3 弹出“另存为”对话框，将新建表命名为“表 1”，单击“确定”按钮，如下图所示。

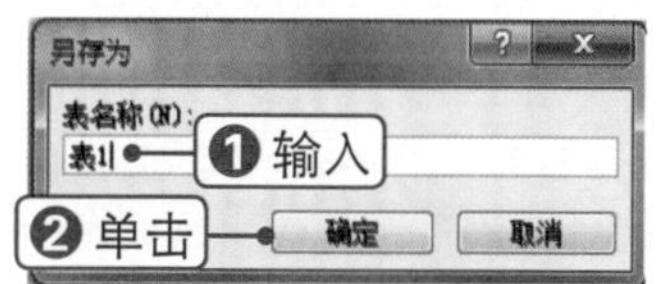

操作提示

目前使用最多的数据库有三种：Access 数据库、SQLServer 数据库及 Oracle 数据库。

4 弹出“表1”窗体，输入字段名称和字段对应的数据类型，在“工具”组中单击“主键”按钮，如下图所示。

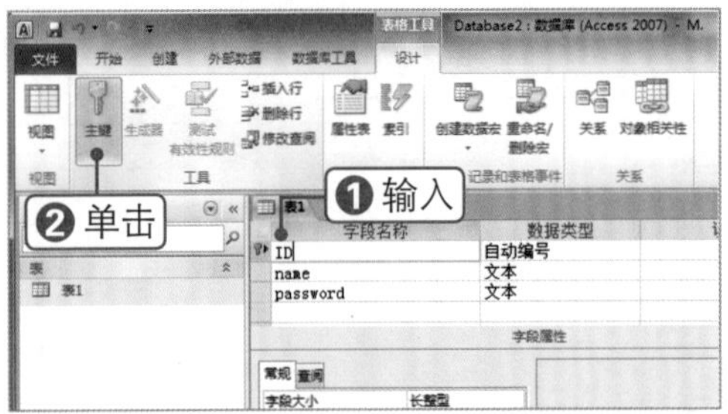

5 单击“表1”窗体右上角的“关闭”按钮，弹出提示信息框，单击“是”按钮保存修改，如下图所示。

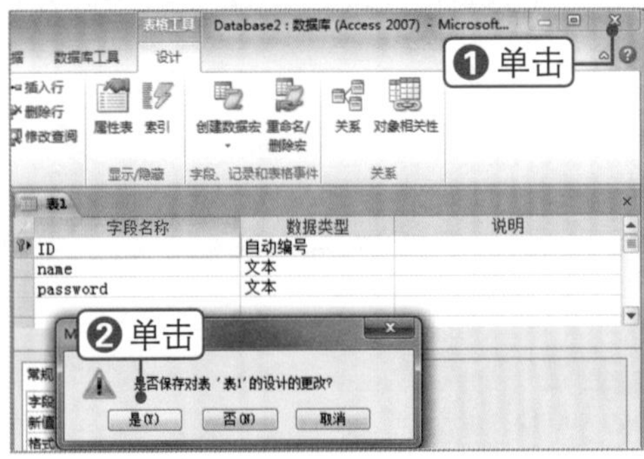

6 右击“表1”选项，在弹出的快捷菜单中选择“打开”命令，如下图所示。

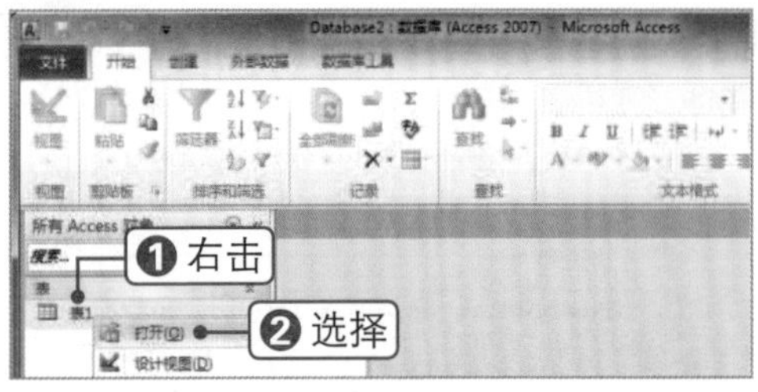

7 在表1的空白行中手动输入字段内容，按【Ctrl+S】组合键保存表1，如下图所示。

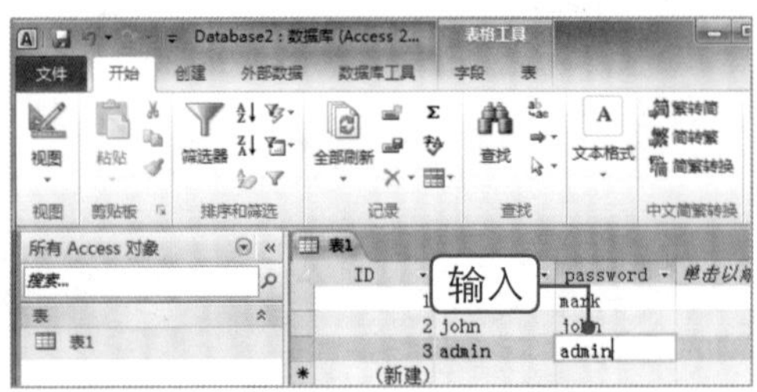

8 选择“文件”|“数据库另存为”命令，弹出“另存为”对话框，输入数据库名称及路径，单击“确定”按钮，如下图所示。

7.3 链接数据库

在动态页面中，最重要的就是后台数据库的连接，以便于更新页面数据。离开了数据库，动态页面也就无从谈起。下面将介绍 ODBC 数据库的连接及字符串的定义。

在动态页面的制作中，创建 ODBC 数据源的方式有多种，下面将介绍两种常用的方式。

7.3.1 创建ODBC数据源

在 Windows 7 操作系统中，ODBC 数据源主要通过 ODBC 数据源管理器来完成，具体操作方法如下：

行家提醒

Access 数据库是关系型数据库，所有的数据都存储在表中，每一个表由行和列组成。每一行表示一条记录，每一列表示一个字段。

❶ 选择“控制面板”|“系统和安全”|“管理工具”|“数据源（ODBC）”命令，弹出对话框，如下图所示。

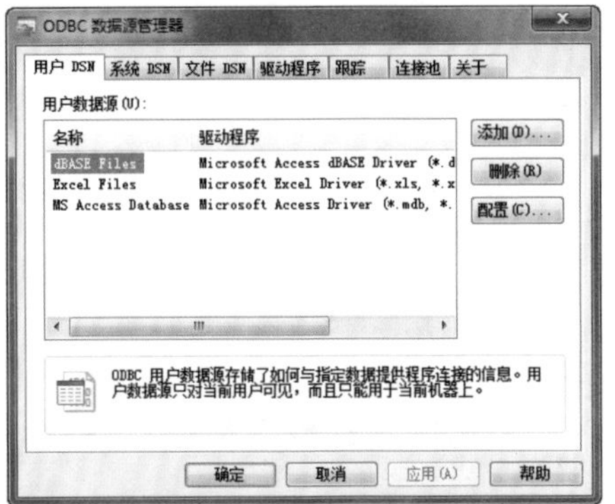

❷ 选择“系统 DSN”选项卡，单击“添加”按钮，如下图所示。

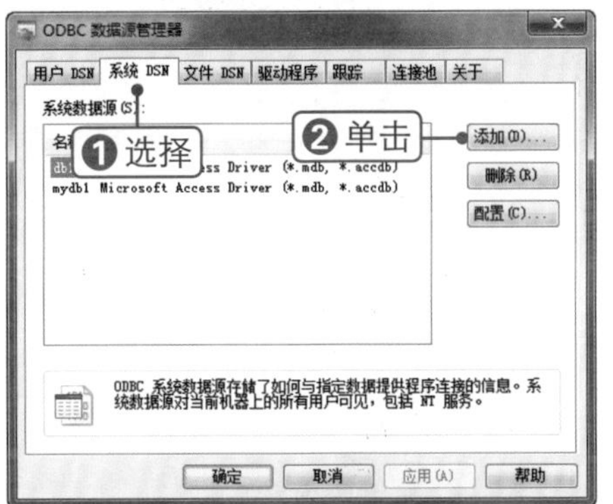

❸ 弹出“创建新数据源”对话框，选择 Microsoft Access Driver（*.mdb，*.accdb）选项，单击“完成”按钮，如下图所示。

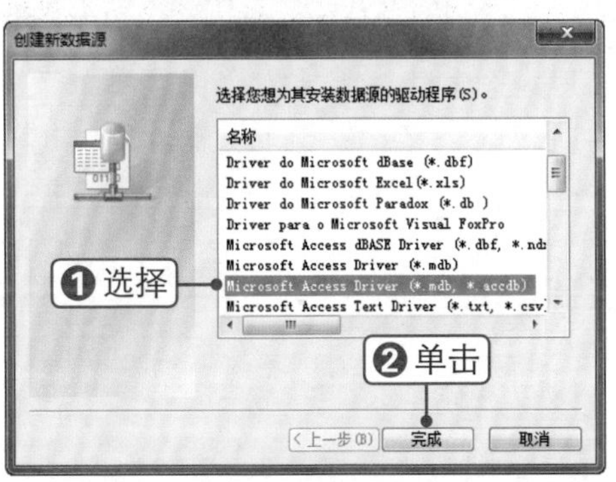

❹ 弹出“ODBC Microsoft Access 安装”对话框，设置“数据源名”为 db1，单击“选择”按钮，如下图所示。

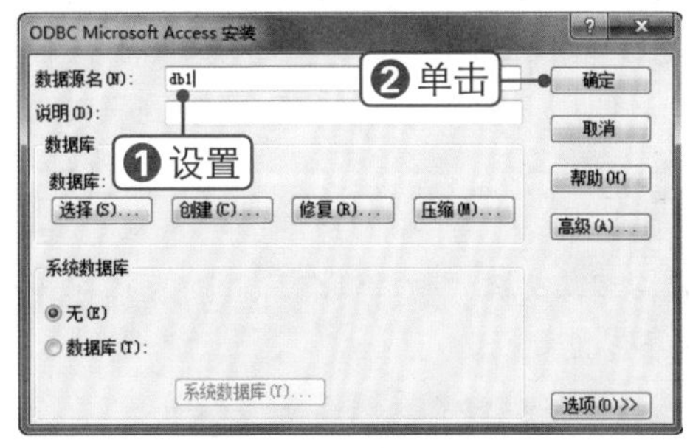

❺ 弹出“选择数据库”对话框，在“驱动器”下拉列表框中选择目标数据库的位置，在“目录”列表框中选择文件夹，单击“确定”按钮，如下图所示。

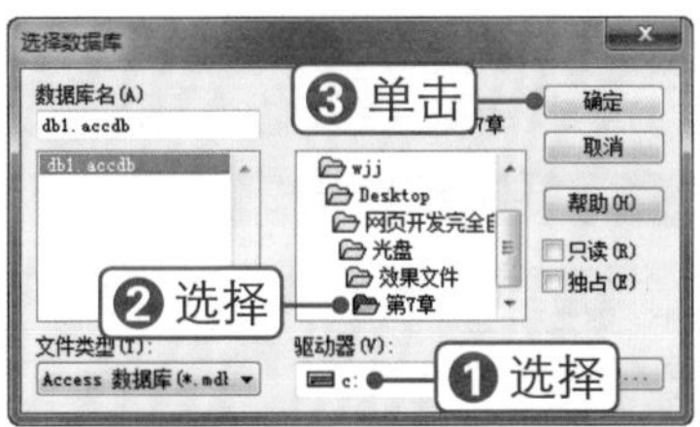

❻ 设置完成后单击“确定”按钮，在“系统 DNS”选项卡中可以看到 ODBC 数据源创建成功，如下图所示。

ODBC 是微软公司制定的标准编程接口，只要有相应的 ODBC 驱动程序，就可以通过 ODBC 连接操作各种不同的数据库。

>> 7.3.2 使用DSN创建ADO连接

创建 ODBC 数据源就是创建 DSN，DSN（Data Source Names）指的是数据源名称。在 Dreamweaver CS6 创建动态网页访问数据库，需要使用 DSN 创建 ADO 连接。ADO 是 Microsoft 开发出来用于在 ASP 代码中访问数据库的一种技术。

使用 DSN 创建 ADO 连接的具体操作方法如下：

1 启动 Dreamweaver CS6，选择"窗口"|"数据库"命令，打开"数据库"面板。单击 按钮，选择"数据源名称（DSN）"选项，如下图所示。

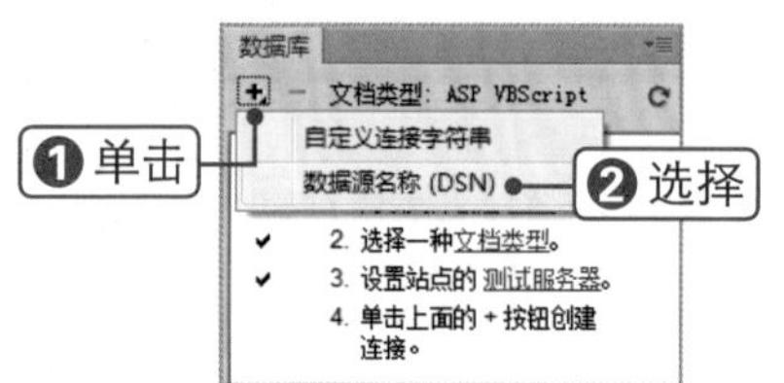

2 弹出"数据源名称"对话框，在"连接名称"文本框中输入 conn，选择数据源名称，选中"使用本地 DSN"单选按钮，如下图所示。

3 单击"测试"按钮，若成功则会弹出如下图所示的提示信息，成功创建数据库的连接，单击"确定"按钮。

4 返回"数据源名称（DSN）"对话框，单击"确定"按钮，返回"数据库"面板，查看新建立的连接，如下图所示。

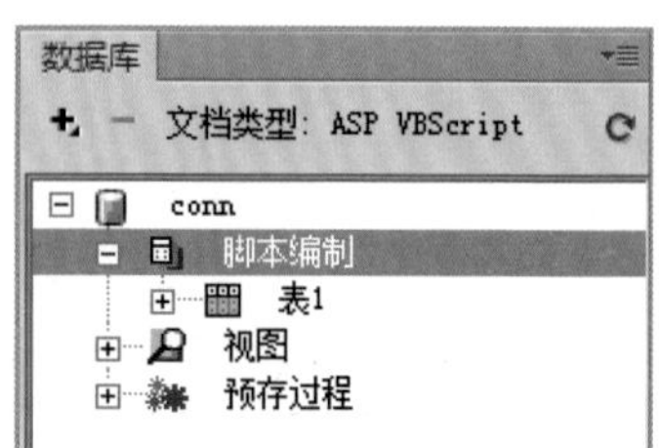

7.4 编辑数据表记录

数据库中的记录是不能直接显示在 ASP 网页上的，需要配合记录集。记录集是从指定数据库中检索到的数据的集合，它可以包括完整的数据库表，也可以包括表的行和列的子集。在 ASP 网页中，对数据库的各种操作是通过执行 SQL 语句完成的。

>> 7.4.1 创建记录集

记录集主要用于数据查询，当需要在 ASP 网页中显示数据库中表的记录时，就需要创建记录集，具体操作方法如下：

行家提醒

DSN 按照保存的方式和作用范围的不同分为 3 种：用户 DSN、系统 DSN 和文件 DSN。

素材文件 光盘：素材文件\第7章\编辑数据表记录

❶ 选择“窗口”|“数据库”命令，打开“数据库”面板。单击“绑定”面板中的+按钮，选择“记录集（查询）”选项，如下图所示。

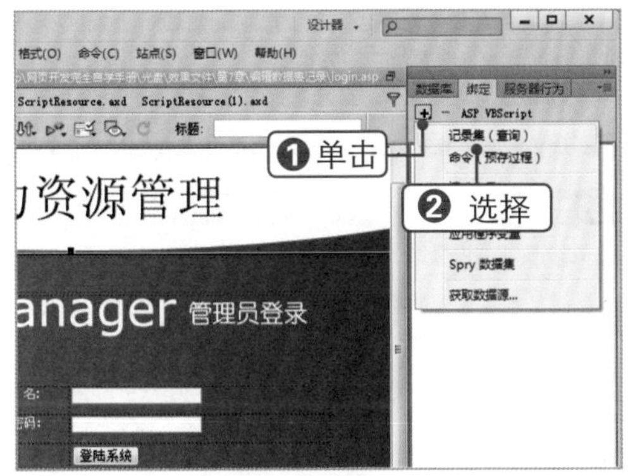

❷ 弹出“记录集”对话框，设置相关属性，然后单击“测试”按钮，如下图所示。

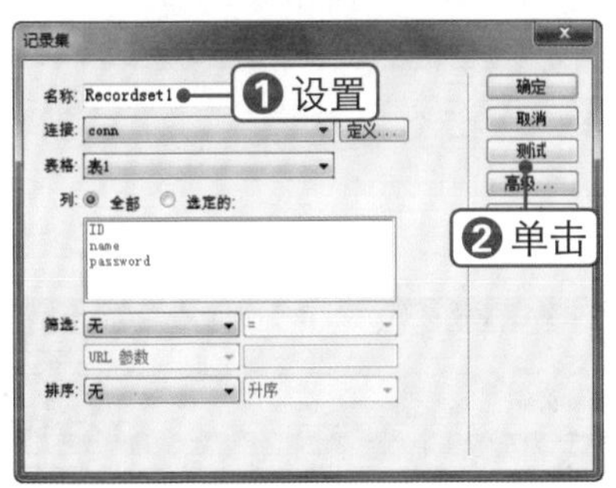

❸ 弹出“测试SQL指令”对话框，将记录集中检索到的全部记录显示出来，单击“确定”按钮，如下图所示。

❹ 返回“绑定”面板，查看创建的记录集，如下图所示。

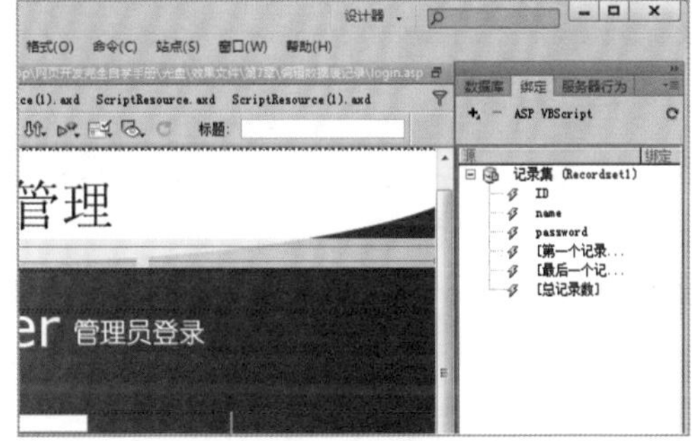

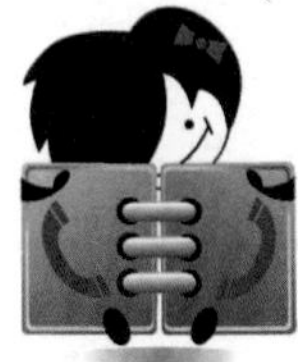

知识插播

用户也可以使用“插入”面板插入动态内容，在“插入”面板的类别列表中选择“数据”类别，使用该类别下的按钮可以向页面中添加动态内容和服务器行为。

7.4.2 插入记录

插入记录是在数据库中增加一条新记录。在 Dreamweaver CS6 中，插入记录操作需要添加“插入记录”服务器行为，具体操作方法如下：

操作提示

SQL（Structured Query Language）也称为结构化查询语言，是一种对关系数据库中的数据进行定义和操作的语言。

❶ 选择“窗口”|“服务器行为”命令，打开“服务器行为”面板。单击按钮，选择“插入记录”选项，如下图所示。

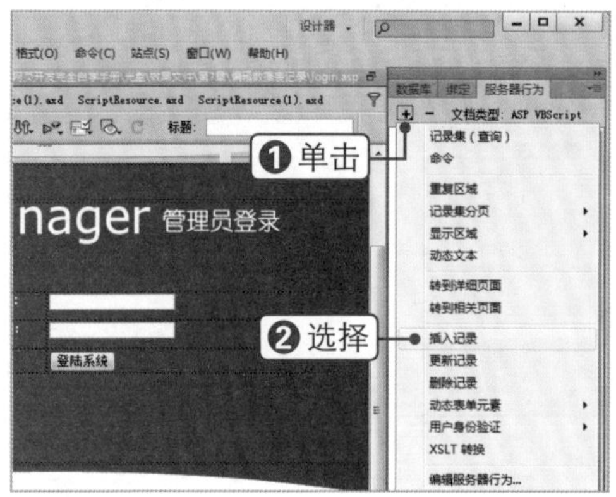

❷ 弹出“插入记录”对话框，设置相关参数，然后单击“确定”按钮，如下图所示。

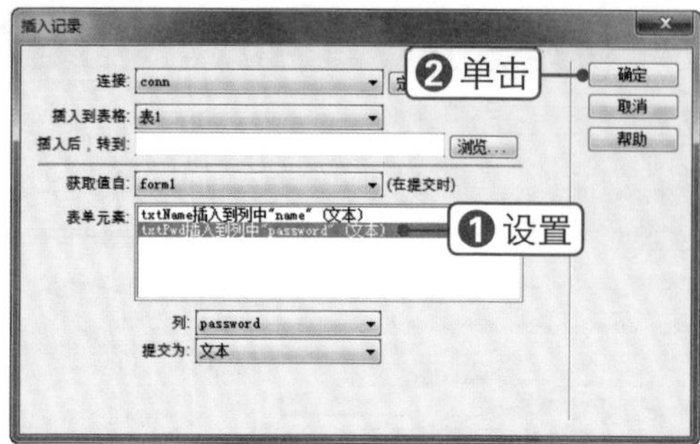

❸ 此时，在“服务器行为”面板中显示“插入记录”行为，如下图所示。

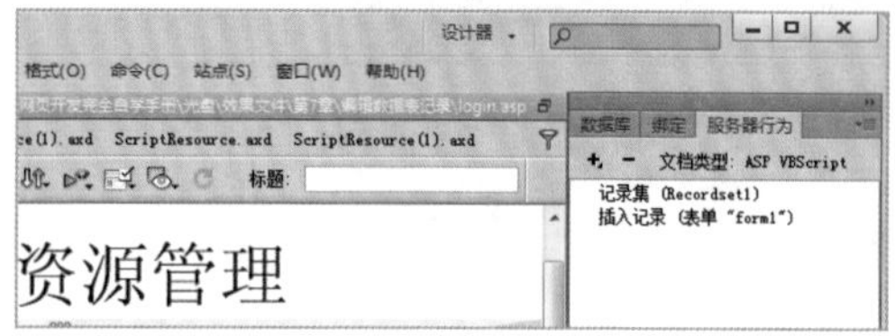

>> 7.4.3 更新记录

更新记录是对数据库中指定记录的对应字段内容进行修改操作，如修改密码。在 Dreamweaver CS6 中，更新记录操作需要添加“更新记录”服务器行为，具体操作如下：

❶ 在“服务器行为”面板，单击按钮，选择“更新记录”选项，如下图所示。

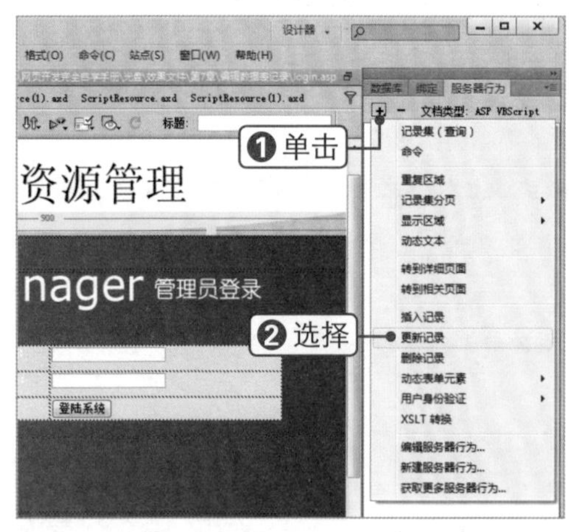

❷ 弹出“更新记录”对话框，设置相关属性，然后单击“确定”按钮，如下图所示。

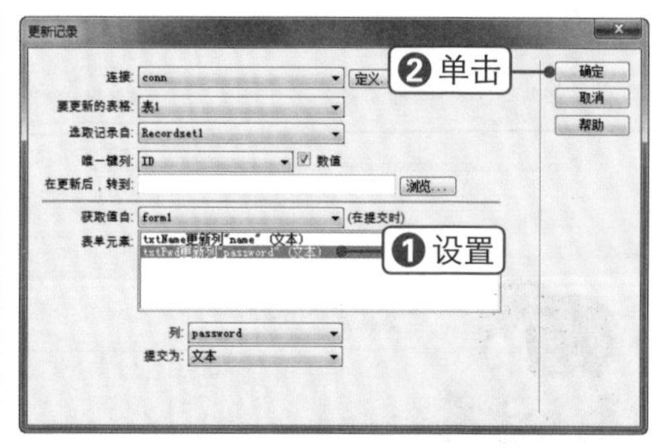

❸ 此时，即可在“服务器行为”面板中查看“更新记录”行为，如下图所示。

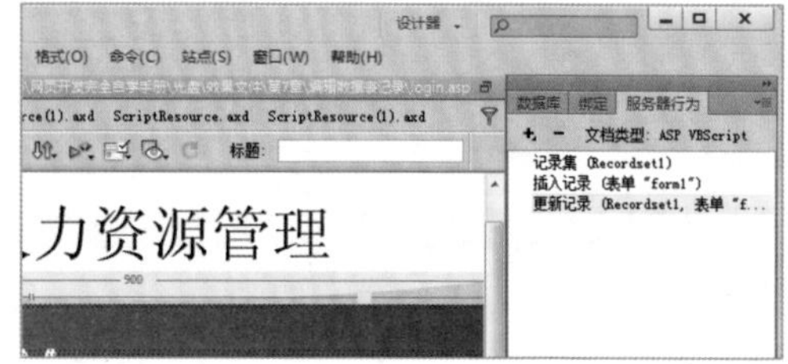

行家提醒

唯一键列：指定关键列，进行更新时按照这个关键列及值进行。如果该列中的值为数字，则选中数值复选框。

>> 7.4.4 删除记录

删除记录是对数据表中的记录进行删除，如删除某个人的登录信息。在Dreamweaver CS6 中，删除记录操作需要添加“删除记录”服务器行为，具体操作方法如下：

1 在“服务器行为”面板中单击按钮，选择“删除记录”选项，如下图所示。

2 弹出“删除记录”对话框，进行相关属性设置，然后单击“确定”按钮，如下图所示。

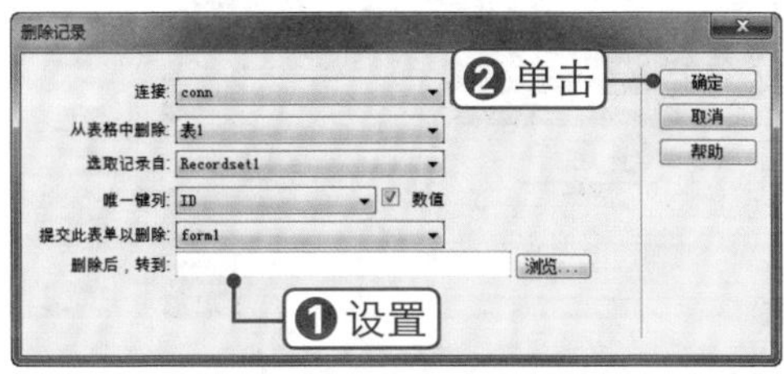

3 此时，在“服务器行为”面板中显示“删除记录”行为，如下图所示。

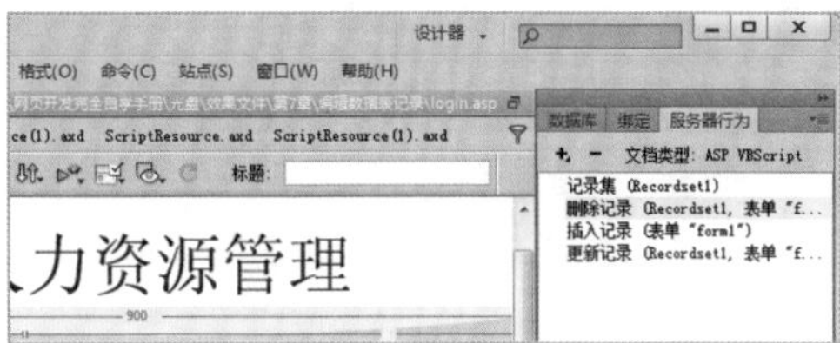

知识插播

选取记录自：指定页面绑定的记录集。唯一键列：指定要删除记录所在表的关键字字段。提交此表单以删除：指定提交删除操作的表单名称。

7.5 添加服务器行为

使用 Dreamweaver CS6 的服务器行为，可以不用写代码就能够在动态网页中添加常用的 Web 应用代码模块。

>> 7.5.1 插入重复区域

如果要在一个页面上显示多条记录，必须指定一个包含动态内容的选择区域作为重复区域。任何选择区域都能转变为重复区域。

插入重复区域的具体操作方法如下：

删除后，转到：指定删除成功后跳转到的目标网页，如果不输入网址，删除记录后刷新当前网页。

素材文件 光盘：素材文件\第7章\增加服务器行为

1 选中“访客留言”右侧的文本区域，在“服务器行为”面板中单击+按钮，选择“重复区域”选项，如下图所示。

2 弹出“重复区域”对话框，设置记录集和显示的记录数，单击“确定”按钮，如下图所示。

3 此时，即可创建“插入重复区域”服务器行为，如下图所示。

>> 7.5.2 插入显示区域

当为网页上的某个区域创建“插入显示区域”服务器行为时，Dreamweaver CS6可以对该区域进行条件显示。例如，进行分页显示时，若当前浏览的不是第一页或最后一页，就应该设置第一页和最后一页隐藏；若当前浏览的是第一页或最后一页，则允许显示，这就需要为第一页和最后一页区域插入“显示区域”。

插入显示区域的具体操作方法如下：

1 选中“访客留言”右侧的文本区域，在“服务器行为”面板中单击+按钮，选择“显示区域”|“如果记录集为空则显示区域”选项，如下图所示。

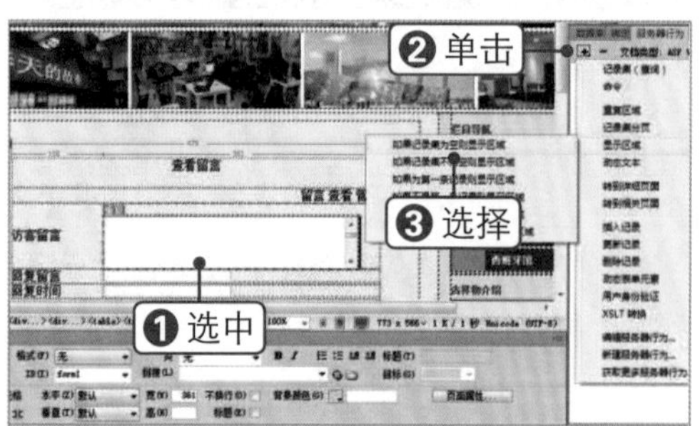

2 弹出“如果记录集为空则显示区域”对话框，设置记录集，然后单击“确定”按钮，如下图所示。

3 此时，即可创建“插入显示区域”服务器行为，如下图所示。

行家提醒

如果记录集为空则显示区域：执行该命令，只有记录集为空时，才会显示所选区域。

>> 7.5.3 记录集分页

若要在网页上分页显示记录集中的查询结果，就需要创建“记录集分页”服务器行为，具体操作方法如下。

1 选择“首页”文本，在“服务器行为”面板中单击按钮，选择“记录集分页”|“移至第一条记录”选项，如下图所示。

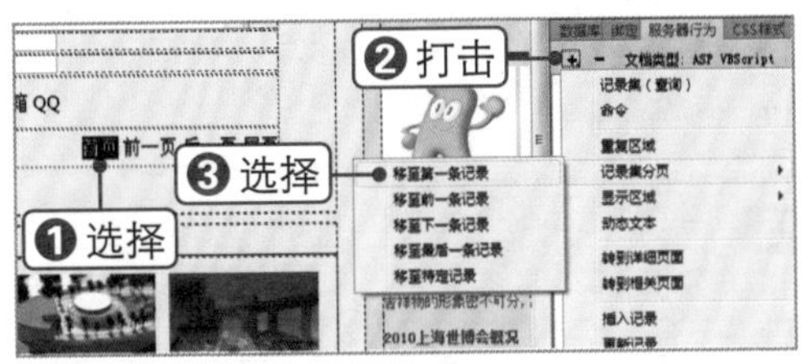

2 弹出“移至第一条记录”对话框，设置相关参数，然后单击“确定”按钮，如下图所示。

3 选择“前一页”文本，在“服务器行为”面板中单击按钮，选择“记录集分页”|“移至前一条记录”选项，如下图所示。

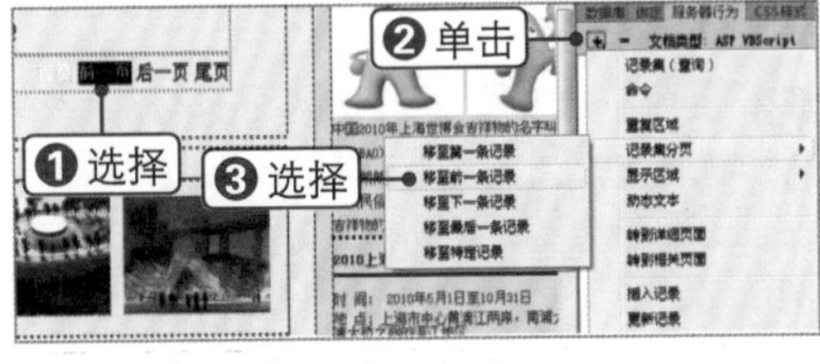

4 弹出“移至前一条记录”对话框，设置相关参数，然后单击“确定”按钮，如下图所示。

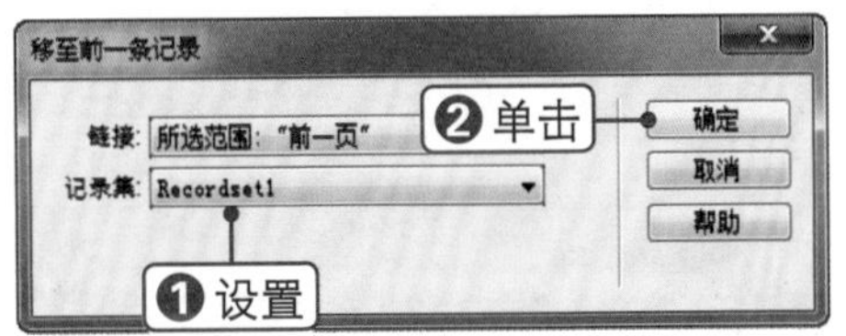

5 采用同样的方法为“后一页”和“尾页”文本添加记录集分页，效果如下图所示。

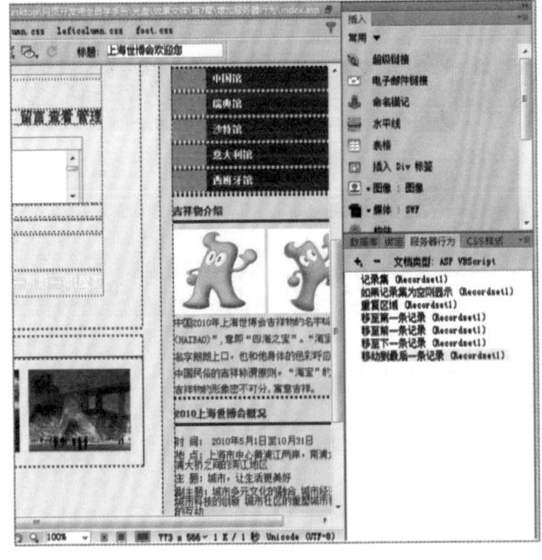

>> 7.5.4 转到详细页面

当要查看当前网页中对应产品的详细信息时，就需要创建“转到详细页面”服务器行为，该行为可以实现从当前页面传递参数到另一个页面。

创建“转到详细页面”服务器行为的具体操作方法如下：

操作提示

移至特定记录：执行该命令，对所选链接或者所选区域添加超链接，单击则显示从当前页跳转到指定记录集子页的第一页内容。

❶ 选择"留言"文本，在"服务器行为"面板中单击 按钮，选择"转到详细页面"选项，如下图所示。

❷ 弹出"转到详细页面"对话框，单击"详细信息页"文本框右侧的"浏览"按钮，如下图所示。

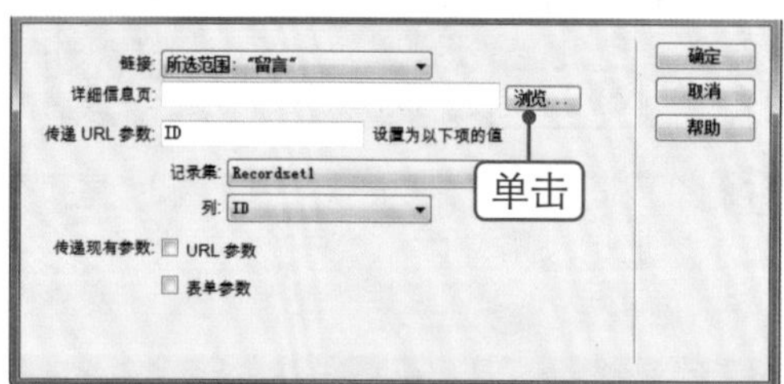

❸ 弹出"选择文件"对话框，选择要链接的文件，然后单击"确定"按钮，如下图所示。

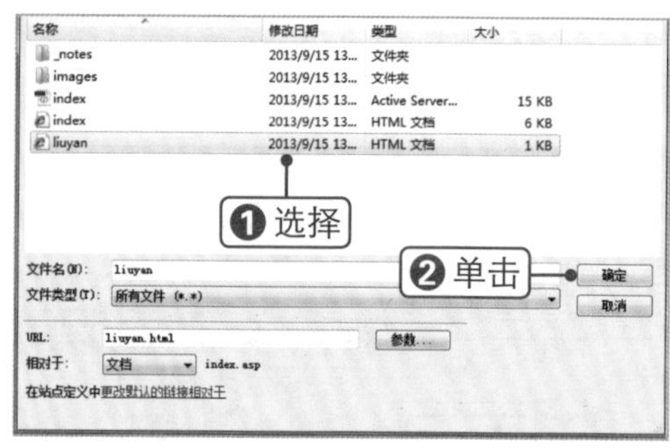

❹ 单击"确定"按钮，即可成功创建"转到详细页面"服务器行为，如下图所示。

7.6 创建在线留言系统

在线留言系统是基于 ASP 的动态交互网站，用户不需要登录就可以在 Index.asp 页面中浏览所有用户的留言信息，在 fabu.asp 页面发表留言内容，在 detail.asp 页面中查看详细的留言内容。

1. 创建 liuyan.accdb 文件

❶ 启动 Access 2010，在"可用模板"中单击"空数据库"按钮，设置存放位置，单击"创建"按钮，如下图所示。

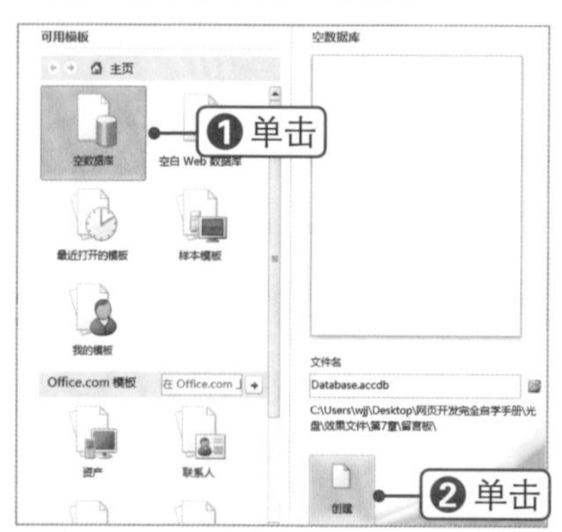

❷ 右击"表 1"，在弹出的快捷菜单中选择"设计视图"命令，弹出"另存为"对话框，设置表名称，单击"确定"按钮，如下图所示。

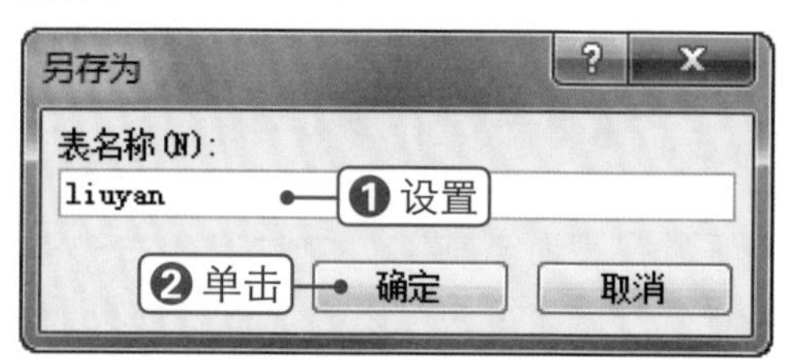

行家提醒

选中"表单参数"复选框，表明将当前页中的表单值以 URL 参数的方式传递到详细页上。

3 设置字段名称和数据类型，按【Ctrl+S】组合键保存，关闭 liuyan 表设计视图窗口。选择“文件”选项卡，选择“数据库另存为”选项，如下图所示。

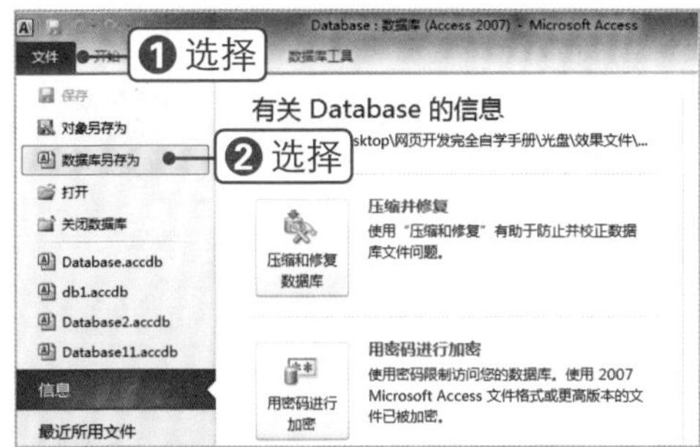

4 弹出“另存为”对话框，输入数据库名称及路径，然后单击“保存”按钮，如下图所示。

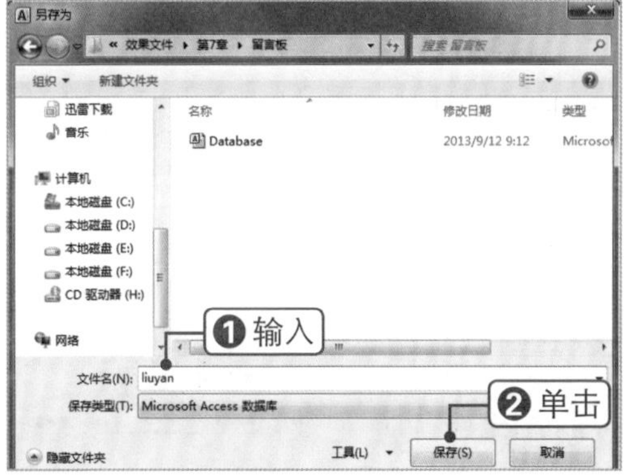

5 选择“控制面板”|“系统和安全”|“管理工具”|“数据源（ODBC）”命令，弹出“ODBC 数据源管理器”对话框，如下图所示。

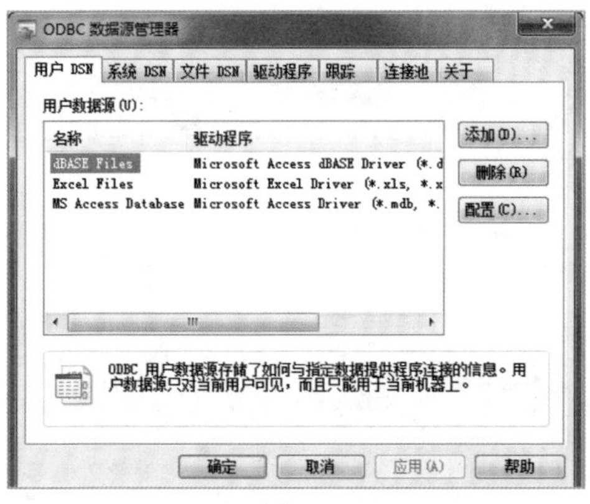

6 选择“系统 DSN”选项卡，在右侧单击“添加”按钮，如下图所示。

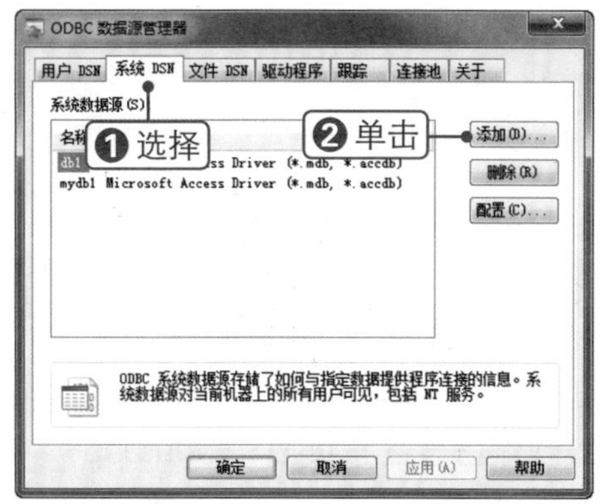

7 弹出“创建新数据源”对话框，选择 Microsoft Access Driver（*.mdb，*.accdb）选项，单击“完成”按钮，如下图所示。

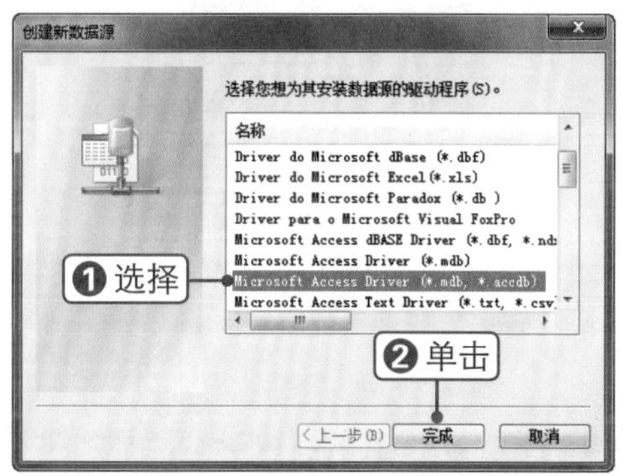

8 弹出“ODBC Microsoft Access 安装”对话框，设置数据源名，然后单击“选择”按钮，如下图所示。

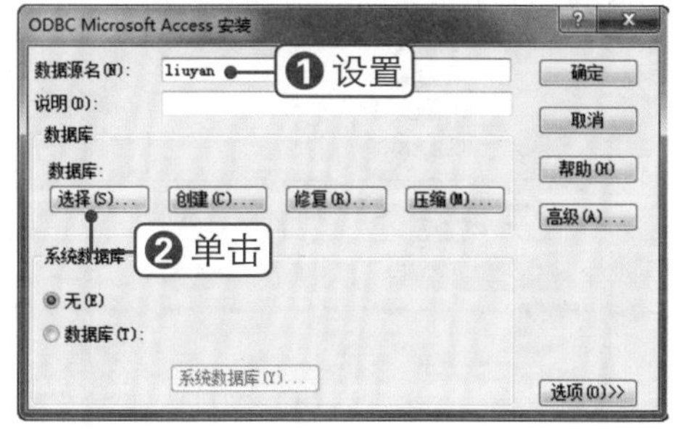

操作提示

一个完整的 ODBC 由应用程序、ODBC 管理器、驱动程序管理器、ODBC API、ODBC 驱动程序和数据源组成。

9 弹出“选择数据库”对话框，在“驱动器”下拉列表框中选择目标数据库的位置，在“目录”列表框中选择文件夹，单击“确定”按钮，如下图所示。

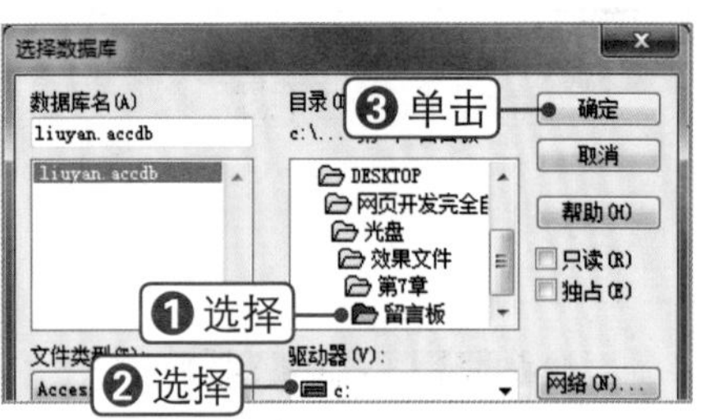

10 设置完成后单击“确定”按钮，在“系统 DNS”选项卡中可以看到 ODBC 数据源创建成功，如下图所示。

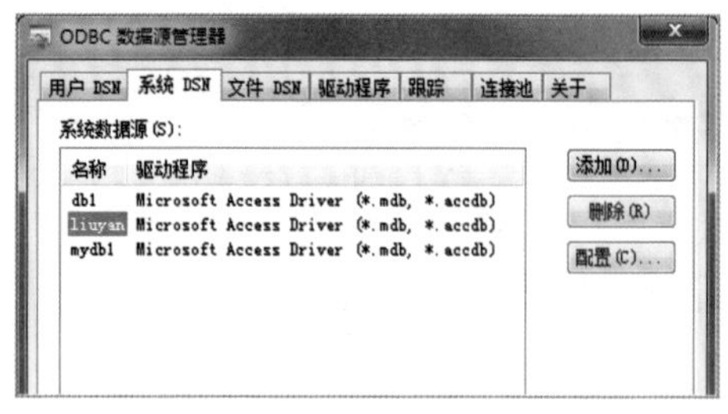

2. 制作留言发布页面（fabu.asp）

1 选择“窗口”|“文件”命令，打开“文件”面板。单击“本地文件”下拉按钮，选择“在线留言”选项，双击 index.html，如下图所示。

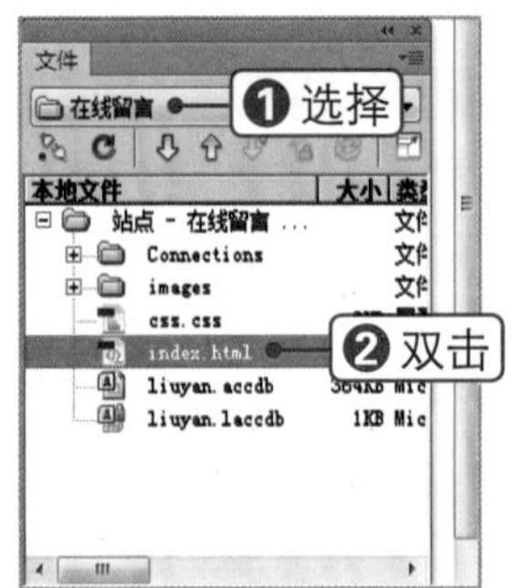

2 将光标移至右侧空白处，选择“插入”|“表格”命令，弹出“表格”对话框，设置相关参数，单击“确定”按钮，如下图所示。

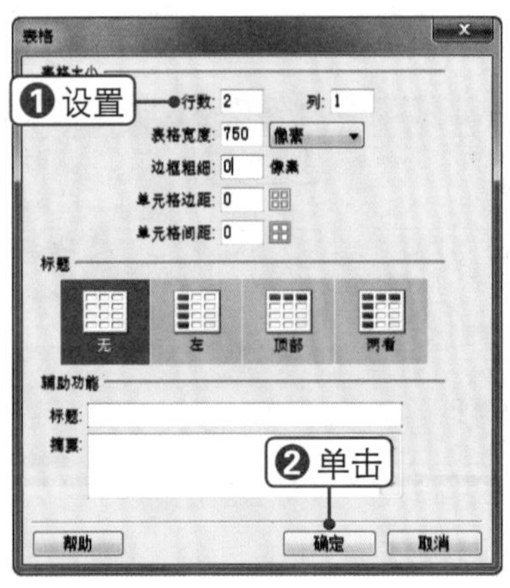

3 将光标移到表格第 1 行单元格，设置单元格水平方式为“左对齐”，垂直方式为“居中”，背景颜色为 #FFCC66，输入所需的文本，如下图所示。

4 将光标移至第 2 行单元格中，设置水平方式为“居中对齐”，垂直方式为“顶端”。选择“插入”|“表单”|“表单”命令，如下图所示。

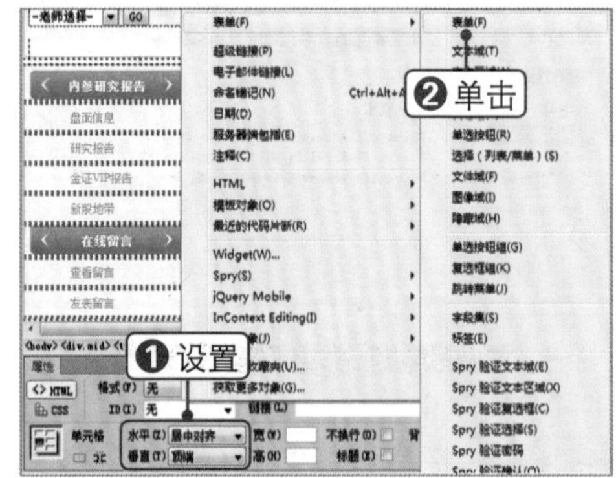

行家提醒

插入一个表单，也可以选择“窗口”|“插入”命令，将“插入”面板切换到“表单”视图，选择插入的表单或表单按钮。

5 将光标移至表单内，选择“插入”|“表格”命令，弹出“表格”对话框，设置相关参数，单击“确定”按钮，如下图所示。

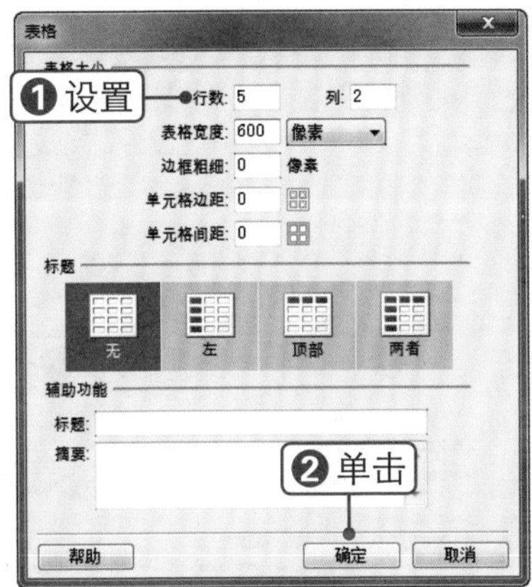

6 选中第1列单元格，设置水平方式为“右对齐”，垂直方式为“居中”，宽度为200，高度为20。在单元格中输入文本，如下图所示。

7 选中第2列单元格，在“属性”面板中设置水平方式为“左对齐”，垂直方式为“居中”，如下图所示。

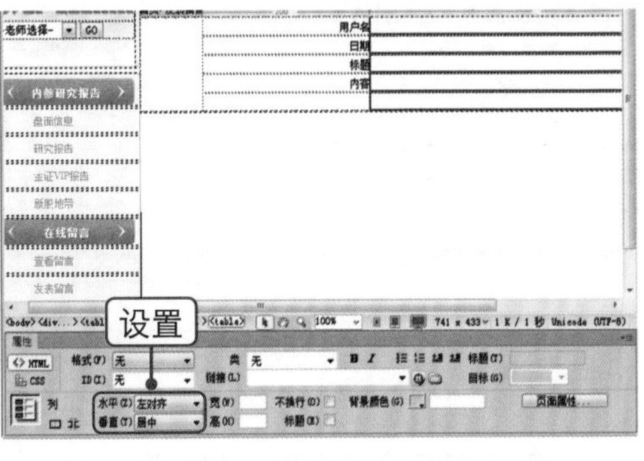

8 在“插入”面板中单击“常用”右侧下拉按钮，选择“表单”选项。将光标移至第1行第2列单元格中，单击“文本字段”按钮，如下图所示。

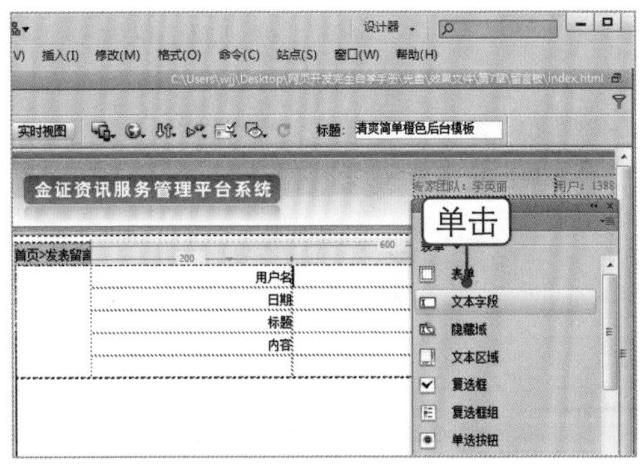

9 设置ID为txt_user。用同样的方法在第2行第2列和第3行第2列单元格中插入文本字段，分别设置ID为txt_date、txt_title，如下图所示。

10 将光标定位于表格的第4行第2列中，在“插入”面板中单击“文本区域”按钮，如下图所示。

操作提示

插入一个文本域，可以在文本域中输入字母或数字，可以是单行或多行，或者作为密码文本域，将输入的密码以*字符显示。

11 选中插入的文本区域，在“属性”面板中设置 ID 为 txt_content。选中表格第 5 行，选择“修改”|“表格”|“合并单元格”命令，如下图所示。

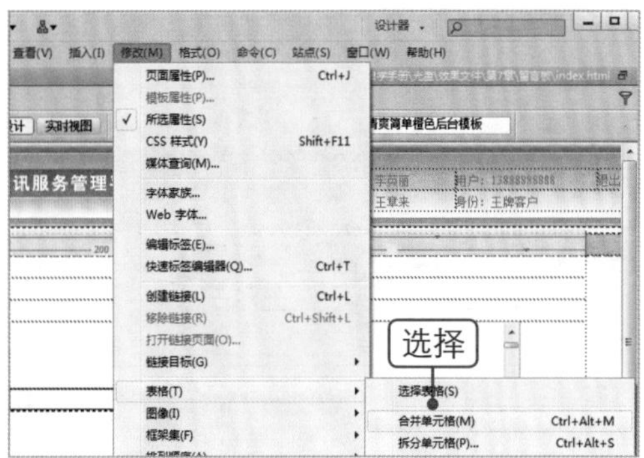

12 在“属性”面板中设置水平方式为“居中对齐”，在“插入”面板中选择“按钮”选项，如下图所示。

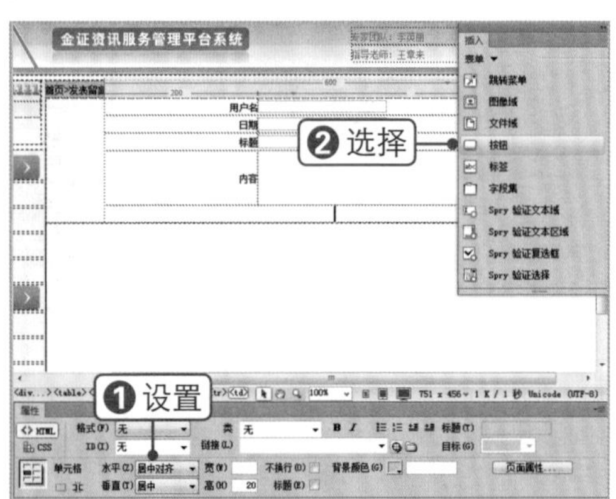

13 采用同样的方法再插入一个按钮。在“属性”面板中设置按钮的值，如下图所示。

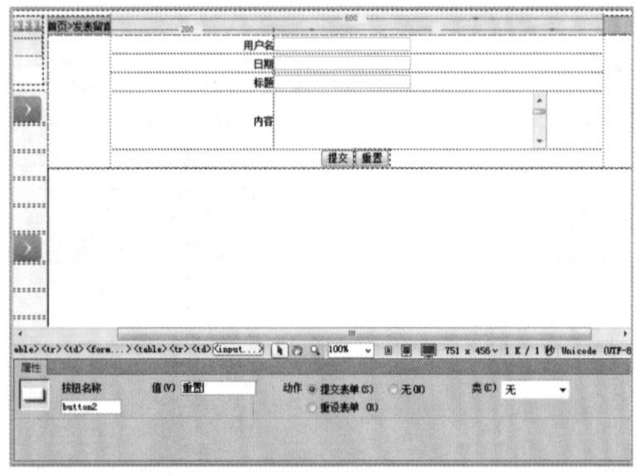

14 选择“文件”|“另存为”命令，弹出“另存为”对话框，设置名称为 fabu.asp，单击“保存”按钮，如下图所示。

15 在“数据库”面板中单击+按钮，选择“数据源名称（DSN）”选项，如下图所示。

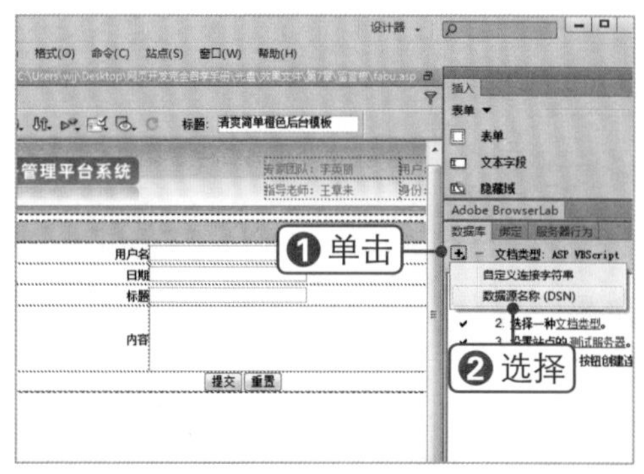

16 弹出“数据源名称（DSN）”对话框，设置相关参数，然后单击“确定”按钮，如下图所示。

行家提醒

按钮的执行动作“提交表单”将表单数据提交到服务器端，“重设表单”将表单中的各输入对象恢复初值，“无”则在计算机上执行自定义函数。

17 选择状态栏中的 <form> 标签，在“行为”面板中单击“添加行为”按钮，选择“检查表单”选项，如下图所示。

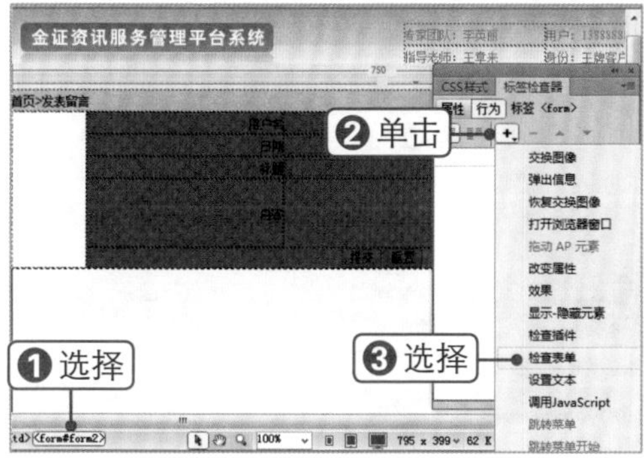

18 弹出“检查表单”对话框，将 txt_user、txt_date、txt_title、txt_content 值设置为“必需的”，“可接受”设置为“任何东西”，单击“确定”按钮，如下图所示。

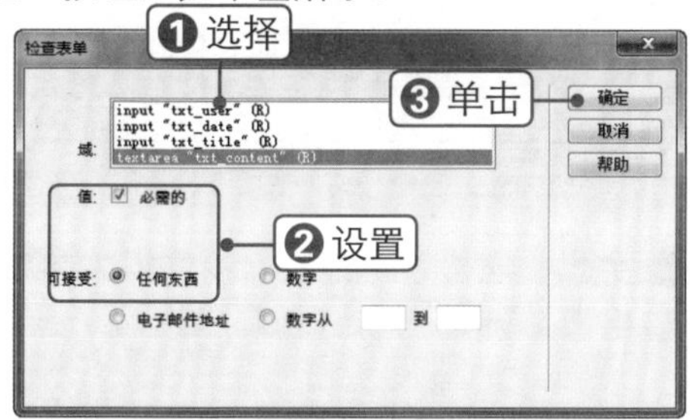

19 选择“窗口”|“数据库”命令，打开“数据库”面板。选择“绑定”选项卡，单击+按钮，选择“记录集（查询）”选项，如下图所示。

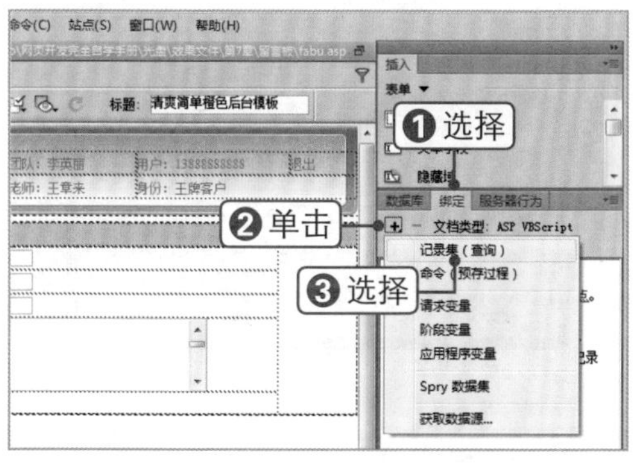

20 弹出“记录集”对话框，设置相关属性，单击“确定”按钮，如下图所示。

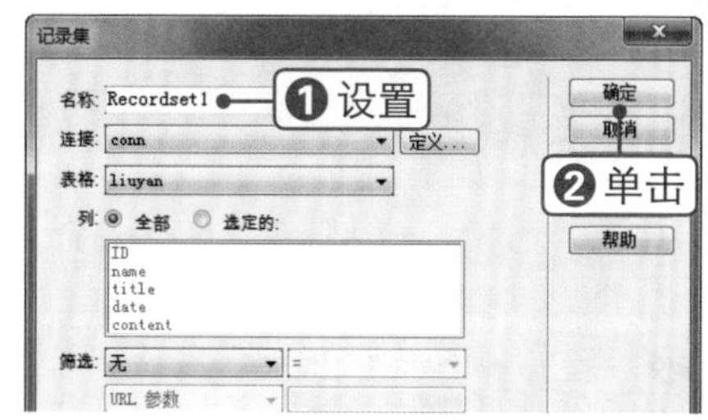

21 在“服务器行为”面板中单击+按钮，选择“插入记录”选项，如下图所示。

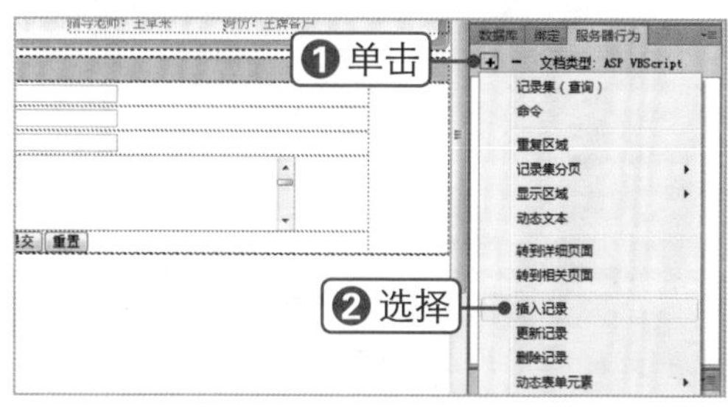

22 弹出“插入记录”对话框，设置相关属性，然后单击“确定”按钮，如下图所示。

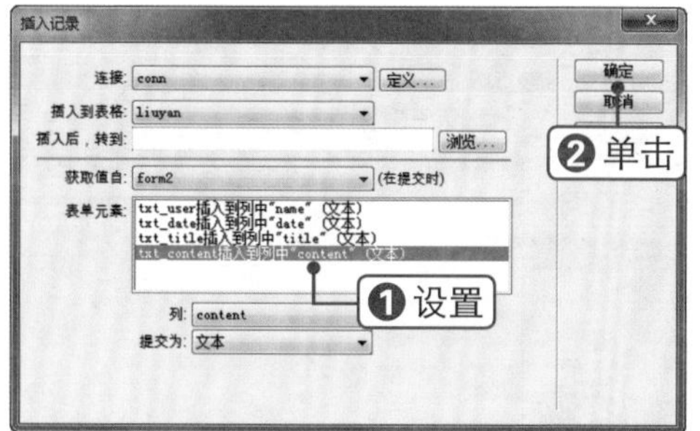

23 按【Ctrl+S】组合键保存 fabu.asp，查看最终效果，如下图所示。

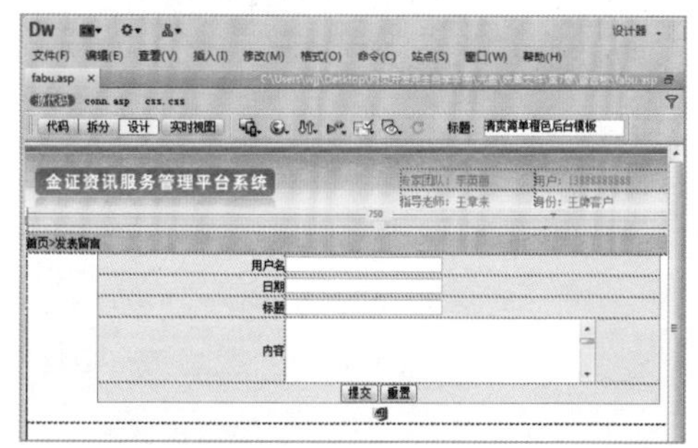

操作提示

将检查表单时出现的英文提示信息改为中文：将文本域中 name 和 id 改为合适的中文名字；将 is required 修改为不能为空或其他信息。

3. 制作留言查看页面（index.asp）

❶打开 Index.html 文件，将光标定位在右侧空白处，选择“插入”|“表格”命令，弹出“表格”对话框，设置相关参数，单击“确定”按钮，如下图所示。

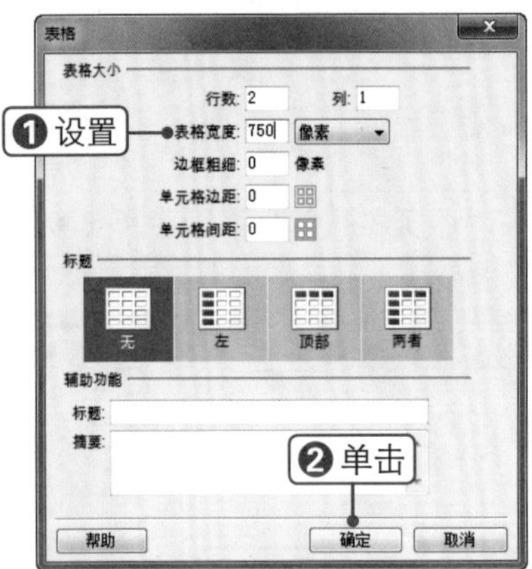

❷ 选择第 1 行单元格，设置水平方式为“左对齐”，垂直方式为“居中”，高度为 30，背景颜色为 #FFCC66，并在其中输入文本，如下图所示。

❸ 将光标移到第 2 行单元格，设置水平方式为“居中对齐”，垂直方式为“顶端”，高度为 400。选择“插入”|“表格”命令，如下图所示。

❹ 弹出“表格”对话框，设置相关参数，然后单击“确定”按钮，如下图所示。

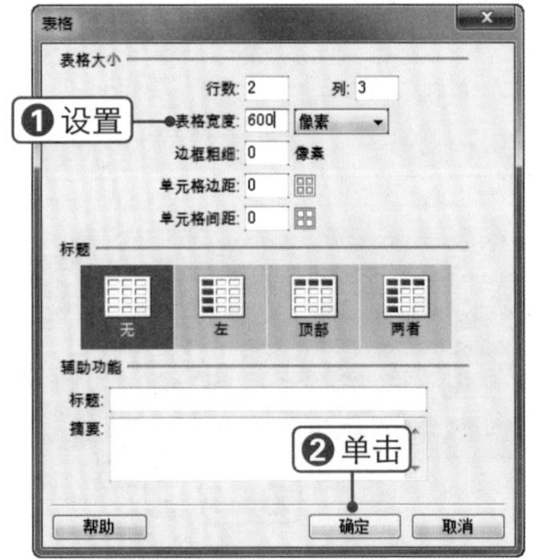

行家提醒

单元格边距：单元格内容和单元格边界之间的像素数。

单元格间距：单元格之间的像素数。

5 选中所有单元格，设置水平方式为“居中对齐”，垂直方式为“居中”，分别设置3列单元格的宽度值为100、300、200。在第1行中输入对应的文字，如下图所示。

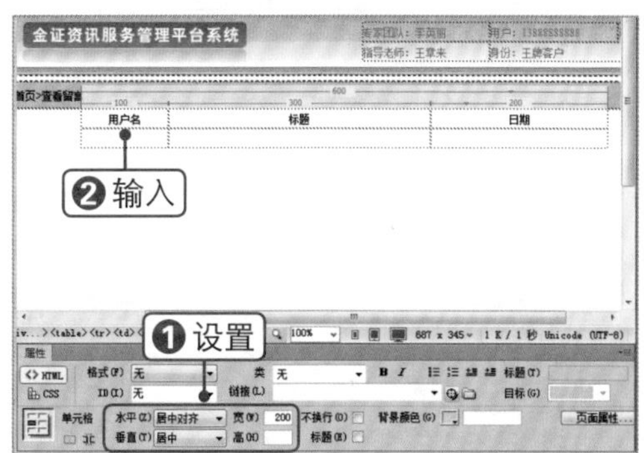

6 选择“文件”|“另存为”命令，弹出“另存为”对话框，设置文件名为index.asp，单击“保存”按钮，如下图所示。

7 选择“窗口”|“绑定”命令，在打开的“绑定”面板中单击+按钮，选择“记录集（查询）”选项，如下图所示。

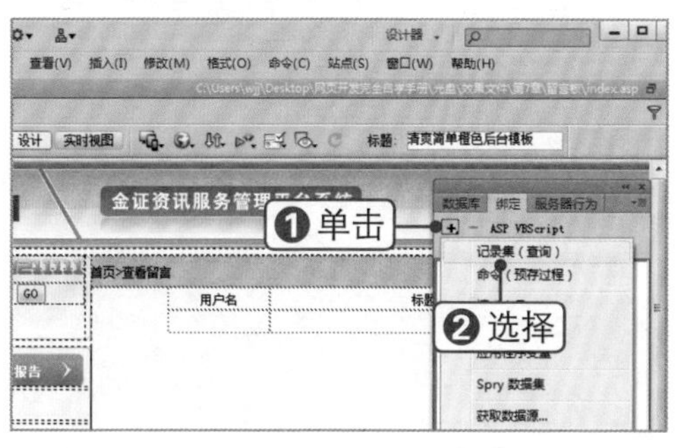

8 弹出“记录集”对话框，设置相关属性，然后单击“确定”按钮，如下图所示。

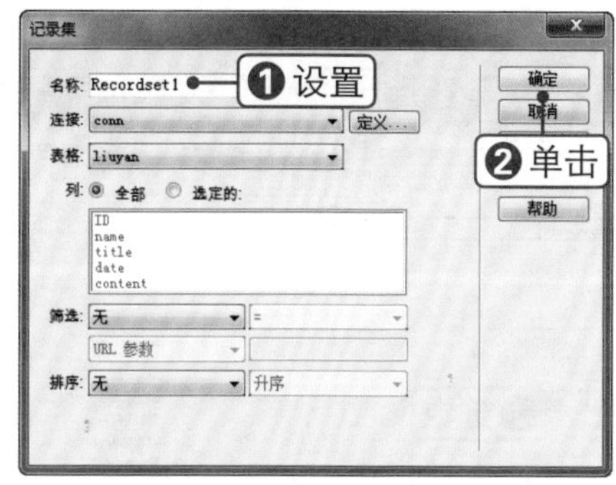

9 在“绑定”面板中展开记录集，将光标置于第2行第1列中，选中name字段，单击右下角的“插入”按钮，如下图所示。

10 重复步骤9，将记录集中的title、date字段均绑定到相应的单元格中，如下图所示。

操作提示

ASP是Active Server Page的缩写，为动态服务器页面。ASP的网页文件的格式是.asp，现在常用于各种动态网站中。

11 在状态栏中选中第2行的<tr>标签，在“服务器行为”面板中单击+按钮，选择“重复区域”选项，如下图所示。

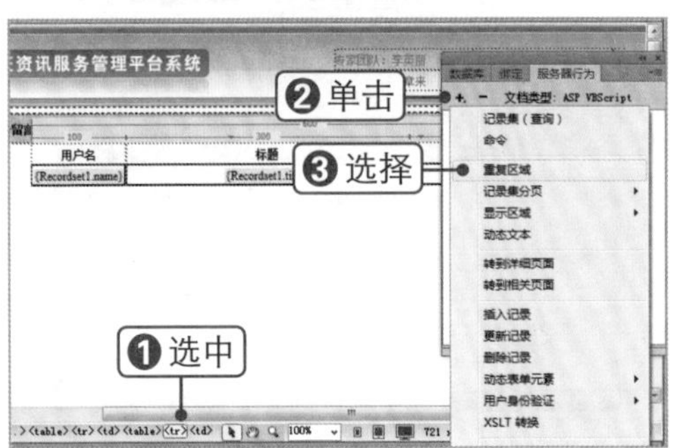

12 弹出“重复区域”对话框，设置相关参数，然后单击“确定”按钮，如下图所示。

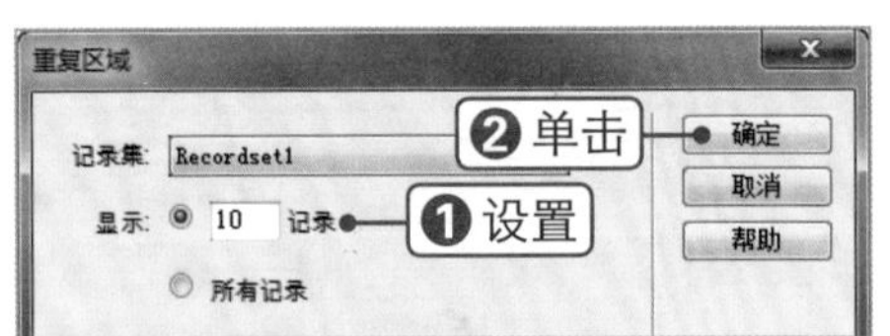

13 将光标移到表格的右侧，单击“插入”面板中“数据”菜单下的“记录集分页”|“记录集导航条”按钮，如下图所示。

14 弹出“记录集导航条”对话框，设置相关属性，然后单击“确定”按钮，如下图所示。

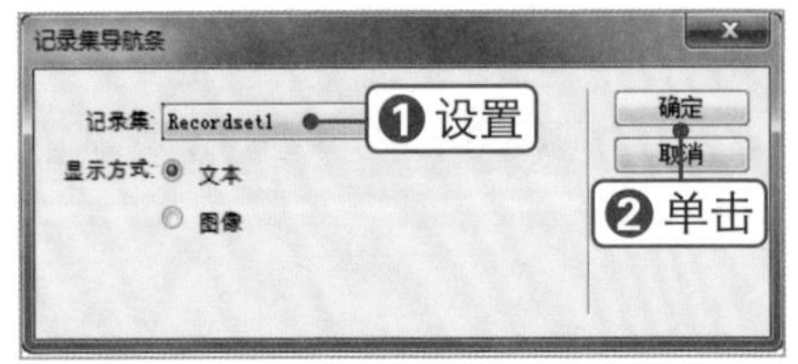

15 此时，在表格底部已经插入了记录集导航条，如下图所示。

16 选中第2行第2列单元格中的{Recordset1.title}，在“服务器行为”面板中单击+按钮，选择“转到详细页面”选项，如下图所示。

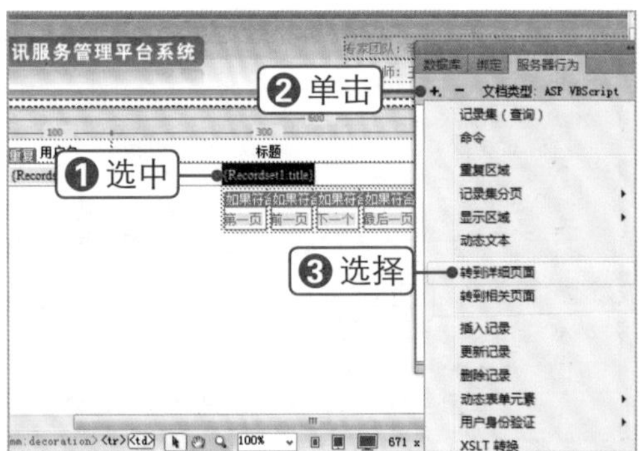

17 弹出“转到详细页面”对话框，设置相关属性，然后单击“确定”按钮，如下图所示。

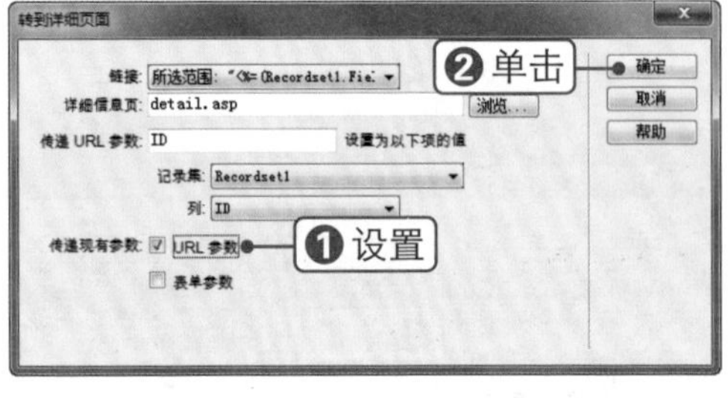

行家提醒

转到详细页面是从数据库里提出指定的内容显示在特定网页上。转到相关页面是从数据库里搜索出和详细页面相关的内容显示在特定网页上。

18 将光标置于第 2 行单元格中，选择“修改”|“表格”|“插入行或列”命令，弹出“插入行或列”对话框，设置相关属性，单击“确定”按钮，如下图所示。

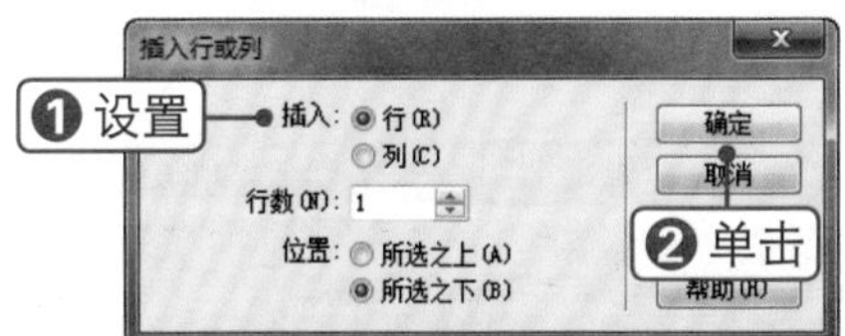

19 选中第 3 行所有单元格，选择“修改”|“表格”|“合并单元格”命令，在合并的单元格中输入文本，如下图所示。

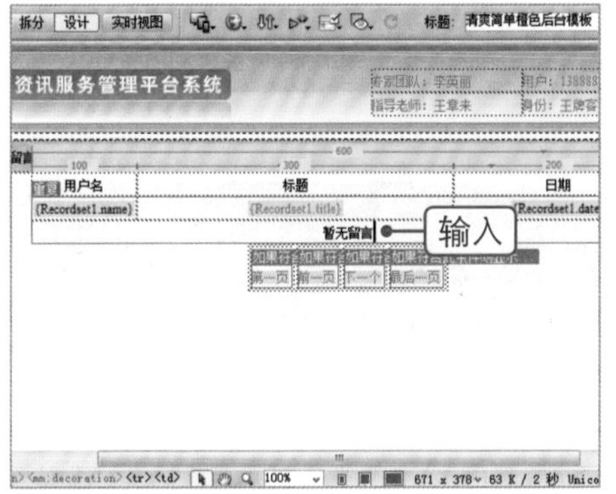

20 选择“暂无留言”文本，在“服务器行为”面板中单击+按钮，选择“显示区域”|“如果记录集为空则显示区域”选项，如下图所示。

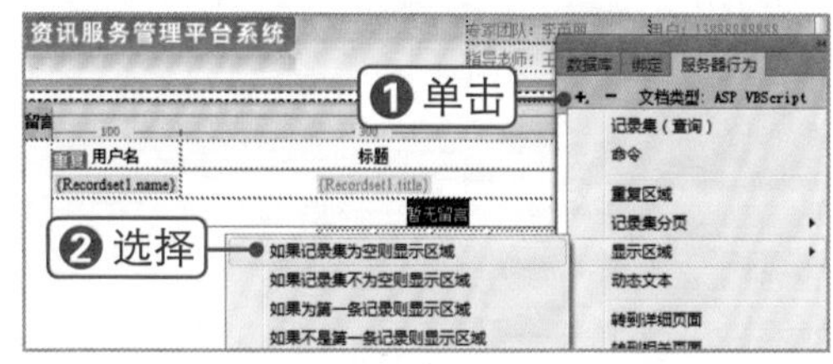

21 弹出“如果记录集为空则显示区域”对话框，选择 Recordset1 记录集，单击“确定”按钮，如下图所示。

22 按【Ctrl+S】组合键保存 index.asp 文件，如下图所示。

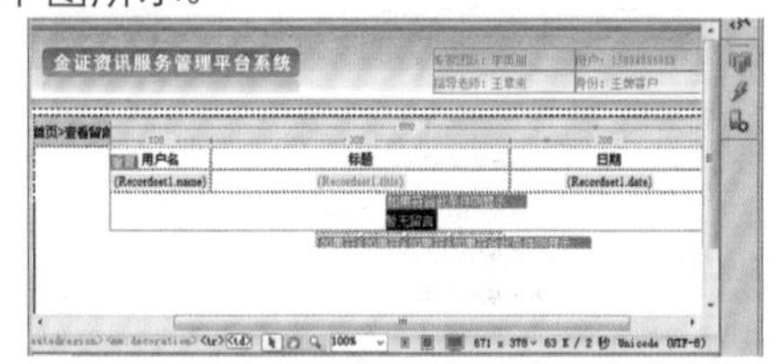

4. 制作详细留言页面（detail.asp）

1 打开 Index.html 文件，将光标定位在右侧空白处，选择“插入”|“表格”命令，弹出“表格”对话框，设置相关参数，单击“确定”按钮，如下图所示。

2 选择第 1 行单元格，设置水平方式为“左对齐”，垂直方式为“居中”，高度为 30，背景颜色为 #FFCC66，并输入文本，如下图所示。

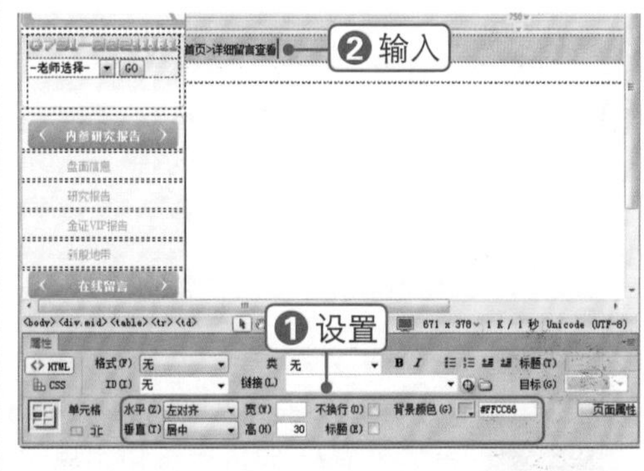

操作提示

从“显示区域”子菜单前两项选择，需要首先在网页中选中要显示的区域；从子菜单后四项选择，需要首先在网页中添加移动记录服务器行为。

3 将光标移到第 2 行单元格，设置水平方式为“居中对齐”，垂直方式为“顶端”，高度为 400。选择“插入”|“表格”命令，如下图所示。

4 弹出“表格”对话框，设置相关属性，然后单击“确定”按钮，如下图所示。

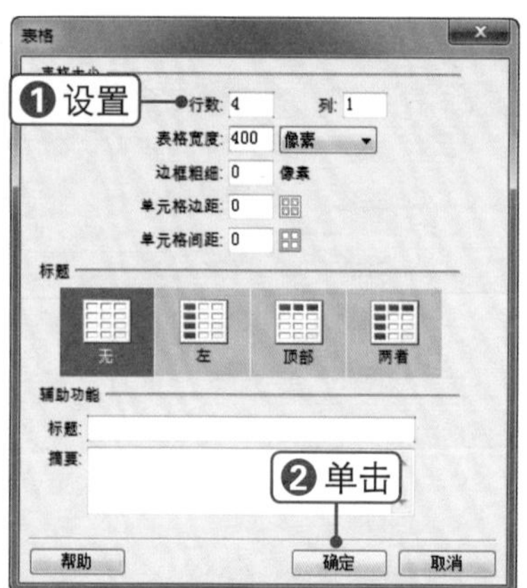

5 设置对齐方式为“居中对齐”。同时选中第 1 行和第 2 行单元格，设置水平方式为“居中对齐”，垂直方式为“居中”，高度为 30，如下图所示。

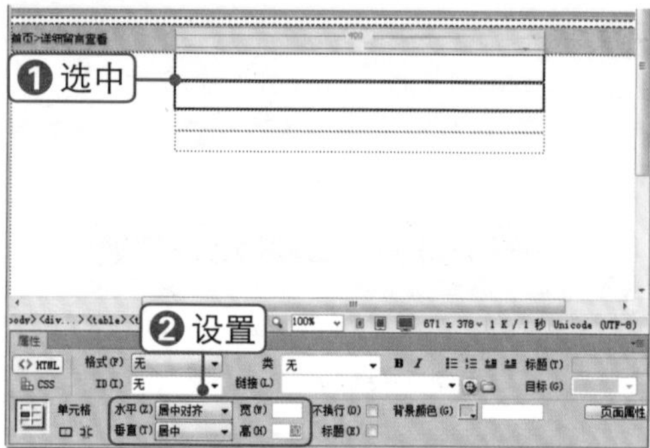

6 设置第 3 行单元格水平方式为“左对齐”，垂直方式为“顶端”，高度为 300。设置第 4 行单元格水平方式为“居中对齐”，垂直方式为“居中”，高度为 30，如下图所示。

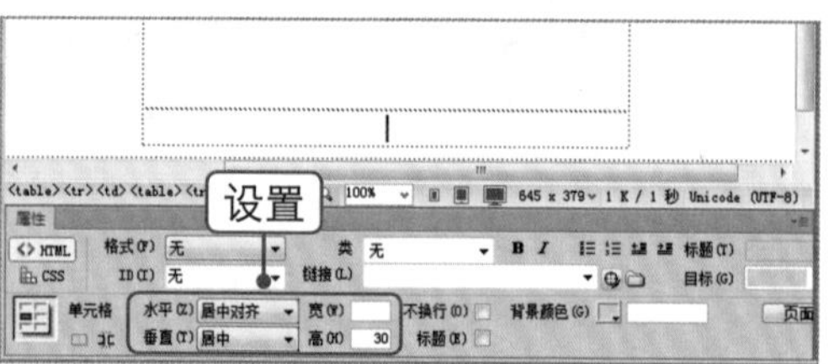

7 选择“文件”|“另存为”命令，弹出“另存为”对话框。设置文件名为 detail.asp，单击“保存”按钮，如下图所示。

知识插播

利用 ASP 可以向网页中添加交互式内容（如在线表单），也可以创建使用 HTML 网页作为用户界面的 Web 应用程序。

行家提醒

ASP 可以使用服务器端 ActiveX 组件来执行各种各样的任务，例如，存取数据库、发送 Email 或访问文件系统等。

8 在“绑定”面板中单击+按钮，在弹出的下拉菜单中选择“记录集（查询）”选项，如下图所示。

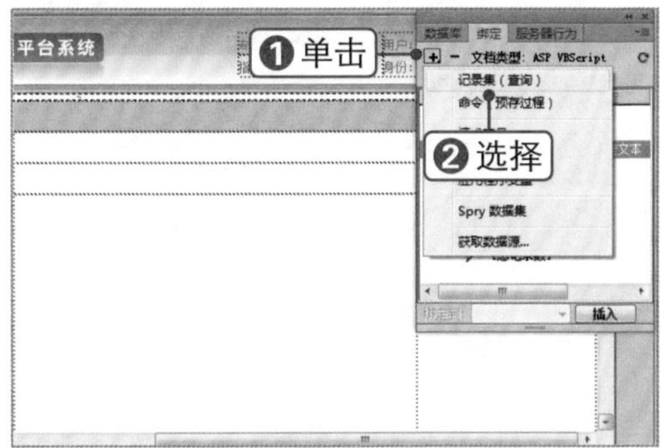

9 弹出“记录集”对话框，设置相关属性，然后单击“确定”按钮，如下图所示。

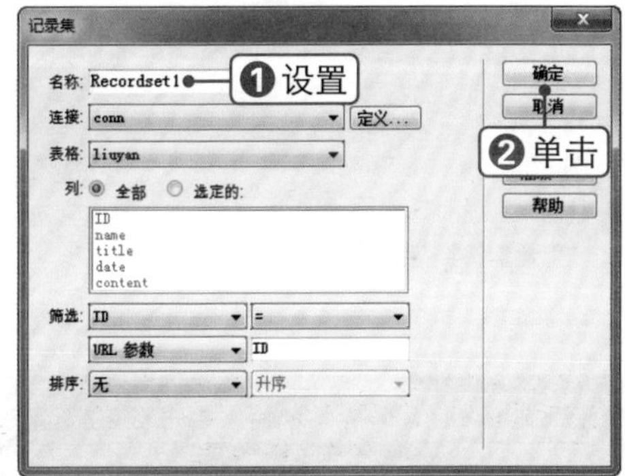

10 将插入点置于第1行单元格中，在“绑定”面板中选中 title 字段，单击右下角的“插入”按钮，如下图所示。

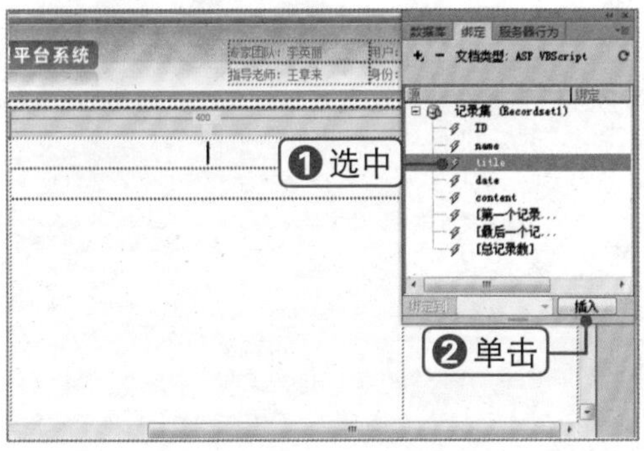

11 重复步骤10，分别将 name、date 和 content 字段绑定到相应的位置，如下图所示。

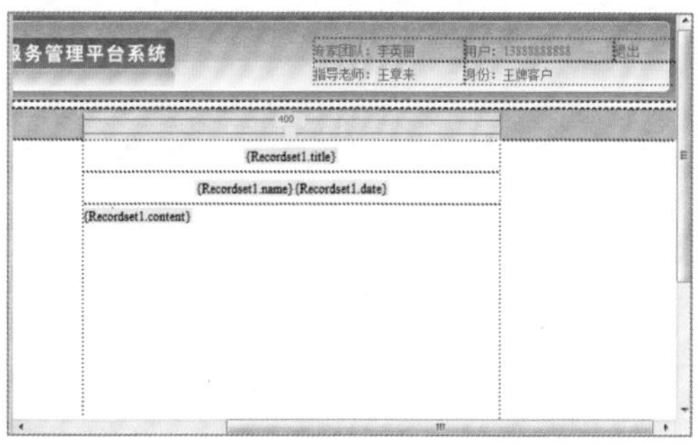

12 将插入点置于第4行单元格中，选择“插入”|“超级链接”命令，弹出“超级链接”对话框，设置相关参数，单击“确定”按钮，如下图所示。

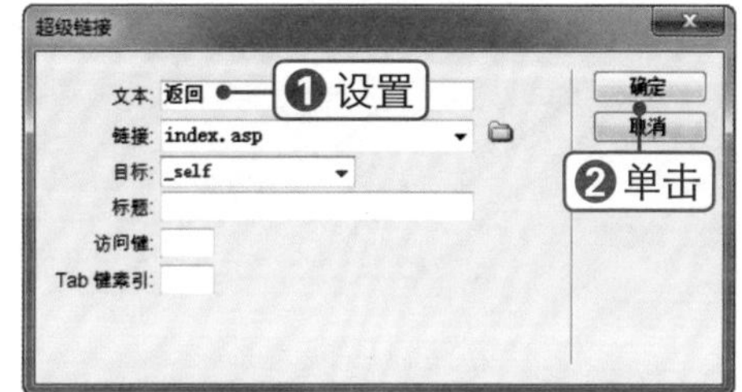

13 按【Ctrl+S】组合键保存 detail.asp，即可查看最终效果，如下图所示。

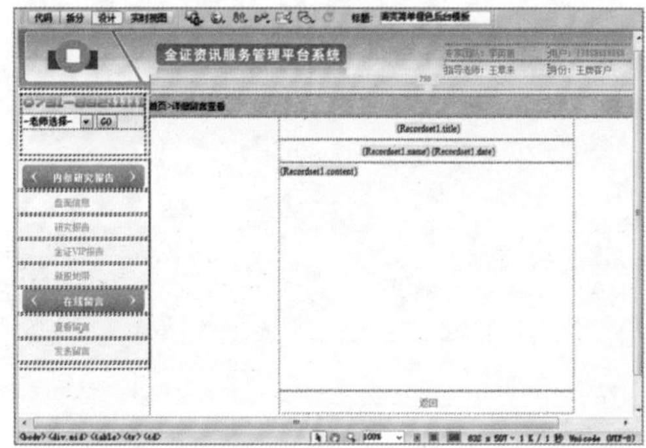

操作提示

如果测试服务器与生产服务器不是同一台，则需要注意数据库文件虚拟路径的设置。

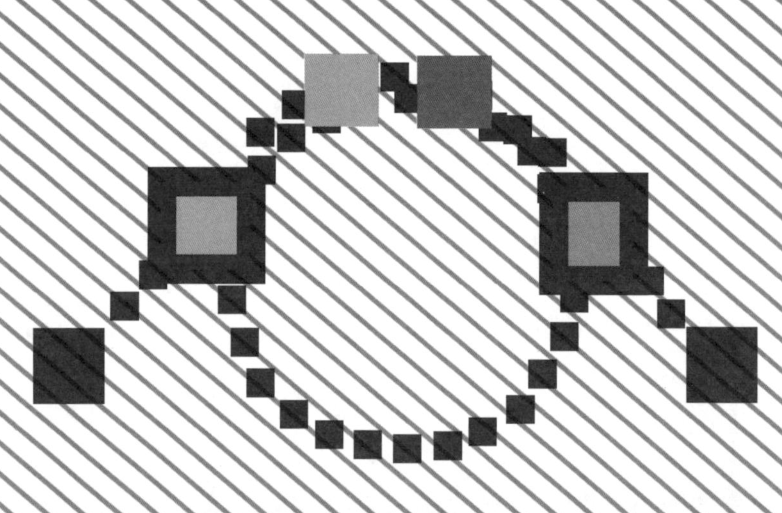

Chapter 08

Flash CS6快速入门

Flash是一款非常优秀的动画制作软件，利用它可以制作出丰富多彩的动画、创建网页交互程序；可以将音乐、生效、动画以及富有新意的界面融合在一起，制作出高品质的Flash动画。本章将引领读者快速掌握Flash入门知识。

本章重点知识

◎ 初识Flash CS6界面

◎ Flash CS6文档操作

8.1 初识Flash CS6界面

Flash CS6 人性化的设计方式最大限度地增加了工作区域，从而更加有利于设计人员的使用。

在桌面上双击 Flash CS6 图标，即可启动 Flash CS6，其开始页如下图（左）所示。在开始页中单击“新建”栏中的 ActionScript 3.0 超链接，即可新建并打开一个 Flash 文件，如下图（右）所示。

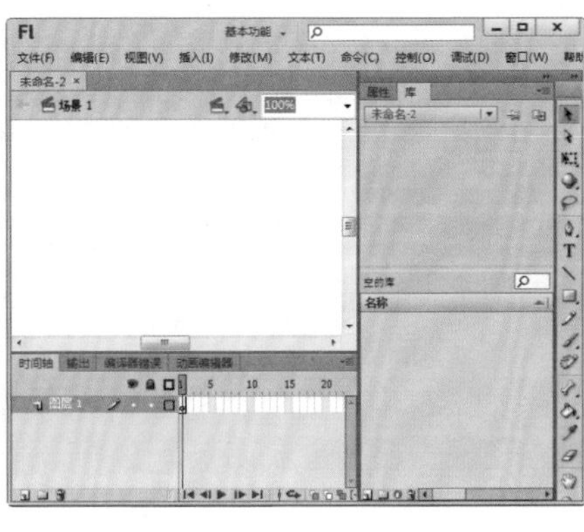

在 Flash CS6 的工作界面中，主要由以下几部分组成。

1．菜单栏

菜单栏由“文件”、“编辑”、“视图”、“插入”、“修改”、“文本”、“命令”、“调试”、“控制”、“窗口”和“帮助”等 11 个菜单组成，其中汇集了 Flash 的所有命令。其中：

（1）“文件”菜单

该菜单中包含了所有与文件相关的操作，如“新建”、“打开”、“保存”等命令，如下图（左）所示。

（2）“编辑”菜单

该菜单中包含了常用的“撤销”、“剪切”、“复制”、“查找”和“替换”等命令，如下图（右）所示。

操作提示

选中“不再显示”复选框，则在下次重新启动 Flash CS6 时将不会再显示欢迎屏幕。

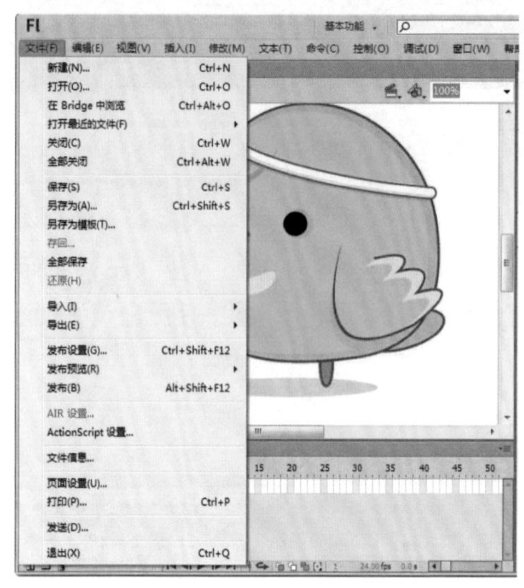

（3）**“视图”菜单**

视图窗口的缩放，辅助标尺、网格、辅助线的开启与关闭，与对象对齐方式等功能对应的命令均包含在该菜单中，如下图（左）所示。

（4）**“插入”菜单**

该菜单中主要包括有关新元件的插入，时间轴上的各种对象（图层、关键帧等）的插入，以及时间轴特效和场景的插入等命令，如下图（右）所示。

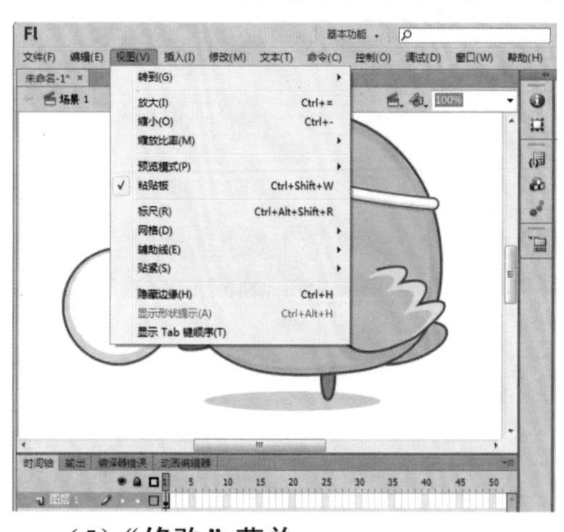

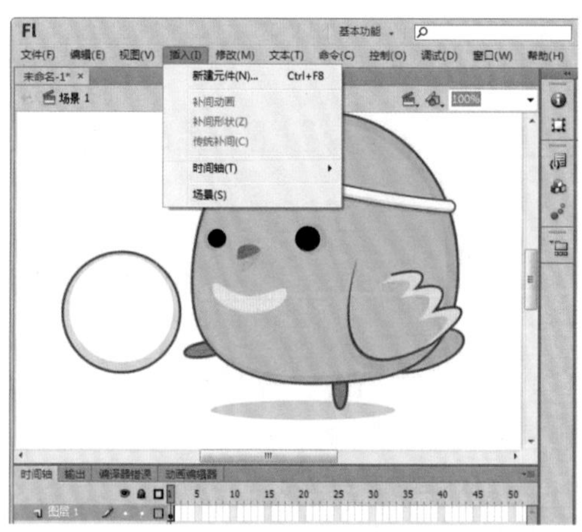

（5）**“修改”菜单**

该菜单主要针对 Flash 文档、元件、形状、时间轴及时间轴特效，此外还包括工作区中各元件实例的变形、排列和对齐等命令，如下图（左）所示。

（6）**“文本”菜单**

该菜单主要用于设置文本字体、大小和样式等，如下图（右）所示。

行家提醒

对于常用的命令，用户可以熟记其快捷键，以方便操作，如新建元件快捷键为【Ctrl+F8】组合键。

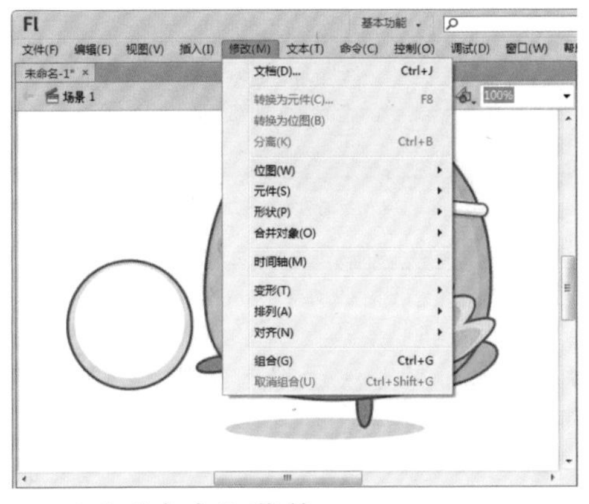

(7)“命令”菜单

Flash CS6 允许用户使用 JSFL 文件创建自己的命令，在该菜单中可以运行、管理这些命令或使用 Flash 默认提供的命令，如下图（左）所示。

(8)“控制”菜单

该菜单中主要包含影片的测试及影片播放时的控制命令。

(9)“调试”菜单

该菜单主要用于调试当前影片中的动作脚本。

(10)“窗口”菜单

该菜单主要用于控制各种面板、窗口的开启与关闭，如下图（右）所示。

(11)“帮助”菜单

该菜单中主要包含各种获取帮助的方式，在遇到困难时可以按【F1】键打开帮助菜单。

2.“时间轴”面板

“时间轴”面板是 Flash CS6 工作界面中的浮动面板之一，是 Flash 制作中操作最为频繁的面板之一，几乎所有的动画都需要在“时间轴”面板中进行制作。“时间轴”

菜单命令的后面有 3 个小黑点，表示选择该命令将弹出一个对话框。若菜单命令后面有箭头，则表示它有一个子菜单。

面板主要由图层和帧两部分组成，如下图所示。

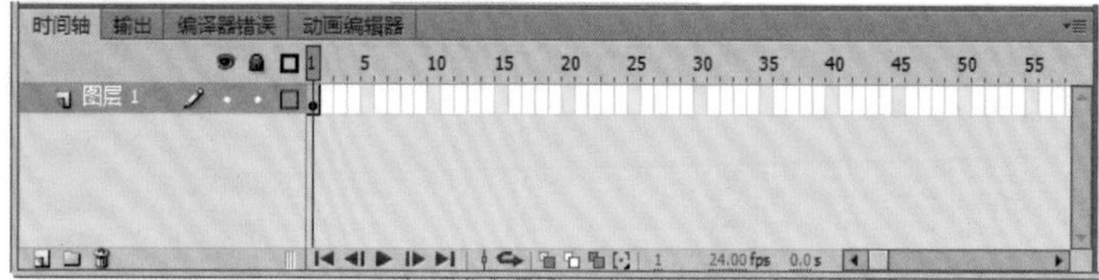

3．工具箱

在工具箱中提供了 Flash CS6 中所有的操作工具，如选取工具、文本工具和绘图工具等，以及工具的相应设置选项，如下图所示。

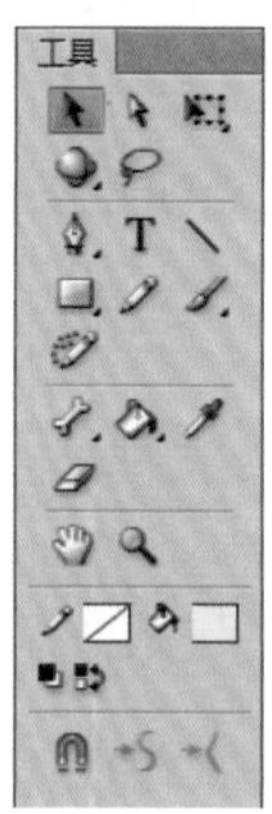

通过这些工具可以在 Flash 中进行绘图、输入文本等相应的操作，在舞台中绘制图形如下图（左）所示，输入文本如下图（右）所示。

知识插播

在 Flash CS6 中，用户可以根据自己的使用习惯摆放工具箱的位置，也可以将其调整为单栏、双栏或多栏形式。

行家提醒

时间轴面板主要用于组织和控制影片中图层和帧的内容，使动画内容随着时间的推移而发生相应的变化。

4. 舞台

在 Flash CS6 中制作动画的工作区域称为“舞台”。舞台是进行动画创作和播放的主要区域，内容包括矢量插图、文本框、按钮、导入的位图图形或视频剪辑等，用于修改和编辑动画，如下图所示。

5. 面板

在 Flash CS6 中提供了各类面板，用于观察、组织和修改 Flash 动画中的各种对象元素，如形状、颜色、文字、实例和帧等。在默认情况下，面板组停靠在工作界面的右侧。下面将详细介绍以下几个常用的面板。

（1）“颜色 / 样本”面板组

在默认情况下，“颜色”面板和“样本”面板合为一个面板组。“颜色”面板用于设置笔触颜色、填充颜色及透明度等，如下图（左）所示。

“样本”面板中存放了 Flash 中所有的颜色，单击面板右侧的 按钮，在弹出的下拉菜单中可以对其进行管理，如下图（右）所示。

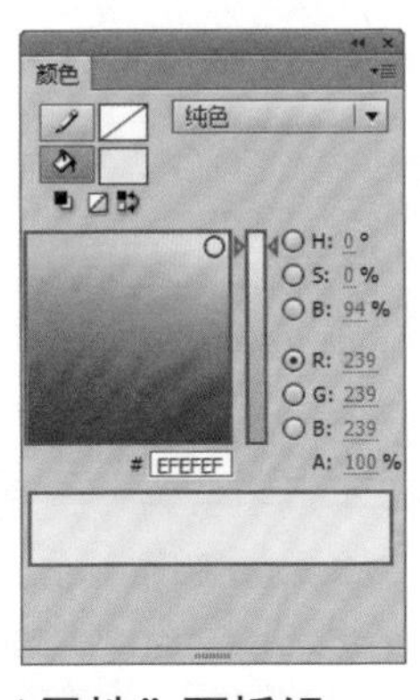

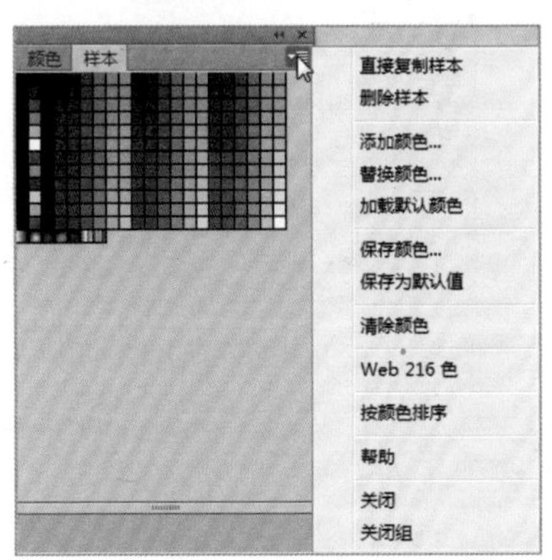

（2）“库 / 属性”面板组

默认情况下，“库”面板和“属性”面板合为一个面板组。“库”面板用于存储

操作提示

Flash 共提供了二十多个控制面板，帮助用户快速执行特定的命令，如“颜色”面板、“库”面板、“属性”面板和“历史记录”面板等。

和组织在 Flash 中创建的各种元件，以及导入的文件，包括位图图形、声音文件和视频剪辑等，如下图（左）所示。

“属性”面板用于显示和修改所选对象的参数。当不选择任何对象时，“属性”面板中显示的是文档的属性，如下图（右）所示。

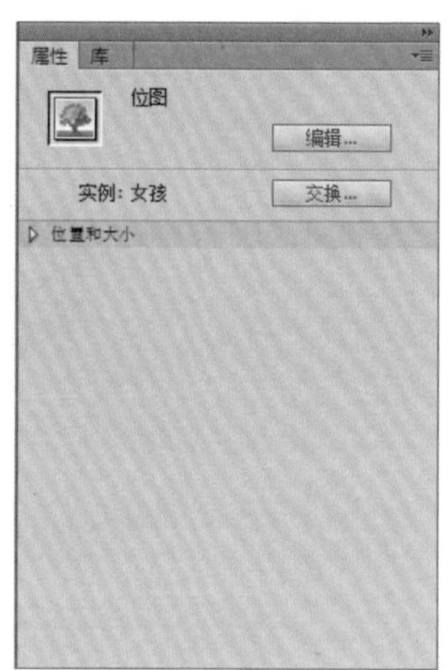

（3）**“动作”面板**

“动作”面板用于编辑脚本。“动作”面板由三个窗格构成：动作工具箱、脚本导航器和脚本窗格，如下图所示。

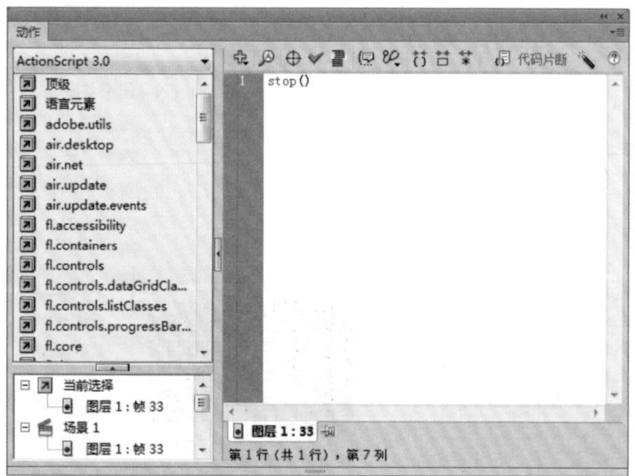

（4）**“对齐 / 信息 / 变形”面板组**

在默认情况下，“对齐”面板、“信息”面板和“变形”面板组合为一个面板组。其中，“对齐”面板主要用于对齐同一个场景中选中的多个对象，如下图（左）所示；“信息”面板主要用于查看所选对象的坐标、颜色、宽度和高度，还可以对其参数进行调整，如下图（中）所示；“变形”面板用于对所选对象进行大小、旋转和倾斜等变形处理，如下图（右）所示。

行家提醒

在程序上方菜单栏右侧的工作区列表中可切换或重置工作区，用户还可根据需要设计自己的工作区布局。

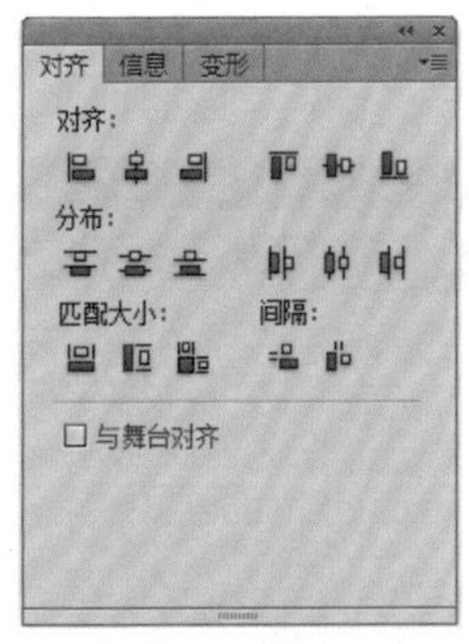

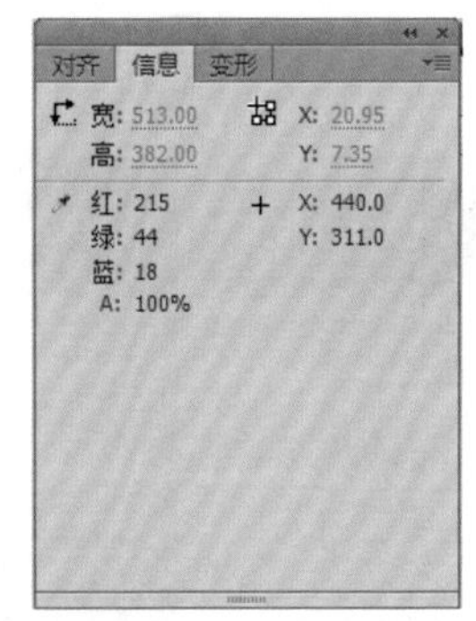

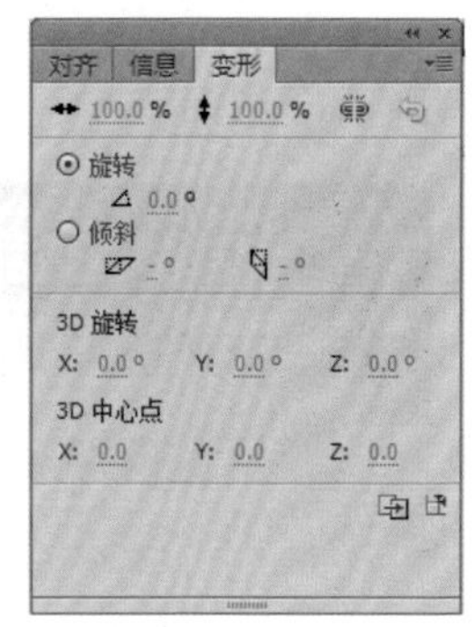

若工作区中没有这些面板，在菜单栏的“窗口”菜单下都可以找到，单击其中的命令即可显示相应的面板。

除了上述面板外，Flash CS6还有许多其他的面板，如“滤镜”面板、“参数”面板、“调试控制台”面板和“辅助功能”面板等，其功能和特点在此不再一一介绍，在后面的章节中将会对其进行详细介绍。这些面板在“窗口”菜单中都可以找到，选择相应的命令即可将其打开。

8.2 Flash CS6文档操作

下面将介绍如何在Flash CS6中新建文档并设置其属性，以及如何使用标尺、网格与辅助线。

8.2.1 新建文档并设置其属性

在Flash CS6中新建文档并设置其属性的具体操作方法如下：

1 打开Flash CS6，新建空白文档，选择“修改”|“文档”命令，如下图所示。

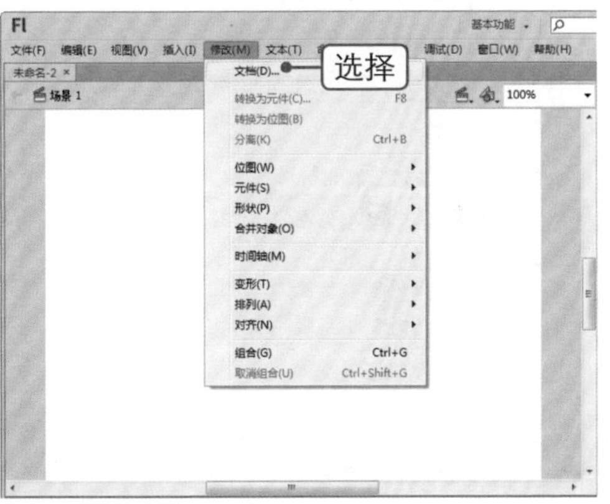

2 弹出“文档设置”对话框，在“尺寸”文本框中输入所需的尺寸，如下图所示。

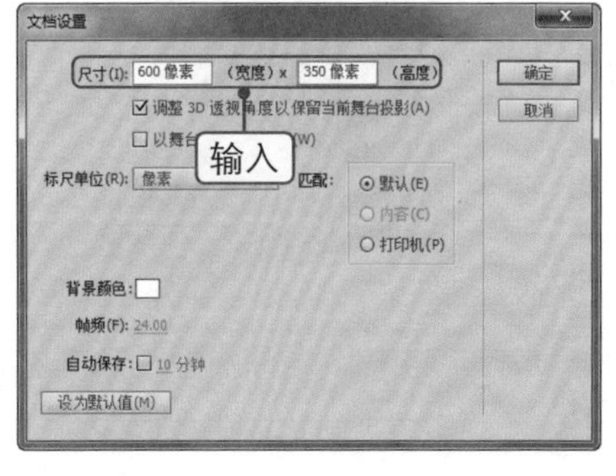

操作提示

使用模板创建文档，可以快速地制作相应的Flash动画。其中，使用的模板可以是Flash自带的标准模板，也可以选择保存的模板。

3 单击背景颜色块，在打开的面板中选择所需的颜色，如下图所示。

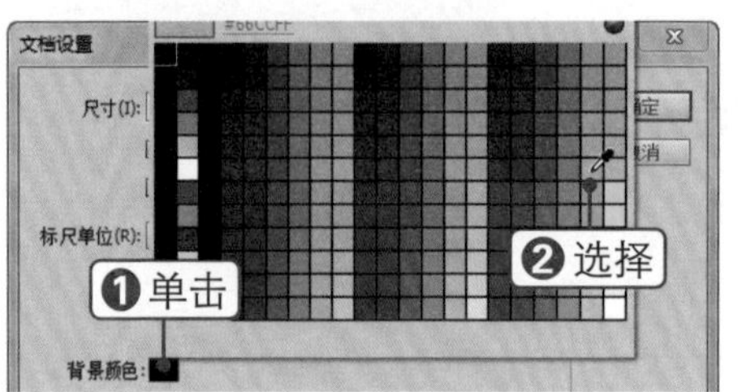

4 在“帧频”文本框中设置当前文档中动画的播放速度，如下图所示。

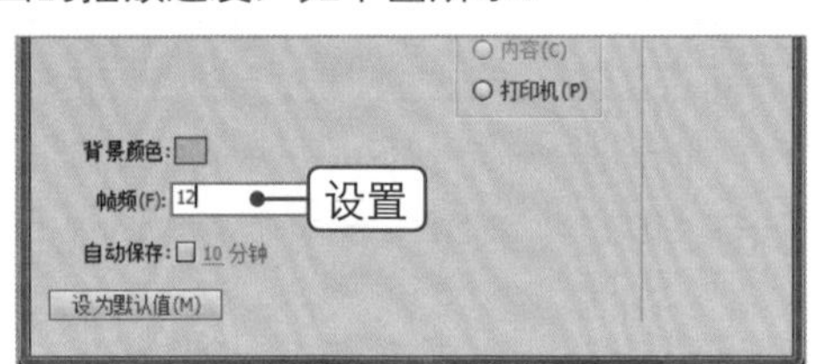

5 在“标尺单位”下拉列表框中选择“厘米”选项，单击“确定”按钮，如下图所示。

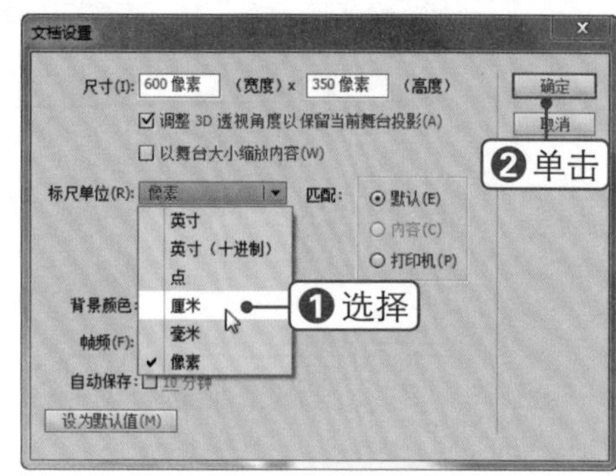

在利用 Flash 制作完成一个动画后，往往需要预览和测试该动画是否达到了预期的效果。可以通过以下三种方法进行预览和测试。

方法一：要测试一个简单的动画、基本的交互式控件或一段声音，可以选择“控制”|“播放”命令，效果如下图（左）所示。

方法二：要测试所有的动画或交互式控件，可以选择“控制”|“测试场景”命令，打开一个独立的播放器来测试，效果如下图（右）所示。

行家提醒

在编辑环境中的测试是有限的。若要评估影片剪辑、动作脚本或其他重要的动画元素，必须在编辑环境之外进行。

方法三：若要在网络浏览器中测试一个动画，则可以选择“控制”|“测试影片”|“在浏览器中”命令，效果如下图所示。

知识插播

使用“测试影片”命令可以完整地播放动画，而使用“测试场景”命令仅能播放当前编辑的场景或元件，而不是整个动画。

>> 8.2.2 使用标尺、网格与辅助线

在 Flash CS6 中，标尺、网格和辅助线可以帮助用户精确地绘制对象。用户可以在文档中显示辅助线，然后使对象贴紧至辅助线；也可以显示网格，然后使对象贴紧至网格，大大提升设计师的工作效率和作品品质。

1．使用标尺

在 Flash CS6 中，若要显示标尺，可以选择“视图”|“标尺”命令或按【Ctrl+Alt+Shift+R】组合键，此时在舞台的上方和左侧将显示标尺，如下图（左）所示。另外，在舞台的空白处右击，在弹出的快捷菜单中选择“标尺”命令，也可以将标尺显示出来，如下图（右）所示。

操作提示

在显示标尺的情况下移动舞台上的元素时，将在标尺上显示几条线，指出该元素在舞台中的具体位置。

默认情况下，标尺的度量单位为“像素”，可以对其进行更改，具体操作方法如下：

选择“修改”|“文档”命令或按【Ctrl+J】组合键，弹出“文档属性”对话框，在“标尺单位”下拉列表框中选择一种单位，单击“确定”按钮即可，如下图所示。

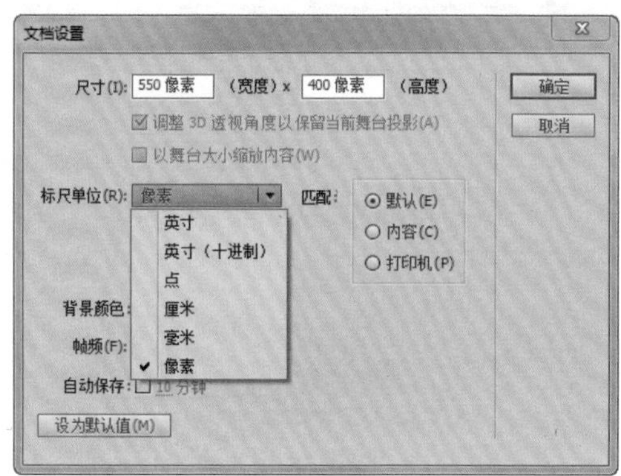

2. 使用网格线

选择“视图”|“网格”|“显示网格”命令或按【Ctrl+′】组合键，舞台中将会显示出网格线，如下图（左）所示。

另外，根据需要对网格线的颜色和大小进行修改，还可以设置“贴紧至网格”及“贴紧精确度”。选择“视图”|“网格”|“编辑网格”命令，在弹出的“网格”对话框中进行相应的设置，单击“确定”按钮即可，如下图（右）所示。

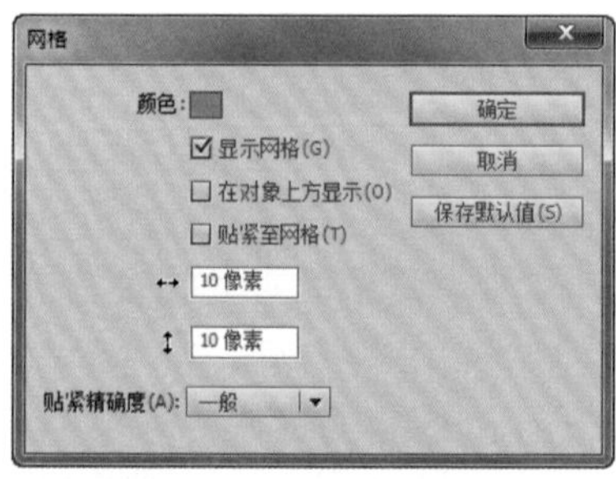

3. 使用辅助线

在显示标尺的情况下，将鼠标指针移至水平或垂直标尺上，然后单击，当鼠标指针下方出现一个小三角时，按住鼠标左键并向下或向右拖动，移至合适的位置后松开鼠标，即可绘制出一条辅助线，如下图所示。

行家提醒

在网格设置中，“保存默认值”按钮用于将当前的设置保存为系统的默认值，而不是恢复为系统的默认值。

在默认情况下，辅助线是呈显示状态的。若辅助线没有显示出来，可以通过选择“视图”|“辅助线”|“显示辅助线”命令或按【Ctrl+；】组合键使其显示出来。

知识插播

Flash预设了动画、调试、设计人员、开发人员、基本功能等工作区，默认的程序界面为基本功能工作区。用户也可根据需要设定自己的工作区，根据实际的需要安排各面板的位置，然后在标题栏单击“基本功能”下拉按钮，选择“新建工作区”命令。在弹出的的对话框中输入名称，单击“确定”按钮即可，如下图所示。

操作提示

选择“视图”|“辅助线”|“清除辅助线”命令，可将当前文档中的辅助线全部清除。

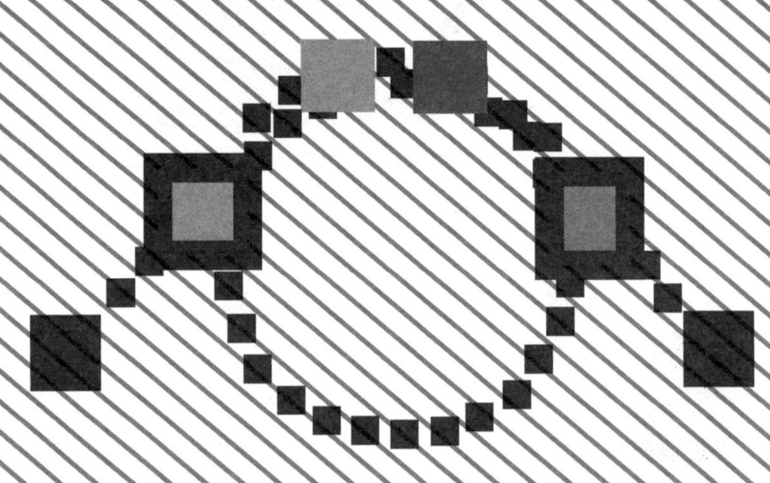

Chapter 

使用Flash CS6绘图

利用Flash自带的绘图工具可以绘制一些简单的图形，若需要复杂的图形则需要通过其他软件进行绘制，如Photoshop、CorelDRAW等。本章主要学习如何使用Flash绘制一些简单的图形。

本章重点知识

◎ 基本工具的使用

◎ 绘制图形

◎ 实战演练——绘制网站效果图

9.1 基本工具的使用

Flash CS6 的基本工具有绘图工具、选择工具、变形工具等，要想熟练掌握 Flash CS6，必须从基本工具开始学起。

>> 9.1.1 绘图工具

Flash CS6 中的绘图工具有多个，其作用各不相同。在绘制图形时要选择合适的工具，不仅可以提高绘图的质量，而且可以加快绘图的速度。下面将介绍绘图工具的使用及其设置方法。

1. 线条工具

利用线条工具可以完成绘制不同形式线条的绘制。

（1）绘制线条

素材文件 光盘：素材文件\第9章\绘图工具\线条工具.fla

1 打开素材文件，选择线条工具，打开“属性”面板，设置所需的属性，如下图所示。

2 在舞台上按住鼠标左键并进行拖动，即可绘制线条，如下图所示。

3 选择所绘制的线条，在“属性”面板的“样式”下拉列表框中选择合适的线型，如下图所示。

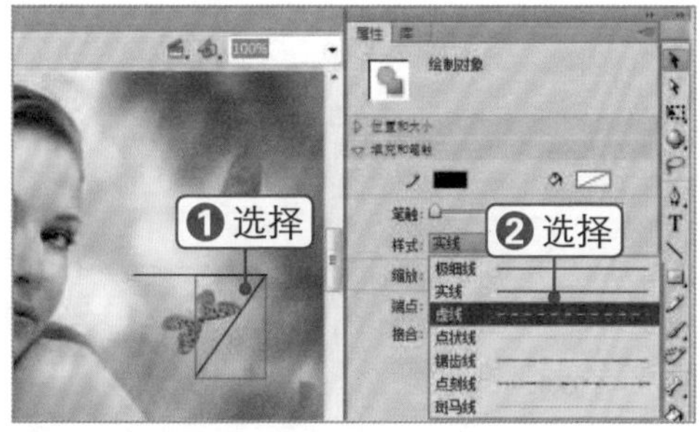

4 设置所需的属性后，此时的线条效果如下图所示。

操作提示

使用线条工具绘制直线的过程中，如果在按下【Shift】键的同时拖动鼠标，则可以绘制出垂直或水平的直线，或者45°斜线。

（2）设置线条样式

在 Flash CS6 中，允许在一条直线上套用另一条直线的颜色、宽度和线型，具体操作方法如下：

素材文件 光盘：素材文件\第9章\绘图工具\设置线条样式.fla

❶ 打开素材文件，在舞台中随意绘制两条颜色、线宽和线型不同的直线 A 和 B，如下图所示。

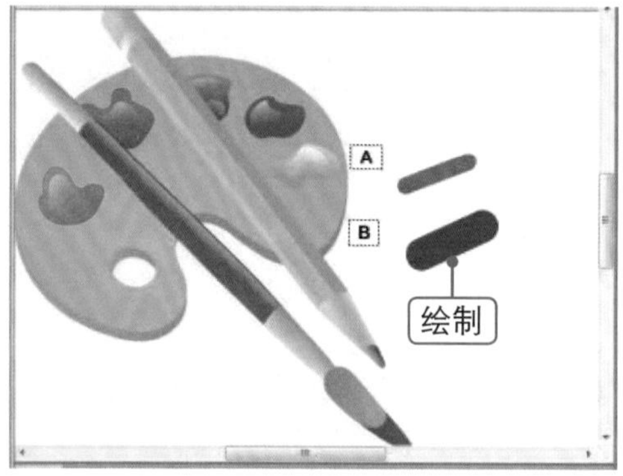

❷ 选择滴管工具，在工作区中鼠标指针会变成滴管形状。当指针悬停在直线 A 上时会变成铅笔滴管形状，如下图所示。

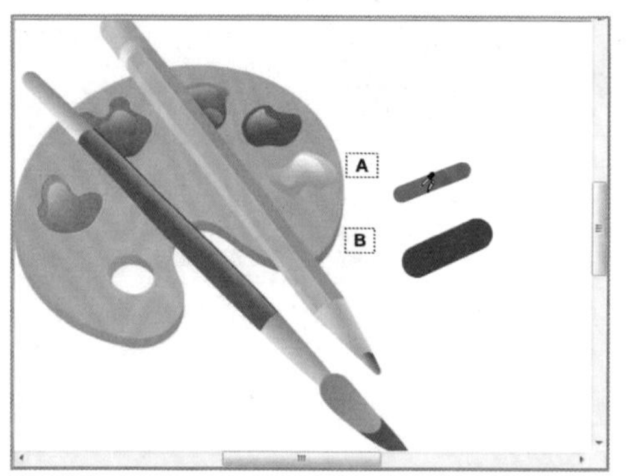

❸ 在直线 A 上单击，鼠标指针会变成墨水瓶形状，如下图所示。此时，表示直线 A 的格式已经被“吸取”。

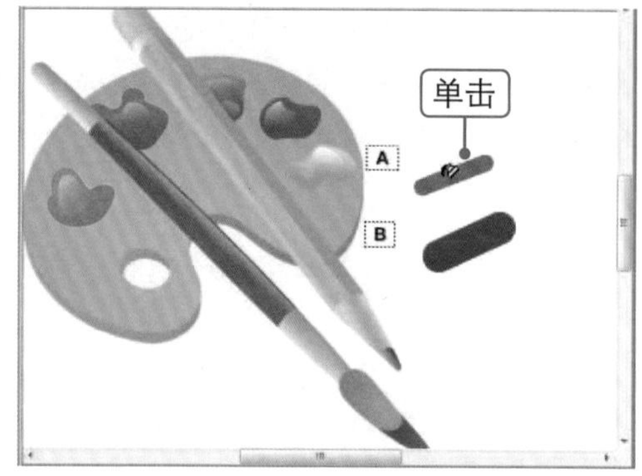

❹ 将鼠标指针移到直线 B 上方并单击，将直线 A 的格式套用在直线 B 上，效果如下图所示。

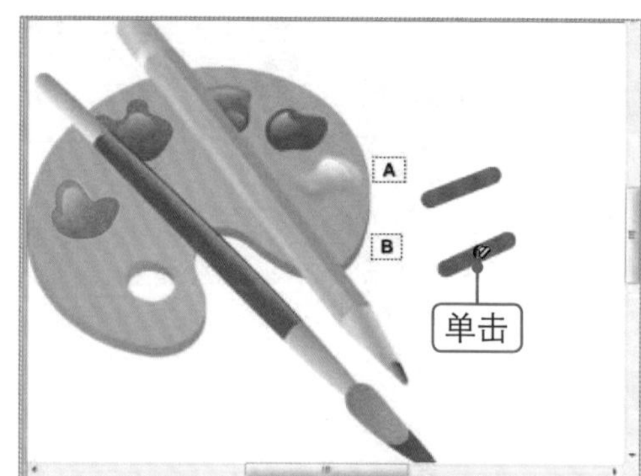

（3）设置笔触的样式

在设置笔触的样式时，若选中相应的线条，则设置完成后该线条将发生相应的改变，该操作可用于编辑已有的线条。如下图所示为笔触设置选项。

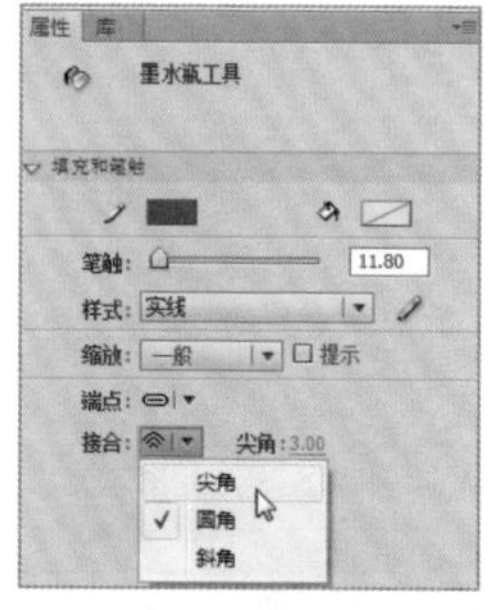

行家提醒

按下【Ctrl】键可以暂时切换到选择工具，对工作区中的对象进行选取，释放【Ctrl】键，又会自动切换回线条工具。

2. 多边形工具

多边形工具包括矩形工具、椭圆工具等，主要用于绘制一些常见的规则形状。

(1) 矩形工具

矩形工具可用来绘制矩形。在工具箱中选择矩形工具，即可进行绘制，绘制的图形如下图（左）所示。

在选择矩形工具后，还可以在工具箱的底部设置绘制的图形是否为对象，或是否紧贴已绘制的对象进行绘图，如下图（右）所示。

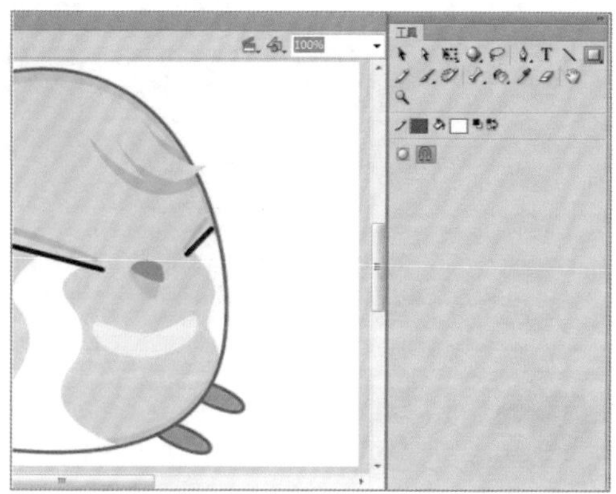

(2) 椭圆工具

在工具箱中选择椭圆工具，然后在舞台中拖动鼠标，即可绘制出椭圆形，如下图所示。可以在“属性”面板中对所绘图形的笔触进行设置，设置方法与直线属性的设置相同，在此不再赘述。

知识插播

如果要取消对椭圆图形的填充，则在选中椭圆对象后，单击“颜色”栏中的“填充色”颜色块，在弹出的面板中单击☐按钮即可。

选中图形的一部分或全部后，可在“属性”面板中设置其笔触与填充，如设置填充颜色、笔触大小、笔触样式等。

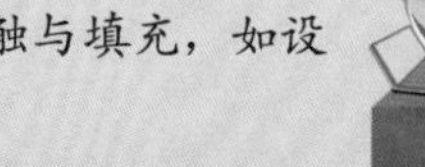

（3）基本矩形工具

使用基本矩形工具绘制的图形为对象，其基本操作方法与矩形工具相同。但使用基本矩形工具绘制图形后，可以在“属性”面板中再进行调整。

使用基本矩形工具绘制矩形，如下图（左）所示。在“属性”面板中设置该矩形的圆角，效果如下图（右）所示。

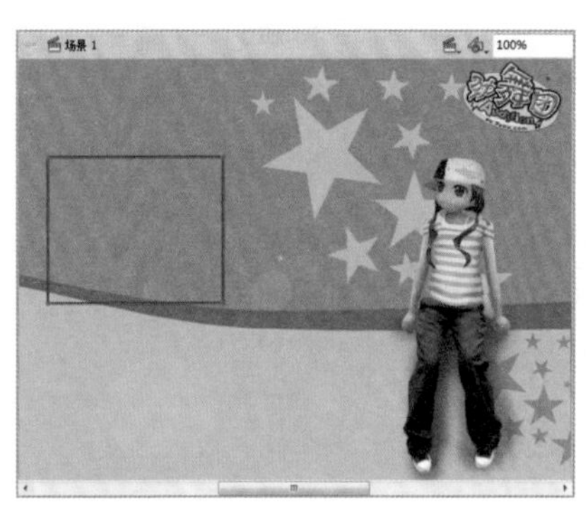

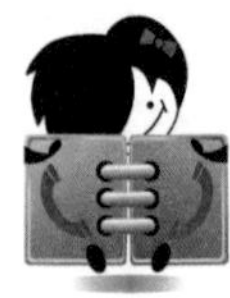

知识插播

在“属性”面板中设置的矩形圆角的数值越大，则角度就越大，绘制出来的形状就越圆滑。

3. 铅笔工具

在 Flash 中，铅笔工具是一种功能很强的绘图工具，使用铅笔工具可以绘制各种各样的曲线和复杂的图形，具体操作方法如下：

素材文件 光盘：素材文件\第9章\绘图工具\铅笔工具.fla

1 打开素材文件，选择铅笔工具，单击“铅笔模式”按钮，在弹出的下拉菜单中选择“伸直”选项，如下图所示。

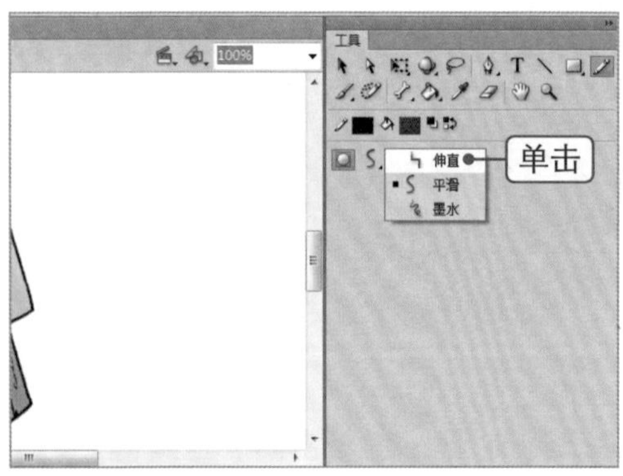

2 此时绘制的曲线的弧度将被忽略而显示为直线，较大的弧度将显示为尖锐的棱角，如下图所示。

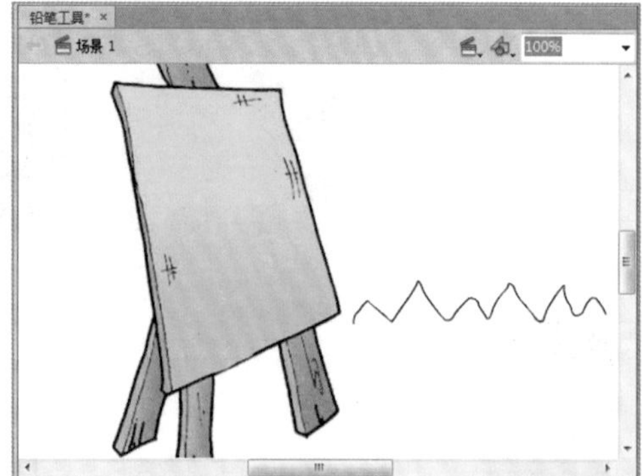

行家提醒

伸直模式是铅笔工具中功能最强大的一种模式，它具有很强的线条形状识别能力，可以对所绘线条进行自动修正，将绘制的近似直线取直。

3 选择“平滑”选项，在舞台上拖动鼠标绘制曲线，效果如下图所示。

4 选择“墨水”选项，在舞台上拖动鼠标绘制曲线，效果如下图所示。

知识插播

直线的这些选项也可以应用于已绘制的直线，即选择已经绘制的直线，然后单击相应的选项即可。

4. 刷子工具

使用刷子工具可以在舞台上绘制出不同色彩的图形，也可以为各种图形对象着色，具体操作方法如下：

素材文件 光盘：素材文件\第9章\绘图工具\刷子工具\1.fla

1 打开素材文件，选择刷子工具，其选项栏的显示如下图所示。

2 单击“刷子模式”按钮，选择“标准绘画”选项，如下图所示。

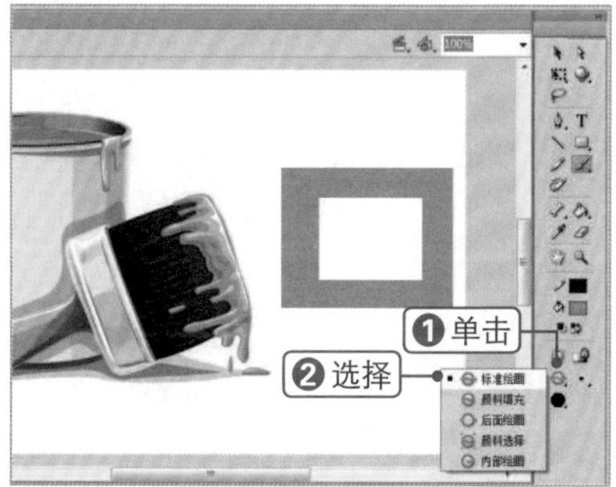

操作提示

平滑模式可以自动平滑曲线，以减少抖动造成的误差，从而明显地减少线条中的“碎片”，达到一种平滑线条的效果。

3 单击●按钮，设置刷子形状。单击按钮，设置刷子颜色，绘图效果如下图所示。

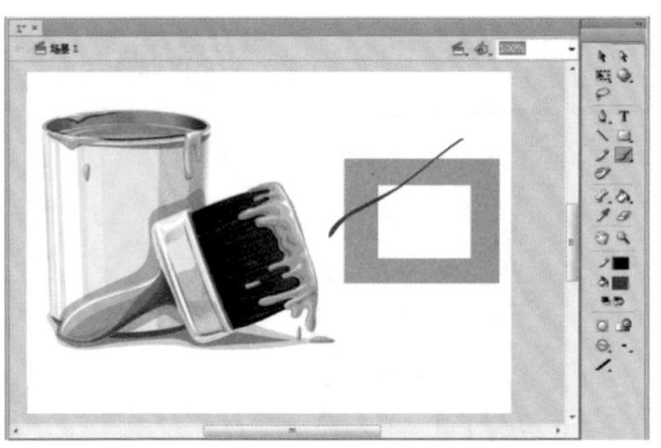

4 单击按钮，选择“颜料填充”选项，绘图效果如下图所示。

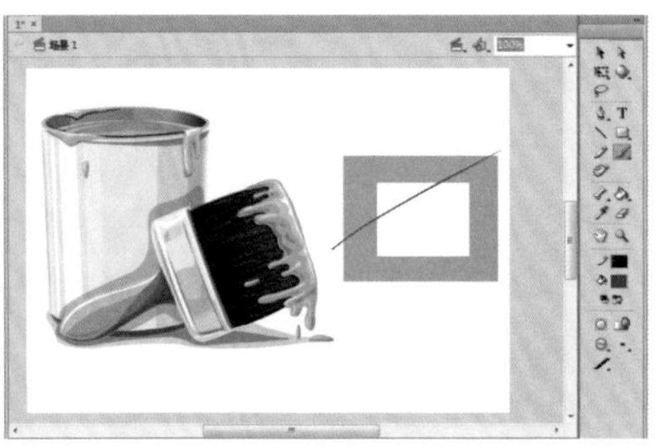

5 若选择“后面绘画”选项，绘图效果如下图所示。

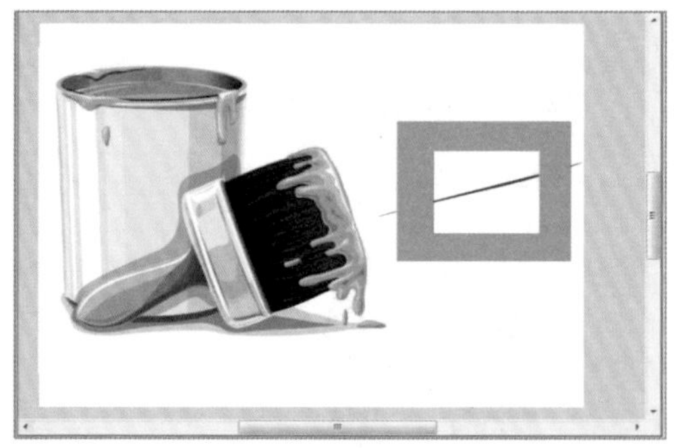

6 若选择“内部绘画”选项，绘图效果如下图所示。

如果在绘制图形前单击“锁定填充”按钮，则刷子可处于锁定填充状态。该功能主要应用于带有渐变色和位图的图形上，具体操作方法如下：

素材文件 光盘：素材文件\第9章\绘图工具\刷子工具\2.fla

1 打开素材文件，单击按钮，在选项区中单击“锁定填充”按钮，如下图所示。

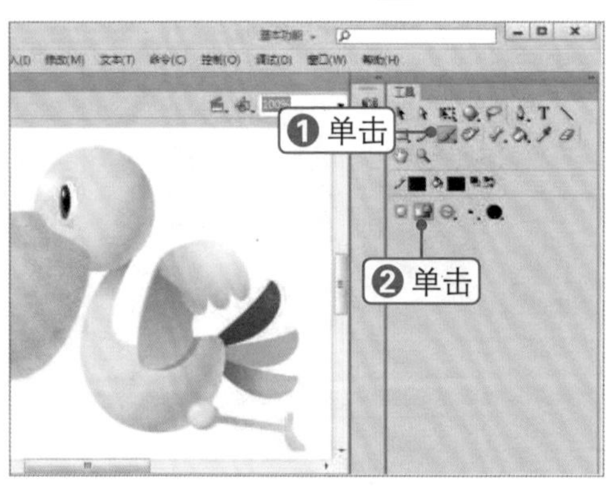

2 单击填充颜色块，在弹出的面板中选择所需的颜色，如下图所示。

行家提醒

利用颜料桶工具也可以给图形设置填充色，但是它只能给封闭的图像上色，而使用刷子工具则可以给任意区域和图形进行颜色的填充。

3 利用刷子工具在舞台上进行绘制，效果如下图所示。

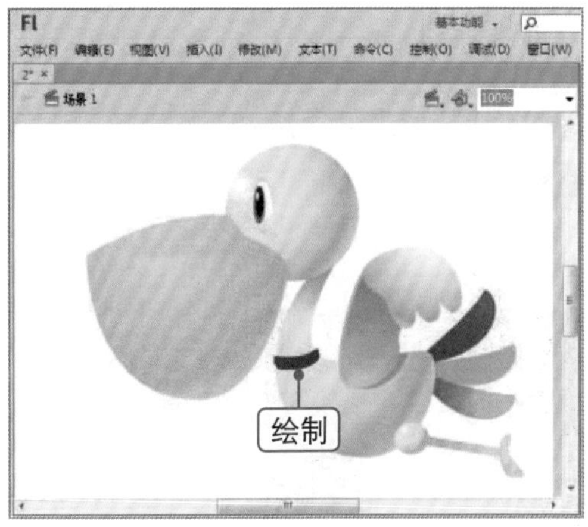

4 再次单击“锁定填充”按钮，利用刷子工具在舞台中进行绘制，则颜色不能融合为一体，如下图所示。

5. 钢笔工具

钢笔工具是通过节点来绘制曲线的绘图工具，使用该工具可以绘制出各种不规则的封闭路径和不规则的运动向导线，这些路径定义了直线或曲线的变化和特点，包括直线的角度、长度，曲线的弧度、长度和方向等。

使用钢笔工具绘制路径的方法如下：

素材文件 光盘：素材文件\第9章\绘图工具\钢笔工具.fla

1 打开素材文件，选择钢笔工具，在舞台中单击，移动鼠标在另一位置再次单击，连续进行此操作，如下图所示。

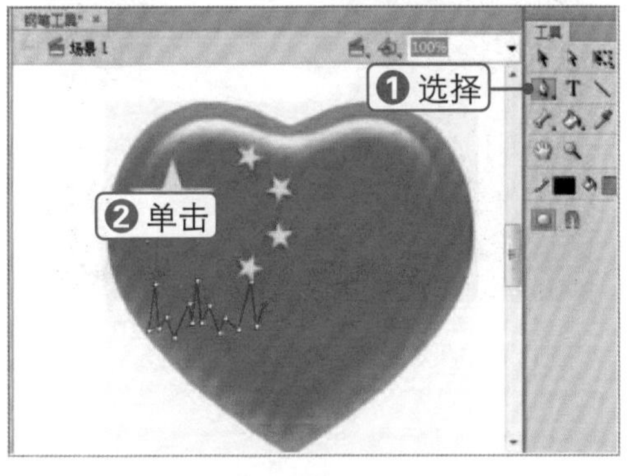

2 若要绘制曲线，则在舞台中单击，在另一位置按住鼠标左键并进行拖动即可，如下图所示。

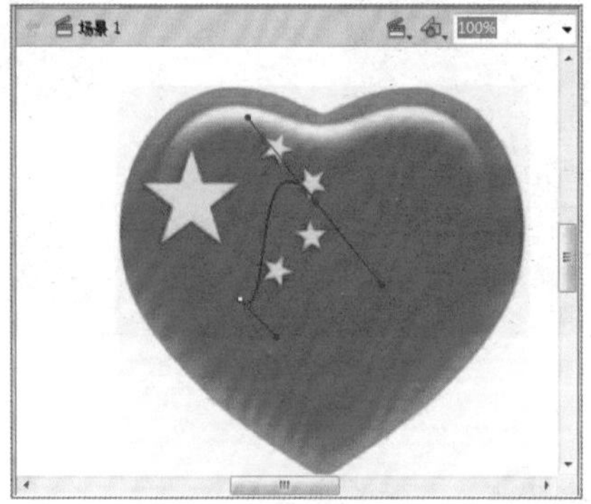

>> 9.1.2 选择工具

选择工具用于选择所需的对象，在 Flash 中有可以选择整个对象的选择工具，也有用于选择部分对象的部分选取工具。下面将介绍如何使用选择工具。

操作提示

在绘制过程中按住【Shift】键，可以让绘制的点与上一个点保持45°整数倍的夹角（如0°、90°）。

1. 选择工具

单击选择工具按钮，按住鼠标左键并进行拖动，即可选择对象。下面将介绍如何通过使用选择工具调整图形，具体操作方法如下：

素材文件 光盘：素材文件\第9章\选择工具\选择工具.fla

1 打开素材文件，选择矩形工具，在弹出的下拉菜单中选择“椭圆工具”选项，如下图所示。

2 设置笔触和笔触颜色，在舞台中绘制图形，如下图所示。

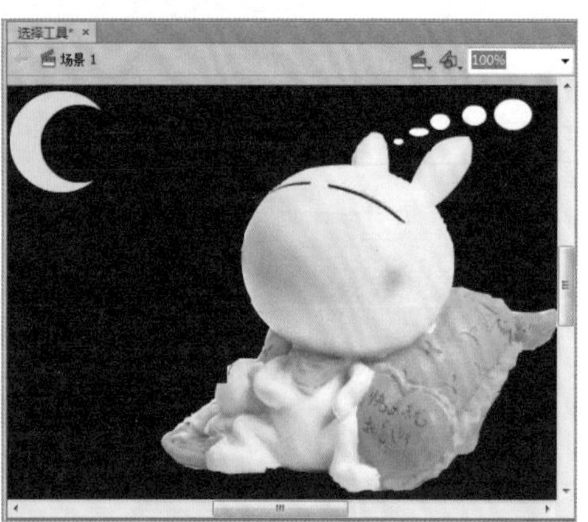

3 单击选择工具按钮，将鼠标指针移到图形上边缘进行调整，如下图所示。

4 将鼠标指针放置于图形右侧，按住【Alt】键的同时按住鼠标左键并拖动，效果如下图所示。

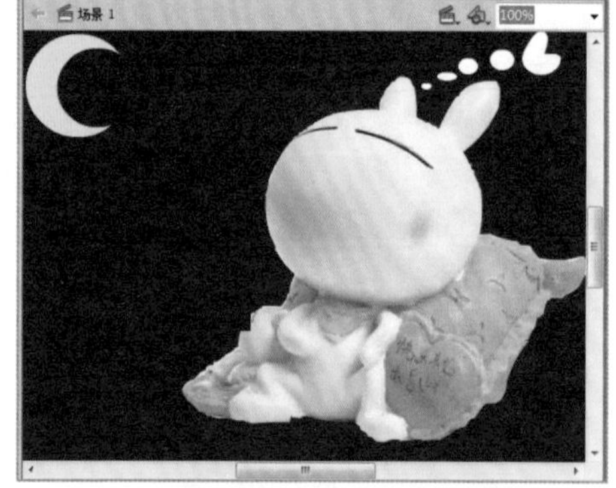

知识插播

当需要在一条直线上调整出直角时，可以按住【Alt】键，然后按住鼠标左键并进行拖动即可。

行家提醒

选择工具不仅用于选择对象，还可以用于编辑对象。将光标放置在线条的边角处，拖动边角的位置可将对象变形。

下面通过使用选择工具将使用铅笔工具绘制的圆变得平滑，具体操作方法如下：

素材文件 光盘：素材文件\第9章\选择工具\选择工具1.fla

❶ 打开素材文件，选择铅笔工具，设置笔触颜色和笔触粗细，在图层2中绘制一个圆，如下图所示。

❷ 单击“选择工具”按钮，选中绘制的圆，多次单击工具箱“选项”栏中的“平滑”按钮，效果如下图所示。

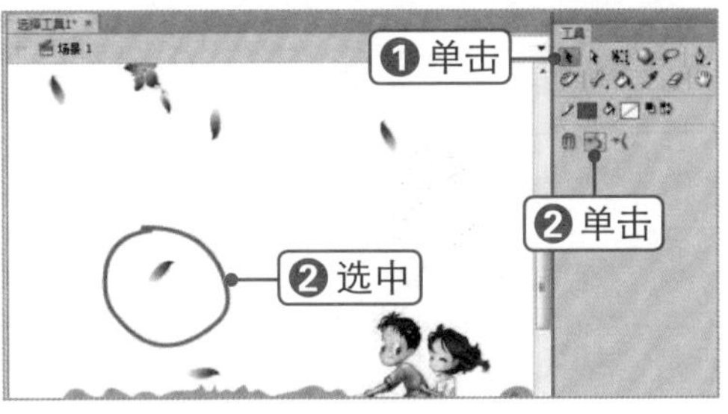

❸ 单击“伸直”按钮，此时的图形效果如下图所示。

2. 部分选取工具

部分选取工具的作用和选择工具相似，不同的是它主要用于调整路径对象的节点或节点上控制句柄的位置，从而使路径产生局部变形的效果，具体操作方法如下：

素材文件 光盘：素材文件\第9章\选择工具\部分选取工具.fla

❶ 打开素材文件，选择文本工具，在舞台中输入文本，设置字符大小为60，颜色为黑色，如下图所示。

❷ 选择“选择工具”按钮，选中文本，两次选择“修改”|“分离”命令，如下图所示。

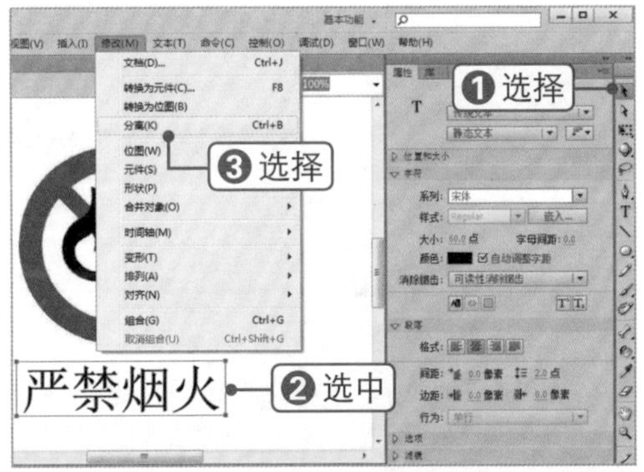

操作提示

使用“伸直”按钮可以对线条和图形的轮廓进行整形，使用“平滑”按钮能够柔化曲线并减少曲线整体方向上的凸起或不规则变化。

❸ 此时，文本已被分离成形状，效果如下图所示。

❹ 选择部分选取工具，对路径上的节点进行变形操作，如下图所示。

知识插播

使用“部分选取工具”时，按下【Ctrl】键，可以临时切换为“任意变形工具”，这时可以对图形或线段进行调整。

3. 套索工具

套索工具可用来选择对象，与选择工具不同的是，套索工具选择的对象可以是不规则图形，也可以是多边形的图形。

使用套索工具选择对象的具体操作方法如下：

素材文件 光盘：素材文件\第9章\选择工具\套索工具.fla

❶ 打开素材文件，按【Ctrl+B】组合键，将位图图片分离成形状，效果如下图所示。

❷ 选择套索工具，在图片中按住鼠标左键并拖动进行选取，如下图所示。

❸ 单击选项栏中的“魔术棒”按钮，在图像中单击，即可将鼠标指针处颜色相近的区域选中，如下图所示。

行家提醒

使用套索工具将导入 Flash 中的位图图像背景去掉的操作方法：将位图图像打散，用魔术棒选取位图背景，按【Delete】键将背景删除。

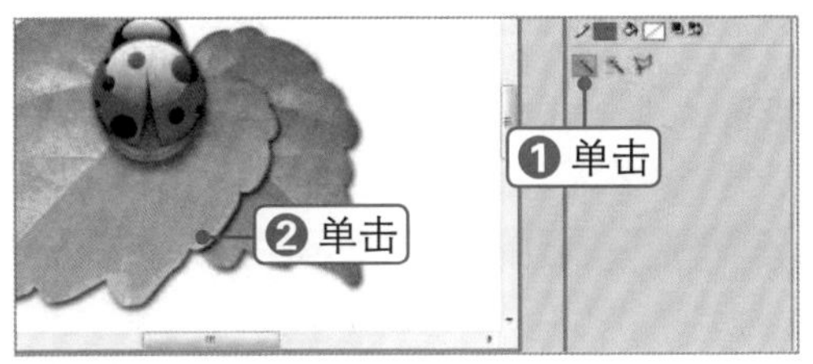

4 单击“魔术棒设置”按钮，弹出“魔术棒设置”对话框，设置参数，单击“确定”按钮，如下图所示。

5 单击“多边形模式”按钮，可以选择由多条直线段组成的多边形区域，如下图所示。

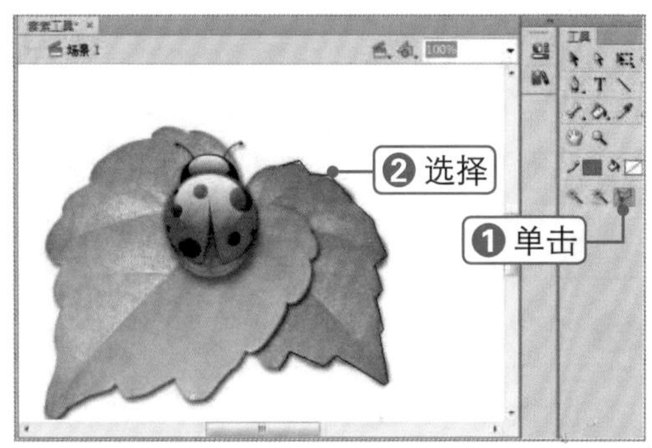

>> 9.1.3 颜色设置工具

填充工具主要用于为图形填充颜色。在 Flash 的工具箱中，填充工具包括墨水瓶工具、颜料桶工具、滴管工具与填充变形工具，下面将分别对其使用方法进行介绍。

1. 墨水瓶工具

墨水瓶工具可以改变线段的样式、粗细和颜色，可以为矢量图形添加边线，但它本身不具备任何的绘画能力。

使用墨水瓶工具更改图形颜色的具体操作方法如下：

素材文件　光盘：素材文件\第9章\颜色设置工具\墨水瓶工具.fla

1 打开素材文件，设置笔触颜色和填充颜色，单击按钮，在图层 2 中绘制一个矩形，如下图所示。

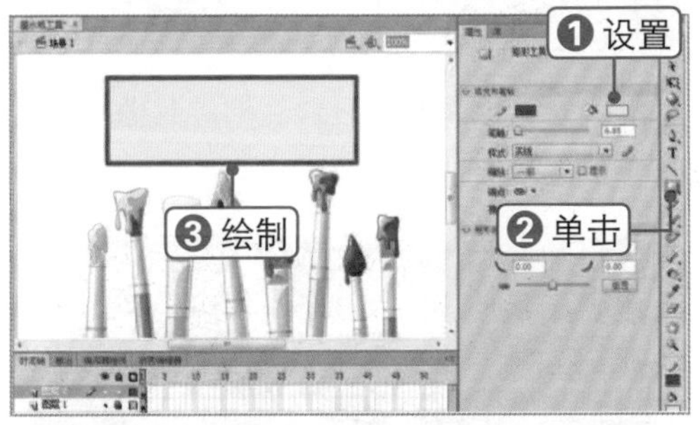

2 选择墨水瓶工具，设置其颜色为 #336633，如下图所示。

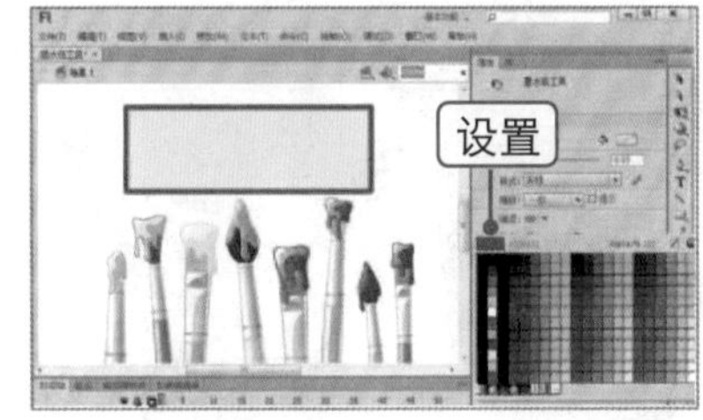

3 利用墨水瓶工具单击矩形边框，其颜色发生变化，如下图所示。

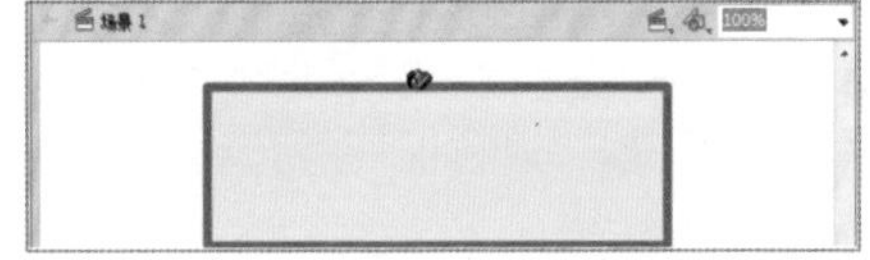

操作提示

“墨水瓶工具”只能对连续的线段进行更改，如果两条线段相交在一起，需要多次使用“墨水瓶工具”单击线段进行线段的更改。

也可以使用墨水瓶工具改变线条的宽度，具体操作方法如下：

1 选择铅笔工具，在舞台中绘制一段曲线，如下图所示。

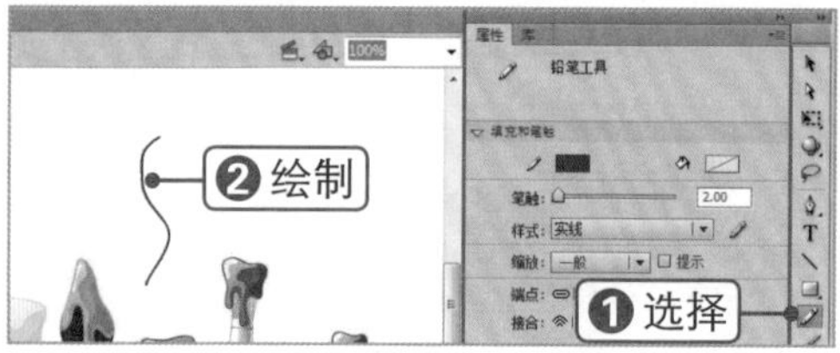

2 选择“窗口”|“属性”命令，打开“属性”面板，设置笔触大小，如下图所示。

3 选择墨水瓶工具，单击绘制曲线，即可改变线条粗细，效果如下图所示。

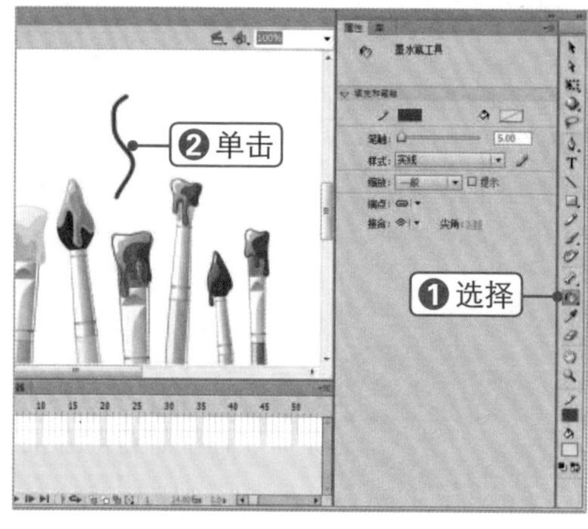

2. **颜料桶工具**

使用颜料桶工具可以用所选择的颜色填充封闭区域，这个封闭区域可以是空白区域，也可以是已有颜色的区域，具体操作方法如下：

素材文件 光盘：素材文件\第9章\颜色设置工具\颜料桶工具.fla

1 打开素材文件，在工具箱中选择椭圆工具，在图层2中绘制一个如下图所示的图形。

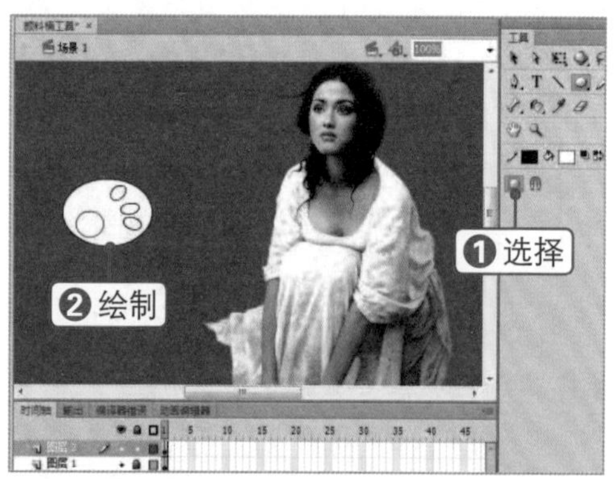

2 选择颜料桶工具，设置填充颜色，在图形中进行填充，效果如下图所示。

3 设置其他填充色，对图形的其他部分进行填充，效果如下图所示。

行家提醒

使用“颜料桶工具”不用先选择图形区域，当设置一种颜色后，直接单击即可填充颜色。

另外，在填充图形时，有时因绘图没有封闭而不能填充图形，这时可以根据需要选择相应的封闭模式，如下图所示。

3. 滴管工具

使用滴管工具可以吸取舞台上对象的颜色作为填充颜色，也可以将一个图形对象的填充颜色和边框属性应用到其他对象中，具体操作方法如下：

素材文件 光盘：素材文件\第9章\颜色设置工具\滴管工具.fla

1 打开素材文件，选择滴管工具，将鼠标指针移到图像上，如下图所示。

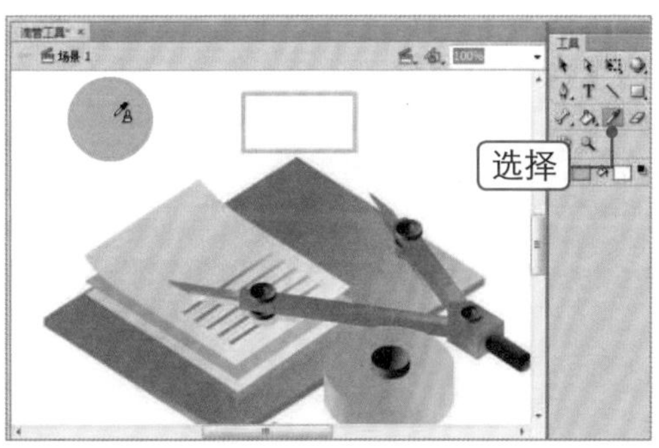

2 单击要吸取的填充色部分，鼠标指针变成形状，在另一图形中单击即可填充颜色，如下图所示。

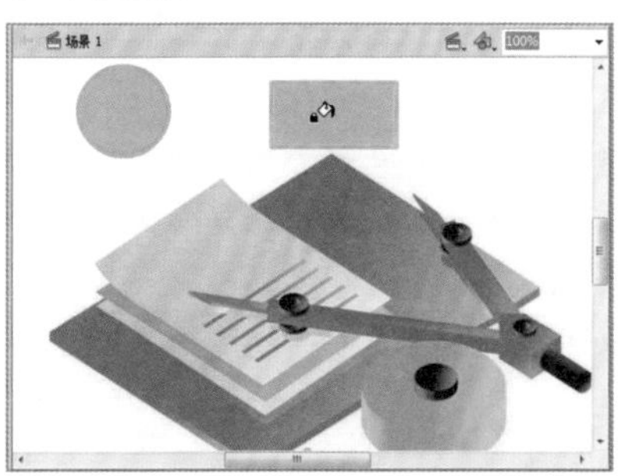

3 选择滴管工具，单击圆的边框，此时鼠标指针变成形状，如下图所示。

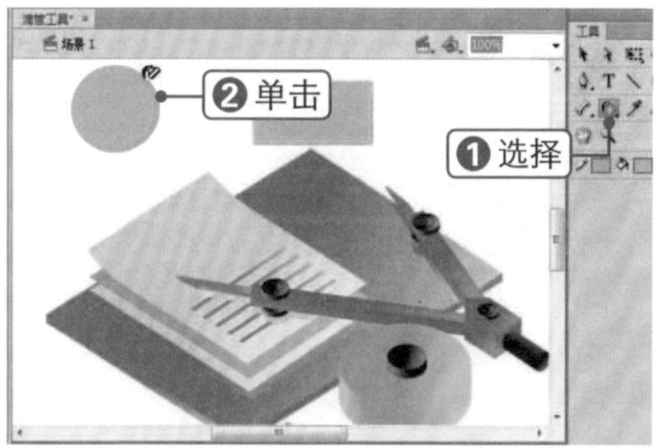

4 单击要更改的图形边框，即可填充边框颜色，效果如下图所示。

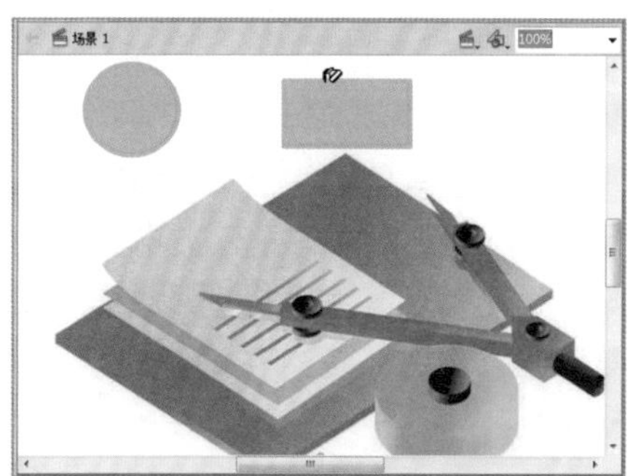

操作提示

使用滴管工具，当单击的是线条时，工具会自动转为墨水瓶工具。当单击的是填充色时，工具会自动转为颜料桶工具并开启锁定填色修改器。

9.1.4 缩放工具

缩放工具可以用来对页面或动画场景进行放大或缩小操作，这样可以更加有效地观察图形和动画场景，具体操作方法如下：

1 选择缩放工具，单击选项栏中的“放大”按钮，此时鼠标指针变为形状，在舞台上单击即可放大当前工作区中的图像，如下图所示。

2 单击“缩小”按钮，此时鼠标指针将变为形状，在舞台上单击，图像将缩小，效果如下图所示。

知识插播

在对舞台进行缩放操作时，按住【Alt】键可以在放大模式和缩小模式间临时进行切换。按【Ctrl+ +】组合键，可以将舞台放大为原来的2倍；按【Ctrl+ –】组合键，可以将舞台缩小为原来的1/2。

9.1.5 文本工具

文本工具是一个非常重要的工具，通过它可以在舞台中输入所需的文本信息，从而弥补图像所不能表达的信息。另外，还可以制作出各种文字效果，以达到衬托图像的目的。

1. 静态文本

静态文本只能通过Flash创作工具来创建，在某种意义上它只是一幅图片。无法使用ActionScript创建静态文本实例，其不具备对象的基本特征，没有自己的属性和方法，也无法对其命名，所以也无法通过编程制作动画。

使用文本工具输入并设置静态文本的具体操作方法如下：

行家提醒

文本工具是在Flash中输入文字的工具。Flash中有3种文本类型，分别为“静态文本”、“动态文本”和“输入文本”。

素材文件 光盘：素材文件\第9章\文本工具\静态文本.fla

1 打开素材文件，单击“文本工具”按钮 T，在图层2中输入文本，在“属性”面板中选择“静态文本”选项，如下图所示。

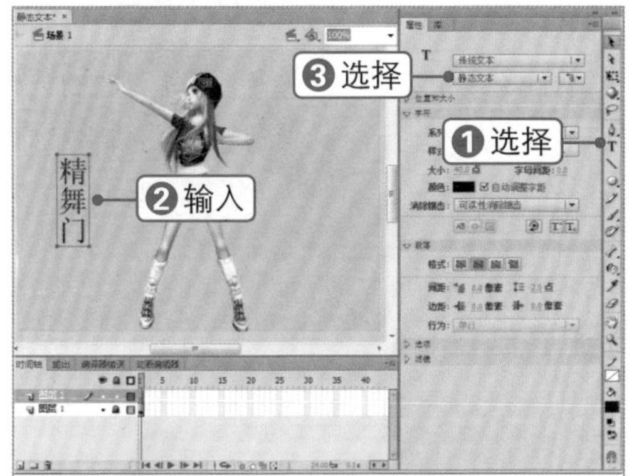

2 选择输入的文本，在“属性”面板中设置字体样式，如下图所示。

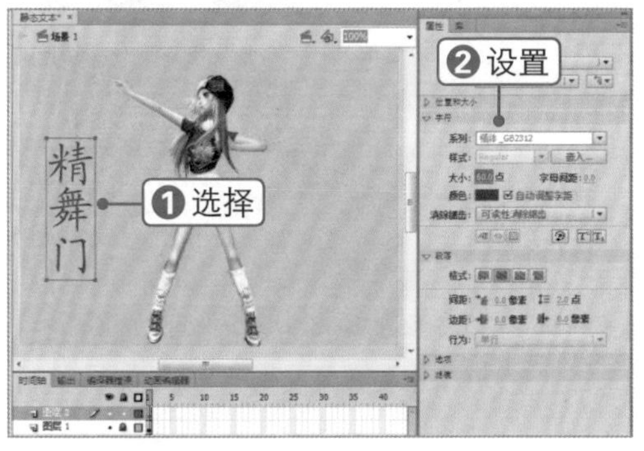

3 单击“添加滤镜”按钮，从弹出的下拉菜单中选择“模糊”选项，如下图所示。

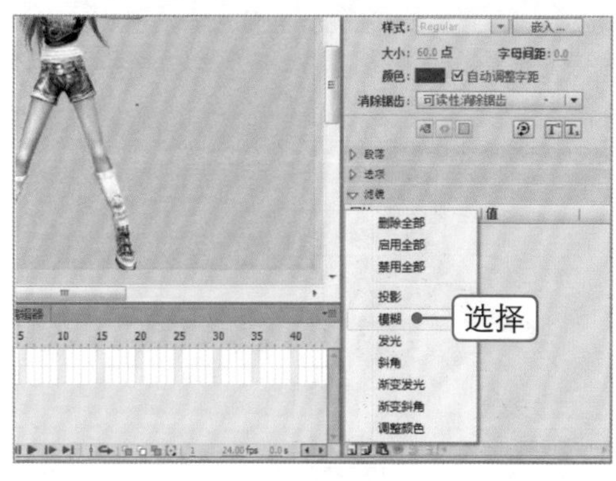

4 设置完成后，效果如下图所示。还可根据需要设置其他选项。

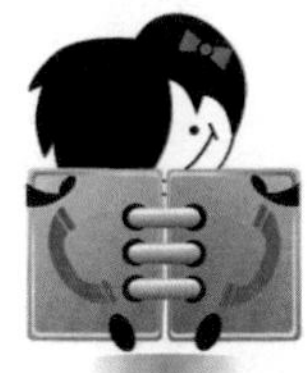

知识插播

静态文本主要用于文字的输入与编排，起到解释说明的作用，是大量信息的传播载体，具有文本工具的最基本的功能，具有较为普遍的属性。

2. 动态文本

动态文本包含外部源（如文本文件、XML 文件及远程 Web 服务）加载的内容。动态文本足够强大，但并不完美，只允许动态显示，不允许动态输入。

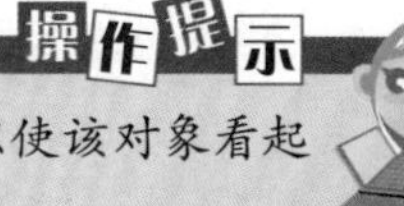

操作提示

模糊滤镜可以柔化对象边缘和细节，将模糊应用于对象，可以使该对象看起来好像位于其他对象的后面，或者看起来好像是运动的。

素材文件 光盘：素材文件\第9章\文本工具\动态文本.fla

1 打开素材文件，在“工具”面板中单击T按钮，在“属性”面板中选择“动态文本”选项，如下图所示。

2 在图层 2 中按住鼠标左键并拖动，即可绘制一个动态文本框，输入以下文本，如下图所示。

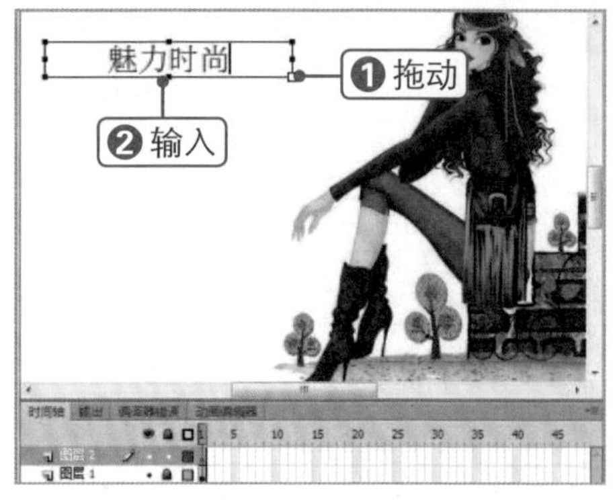

3 按【Ctrl+S】组合键测试动画，如下图所示。

3. 输入文本

输入文本指输入的任何文本或可以编辑的动态文本。

素材文件 光盘：素材文件\第9章\文本工具\输入文本.fla

1 打开素材文件，选择文本工具，在“属性”面板中选择“输入文本”选项，并设置其他所需的选项，如下图所示。

2 在舞台中按住鼠标左键并进行拖动，绘制一个输入文本框，效果如下图所示。

行家提醒

输入文本主要应用于交互式操作的实现，目的是让浏览者填写一些信息以达到某种信息交换或收集的目的。

3 单击“消除锯齿”下拉按钮，选择“使用设备字体”选项，如下图所示。

4 按【Ctrl+Enter】组合键测试动画。打开发布好的swf文件即可在测试窗口中输入文本，如下图所示。

知识插播

发布或导出Flash文档时，文本字段中的字体由嵌入字体轮廓或字体名称来表示。对于静态文本，Flash会创建字体的轮廓并将它们嵌入到SWF文件中。然后Flash Player会使用这些轮廓来显示文本。对于动态文本或输入文本，Flash会存储字体名称；当显示Flash应用程序时，Flash Player会在用户的系统上查找相同或类似的字体。可以嵌入字体轮廓以要确保用户具有正确的字体来显示动态文本或输入文本，但这样会增加文件大小。

9.2 绘制图形

为了巩固本章所学的Flash绘图知识，下面将综合运用前面所学的绘图工具练习图形的绘制。

>> 9.2.1 绘制建筑物

绘制建筑物是Flash绘图中经常遇到的情况之一。在绘制建筑物时，需要把握好图形的比例及颜色的应用，以便于制作出透视效果。

1. 绘制小屋

下面开始绘制一个小屋，具体操作方法如下：

在创建动态文本或输入文本时，可以将文本放在单独的一行中，也可以创建定宽和定高的文本字段。

素材文件 光盘：素材文件\第9章\绘制小屋.fla

1 按【Ctrl+O】组合键打开素材图像，选择矩形工具，设置笔触颜色为黑色，填充色为无，在图层2中绘制两个矩形，如下图所示。

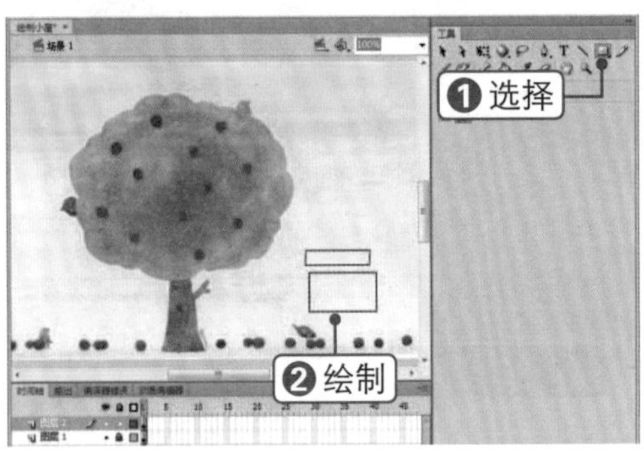

2 选择任意变形工具，将上方的矩形进行变形，如下图所示。

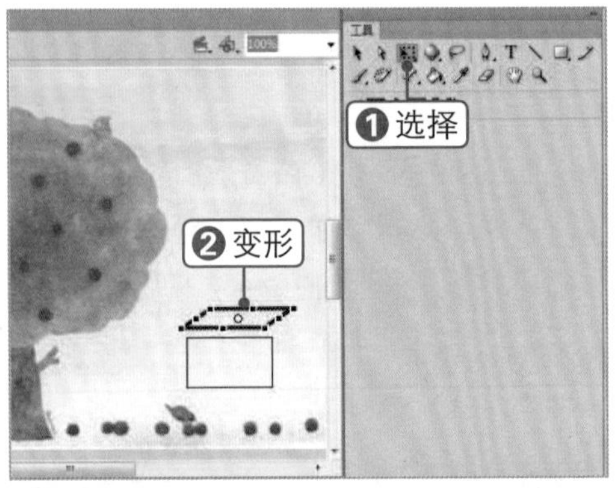

3 选择线条工具，将两个图形的边连接起来，如下图所示。

4 利用线条工具绘制出屋顶的侧面，如下图所示。

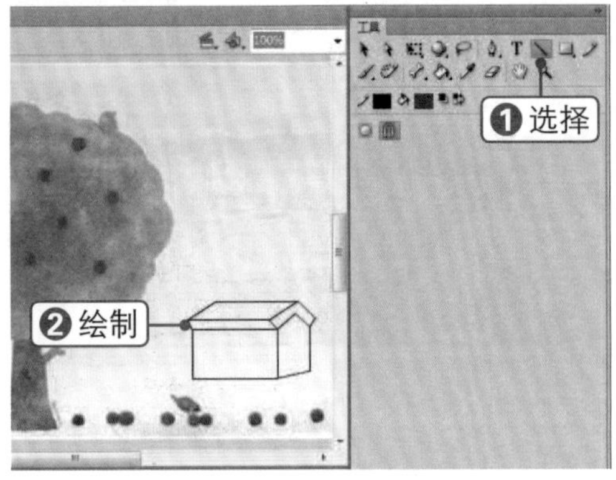

5 利用绘图工具绘制出门的形状，如下图所示。

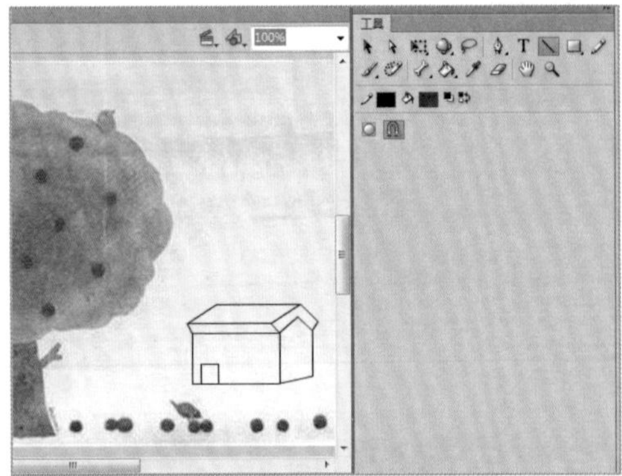

6 利用矩形工具和直线工具绘制出窗户的形状，如下图所示。

行家提醒

选择线条进行编辑时，圆形的线条单击一次即可选中，方形线条双击才可以全部选中。

❼ 选择窗户图形，打开“属性”面板，将线条颜色设置为浅蓝色并加粗，如下图所示。

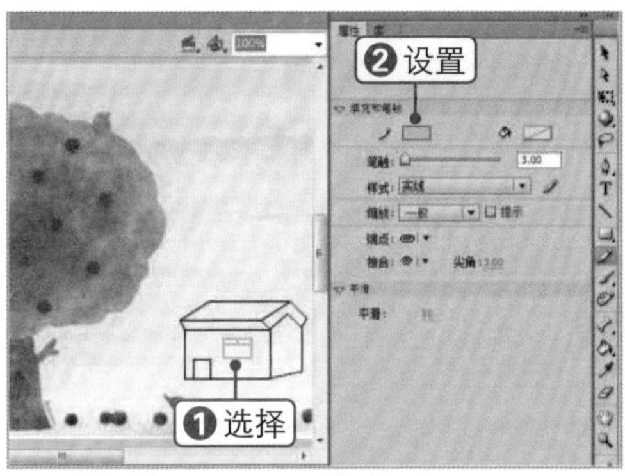

❽ 选择颜料桶工具，为所绘制的其他图形进行着色，效果如下图所示。

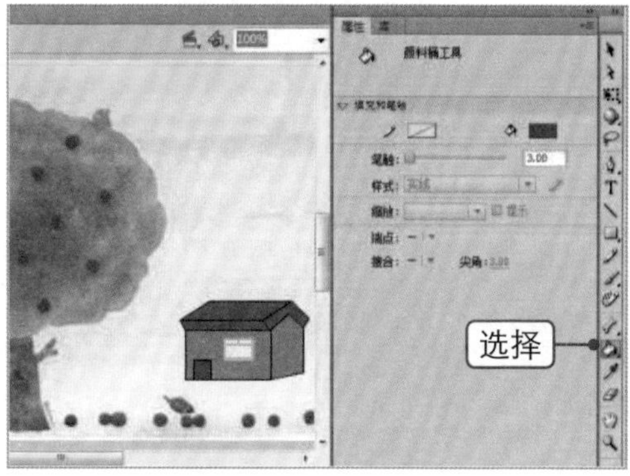

2. 绘制广告中的楼房

下面绘制 Flash 广告画面中的楼房，具体操作方法如下：

❶ 新建空白文档，在属性中设置其大小为600px×200px，如下图所示。

❷ 选择矩形工具，在舞台中绘制一个与舞台大小相当的矩形，并将其填充为蓝色，如下图所示。

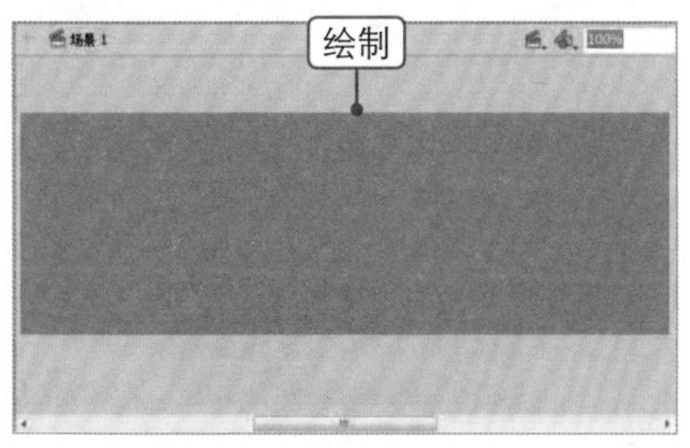

❸ 单击按钮，新建“图层 2”。利用绘图工具绘制远处的楼房，设置填充颜色并进行填充，如下图所示。

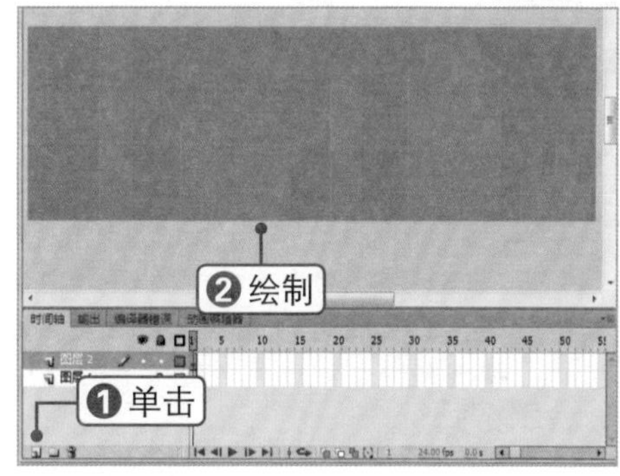

❹ 单击按钮，新建“图层 3”，绘制近处的楼房，如下图所示。

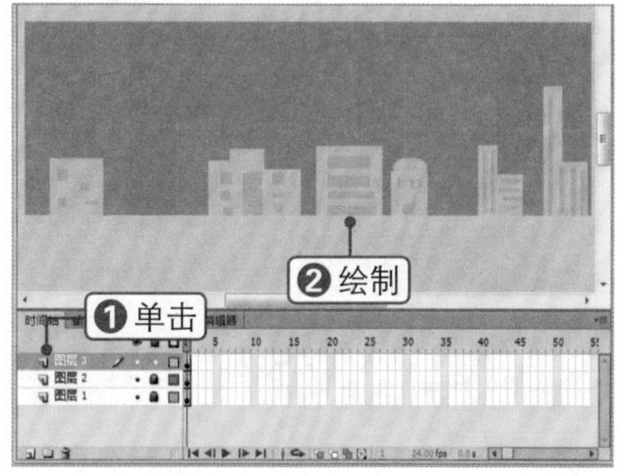

操作提示

在绘制图形时，如果绘制的所有图形均在同一图层中，则图形容易叠加，所以用户可以多创建几个图层，以便于后期进行修改。

5 单击按钮，新建“图层 4”。选择直线工具，绘制一个星星图形，如下图所示。

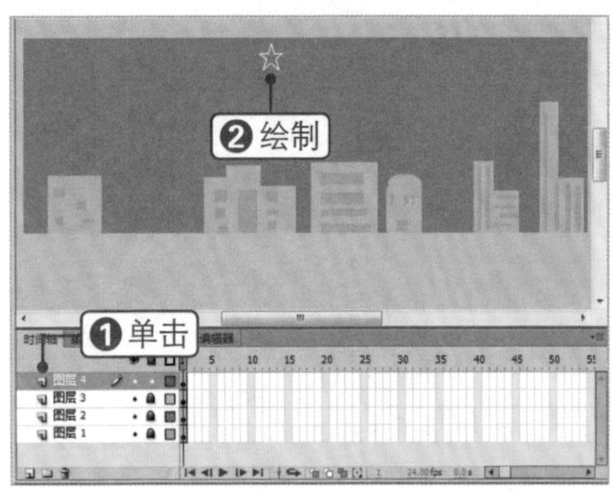

6 选中星星图形后按【F8】键，弹出“转换为元件”对话框，设置名称和类型，单击“确定”按钮，如下图所示。

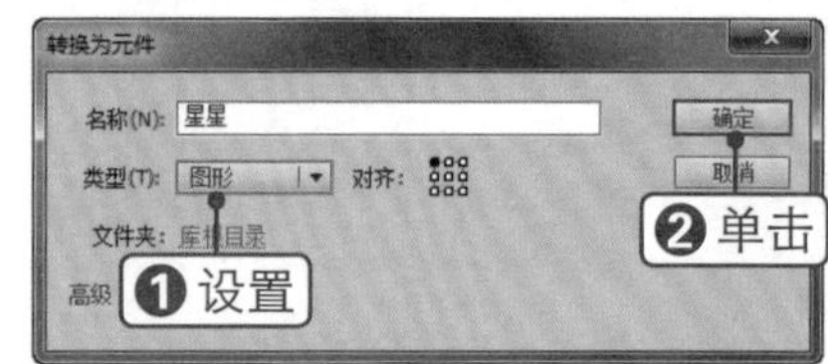

7 复制出多个星星图形，并适当调整其位置、大小和角度，效果如下图所示。

知识插播

在 Flash 中进行绘图时，远近景主要通过颜色进行区分。近景绘图相对要细致。

>> 9.2.2 绘制网页要素

在网页制作过程中，经常需要绘制网页中的各种要素，如按钮和各种素材图形等。下面将简要介绍如何在 Flash 中绘制这些网页要素。

1. 绘制按钮

若要在 Flash 中绘制一个按钮，具体操作方法如下：

素材文件　光盘：素材文件\第9章\绘制按钮.fla

1 打开素材文件，选择矩形工具，在图层 2 中绘制一个矩形，如下图所示。

2 在该矩形中再绘制一个矩形，用选择工具选中其中的填充色，如下图所示。

行家提醒

按住鼠标左键在舞台上绘制矩形时，在不放开鼠标左键的情况下，按下↑、↓方向键，可以可视化调整矩形的边角半径。

3 按【Delete】键，将选中的填充色删除。选择绘制的图形，打开“属性”面板，设置笔触为 2，如下图所示。

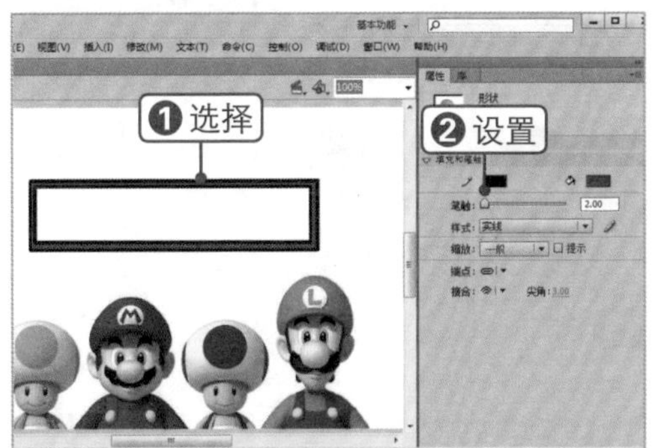

4 使用选择工具选中整个图形，选择任意变形工具，对该矩形进行变形处理，如下图所示。

5 使用选择工具选择部分中间图形，按【Delete】键将其删除，效果如下图所示。

6 选择墨水瓶工具，在图形的边缘缺口处单击，即可将图形的边缘缺口闭合，效果如下图所示。

7 选择直线工具，在图形中绘制两条直线，如下图所示。

8 单击按钮，新建“图层 3”。选择矩形工具，绘制一个矩形，如下图所示。

9 选择任意变形工具，将绘制的矩形进行变形处理，并将两个图形进行重合放置，如下图所示。

操作提示

墨水瓶工具主要是给对象添加边框颜色的，但有时候不能直接使用，比如文字，这时就要把文字打散才能用墨水瓶工具。

10 选择颜料桶工具，设置填充色，在第一个图形中填充颜色，效果如下图所示。

11 选择直线工具，在“图层 3”上绘制两条直线，如下图所示。

12 选择矩形工具，绘制一个小矩形，并对其进行调整，放置于直线的顶端；复制一个绘制的图形，放于另一条直线的顶端，如下图所示。

13 单击按钮，新建“图层 4”。选择文本工具，输入所需的文本，如下图所示。

14 复制输入的文本，并将其颜色设置为灰色，选择“修改”|“转换成元件”命令，如下图所示。

知识插播

一般粘贴快捷键【Ctrl+V】所粘贴图像的位置是不固定的，而【Ctrl+Shift+V】则是将复制的内容粘贴到原先的位置，即与复制内容的位置相重合。

行家提醒

创建元件有两种方法：一种是直接按【Ctrl+F8】组合键创建新元件，另一种是在舞台上绘制形状，按【F8】键转化为元件。

⑮ 弹出“转换为元件”对话框，设置“类型”为“图形”，单击“确定”按钮，如下图所示。

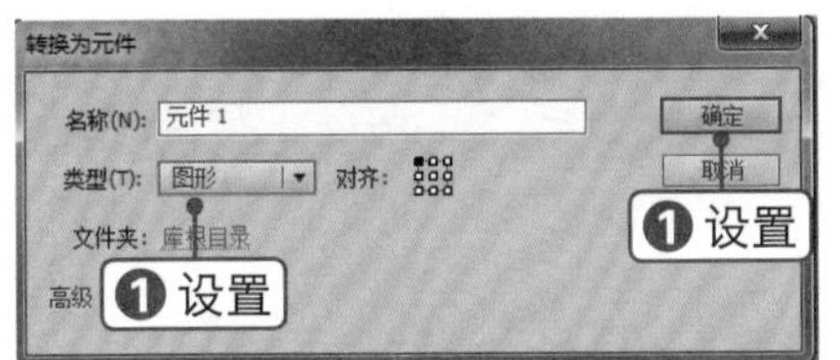

⑯ 查看转换为图形元件后的效果，如下图所示。

⑰ 在“属性”面板的色彩效果中设置“样式”为 Alpha，Alpha 值为 50%，如下图所示。

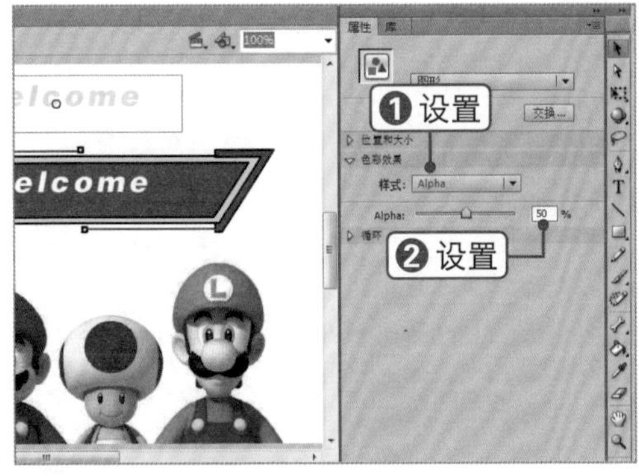

⑱ 将原文本移回原处，并向右下方移动，最终效果如下图所示。

2. 绘制素材图形

下面在素材图片上绘制图形，具体操作方法如下：

素材文件 光盘：素材文件\第9章\喇叭.fla

❶ 按【Ctrl+O】组合键打开素材文档，单击绘图工具箱中的＼按钮，在舞台中绘制一个图形，如下图所示。

❷ 单击工具，设置填充颜色为黄色，在图形上单击，即可为图形填充颜色，如下图所示。

操作提示

如果 Alpha 值为 0%，则创建的填充不可见（即透明）；如果 Alpha 值为 100%，则创建的填充不透明。

3 选择钢笔工具，在该图形上绘制一个图形，如下图所示。

4 利用选择工具选择所绘制图形中的填充色，如下图所示。

5 单击工具箱中的填充颜色块，在弹出的面板中选择白色，如下图所示。

6 利用选择工具选中白色图形的边框，然后将其删除，效果如下图所示。

7 选择直线工具，绘制一条直线，如下图所示。

8 利用选择工具将该直线调整为如下图所示的形状。

行家提醒

由于Flash绘制的图形颜色比较单调，因此多用于绘制简单图形。在绘制图形时，若不需要轮廓，可将其颜色调整为无色。

❾ 采用同样的方法，再绘制两条相同的曲线，如下图所示。

知识插播

在 Flash 中绘制曲线时，多数情况下是由直线调整变化而来的。

9.3 实战演练——绘制网站效果图

下面将综合运用本章所学知识绘制一个网站效果图，以练习绘图工具的使用，具体操作方法如下。

❶ 新建 600px×470px 大小的文档，利用矩形工具绘制两个矩形，如下图所示。

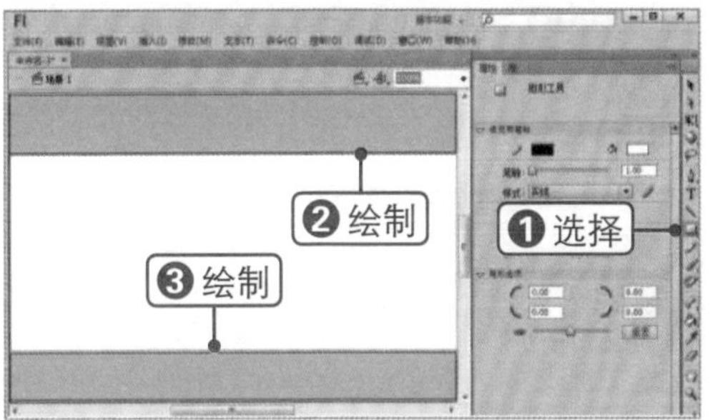

❷ 选择直线工具，在舞台中绘制几条直线，并调整为曲线，如下图所示。

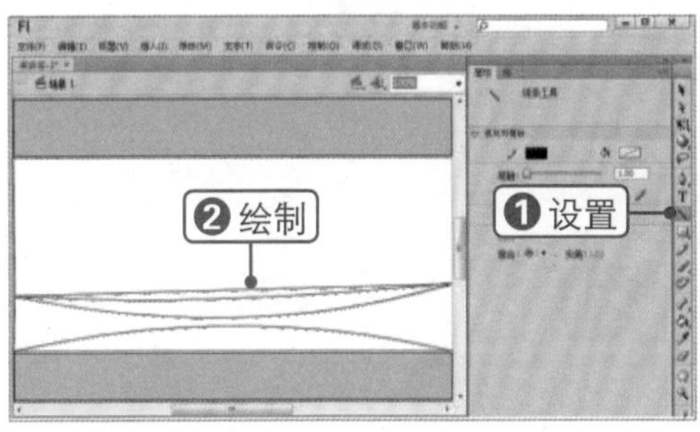

❸ 使用选择工具调整曲线，使任意两条曲线形成封闭的图形。选择颜料桶工具，设置填充颜色，分别给图形填充颜色，如下图所示。

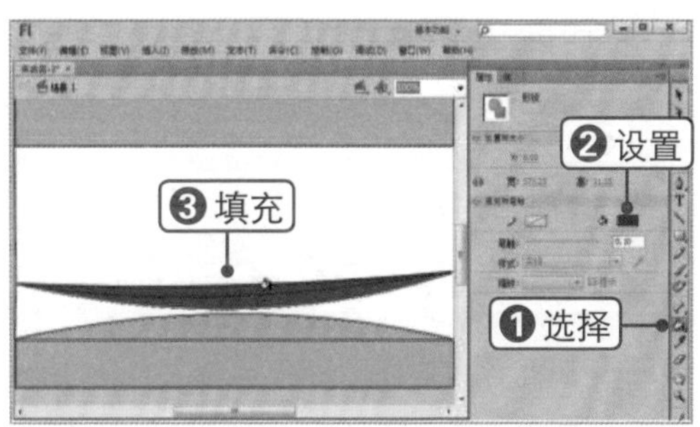

❹ 单击“选择工具”按钮，选中绘制的曲线，按【Delete】键删除所有线条，效果如下图所示。

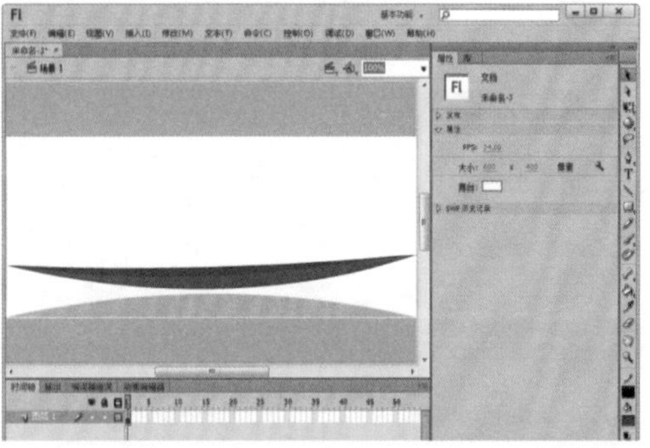

操作提示

不管在制作 Flash 动画的过程中使用的是何种工具，只要按下键盘上的“空格键”，都可以变为“手形工具”，松开则又恢复到之前的工具。

5 单击按钮，新建“图层 2”。利用椭圆工具在其中绘制一个圆，并填充颜色，如下图所示。

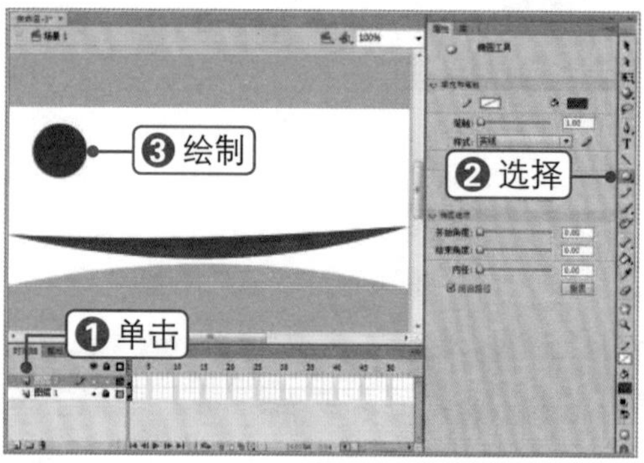

6 单击按钮，新建“图层 3”。在图层中绘制一个半月形，如下图所示。

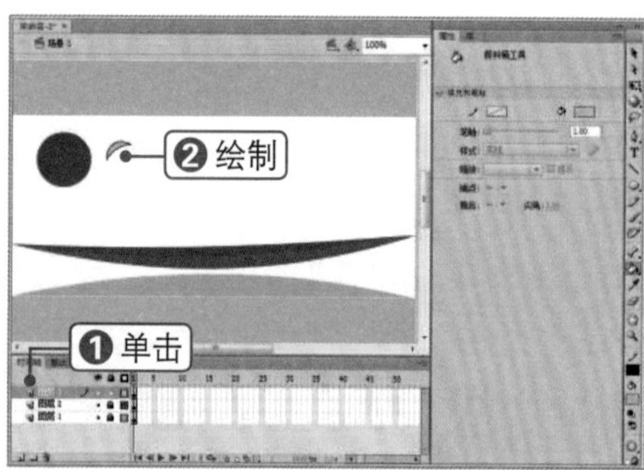

7 使用选择工具选中半月的边框，按【Delete】键删除边框。在“属性”面板中将填充色的不透明度调整为 50%，如下图所示。

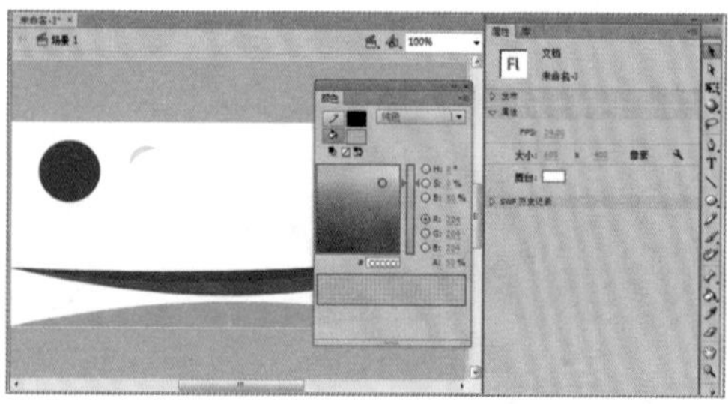

8 将调整后的图形移到圆的上方，如下图所示。

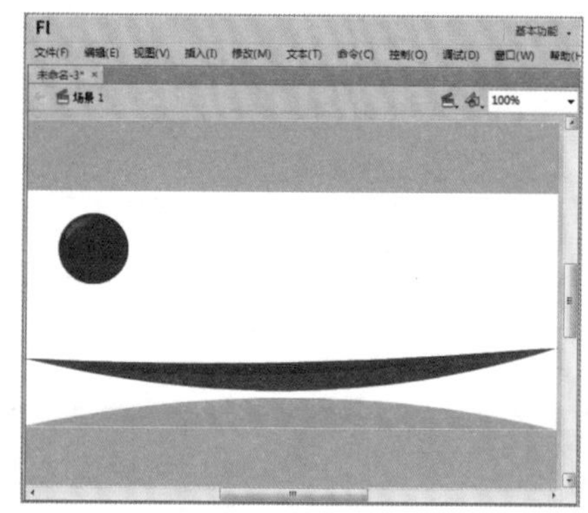

9 单击按钮，新建“图层 4”。利用直线工具在其中绘制一个如下图所示的图形，如下图所示。

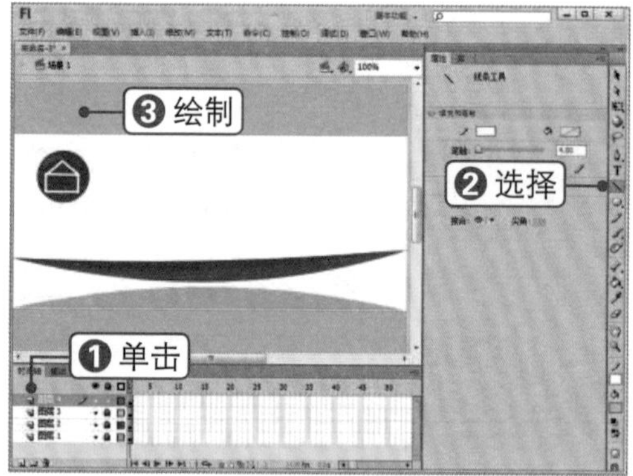

10 采用同样的方法在其他按钮上绘制图形，如下图所示。

行家提醒

使用“直线工具”时，如果选择了“对象绘制”按钮，在舞台中所绘制的“直线”自动转换为“组”。

11 利用直线工具将绘制的按钮连接起来，如下图所示。

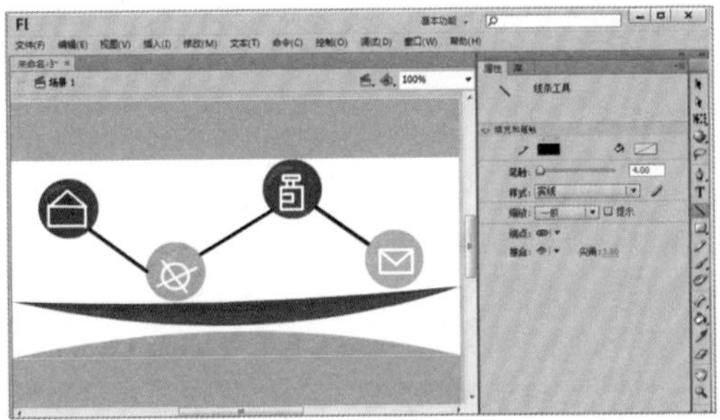

12 单击按钮，新建“图层 5”。利用图形工具绘制杯子图形，并填充颜色，如下图所示。

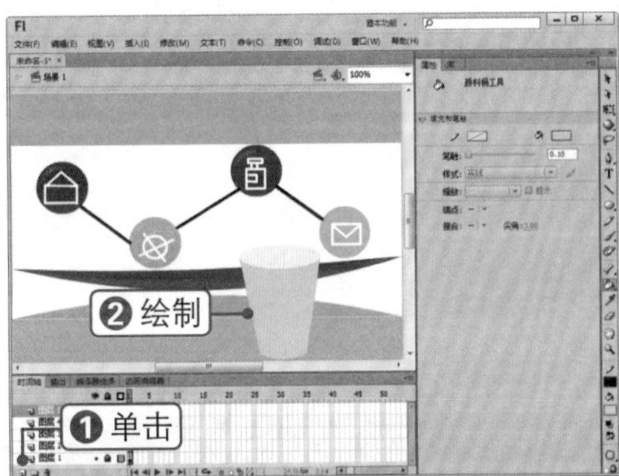

13 选择文本工具，在杯子上输入所需的文本内容即可，如下图所示。

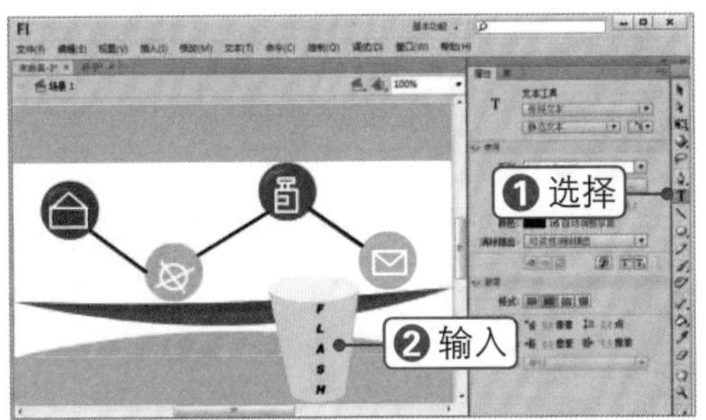

知识插播

在没有转换为元件之前，调整不透明度后的图形不能与其他图形重合；如果必须重叠，可以将该图形单独放置在同一图层上。

操作提示

当选择了“紧贴至对象”按钮，在绘制对象时，线段开始“吸附”功能，可以更好的绘制形状。

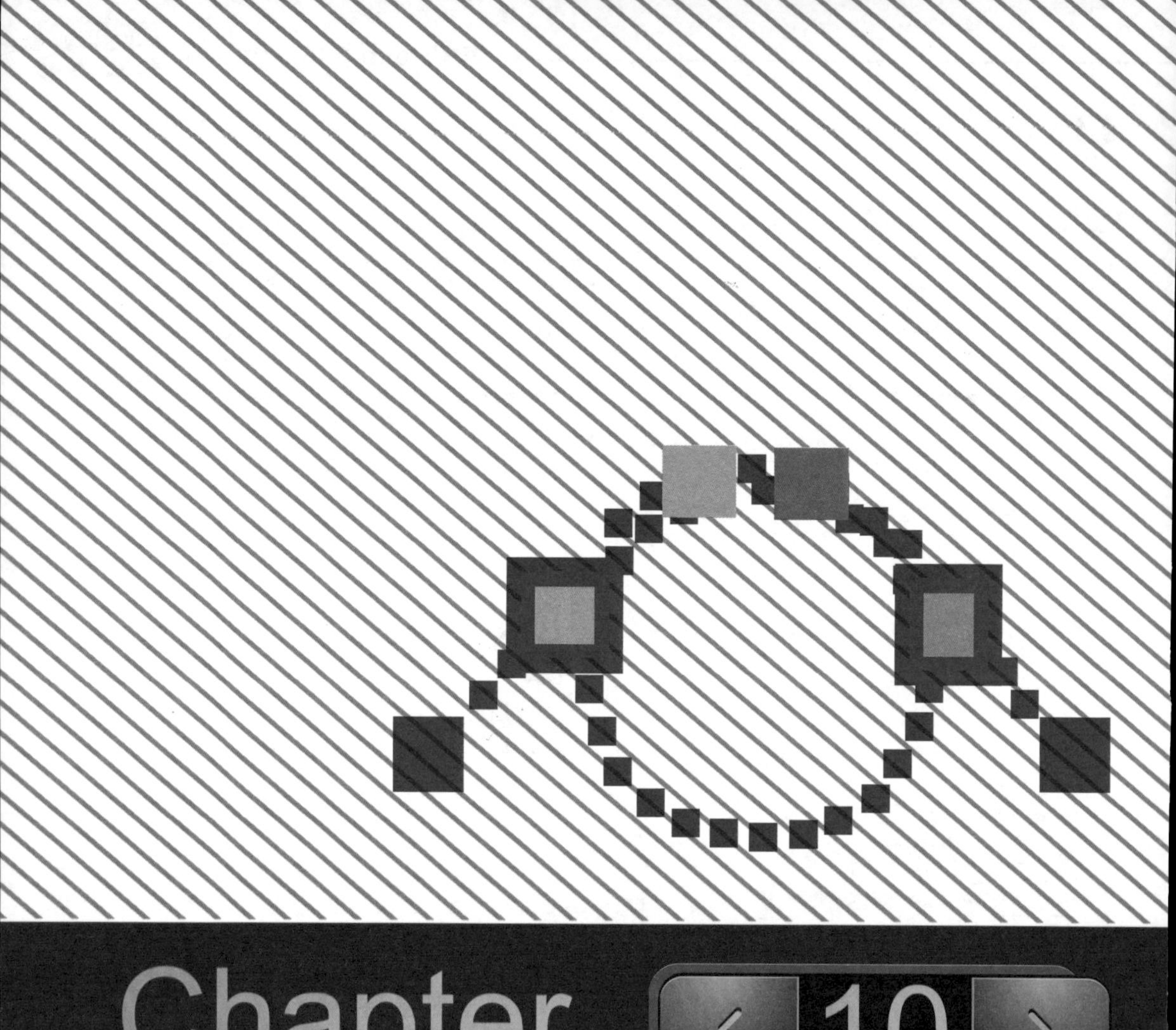

Chapter 10 使用元件与库

10.1 创建、编辑与使用元件

元件是可以重复使用的图形、动画或按钮，它是 Flash 中一个非常重要的组成部分，通过使用元件可以有效地减小动画中绘制工作及控制文件的大小。下面将详细介绍元件的分类、元件的创建及元件的编辑等。

10.1.1 元件分类

元件可以分为影片剪辑、图形、按钮三种类型，每种元件类型都有自己独特的使用技巧，下面将分别介绍这三种元件。

1. 影片剪辑元件

影片剪辑元件用来制作可以重复使用的、独立于影片时间轴的动画片段。影片剪辑元件可以包括交互式控制、声音及其他影片剪辑的实例，也可以把影片剪辑实例放在按钮元件的时间轴中，以创建动画。

选择“窗口”｜“库”命令或按【Ctrl+L】组合键，打开“库”面板，当前处于选中状态的“小女孩动画”即为影片剪辑元件，如下图（左）所示。影片剪辑元件中可以再包含元件，如下图（右）所示。

2. 图形元件

图形元件是静态的元件，可以反复应用于影片剪辑、按钮或场景动画中。在“库”面板中，前面带有图标的元件即为图形元件。

双击图形元件，即可进入元件的内部，如下图（左）所示。在该元件内部，可以自由地编辑元件的外形、颜色等，如下图（右）所示。

操作提示

图形元件与主时间轴同步运行。由于没有时间轴，图形元件在 FLA 文件中的尺寸小于按钮或影片剪辑。

3．按钮元件

按钮是动画的交互控制元件，可以响应鼠标的单击或滑过等事件，也可以将所需的一些操作或交互通过脚本放置于按钮实例上。

按钮元件的标志是一个类似于按钮的图形，如下图（左）所示库中的“元件 1”。双击该元件进入其内部，在按钮的 4 种状态下，可以有 4 种不同的表现形式，如下图（右）所示。

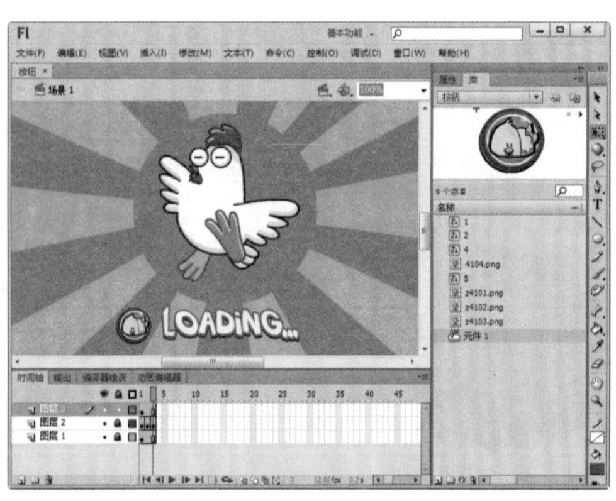

>> 10.1.2 创建与编辑元件

通过舞台上选定的对象可以创建元件，也可以创建一个空元件，然后在元件编辑模式下制作或导入内容，还可以在 Flash 中创建字体元件。下面将重点介绍如何创建与编辑各种元件。

1．创建元件

通常创建元件的方法有两种：一种是从舞台上直接选取对象，将它们转换为元件；另一种是新建一个空白元件，然后在元件编辑窗口中制作元件的内容。

行家提醒

从外观上，按钮可以是任何形式。可能是一幅位图，也可以是矢量图；可以是矩形，也可以是多边形；甚至还可以是看不见的“透明按钮”。

（1）创建新元件

创建新元件的具体操作方法如下：

素材文件　光盘：素材文件\第10章\游戏.fla

❶ 打开素材文件，选择"插入"|"新建元件"命令，弹出对话框，输入元件名称，选择"类型"为"图形"，单击"确定"按钮，如下图所示。

❷ 此时，即可新建一个图形元件。在新建元件的内部舞台中创建元件内容，如下图所示。

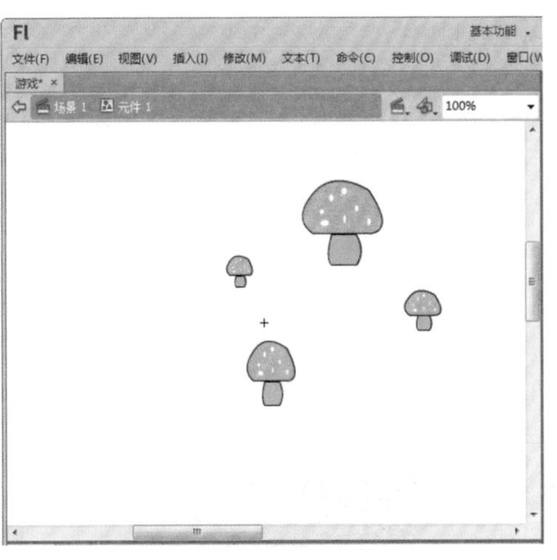

❸ 编辑完成后，单击该窗口左上角的的"场景1"，即可返回主场景，如下图所示。

❹ 此时新建的元件并不在场景中，若要使用该元件，需要将其添加到舞台中，如下图所示。

（2）转化为新元件

若将要舞台对象转换为新元件，具体操作方法如下：

素材文件　光盘：素材文件\第10章\乐符.fla

操作提示

在元件编辑状态下，元件的注册点位置在舞台的中央，可以通过"对齐"面板将绘制图形的中心置于注册点的位置。

❶ 打开素材文件，选择舞台中的一个图形，如下图所示。

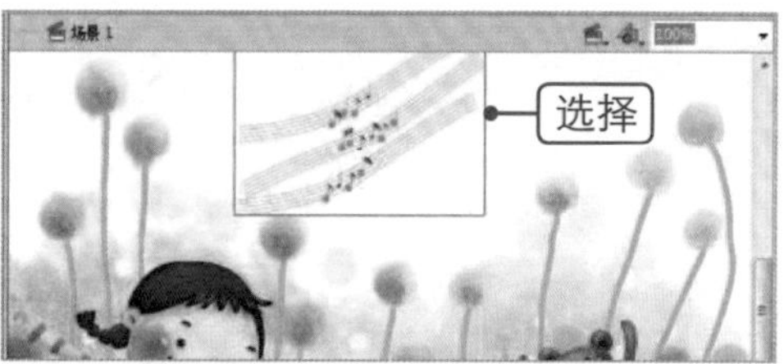

❷ 按【F8】键，弹出“转换为元件”对话框，根据需要设置参数，单击“确定”按钮，如下图所示。

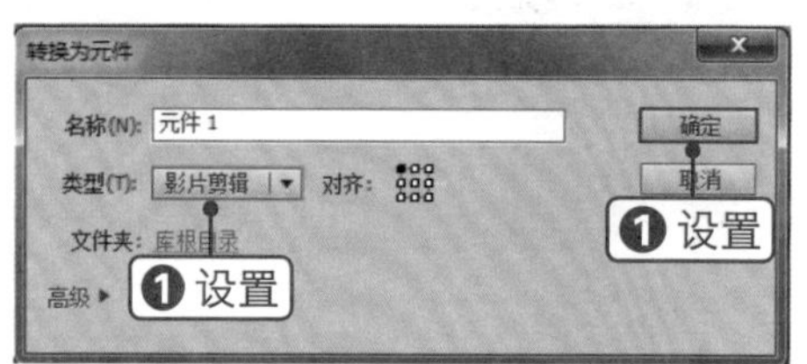

❸ 此时，图形已经转换为元件。在“库”面板中可以找到新转换的元件，如下图所示。

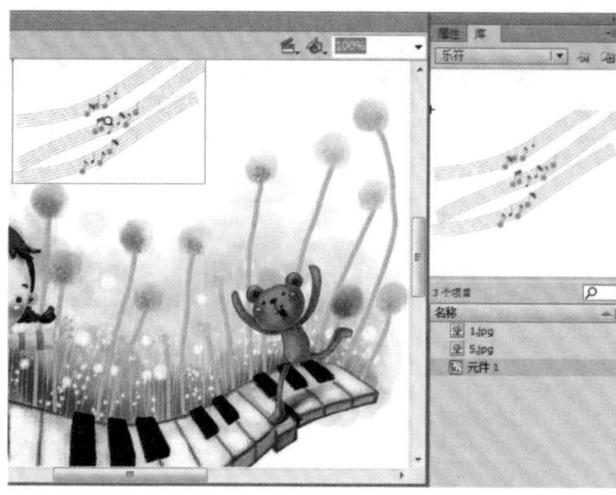

2. 编辑元件

在 Flash 中可以通过三种方式编辑元件：在当前位置编辑、在新窗口中编辑、使用元件编辑模式编辑，下面将分别对其进行介绍。

（1）在当前位置编辑

在当前位置编辑元件的具体操作方法如下：

素材文件 光盘：素材文件\第10章\汽车.fla

❶ 打开素材文件，选择并右击要进行编辑的元件，选择“在当前位置编辑”命令，如下图所示。

❷ 进入该元件内部，舞台中的其他对象将模糊显示，如下图所示。

行家提醒

在当前位置编辑元件，其他对象都变成灰色，不可被编辑。在新窗口中编辑元件时，正在编辑的元件名称会显示在舞台上方的编辑栏中。

❸ 当编辑完成后，可单击“场景 1”或其左侧的返回按钮返回主场景，如下图所示。

（2）**在新窗口中编辑**

选择并右击要进行编辑的元件，在弹出的快捷菜单中选择“在新窗口中编辑”命令，即可进入一个单独的窗口中对该元件进行编辑，如下图所示。

（3）**使用元件编辑模式**

右击需要编辑的元件实例，在弹出的快捷菜单中选择“编辑”命令，即可对元件进行编辑，如下图（左）所示。

也可以在“库”面板中选中元件并右击，在弹出的快捷菜单中选择“编辑”命令，如下图（右）所示。

操作提示

在舞台上进行元件编辑和实例编辑时界面非常相似，不同的是进行元件编辑时其他对象都是灰色的，进行实例编辑时其他对象不发生变化。

>> 10.1.3 使用元件

制作元件的目的是为了方便使用，下面将介绍如何使用库或公共库中的元件，具体操作方法如下：

1 按【Ctrl+L】组合键，打开“库”面板，如下图所示。

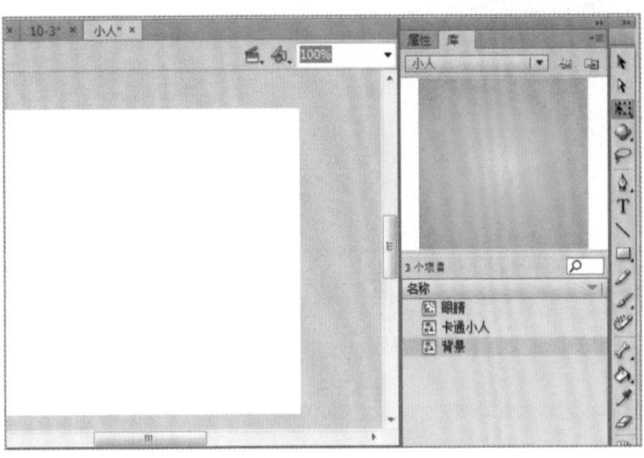

2 用鼠标将所需的元件拖入舞台中并进行排列，如下图所示。

知识插播

各种元件的使用方法均相同，但添加到舞台后其属性各不相同。

10.2 库的使用

“库”面板是一个专门存储、管理动画元件的工具，新建元件时将自动保存到库中。另外，“库”面板还存储了导入Flash文档中的图片、声音等文件。

>> 10.2.1 认识“库”面板

库有两种，一种是动画文件本身的库，另一种是系统自带的库。动画文件本身的“库”面板中保存了动画中的所有对象，如创建的元件、导入的图像、声音和视频文件等。系统自带的库元件不能在库中进行编辑，只能调出使用。

1．“库”面板

由于动画文件本身的“库”面板中保存了Flash动画中的所有对象，可以随时使用其中的元件，并且可以对元件或其他对象进行编辑，具体操作方法如下：

行家提醒

“库”面板中的元件可以随时调出，并可以重复使用。在舞台中还可以对各个实例的属性进行单独编辑。

素材文件 光盘：素材文件\第10章\花园.fla

❶ 打开素材文件，选择“窗口”|“库”命令，即可打开当前动画文件的“库”面板，如下图所示。

❷ 选择相应的元件，单击面板右上角的按钮，选择“重命名”选项，如下图所示。

❸ 此时，即可对所选择的元件进行重命名，如下图所示。

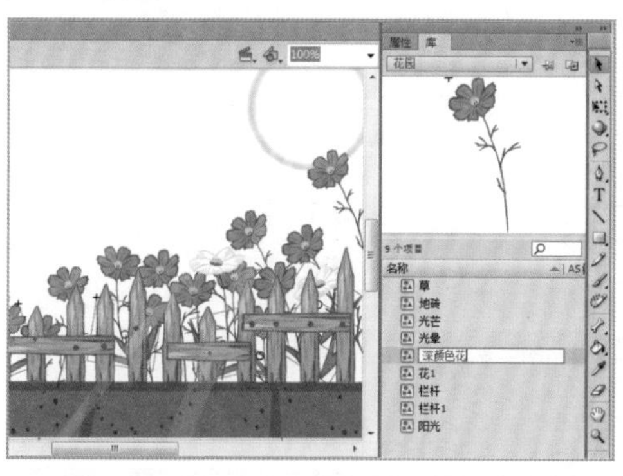

❹ 选择“直接复制”选项，弹出“直接复制元件”对话框，设置相关参数，单击“确定”按钮，如下图所示。

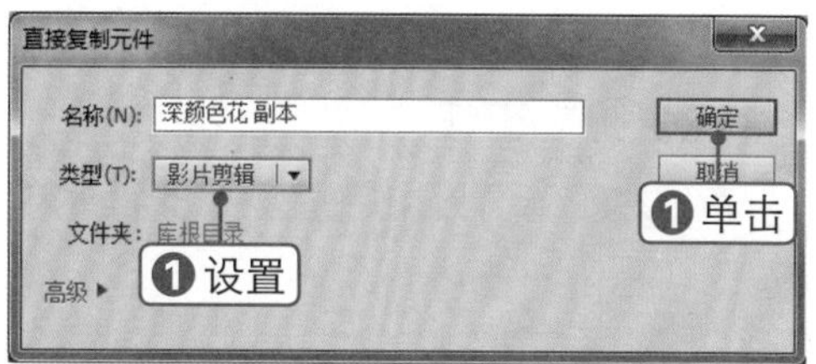

❺ 查看复制的元件，名称后面出现“副本”字样，如下图所示。

❻ 当“库”面板中的元件过多时，还可以使用查找功能。在“库”面板的查找搜索框中输入相应的名称，即可显示出符合条件的元件，如下图所示。

将文件夹展开，选择要移出的项目，直接将元素拖动出文件夹即可将“库”项目移出“库”文件夹。

知识插播

“库”面板中的元件可以随时调出，并可以重复使用。在舞台中还可以对各个实例的属性单独进行编辑。

2. “公共库”面板

“公共库”面板中存放了一些程序自带的元件，在使用时可以直接调用，具体操作方法如下：

素材文件 光盘：素材文件\第10章\闹钟.fla

1 打开素材文件，选择“窗口”|“公用库”|Buttons 命令，如下图所示。

2 打开按钮“外部库”面板，选择一个按钮，将其拖到舞台上，如下图所示。

3 此时，拖入舞台中的按钮被自动添加到该文档的库中，如下图所示。

4 双击舞台中的按钮实例，进入该按钮内部，如下图所示。

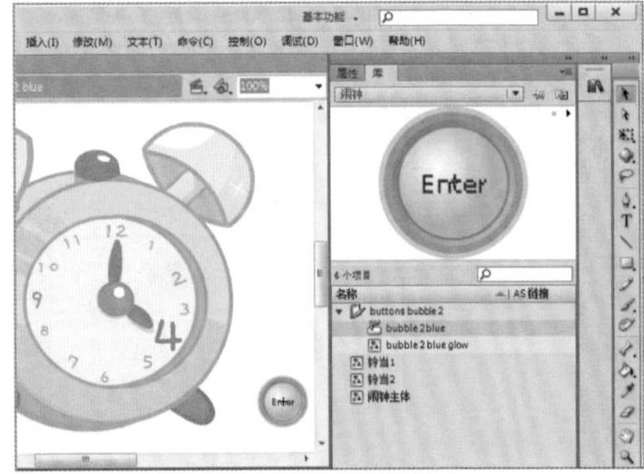

行家提醒

公共库分为3种类型，分别是声音、按钮和类。当用户使用公共库中的元件时，该元件将被自动添加到当前文档的库中。

5 将时间轴中所有的图层解锁，选择名称文本所在的图层，将其修改为所需的名称，如下图所示。

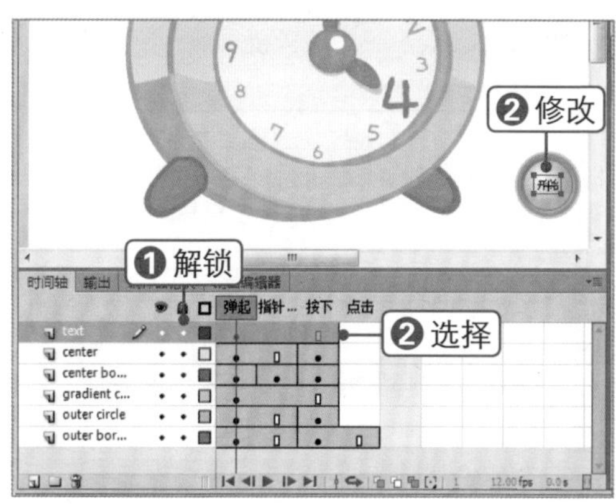

6 也可以对该按钮图形中的某一部分进行修改，如修改图形的颜色，如下图所示。

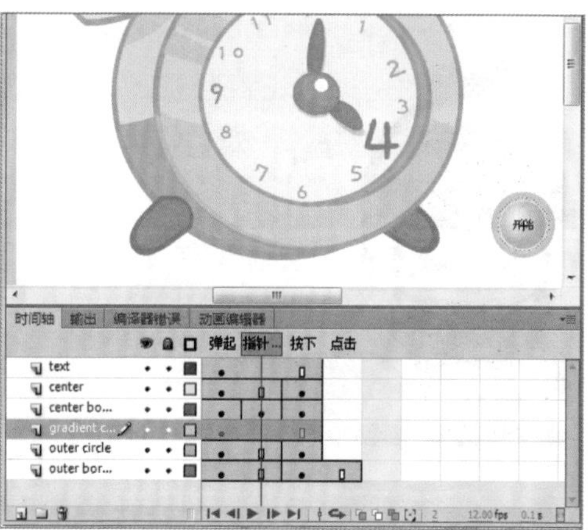

知识插播

在设置字体时，若以前没有使用过该字体，需要选择“编辑字体列表”选项，然后进行编辑。

在 Flash CS6 中还有声音公共库，可以为动画添加声音。使用声音公共库的具体操作方法如下：

素材文件 光盘：素材文件\第10章\声音.fla

1 打开素材文件，选择“窗口”|“公用库”|Sounds 命令，如下图所示。

2 打开声音“外部库”面板，选择一个声音，用鼠标将其拖到舞台上，在第 25 帧处插入关键帧，如下图所示。

操作提示

在使用外部库中的元件时，有时会弹出一个解决冲突的对话框。一般情况下选择覆盖或者把原有库对象的名称重新命令并拖动到舞台上。

❸ 在声音的波形上单击，打开“属性”面板，如下图所示。

❹ 单击“效果”下拉按钮，选择“左声道”选项，如下图所示。

❺ 若选择“自定义”选项，将弹出“编辑封套”对话框，可以根据需要进行调整，如下图所示。

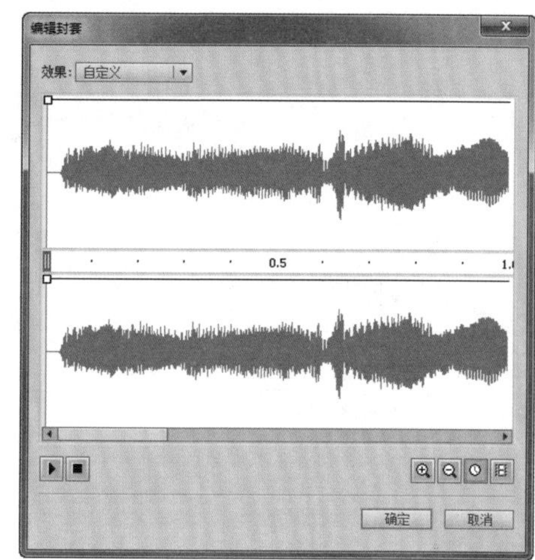

知识插播

添加声音后，只能在时间轴上看到相应的波形效果，而在舞台上没有添加任何元件。

>> 10.2.2 库的管理和使用

当制作比较复杂的动画时，可以根据需要创建多个元件。为了便于查找和修改这些元件，需要对其进行分类管理。下面介绍库元件的分类管理和使用方法。

1. 元件的分类管理

当库中有多个元件时，为了便于使用和管理，需要将所需的元件进行分类，具体操作方法如下：

行家提醒

无须通过删除未用库项目来缩小 Flash 文档的文件大小，这是因为未用库项目并不包含在 SWF 文件中。

1 在“库”面板中单击按钮，选择“新建文件夹”选项，如下图所示。

2 根据需要对该文件夹进行命名，如按场景、类型等进行命名，如下图所示。

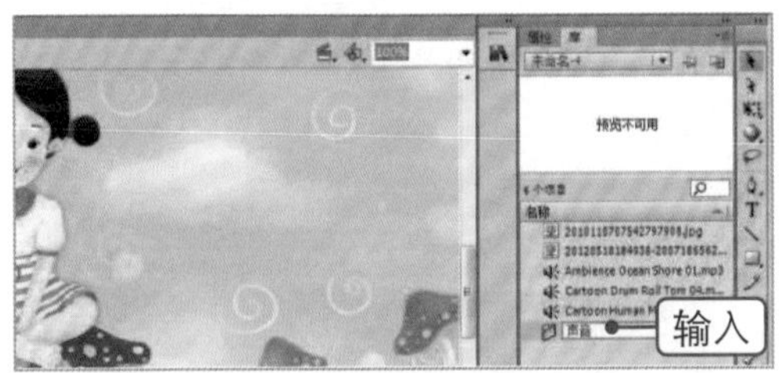

3 选择相应的元件，并将其拖到该文件夹上即可，如下图所示。

知识插播

库项目繁多时可以利用“库”文件夹对其进行分类管理，“库”面板中可以同时包含多个文件夹，但不允许文件夹使用相同的名字。

2. 元件实例化

当将元件从“库”面板拖到舞台后，该元件将自动变为动画实例。实例是动画中实际存在的对象，它是元件的动画表现形式。实例的使用及设置方法如下：

1 打开素材文件，从库中拖动一个元件到舞台中，如下图所示。

2 切换至“属性”面板，设置所需实例的大小、色彩效果等，如下图所示。

操作提示

实例是元件在舞台上的具体应用，利用同一个元件可以创建若干个不同颜色、大小和功能的实例。

10.3 实战演练——制作与应用元件

下面将通过实例详细介绍如何进行元件的制作与应用，具体操作方法如下。

素材文件　光盘：素材文件\第10章\农场.fla

1 打开素材文件，单击“新建图层”按钮，新建“图层 2”，如下图所示。

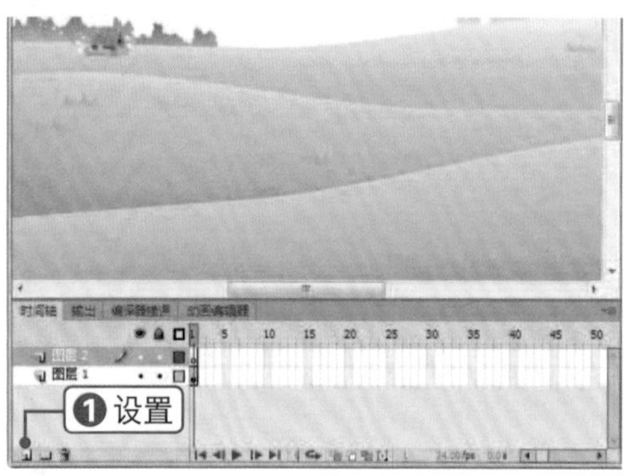

2 使用椭圆工具和直线工具绘制一朵小花，如下图所示。

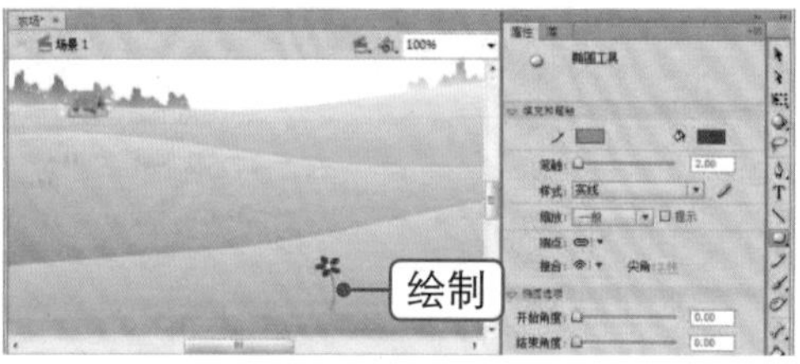

3 采用同样的方法绘制其他花朵，并调整形状、大小和颜色，如下图所示。

4 选择绘制的红色花朵并按【F8】键，弹出“转换为元件”对话框，设置名称和类型，单击“确定”按钮，如下图所示。

5 采用同样的方法，将粉色花朵转换为图形。打开“库”面板，即可看到新建的图形元件，如下图所示。

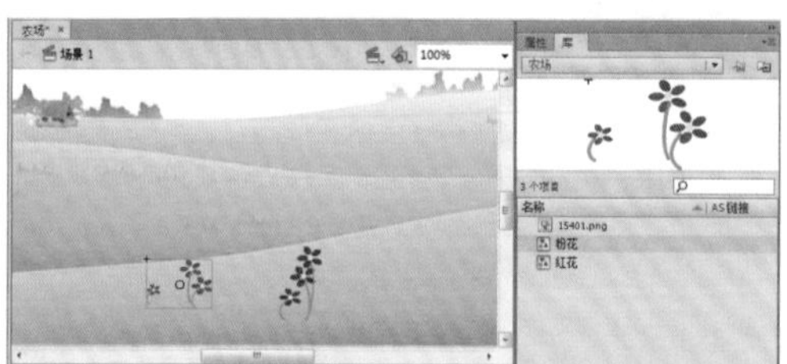

6 将花朵元件多次拖入舞台中，适当调整副本的大小与位置，如下图所示。

行家提醒

制作按钮的方法：一、使用按钮元件或使用影片剪辑元件建立。二、使用 ActionScript 3.0 Button 组件。三、使用 ActionScript 2.0 Button 组件。

7 单击“新建图层”按钮，新建“图层 3”。使用椭圆工具绘制一朵云彩，如下图所示。

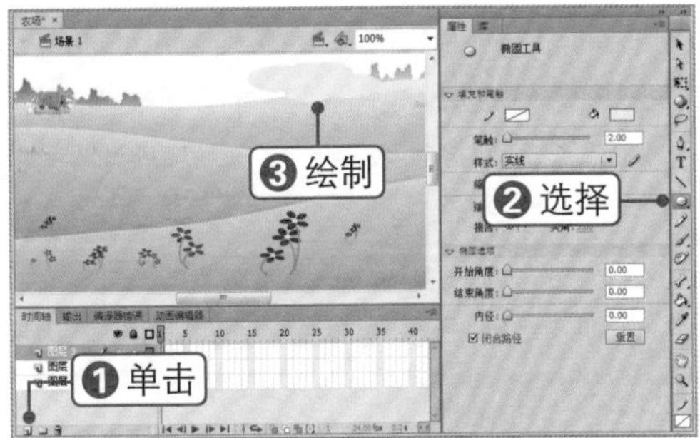

8 选择绘制的图形，按【F8】键，弹出“转换为元件”对话框，设置名称和类型，单击“确定”按钮，如下图所示。

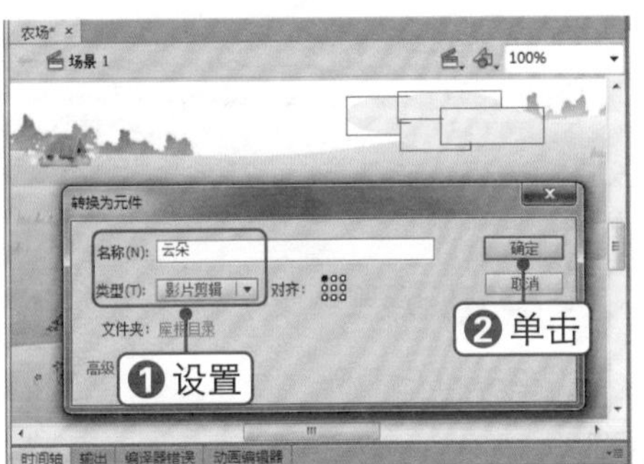

9 选择“云朵”元件，打开“属性”面板，在“滤镜”选项中单击“添加滤镜”按钮，选择“模糊”选项，如下图所示。

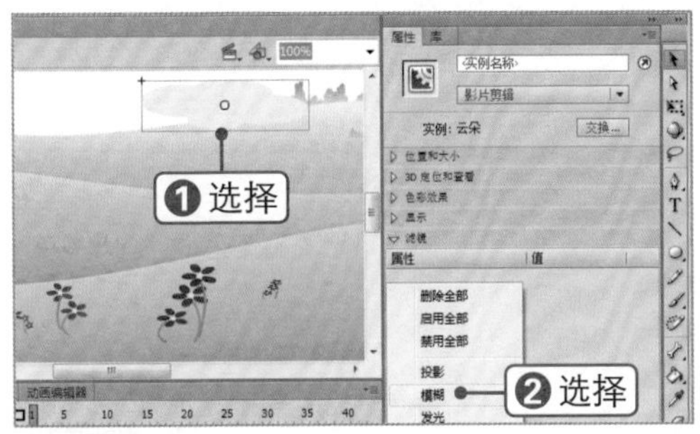

10 将模糊值均改为 8 像素，即可查看最终效果，如下图所示。

操作提示

使用滤镜（图形效果），可以为文本、按钮和影片剪辑增添丰富的视觉效果。使用滤镜效果越多，占用的计算机资源越多。

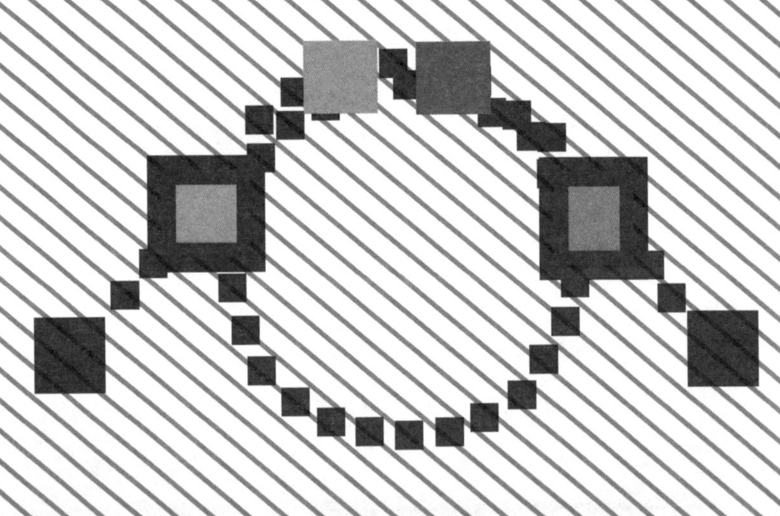

Chapter 

创建基本Flash动画

本章将详细介绍动画制作过程中使用的“时间轴”面板，以及补间动画、逐帧动画等各类动画的制作方法。ActionScript是在Flash内开发应用程序时所使用的语言。动画之所以具有交互性，是通过对按钮、关键帧或影片剪辑添加动作脚本来实现的。

本章重点知识

◎ 使用“时间轴”面板

◎制作基本Flash动画

◎ 实战演练——制作卷轴动画

11.1 使用“时间轴”面板

“时间轴”面板主要用于组织和控制影片中的内容，使这些内容随着时间的推移而发生相应的变化。

>> 11.1.1 “时间轴”面板

“时间轴”面板由帧、图层、时间轴标尺和播放头组成，其具体使用方法如下：

素材文件　光盘：素材文件\第11章\柠檬.fla

1 打开素材文件，单击“时间轴”面板右上角的按钮，选择“预览”选项，如下图所示。

2 此时即可进行预览，时间轴的变化如下图所示。

3 单击“新建图层”按钮，新建“图层 2”。利用矩形工具在舞台中绘制一个矩形，此时在时间轴中显示相应的图形，如下图所示。

4 在“时间轴”面板底部的帧频上按住鼠标左键并左右拖动，即可改变当前动画的播放速度，如下图所示。

通过移动播放头可以预览动画内容，当移动播放头时，在“时间轴”面板的状态栏中显示相应的帧数。

>> 11.1.2 图层

当新建 Flash 文档时，系统会自动新建一个图层——“图层 1”。也可以根据需要创建新图层，新建的图层会自动排列在当前图层的上方。

1. 普通层

普通层是系统默认创建的图层，其中可以放置最基本的动画元素，如矢量对象、位图对象等。使用普通层可以将多个帧（多幅画面）按照一定的顺序进行播放，从而形成动画。

素材文件 光盘：素材文件\第11章\1.jpg、4.jpg

1 新建 Flash 文档，单击“新建图层”按钮，新建“图层 2”。选择“文件”｜“导入”｜“导入到舞台”命令，如下图所示。

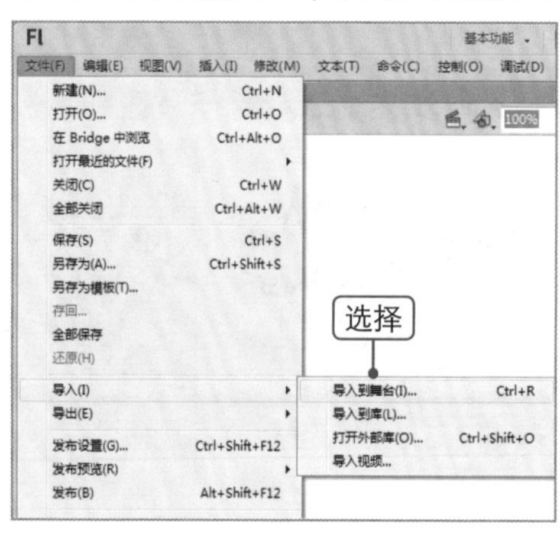

2 弹出“导入”对话框，选择一张图片，然后单击“打开”按钮，如下图所示。

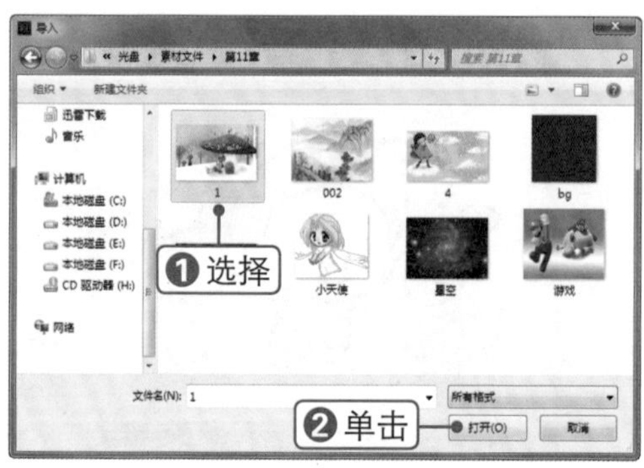

3 此时，所选图片已被导入到舞台中，如下图所示。

4 单击“图层 1”，利用同样的方法导入另一张图片，如下图所示。

行家提醒

普通层可以根据需要转换为遮罩层或引导层。引导层主要用于引导其下方图层中的动画，遮罩层主要用于控制下方图层中内容的显示。

5 此时，第一张图片遮住了第二张图片。选择“图层 2”，单击图层眼睛图标下边的小黑点，将该图层隐藏，如下图所示。

6 选择“图层 1”中的对象，单击“任意变形工具”按钮，对其进行缩放，如下图所示。

7 显示“图层 2”，在“图层 1”中单击小锁下方的小黑点，将其锁定，如下图所示。

8 对“图层 1”中的对象进行调整，如下图所示。

知识插播

图层相当于透明的纸，只要上方图层中的对象遮不住下方图层，就可以透过相应的区域看到下方图层中的对象。当锁定图层后，便不可以再对该图层中的对象进行编辑，该功能可以防止用户误操作当前图层外的对象。

在编辑多个对象时，为了方便操作，可以只显示对象的轮廓，具体操作方法如下：

素材文件	光盘：素材文件\第11章\相片.fla

当锁定图层后，用户便不可以再对该图层中的对象进行编辑，该功能可防止用户误操作当前图层外的对象。

❶ 打开素材文件，单击“新建图层”按钮 ，新建“图层 2”。在舞台中绘制两个矩形，如下图所示。

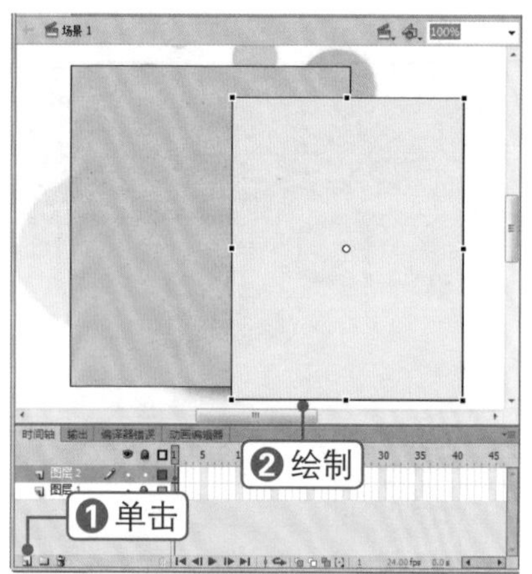

❷ 在“图层 2”中单击小方框下方的小方框，如下图所示。

❸ 选择小矩形，将其移到大矩形的上方，如下图所示。

❹ 再次单击“图层 2”中的小方框，即可显示图形的填充色，如下图所示。

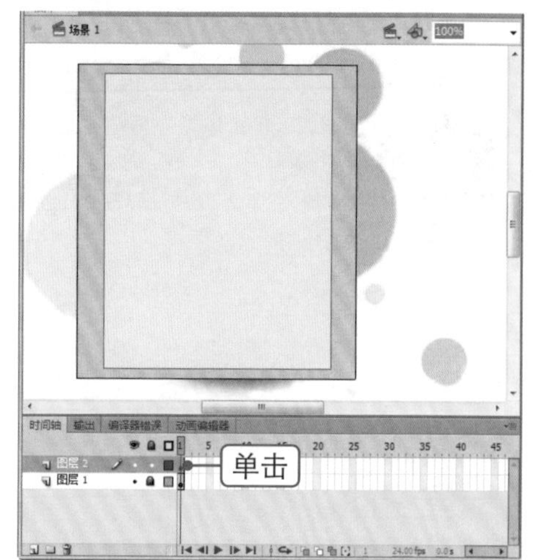

❺ 使用选择工具选中整个图形，按【Ctrl+B】组合键分离图形，如下图所示。

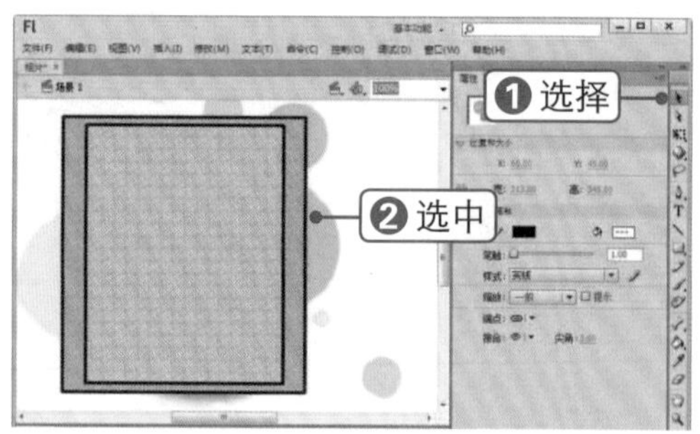

❻ 在小矩形内单击，将选择的填充色删除，效果如下图所示。

行家提醒

按钮下方的实心图标■表示该图层中的内容完全显示，空心图标□表示该图层中的内容以轮廓方式显示。

2. 图层的编辑

创建图层后，即可对图层进行编辑，图层的编辑主要包括选取图层、移动图层、重命名图层、删除图层，以及图层的转化等操作。

素材文件 光盘：素材文件\第11章\游戏.fla

（1）选取图层

若要选取图层，具体操作方法如下：

1 打开素材文件，单击某一个图层，即可将其选中，如下图所示。

2 若要选取相邻的多个图层，在选取第一个图层后，按住【Shift】键单击要选取的最后一个图层，两个图层之间的所有层都将被选取，如下图所示。

3 若要选取多个不相邻的图层，则在按住【Ctrl】键的同时依次单击需要选取的图层即可，如下图所示。

知识插播

在“时间轴”面板底部单击“新建文件夹”按钮，即可在当前所选图层上方创建一个文件夹。通过图层文件夹，可以将图层放在一个树形结构中，这样有助于组织工作流程。文件夹中可以包含图层，也可以包含其他文件夹，使用户可以像在计算机中组织文件一样来组织图层。要展开或折叠文件夹，单击该文件夹名称左侧的三角形即可。

操作提示

有了图层后，可以将一个大动画分解成几个小动画，将不同的动画放置在不同的图层上，各个小动画之间相互独立，从而组成一个大的动画。

（2）**移动图层**

单击需要移动的图层，按住鼠标左键拖动该层到相应的位置后松开鼠标，即可移动图层，如下图所示。

（3）**重命名图层**

Flash 默认的层名为“图层 1”、“图层 2”等，为了便于识别各图层放置的动画对象，可对图层进行重命名，具体操作方法如下：

1 双击需要重命名的图层，此时图层名称以反白显示，如下图所示。

2 在反白区域输入新名称，按【Enter】键确认即可，如下图所示。

（4）**删除图层**

选择需要删除的图层，单击“删除图层”按钮，即可删除图层，如下图所示。

行家提醒

要组织和管理图层，可在“时间轴”面板中创建图层文件夹，然后将图层放入。要复制图层文件夹的内容时，必须先要将图层文件夹关闭。

知识插播

直接用鼠标将欲删除的图层拖到“删除图层”按钮上；或右击欲删除的图层，在弹出的快捷菜单中选择“删除图层”命令，均可删除图层。

>> 11.1.3 帧

图层中的帧分为普通帧、关键帧和空白关键帧三种。不同的帧的作用也不尽相同。例如，普通帧主要作用是延长动画的时间，以实现动画效果；关键帧主要用于放置动画内容；空白关键帧是没有放置动画内容的关键帧。

1. 创建帧

下面将介绍如何创建各种帧，具体操作方法如下：

❶ 选中“图层 1”上的任意一帧，按【F5】键，延长普通帧到当前所选位置，如下图所示。

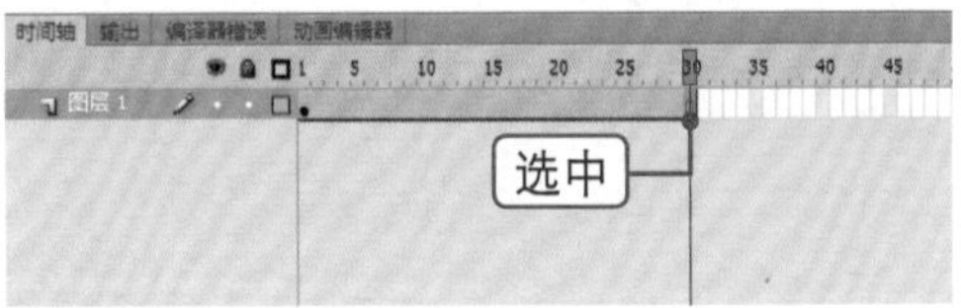

❷ 按【F6】键，可在当前帧的位置插入一个关键帧，如下图所示。

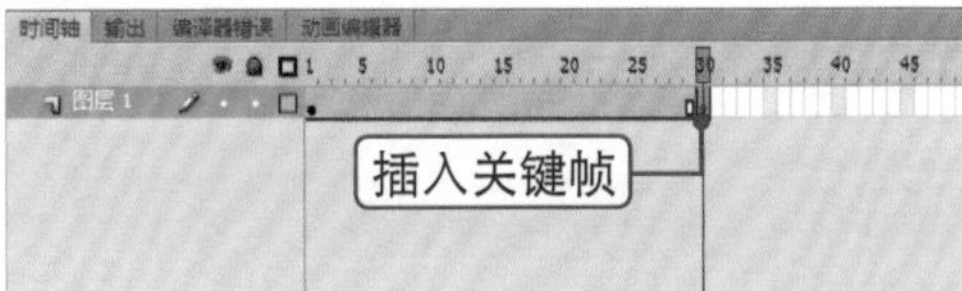

❸ 按【F7】键，即可插入一个空白关键帧，如下图所示。

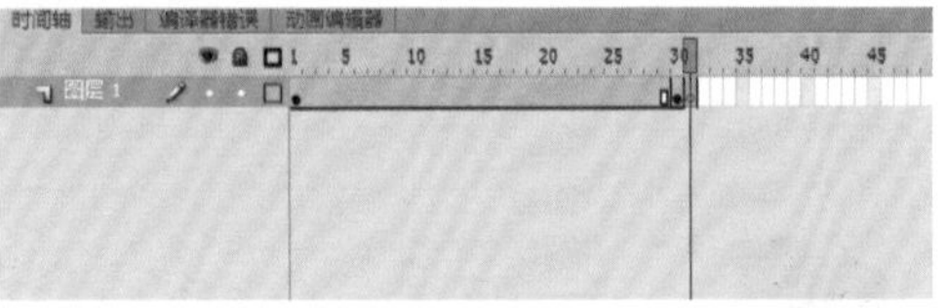

❹ 单击时间轴中的任意一个普通帧，按【F5】键，可为当前图层延长帧，如下图所示。

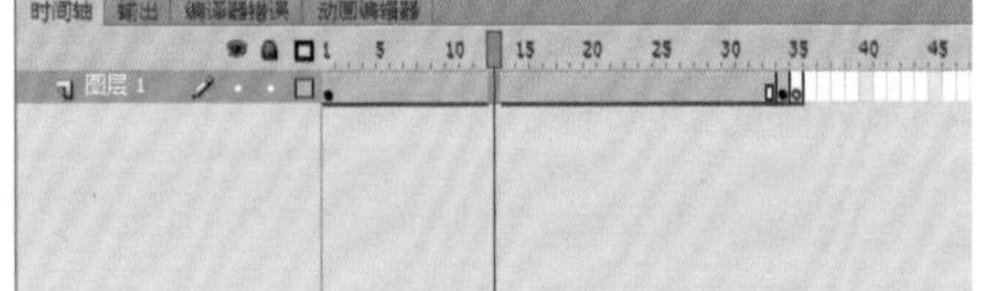

操作提示

普通帧可以转换为空白关键帧或关键帧。转换成空白关键帧后，其后的帧序列中的内容将清空。

5 选择普通帧，按【F6】键，可将当前帧转换为相应的关键帧，如右图所示。

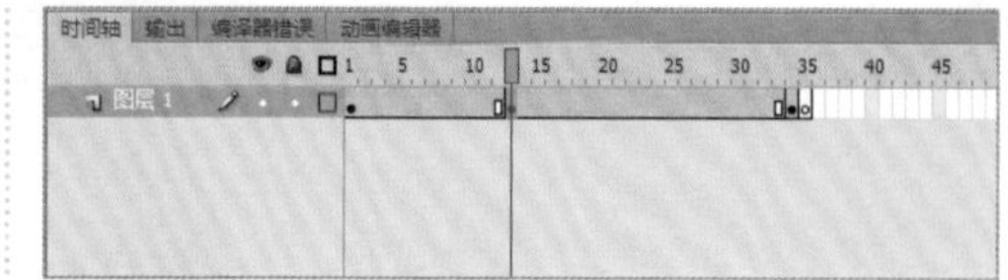

2. 删除帧

删除不同的帧其操作方法相同，但结果不同，具体操作方法如下：

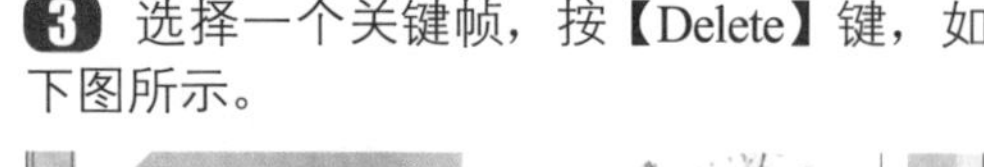

1 打开素材文件，选择“图层 1”的第 5 帧并右击，选择“删除帧”命令，如下图所示。

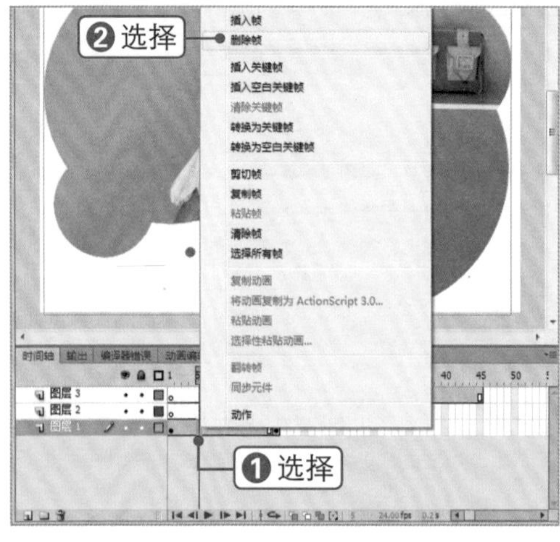

2 此时，即可删除当前所选的帧，如下图所示。

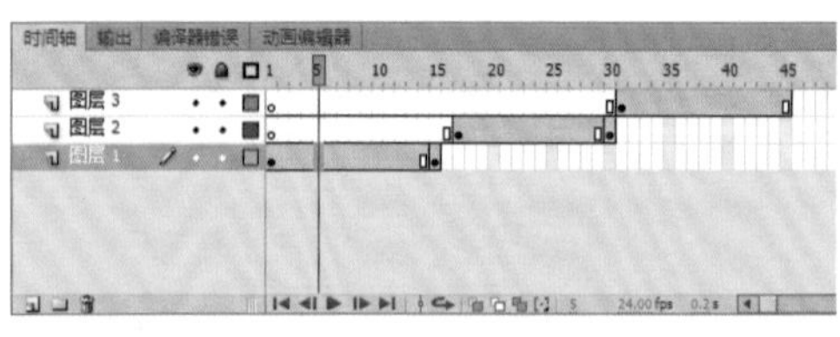

3 选择一个关键帧，按【Delete】键，如下图所示。

4 此时，所选的关键帧即被删除，如下图所示。

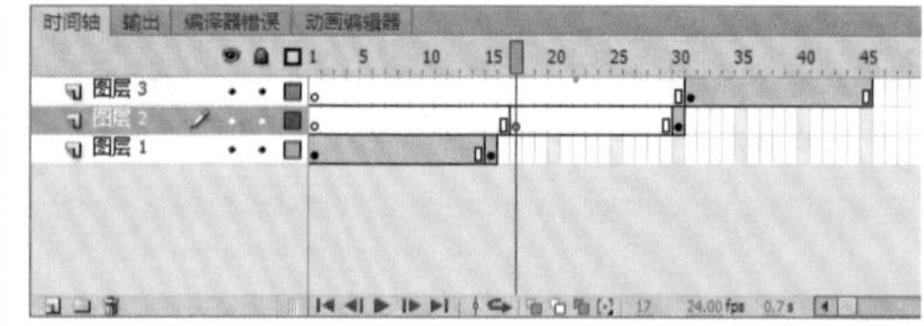

知识插播

在设置字体时，若以前没有使用过该字体，需要选择“编辑字体列表”选项，然后进行编辑。

3. 复制和粘贴帧

通过复制或粘贴帧的操作，可以实现相同动画的快速制作。复制和粘贴帧的具体操作方法如下：

行家提醒

不能使用【Delete】键删除选择的帧，若按【Delete】键只能将舞台上的内容删除，使选择的帧变为空白帧，而无法将时间轴中的帧删除。

❶ 打开素材文件，单击“新建图层”按钮，新建“图层 4”，如下图所示。

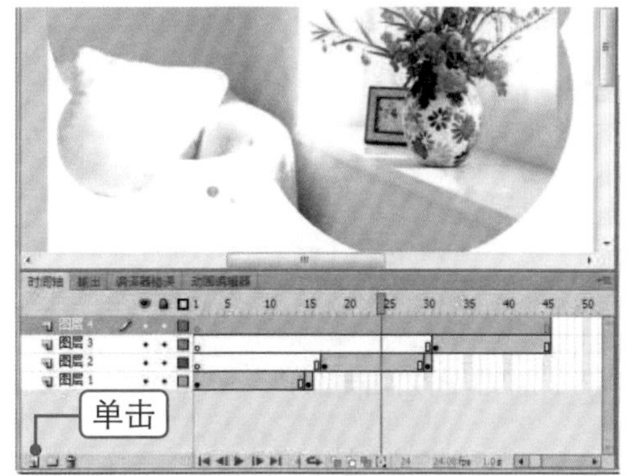

❷ 选择“图层 2”中的部分帧并右击，在弹出的快捷菜单中选择“复制帧”命令，如下图所示。

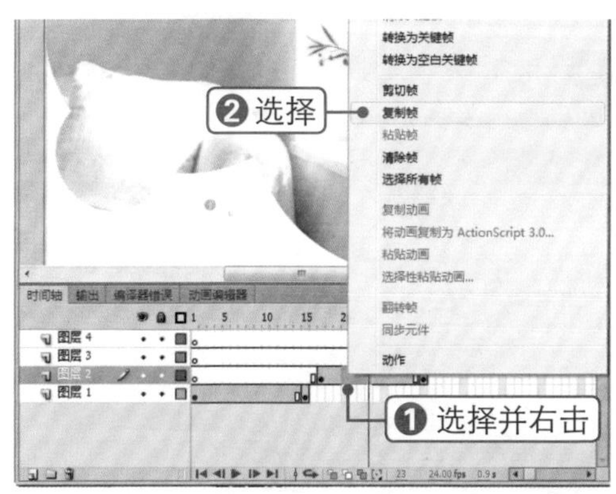

❸ 在“图层 4”上右击，在弹出的快捷菜单中选择“粘贴帧”命令，如下图所示。

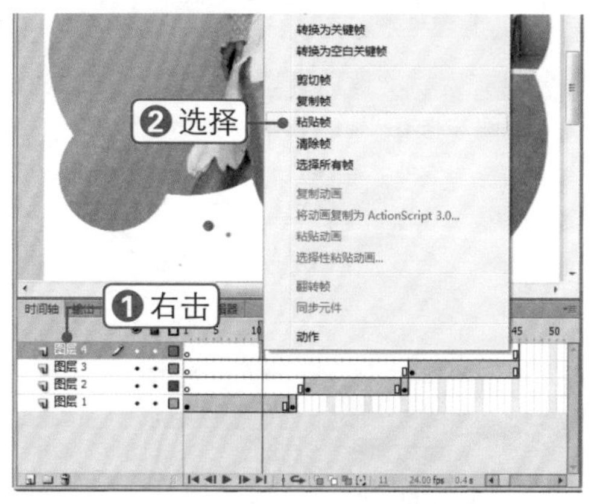

❹ 粘贴并复制帧后，此时的时间轴如下图所示。

11.2 制作基本Flash动画

在 Flash 中有多种动画制作方式，可以根据将要制作的动画选择合适的制作方式。一般情况下，一个动画中可能需要用到多种动画制作方式。

>> 11.2.1 补间形状动画

补间动画只需用户绘制有限的关键帧，关键帧之间的过渡帧由 Flash 自动生成。补间动画有两种不同的类型，即动作补间和形状补间。

在形状补间中，两个关键帧中的对象形状不同，Flash 将生成关键帧之间形状的过渡，从而形成动画。

右击帧，在弹出的快捷菜单中选择“清除帧”选项，即可将帧或关键帧转换为空白关键帧。

创建补间形状动画的操作方法如下：

素材文件　光盘：素材文件\第11章\绘画.fla

❶ 打开素材文件，单击“新建图层”按钮，新建“图层 2”，如下图所示。

❷ 选择文本工具，在舞台中绘制文本框，并输入文本，如下图所示。

❸ 按两次【Ctrl+B】组合键，将输入的文本分离，如下图所示。

❹ 在“图层 1”和“图层 2”的第 20 帧处分别按【F6】键和【F7】键插入一个关键帧和空白关键帧，如下图所示。

❺ 选择文本工具，在“图层 2”的第 20 帧处输入文本，如下图所示。

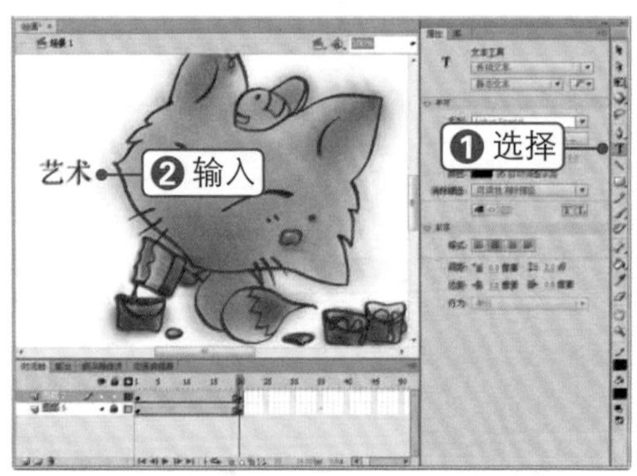

❻ 按两次【Ctrl+B】组合键，将文本分离，如下图所示。

行家提醒

在 Flash CS6 中，选择图层中形状补间中的帧，在“属性”面板的“补间”区中包含两个用于设置形状补间的属性设置：缓动和混合。

7 在两个关键帧之间的任意帧上右击，选择“创建补间形状”命令，如下图所示。

8 动画创建成功后，按【Ctrl+Enter】组合键测试动画效果，如下图所示。

另外，还可以制作图形大小发生变化的动画，具体操作方法如下：

素材文件 光盘：素材文件\第11章\图形大小变化.fla

1 打开素材文件，选择椭圆工具，在“图层 2”中绘制椭圆，如下图所示。

2 选择图形，按【F8】键，弹出“转换为元件”对话框，设置名称和类型，单击“确定”按钮，如下图所示。

3 双击该元件，进入元件编辑状态，如下图所示。

4 在当前时间轴的第 30 帧处插入一个关键帧，然后将该帧中的图形缩小，如下图所示。

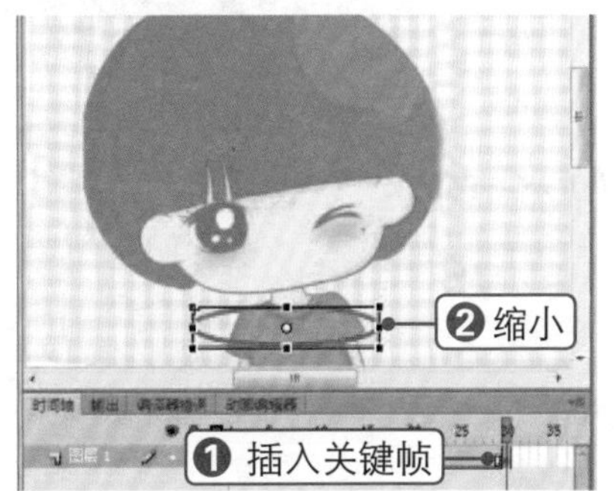

操作提示

缓动：在该数值框中，如果输入一个负值，则在补间开始处缓动；如果输入一个正值，则在补间结束处缓动。

5 在两个关键帧之间的帧上右击，在弹出的快捷菜单中选择“创建补间形状”命令，如下图所示。

6 单击“场景 1”返回舞台，按【Ctrl+Enter】组合键测试动画，效果如下图所示。

>> 11.2.2 传统补间动画

传统补间动画是根据同一对象在两个关键帧中的位置、大小、Alpha 和旋转等属性变化由 Flash 生成的一种动画类型。

传统补间动画的制作方法如下：

素材文件 光盘：素材文件\第11章\传统补间动画.fla

1 打开素材文件，选择第 50 帧，按【F5】键，将图层中的帧延长至第 50 帧处，如下图所示。

2 单击“新建图层”按钮，新建“图层 2”。锁定“图层 1”，在“图层 2”中绘制图形，如下图所示。

行家提醒

混合用于设置形状补间动画的混合设置。其中包含“分布式”和“角形”两个选项。

❸ 选择绘制的图形，按【F8】键，弹出“转换为元件”对话框，设置名称和类型，单击“确定”按钮，如下图所示。

❹ 打开“属性”面板，适当调整 Alpha 值。选择任意变形工具，调整图形大小，如下图所示。

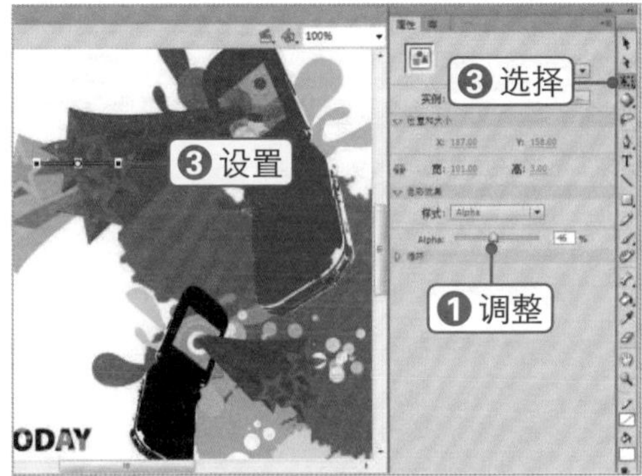

❺ 使用选择工具将该实例移到舞台左侧的合适位置，在第 50 帧处按【F6】键，插入一个关键帧，如下图所示。

❻ 选择第 50 帧，将实例移至舞台右侧的合适位置。在第 1 帧上右击，选择“创建传统补间”命令，如下图所示。

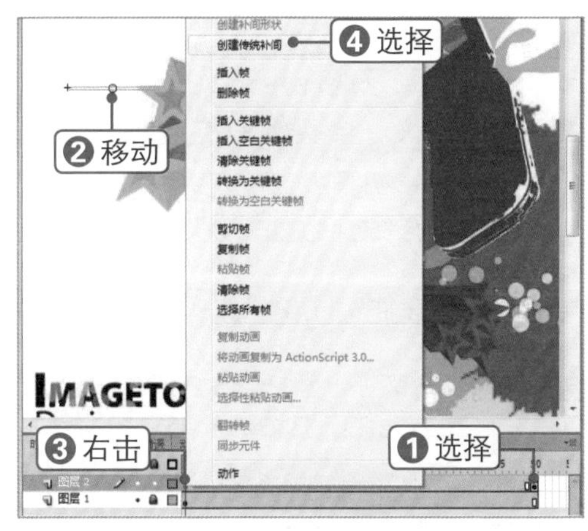

❼ 使用同样的方法绘制多个相同的动画，如下图所示。

❽ 按【Ctrl+Enter】组合键导出测试动画，效果如下图所示。

操作提示

制作传统补间动画的 3 个条件：至少要有两个关键帧；这两个关键帧中的对象必须是同一个对象；这两个关键帧中的对象必须有一些变化。

>> 11.2.3 补间动画

补间动画只能应用于实例，它是表示实例属性变化的一种动画。例如，在一个关键帧中定义一个实例的位置、大小和旋转等属性，然后在另一个关键帧中更改这些属性并创建动画。

下面将详细介绍如何创建补间动画，具体操作方法如下：

素材文件　光盘：素材文件\第11章\气球.fla

1 打开素材文件，选中图片，按【F8】键，弹出“转换为元件”对话框，如下图所示。

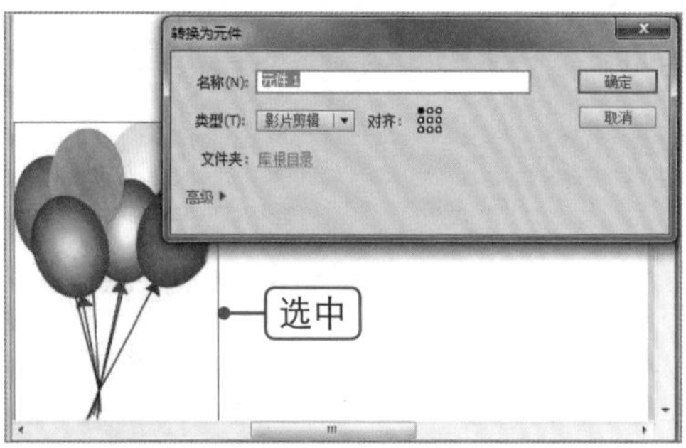

2 设置名称和类型，单击“确定”按钮，如下图所示。

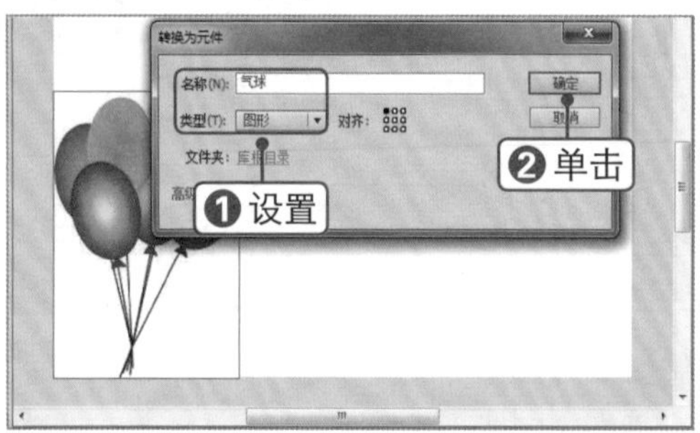

3 在第 50 帧处按【F6】键插入关键帧，在第 35 帧处右击，选择“创建补间动画”命令，如下图所示。

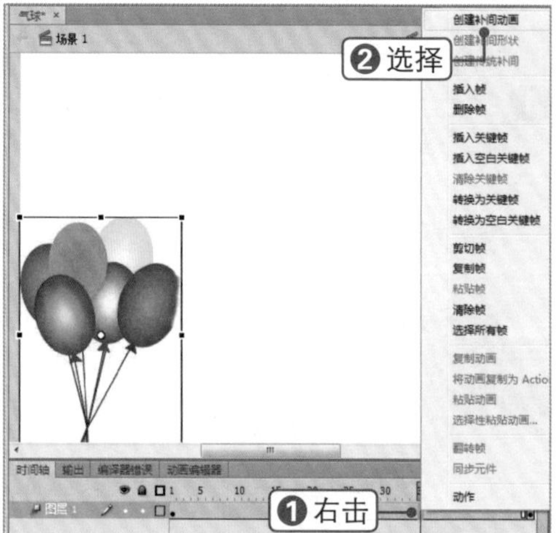

4 在舞台中拖动图片至合适位置，如下图所示。

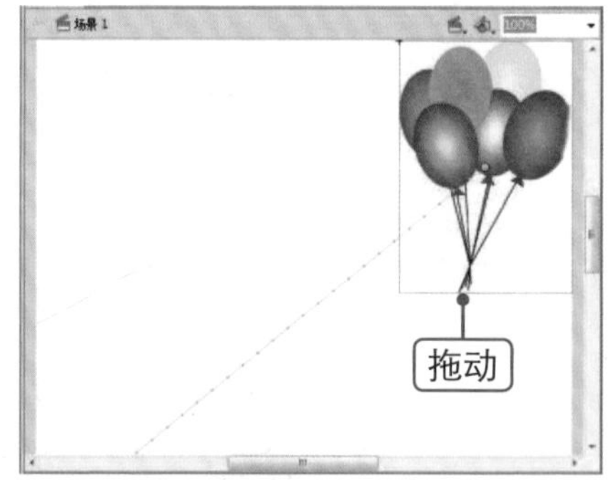

知识插播

此时，可以看到舞台中有一条直线，它表示当前动画对象的运动轨迹，其中具有与动画帧数相同的节点数。

行家提醒

Flash 动画制作中补间动画分为两类：一类是形状补间，用于形状的动画；另一类是动画补间，用于图形及元件的动画。

5 此时，第 50 帧处出现一个小黑点。单击“选择工具”按钮，对运动轨迹进行变形调整，如下图所示。

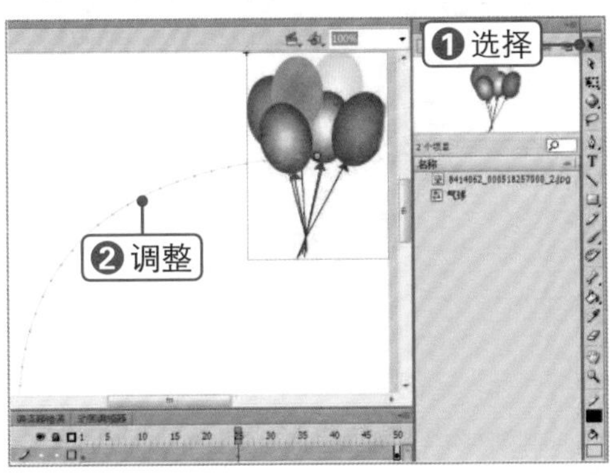

6 编辑完成后，动画对象将按照调整后的路径进行移动，如下图所示。

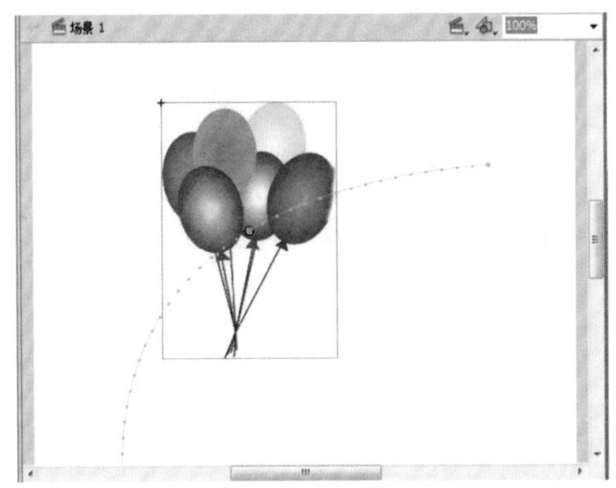

>> 11.2.4 逐帧动画制作

逐帧动画是一种比较原始的动画制作方法，其原理是先把动画中的分解动作一帧一帧地制作出来，然后把它们连续播放，利用人们视觉停留效果，从而形成连续播放的动画。

下面将通过实例介绍如何制作逐帧动画，具体操作方法如下：

素材文件 光盘：素材文件\第11章\倒计时fla

1 打开素材文件，单击“新建图层”按钮，新建“图层 2”，如下图所示。

2 单击“文本工具”按钮T，在“属性”面板中设置文本工具的属性，如下图所示。

操作提示

帧频是动画播放的速度，以每秒播放的帧数（fps）为度量单位，标准的动画速率是 24fps。

3 在舞台中拖动鼠标绘制文本框，绘制完成后输入数字 5，如下图所示。

4 单击第 2 帧，按【F6】键插入一个关键帧，在舞台中输入数字 4，如下图所示。

5 重复上述步骤，分别在第 3 帧至第 6 帧中输入数字 3、2、1 和文字 GO，如下图所示。

6 选择“控制” | “测试影片” | “测试”命令，测试影片效果，如下图所示。

7 单击“新建图层”按钮，新建“图层 3”。在“图层 3”中绘制一个圆环，将其拖到“图层 2”下面，锁定“图层 2”，如下图所示。

8 选择直线工具，在“图层 3”中绘制 4 条直线，如下图所示。

行家提醒

制作逐帧动画时要合理设置帧频，帧频太慢会使动画看起来一顿一顿的，帧频太快会使动画的细节变得模糊。

9 选择"文件"|"另存为"命令，将该文档保存为"逐帧动画"。按【Ctrl+Enter】组合键预览效果，如下图所示。

知识插播

逐帧动画可以通过导入已有的动作序列图片来制作，也可以通过绘图工具来制作。

>> 11.2.5 其他动画制作

Flash CS6 还提供了其他动画制作方式，如引导层动画、遮罩层动画等。下面将分别介绍这两种动画的制作方法。

1. 引导层动画

利用引导层可以让对象按照事先绘制好的路径来运动，具体操作方法如下：

素材文件 光盘：素材文件\第11章\日落.fla

1 打开素材文件，选择图层的第 50 帧，按【F5】键将帧延长至 50 帧，如下图所示。

2 锁定"图层 1"，单击"新建图层"按钮，新建"图层 2"。选择椭圆工具，在"图层 2"中绘制圆，如下图所示。

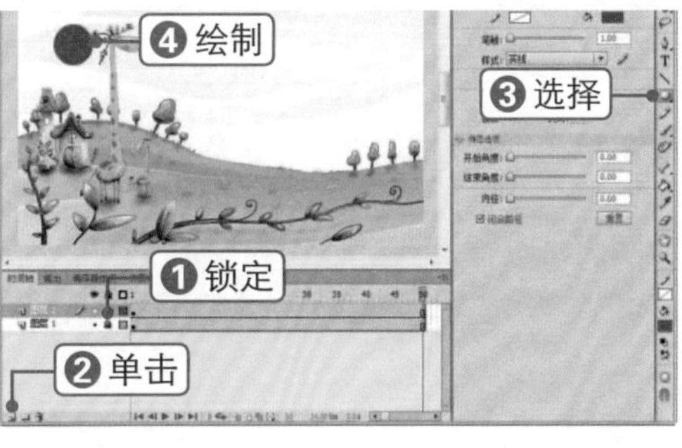

3 选择圆，按【Shift+F9】组合键，打开"颜色"面板。设置填充颜色，如下图所示。

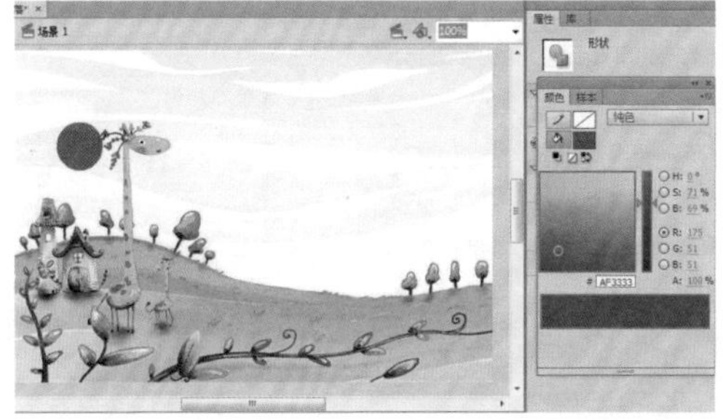

操作提示

引导层动画其实就是在运动补间动画的基础上添加了一条引导路径。对于形变动画来说，其实不能制作引导动画。

4 按【F8】键，弹出“转换为元件”对话框，设置名称和类型，单击“确定”按钮，如下图所示。

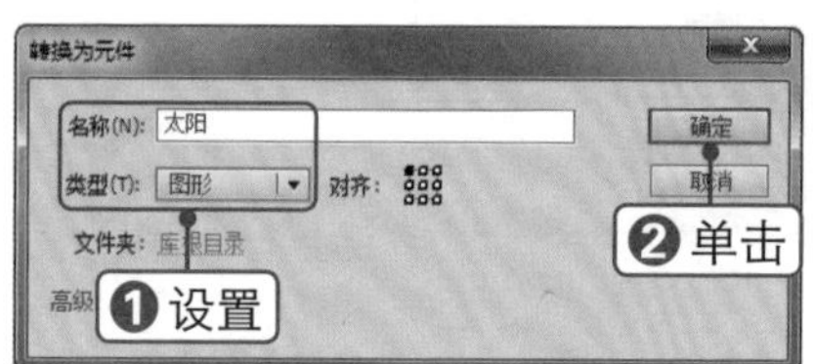

5 选择第50帧，按【F6】键插入一个关键帧，将实例移至舞台的右侧。在第1帧上右击，选择“创建传统补间”命令，如下图所示。

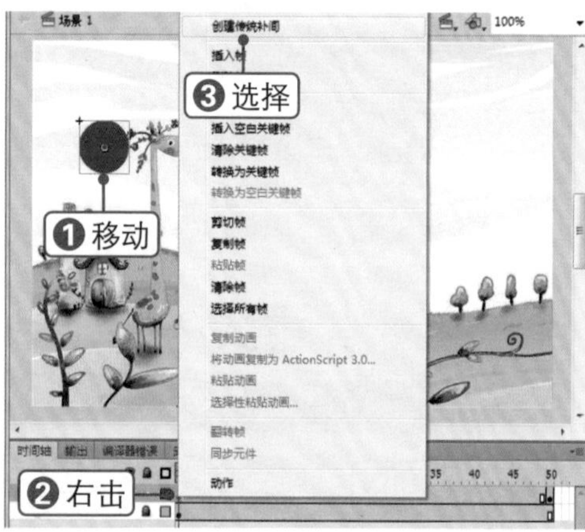

6 单击“新建图层”按钮，新建“图层3”。选择直线工具，绘制一条直线，利用选择工具将直线进行变形，如下图所示。

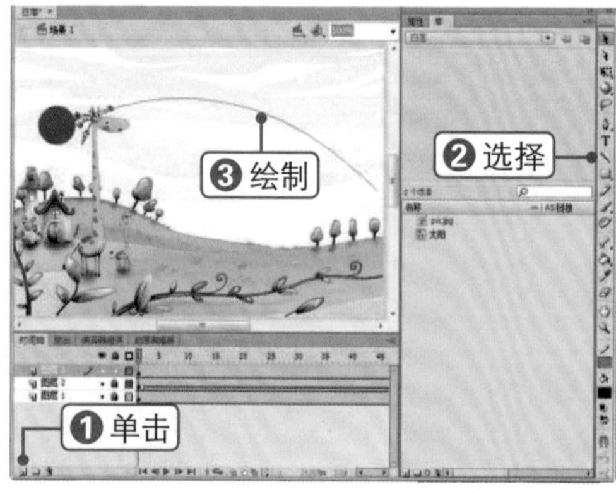

7 右击“图层3”，在弹出的快捷菜单中选择“引导层”命令，如下图所示。

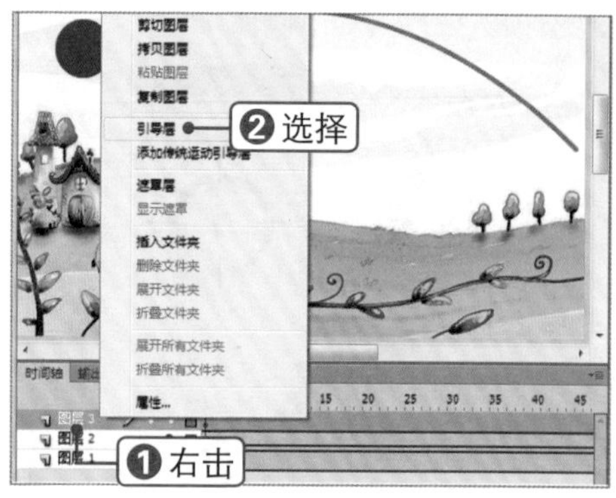

8 选择“图层2”，分别选择第1帧和最后一帧，并将元件的中心与弧线的终点重合，如下图所示。

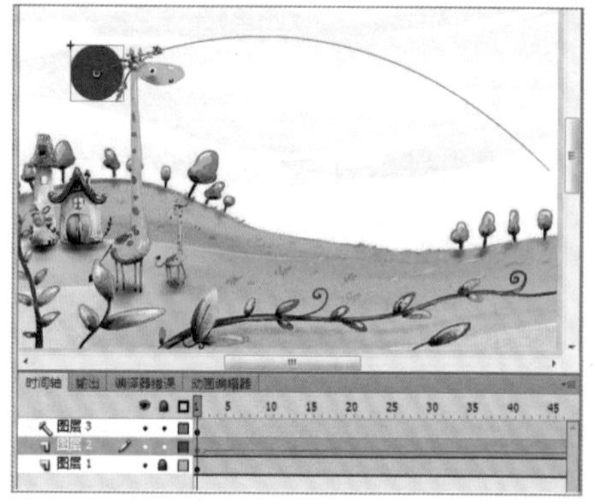

9 在“图层2”上按住鼠标左键，并向“图层3”拖动一下，以建立引导关系，如下图所示。

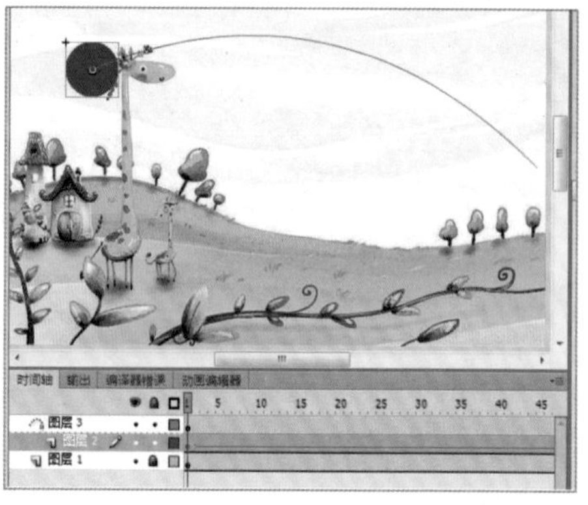

行家提醒

绘制引导线注意事项：引导线不能出现中断、交叉和重叠，转折不能过多或过急，被引导对象对引导线的吸附一定要准确。

⑩ 按【Ctrl+Enter】组合键测试动画，效果如下图所示。

2. 遮罩层动画

遮罩层动画是通过设置遮罩层及其关联图层中对象的位移、形变来产生一些特殊的动画效果，如水波、百叶窗、聚光灯、放大镜、望远镜等效果。遮罩层动画由至少两个层组合起来完成，一个层作为改变的对象，另一个层作为遮罩的对象。

下面将通过实例介绍如何制作遮罩层动画，具体操作方法如下：

素材文件　光盘：素材文件\第11章\遮罩层动画.fla

❶ 打开素材文件，单击“新建图层”按钮，新建“图层 2”，锁定“图层 1”，如下图所示。

❷ 选择椭圆工具，在“图层 2”中绘制一个圆形，使用同样的方法在圆形中再绘制一个小的圆形，如下图所示。

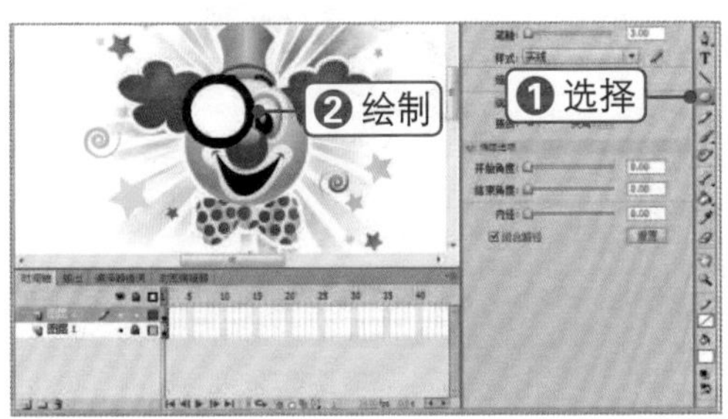

❸ 单击“选择工具”按钮，选中图形中间部分，按【Delete】键删除填充颜色，如下图所示。

❹ 选择线条工具，在“属性”面板中设置笔触，绘制放大镜的手柄，如下图所示。

操作提示

遮罩层中的对象在播放时是看不到的。其对象可以是按钮、影片剪辑、图形等，但不能使用线条，或一定要将其转换为填充才可以。

5 单击“颜料桶工具”按钮，在“属性”面板中设置填充颜色，单击图形进行颜色填充，如下图所示。

6 单击“选择工具”按钮，将“图层 1”拖到“新建图层”按钮上，复制出一个副本图层，如下图所示。

7 选择任意变形工具，在“图层 1 副本”中选中图形，将图像放大，如下图所示。

8 单击“新建图层”按钮，新建“图层 3”。使用椭圆工具绘制一个与放大镜镜片大小相同的圆形，如下图所示。

9 在“图层 3”上右击，在弹出的快捷菜单中选择“遮罩层”命令，如下图所示。

10 此时可以看到被放大的图像除放大镜中的区域外，其他部分全部被遮住，最终效果如下图所示。

行家提醒

被遮罩层中的对象只能透过遮罩层中的对象被看到，在被遮罩层中可以使用按钮、影片剪辑、图形、位图、文字和线条等。

11.3 实战演练——制作卷轴动画

本实例将制作一个卷轴动画，其中主要用到了传统运动动画和遮罩层等。通过对本实例的学习，可以巩固前面所学的知识，并熟悉动画的制作流程。

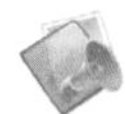

素材文件 光盘：素材文件\第11章\卷轴动画.fla

1 打开素材文件，单击“新建图层”按钮，新建“图层 2”，将库中的图片拖至舞台中，如下图所示。

2 将该背景图片复制多个，并进行拼接，如下图所示。

3 选择所有的图片，按【F8】键，弹出“转换为元件”对话框，设置参数，单击“确定”按钮，如下图所示。

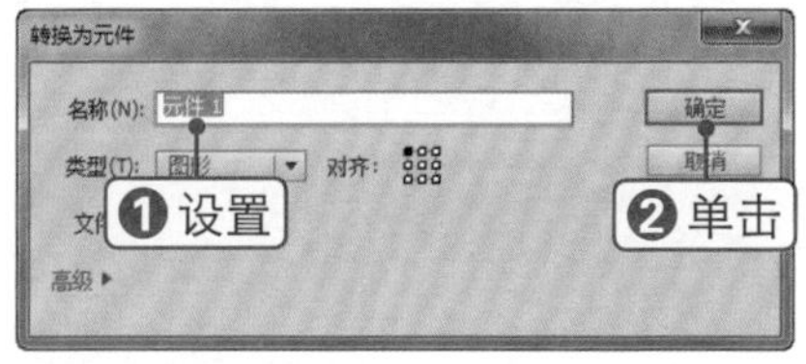

4 单击“新建图层”按钮，新建“图层 3”。选择矩形工具，设置笔触和填充颜色，绘制一个矩形，如下图所示。

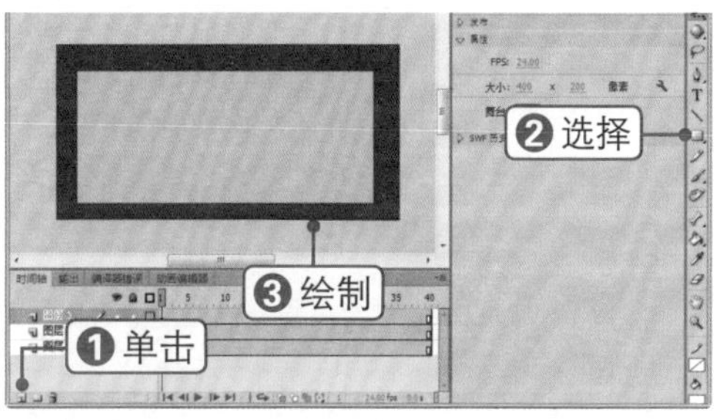

5 在该矩形中再绘制一个小矩形，将图片拖入舞台中，使用任意变形工具调整图片大小，如下图所示。

6 按【Ctrl+B】组合键分离图像，使用选择工具选择多余部分，按【Delete】键将其删除，如下图所示。

如果导入到舞台的所有图像是序列，那么导入后图片不会重叠在第 1 个关键帧中，Flash 将创建多个关键帧，并把图片依次放在这些关键帧中。

7 单击“新建图层”按钮，新建“图层 4”。选择矩形工具，绘制一个矩形，如下图所示。

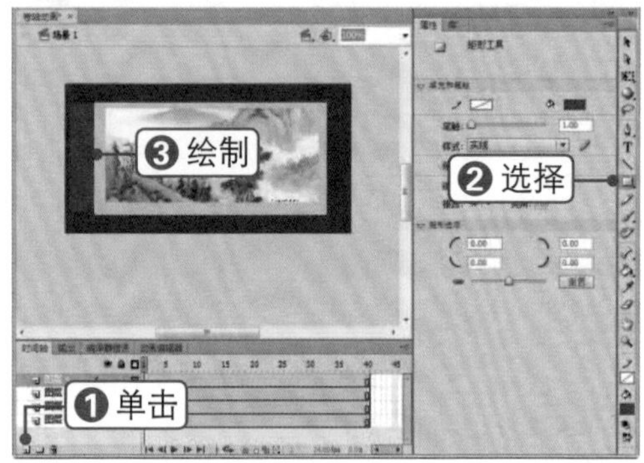

8 选择矩形，按【F8】键，弹出“转换为元件”对话框。设置类型为“图形”，单击“确定”按钮，如下图所示。

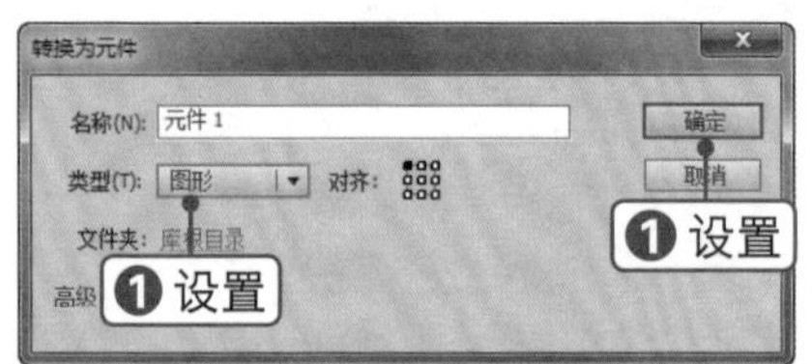

9 选中第 40 帧，按【F6】键插入关键帧，选择任意变形工具，将第 40 帧处的矩形放大，如下图所示。

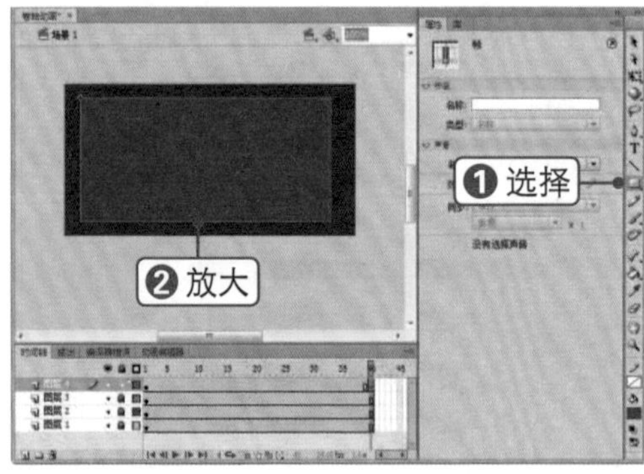

10 右击两个关键帧之间的任意一帧，在弹出的快捷菜单中选择“创建传统补间”命令，如下图所示。

11 右击“图层 4”，在弹出的快捷菜单中选择“遮罩层”命令，如下图所示。

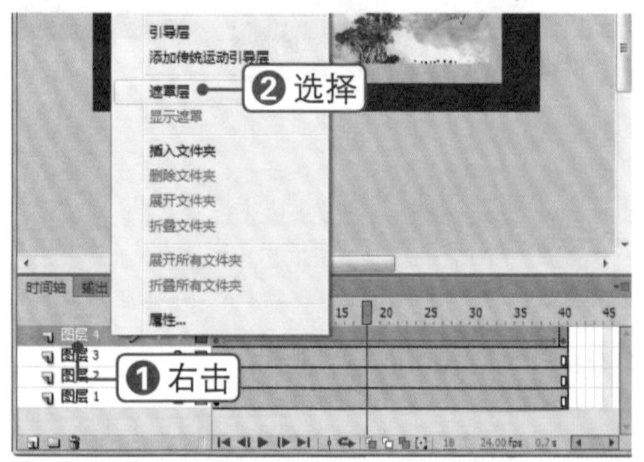

12 单击“新建图层”按钮，新建“图层 5”。选择矩形工具，绘制一个卷轴图形，如下图所示。

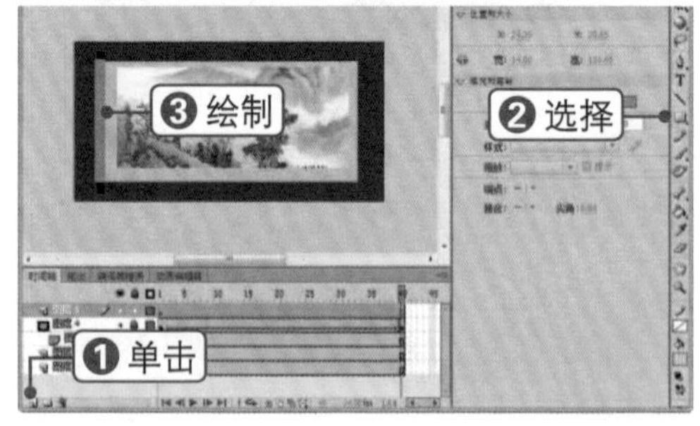

行家提醒

遮罩层无处不在，比如放大镜效果、阴影效果及文字的淡入淡出效果等。要实现遮罩效果，至少要有一个遮罩层和一个被遮罩层。

⑬ 使用选择工具选择整个图像，按【F8】键，弹出“转换为元件”对话框，设置“类型”为“图形”，单击“确定”按钮，如下图所示。

⑭ 单击“新建图层”按钮，新建“图层 6”，复制“图层 5”中的图形元件到“图层 6”中。选中第 40 帧，按【F6】键插入关键帧，如下图所示。

⑮ 将复制的元件移到图像的另一端，在两个关键帧间的任意位置右击，选择“创建传统补间”命令，如下图所示。

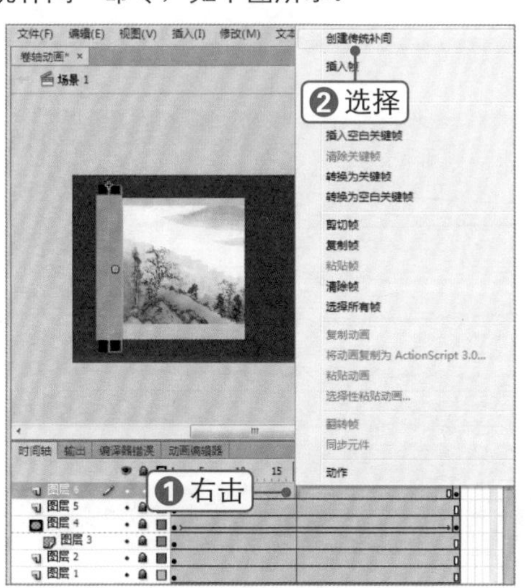

⑯ 单击“新建图层”按钮，新建“图层 7”，选择“窗口”|“公用库”| Buttons 命令，如下图所示。

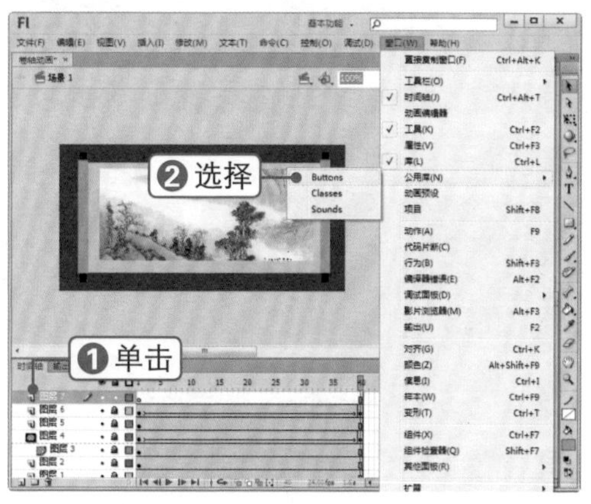

⑰ 打开按钮公共库，从中拖入两个按钮。打开“属性”面板，分别为两个按钮命名，如下图所示。

⑱ 单击“新建图层”按钮，新建“图层 8”。按【F9】键，打开“动作”面板，在其中输入功能脚本，如下图所示。

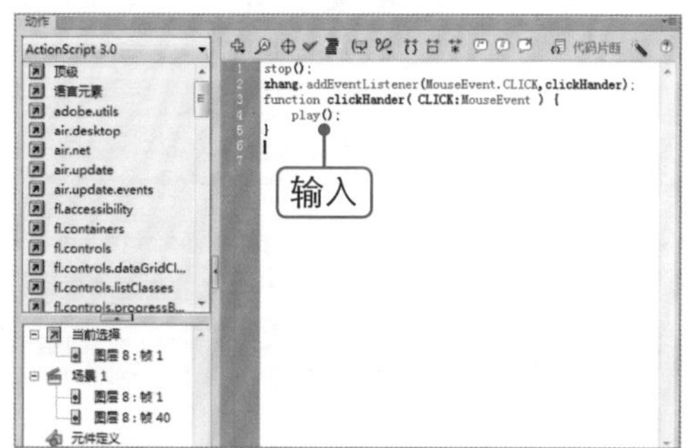

Flash 与其他动画制作软件相比，最大的特点就是具有强大的交互性。动画制作者可以使用动作脚本向影片添加交互性动作。

19 添加第二个按钮的功能脚本，如下图所示。

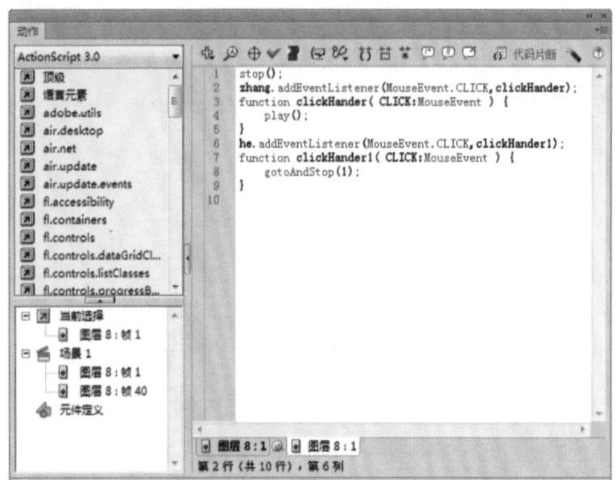

20 在第 50 帧处按【F6】键，插入一个关键帧。按【F9】键，打开“动作”面板，输入脚本 stop();，如下图所示。

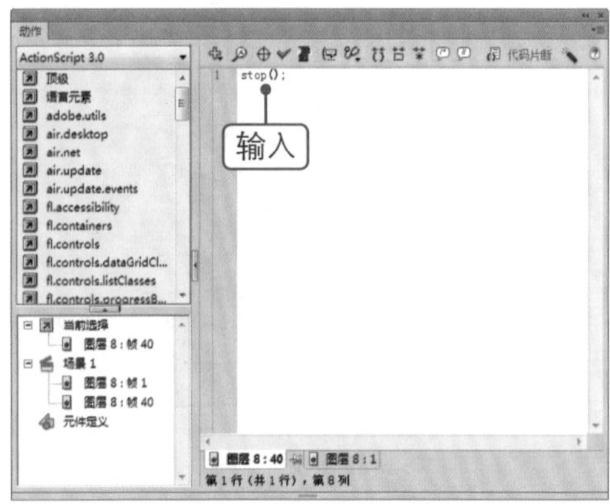

21 按【Ctrl+Enter】组合键测试动画，效果如下图所示。

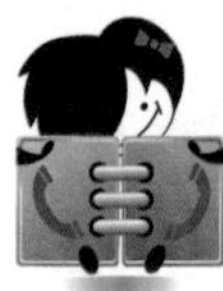

知识插播

使用动画编辑器可以精确地控制补间动画的属性，使用户轻松地创建较复杂的补间动画，但它不能用在传统补间动画中。在“动画编辑器”面板中可以检查所有的补间动画属性及关键帧。另外，它提供了可以让补间动画变得更精确、更详细的工具。例如，它可以实现对每个关键帧参数（包括旋转、大小、缩放、位置和滤镜等）的完全单独控制，且可以以图形化方式控制动画缓动效果，如下图所示。

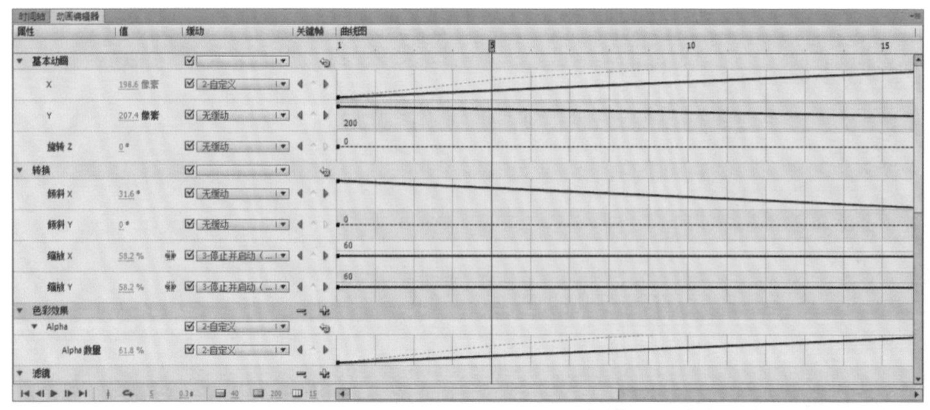

行家提醒

使用“动作”面板可以创建和编辑对象或帧的 ActionScript 代码。选择帧、按钮或影片剪辑实例可以激活“动作”面板。

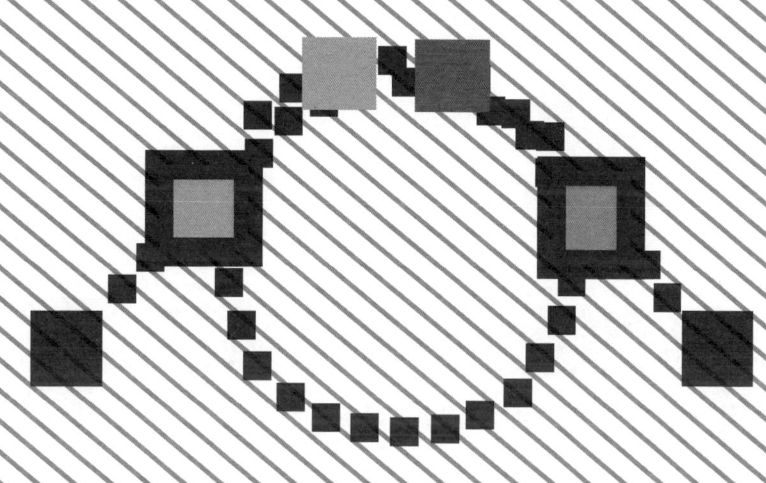

Chapter 12

网页动画设计与制作

网页动画现在已经成为网站设计的重要组成部分。Flash广告目前是网络应用最多，最流行的网络广告形式，Flash以独特的技术和特殊的艺术表现给人们带来了特殊的视觉效果。本章将学习如何利用Flash制作动画按钮、网页广告和横幅动画广告等知识。

本章重点知识

- ◎ 动画按钮制作
- ◎ 网页广告制作
- ◎ 实战演练——制作横幅动画广告

12.1 动画按钮制作

下面将介绍如何利用 Flash 制作网页中的动画按钮，将其应用于网页中为其增色，使制作的页面更加生动，具体操作方法如下。

素材文件　光盘：素材文件\第12章\按钮效果

1 打开 Flash CS6，新建空白文档，设置文档属性，如下图所示。

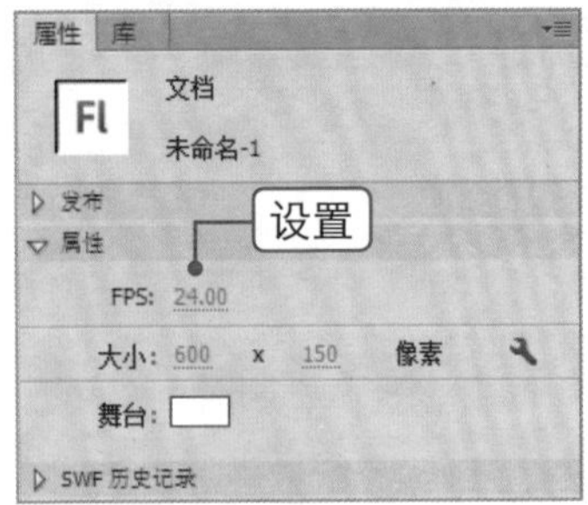

2 按【Ctrl+F8】组合键，弹出“创建新元件”对话框，设置名称和类型，单击“确定”按钮，如下图所示。

3 单击“文件”|“导入”|“导入到库”命令，弹出对话框，选择导入的图片，单击“打开”按钮，如下图所示。

4 将图片 icon1 拖入舞台中，按【F8】键，弹出“转换为元件”对话框，设置名称和类型，单击“确定”按钮，如下图所示。

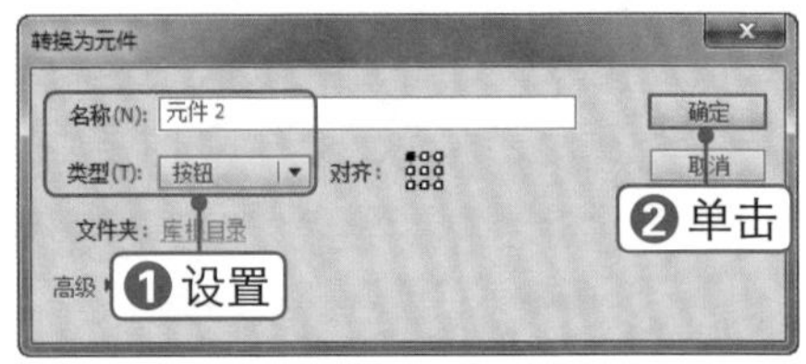

5 双击实例进入元件编辑状态，选中“指针经过”帧，按【F6】键插入关键帧，如下图所示。

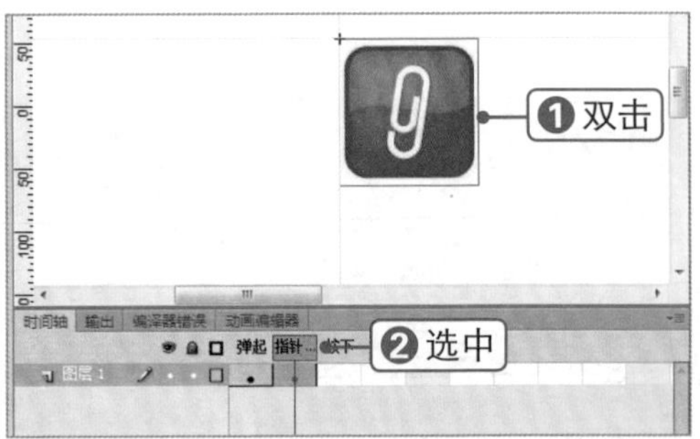

6 选择“指针经过”帧处的图形，按【F8】键将其转换为影片剪辑元件，双击进入编辑状态，如下图所示。

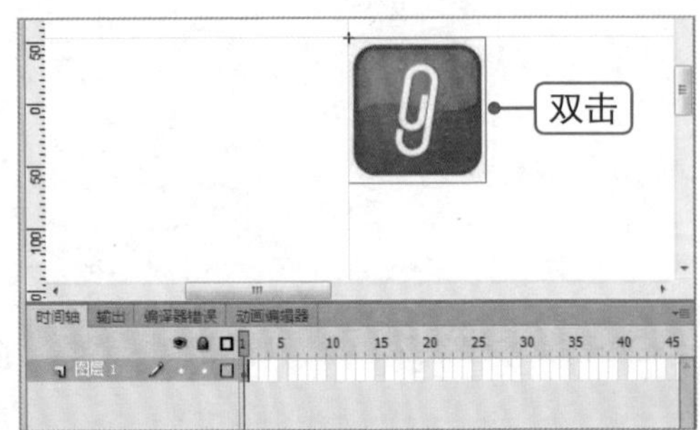

行家提醒

对于复制得到的实例最好在“属性”面板中编辑其属性，以保持其他同元件实例不变。

7 选择图形，按【F8】键将其转换为图形元件。在当前图层的第 8 帧处按【F6】键插入关键帧，将该帧处的图形向下移动，如下图所示。

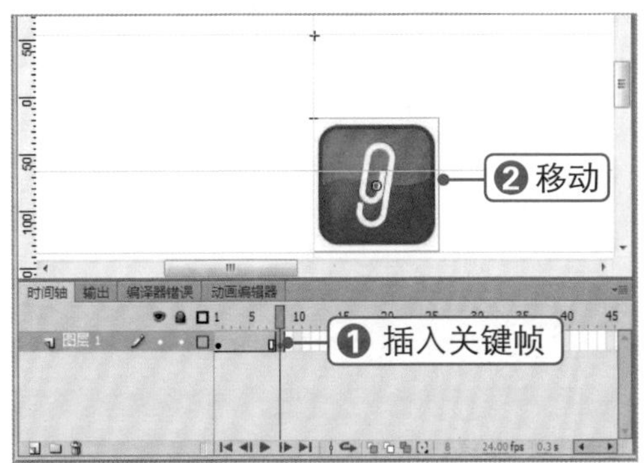

8 在任意一帧上右击，在弹出的快捷菜单中选择“创建传统补间”命令，如下图所示。

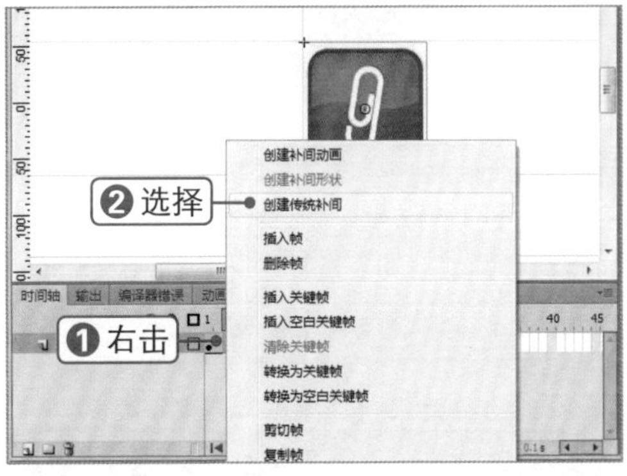

9 选择第 8 帧，按【F9】键打开“动作帧”面板，添加脚本“stop();”，如下图所示。

10 单击“元件 3”按钮，返回按钮舞台。在“按下”帧上右击，在弹出的快捷菜单中选择“插入空白关键帧”命令，如下图所示。

11 右击“指针经过”帧，选择“复制帧”命令。在“按下”帧上右击，选择“粘贴帧”命令，如下图所示。

12 采用同样的方法导入其他图形，并制作其他按钮。按【Ctrl+Enter】组合键对动画进行测试，如下图所示。

操作提示

“点击”帧在舞台上不可见，但它定义了单击按钮时该按钮的响应区域。如果没有指定“点击”帧，“弹起”状态的图像会被用作“点击”帧。

12.2 网页广告制作

Flash 制作的网页广告到处可见，该广告形式灵活、生动，可以吸引人的眼球，广受大众的欢迎。下面将详细介绍如何设计与制作此类广告。

1. 横幅广告的制作

在横幅广告中，其体现形式是以文字动画为主。下面将通过实例进行介绍，具体操作方法如下：

素材文件 光盘：素材文件\第12章\家具.jpg

❶ 新建 700 像素 ×309 像素文档，其属性设置如下图所示。

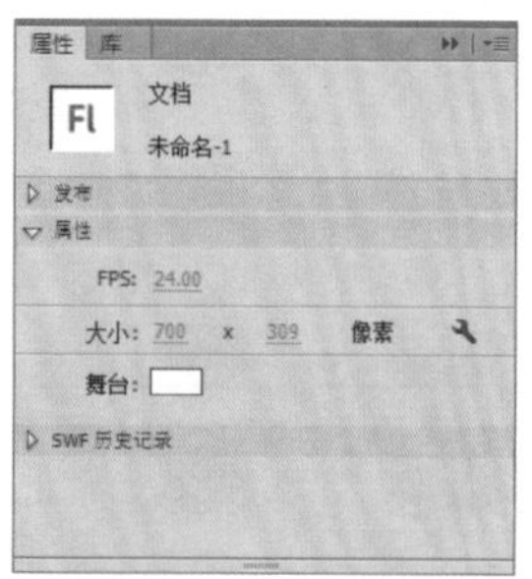

❷ 选择"文件"|"导入"|"导入到舞台"命令，弹出对话框，选择导入的图片，单击"打开"按钮，如下图所示。

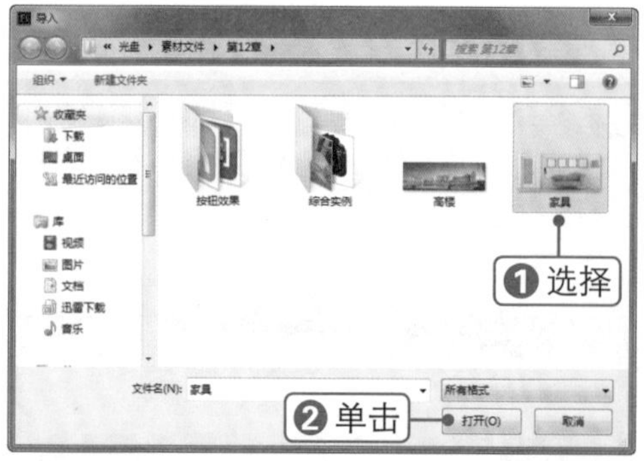

❸ 选择文本工具，在舞台中输入所需的文本，如下图所示。

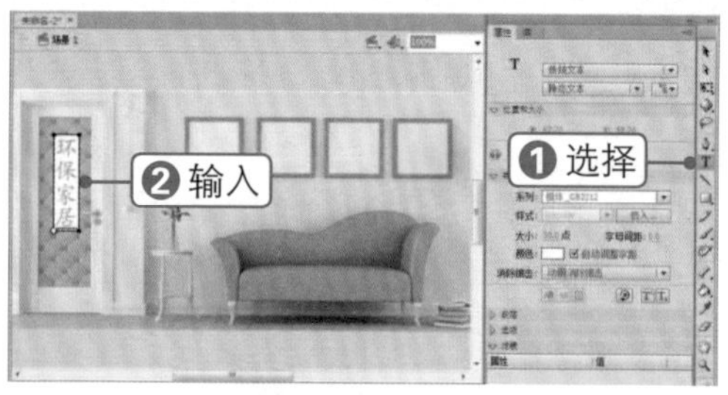

❹ 选择输入的文本，按【F8】键，弹出"转换为元件"对话框，设置名称和类型，单击"确定"按钮，如下图所示。

❺ 单击"新建图层"按钮，新建"图层 2"。选择文本工具，在舞台中绘制文本框并输入文字内容，如下图所示。

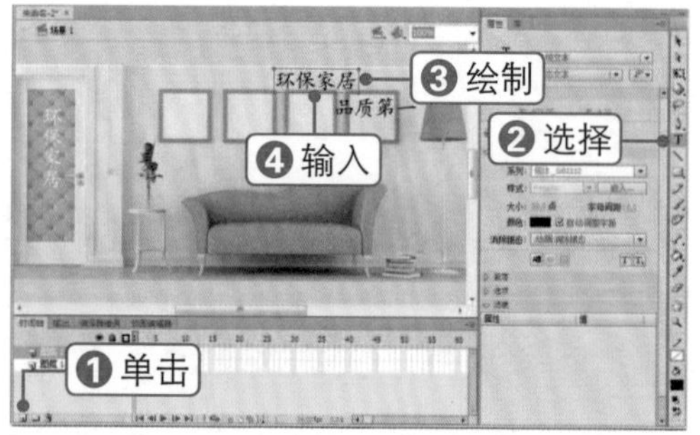

行家提醒

横幅广告又称旗帜广告，它是横跨于网页上的矩形公告牌，当用户点击这些横幅的时候，通常可以链接到广告主的网页。

6 选择所有文本，按【Ctrl+B】组合键，将其打散为单个文字，如下图所示。

7 选择上排文本，按【F8】键，弹出“转换为元件”对话框，设置“类型”为“影片剪辑”，单击“确定”按钮，如下图所示。

8 双击该实例，进入元件编辑状态。选择所有文字后右击，选择“分散到图层”命令，如下图所示。

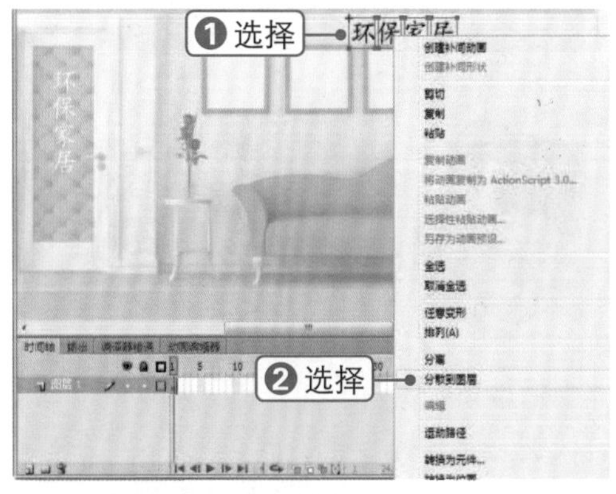

9 将文字分散到图层后，此时“时间轴”面板显示效果如下图所示。

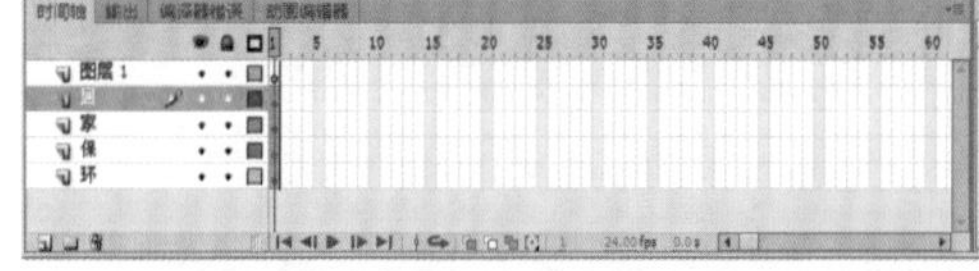

10 选择“环”字，按【F8】键将其转换为图形元件。在第 10 帧处按【F6】键插入关键帧，如下图所示。

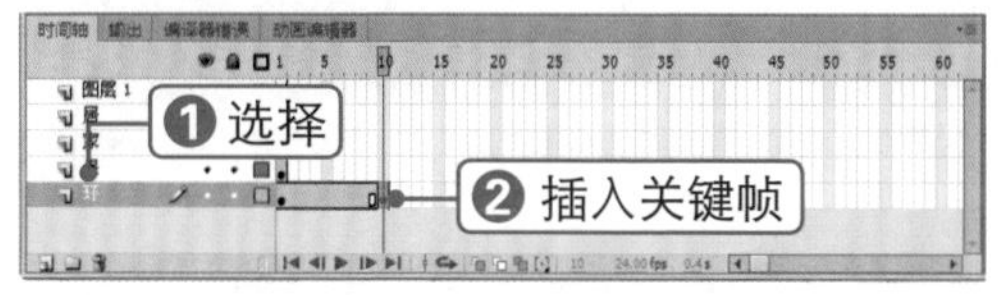

11 将第 1 帧处的图形进行压缩，右击任意帧，在弹出的快捷菜单中选择“创建传统补间”命令，如下图所示。

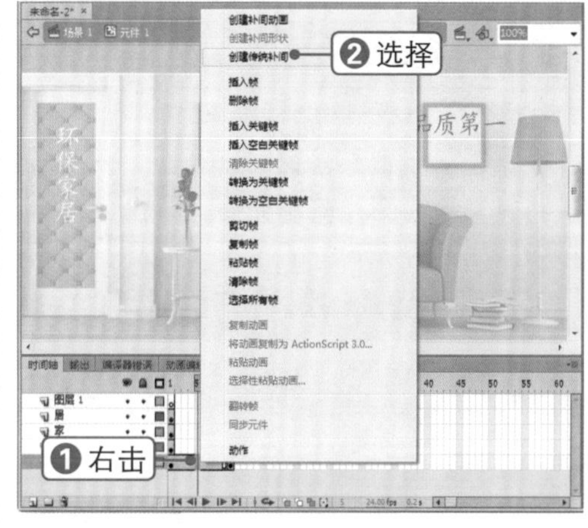

12 采用同样的方法制作其他文字的动画，然后将该图层中的所有帧向后移动 5 帧，如下图所示。

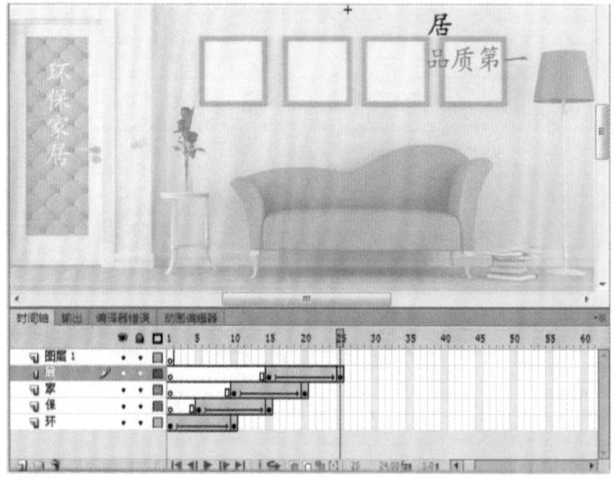

操作提示

横幅广告是互联网广告中最基本的广告形式，一般是使用 GIF 格式的图像文件，可以使用静态图形，也可用 SWF 动画图像。

⑬ 选中所有图层的第 60 帧，按【F6】键插入关键帧，如下图所示。

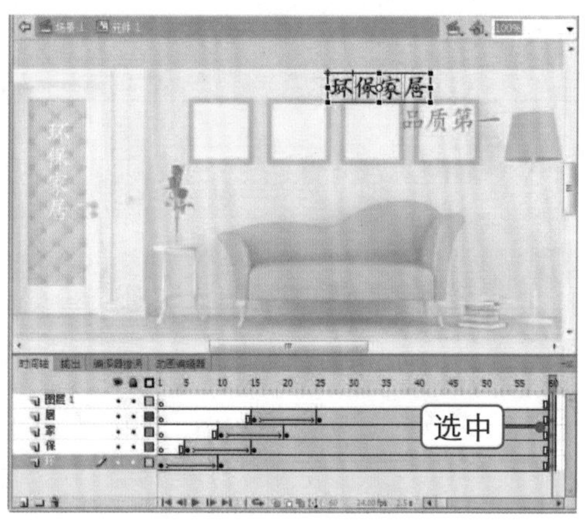

⑭ 返回主场景，选择下排文字，按【F8】键将其转换为影片剪辑元件，单击“确定”按钮，如下图所示。

⑮ 采用同样的方法制作动画，进入该元件的舞台，并创建相似的动画，如下图所示。

⑯ 选中所有图层的第 100 帧，按【F6】键插入关键帧，如下图所示。

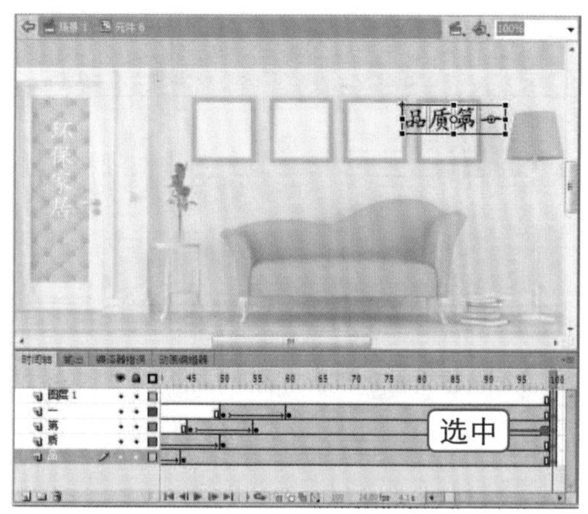

⑰ 按【Ctrl+Enter】组合键测试动画，效果如下图所示。

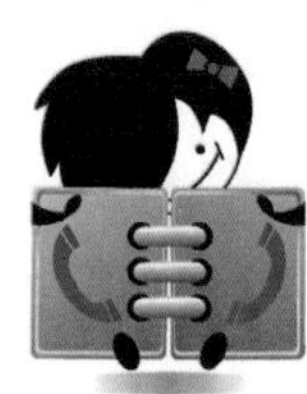

知识插播

动画预设是 Flash 程序预配置的补间动画（在“窗口”菜单下可打开“动画预设”面板），可以将它们应用于舞台上的对象。使用预设可以极大地节省项目设计和开发的生产时间，特别是在经常使用相似类型的补间动画时特别有用。也可将现有补间动画保存为预设，方法为：右击补间动画，选择“另存为动画预设”命令。

2. 小通条广告的制作

小通条广告可以放置于网页正文中，可以像图片一样进行排版和布局设计，下面将介绍如何制作小通条广告，具体操作方法如下：

行家提醒

按表现形式的不同，横幅广告可以分为静态横幅、动画横幅和互动式横幅。按像素的不同又可分为全横幅广告、半横幅广告和垂直旗帜广告。

1 新建 500×90 像素的空白文档，其属性设置如下图所示。

2 选择矩形工具，设置相关属性，在舞台中绘制矩形，如下图所示。

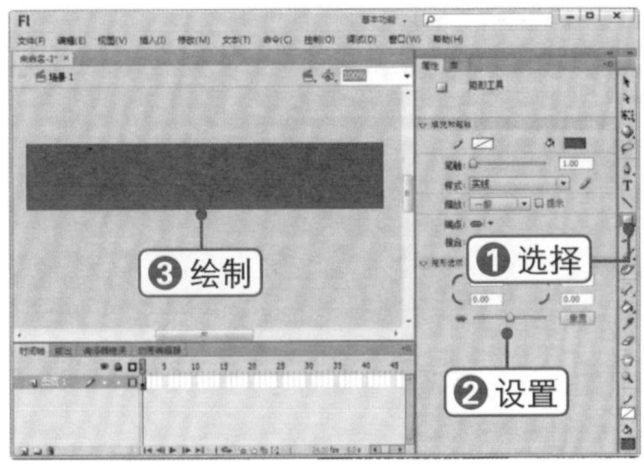

3 选择“窗口”|“颜色”命令，打开“颜色”面板，选中矩形的填充色，在面板中进行调整，如下图所示。

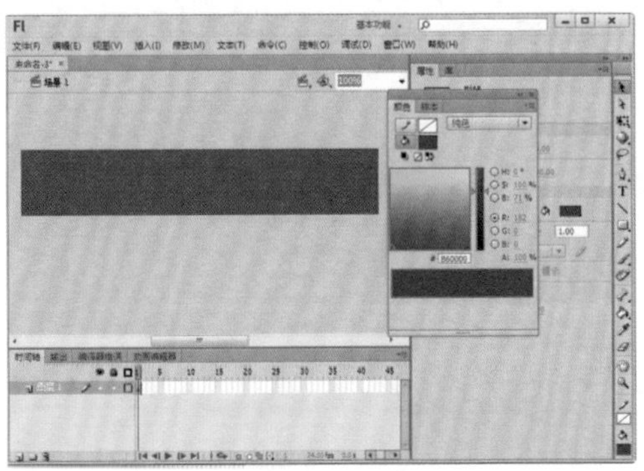

4 单击“新建图层”按钮，新建“图层 2”。选择文本工具，绘制文本框，输入所需的文本，如下图所示。

5 选中全部文本，按两次【Ctrl+ B】组合键将其打散，如下图所示。

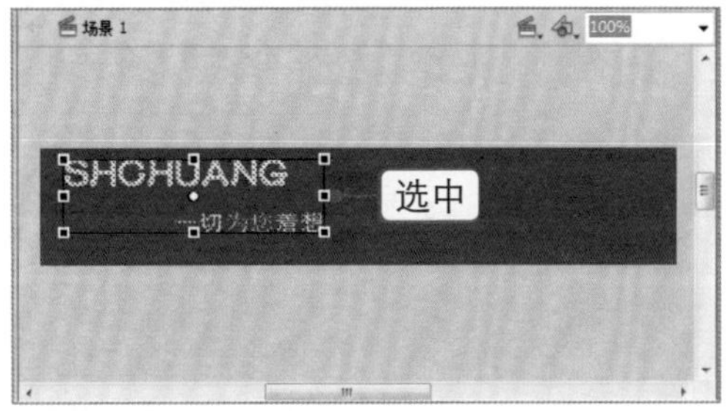

6 按【F8】键，弹出“转换为元件”对话框，设置“类型”为“图形”，单击“确定”按钮，如下图所示。

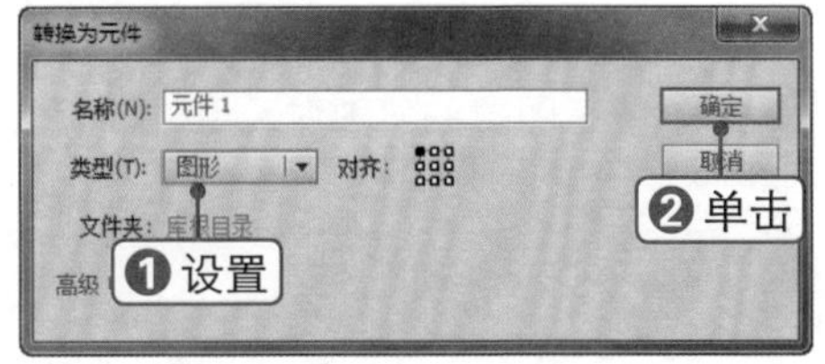

7 单击“新建图层”按钮，新建“图层 3”。选择文本工具，绘制文本框，输入所需的文本，如下图所示。

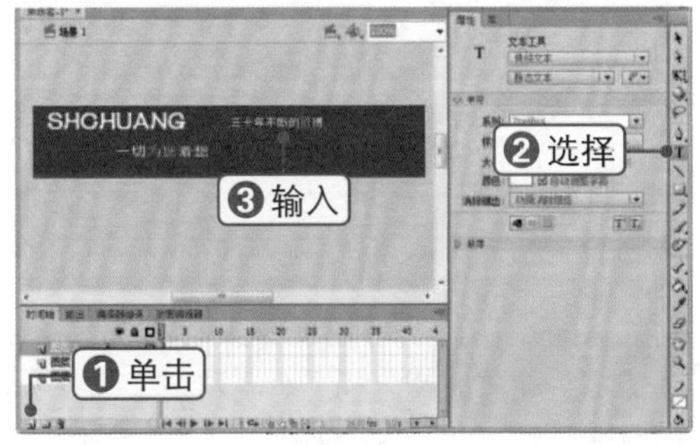

操作提示

在制作文本动画时，应先将其打散为图像，以保持文字不变形。在打散文字后，一定要将文字转换为元件，然后再制作动画。

8 按【F8】键，弹出“转换为元件”对话框，设置“类型”为“图形”，单击“确定”按钮，如下图所示。

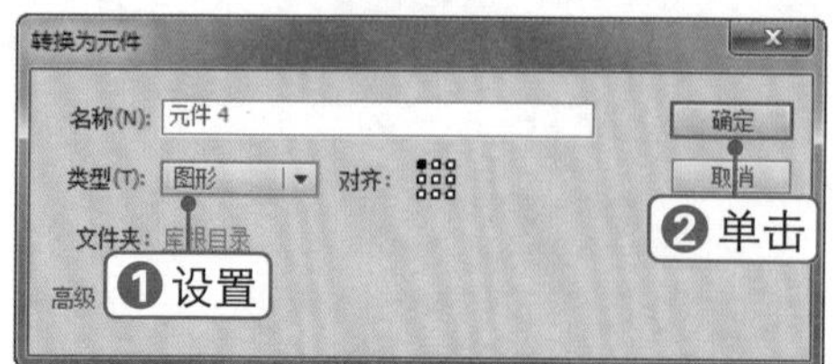

9 采用同样的方法继续制作实例，如下图所示。

10 选中所有图层的第 50 帧，按【F5】键延长帧，如下图所示。

11 选中“图层 3”和“图层 4”的第 10 帧，按【F6】键插入关键帧，分别将第 1 帧处的实例进行移动，如下图所示。

12 分别选择文本实例，在“属性”面板的“样式”下拉列表中选择 Alpha 选项，设置其值为 0，如下图所示。

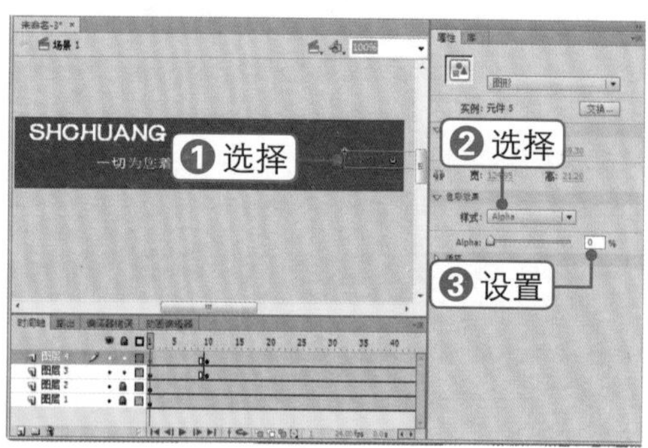

13 在第 1~10 帧的任意位置右击，选择“创建传统补间”命令，分别为“图层 3”和“图层 4”创建传统补间动画，如下图所示。

行家提醒

如果制作者的绘图技术不高，可以从网上下载所需的图片，并导入文档中使用。

14 在“图层3”和“图层4”的第25帧和第30帧处按【F6】键，插入关键帧，如下图所示。

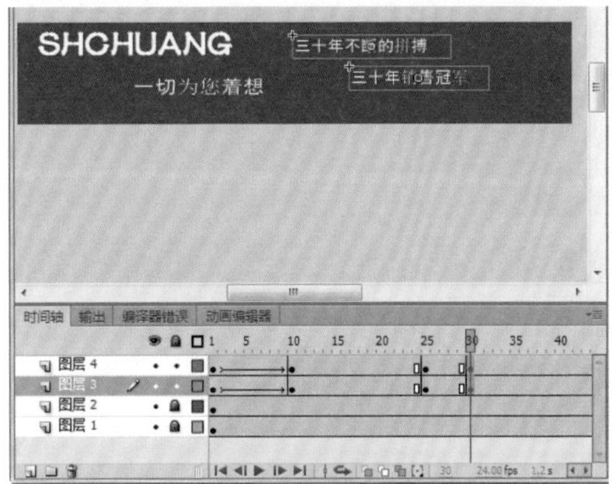

15 将第30帧处的图像进行移动，并将Alpha值调整为0，如下图所示。

16 分别在“图层3”和“图层4”的第25~30帧的任意位置右击，选择“创建传统补间”命令，如下图所示。

17 按【Ctrl+Enter】组合键测试动画，效果如下图所示。

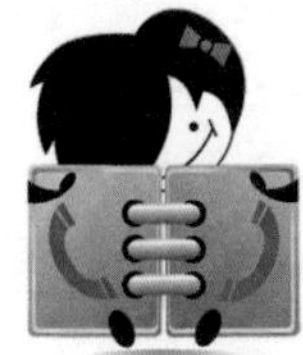

知识插播

横幅广告的尺寸一般较大，多见于页面的显眼位置，可以通过Flash制作一个动态文字、图片等，将广告的信息传递给浏览者，然后将广告链接到相应的网站上，从而实现广告作用。

3. 对联式广告

对联式广告通常成对出现，且位于网页两侧，它不会随网页的上下拖动而隐藏。对联式广告的优势在于它时刻出现在页面中，同时利用较小的空间展示了较多的信息。

下面将通过实例介绍如何制作对联式广告，具体操作方法如下：

操作提示

一般情况下，一个网页中不会同时出现多个对联式广告，并且出现的广告随时可以关闭。

❶ 新建100×330像素的空白文档，如下图所示。

❷ 选择矩形工具，在舞台上绘制一个矩形条，如下图所示。

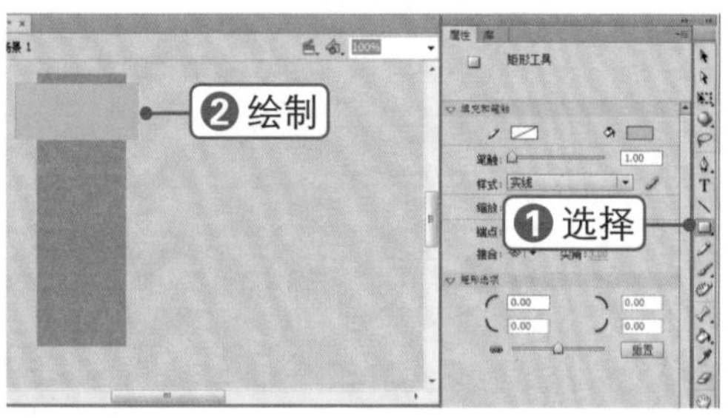

❸ 选择文本工具，在矩形条上输入所需的文本，如下图所示。

❹ 按两次【Ctrl+B】组合键将文本打散，按【Delete】键将填充删除，如下图所示。

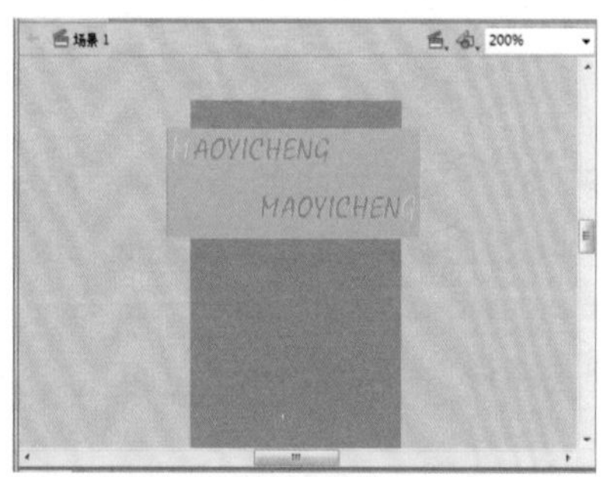

❺ 选择任意变形工具，将该图形进行旋转放置，如下图所示。

❻ 采用同样的方法制作另一个图形，并将其放置于底部，如下图所示。

❼ 选择文本工具，在舞台中绘制文本框，输入相关文本，如下图所示。

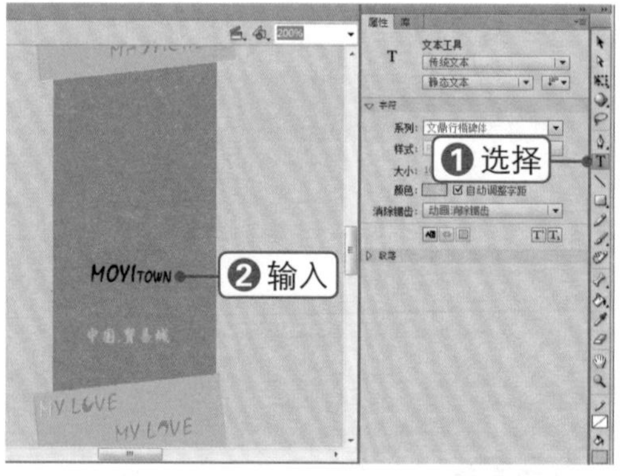

❽ 选择矩形工具，在“属性”面板中设置背景颜色，绘制一个矩形，如下图所示。

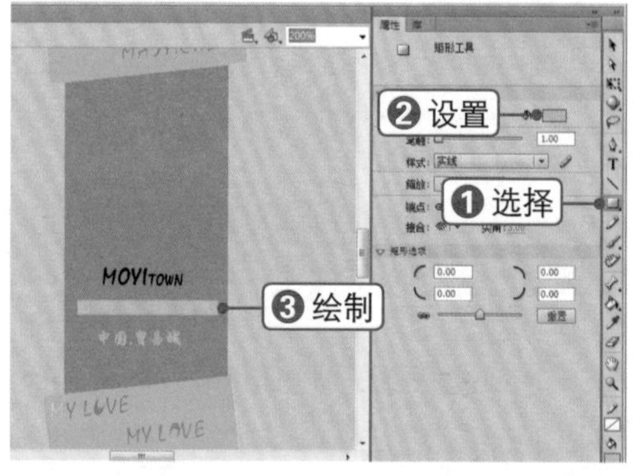

行家提醒

为了方便制作出好的文字效果，可以在计算机上多安装一些字体，这样使用时可以有多个选择。

9 选择直线工具，绘制一个五角星，将该图形移到绘制的灰色矩形条上，并复制出4个副本，如下图所示。

10 单击“新建图层”按钮，新建“图层2”，将绘制的五角星复制到“图层2”中，如下图所示。

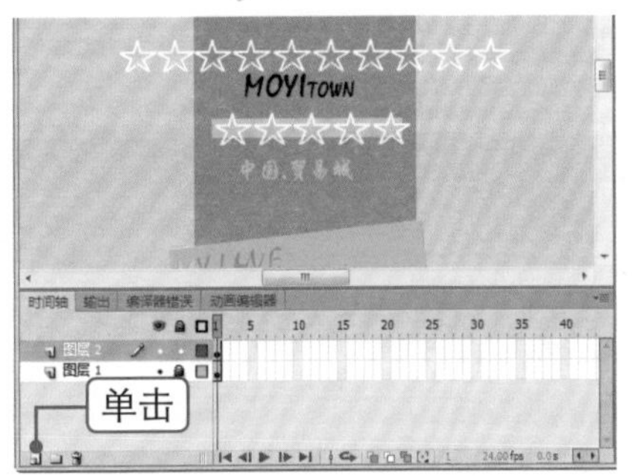

11 选中复制的五角星，按【F8】键，弹出“转换为元件”对话框，设置“类型”为“影片剪辑”，单击“确定”按钮，如下图所示。

12 双击该元件，进入编辑状态。按【F8】键，弹出“转换为元件”对话框，设置“类型”为“图形”，单击“确定”按钮，如下图所示。

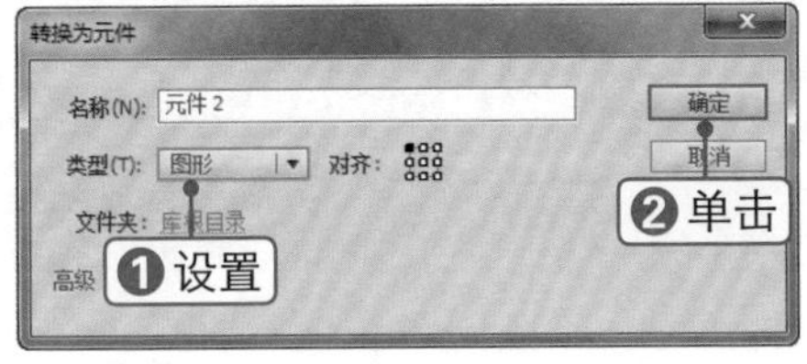

13 选中第40帧，按【F6】键，插入一个关键帧。选中第1帧，在舞台中向左移动图形，如下图所示。

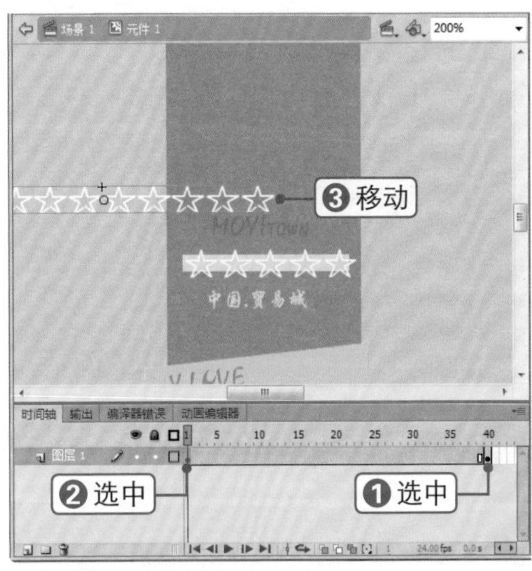

14 在两个关键帧的任意一帧上右击，在弹出的快捷菜单中选择“创建传统补间”命令，如下图所示。

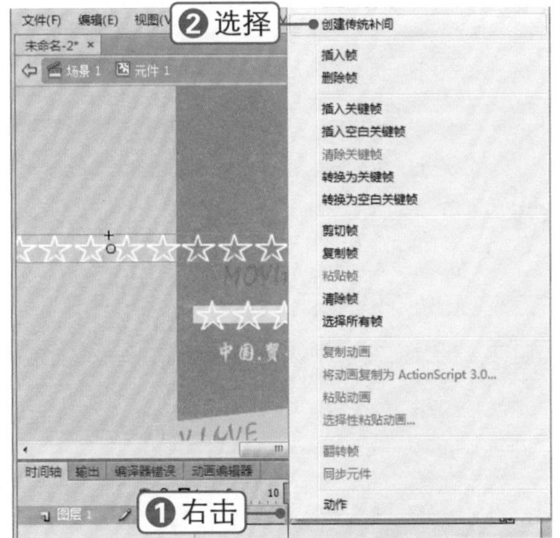

操作提示

对联广告形式可以直接将客户的产品和产品特点进行详细的说明，并可以进行特定的数据调查、有奖活动。

15 单击“场景 1”，返回主场景。复制粘贴制作好的影片剪辑，选择“修改”|“变形”|“水平翻转”命令，如下图所示。

16 使用选择工具调整图形到合适的位置，如下图所示。

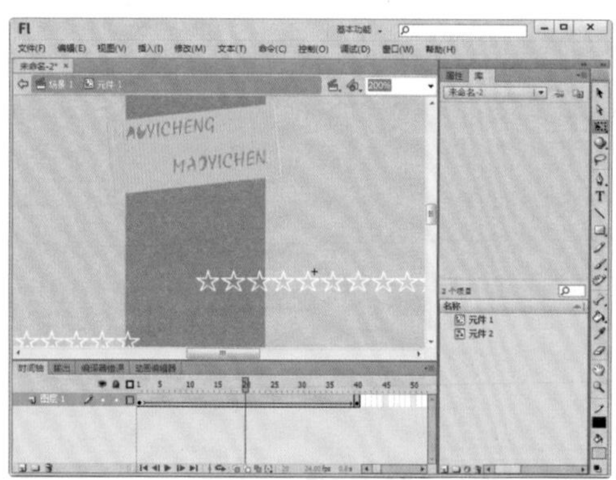

17 单击“新建图层”按钮，新建“图层 3”。选择文本工具，绘制文本框并输入所需的文本，如下图所示。

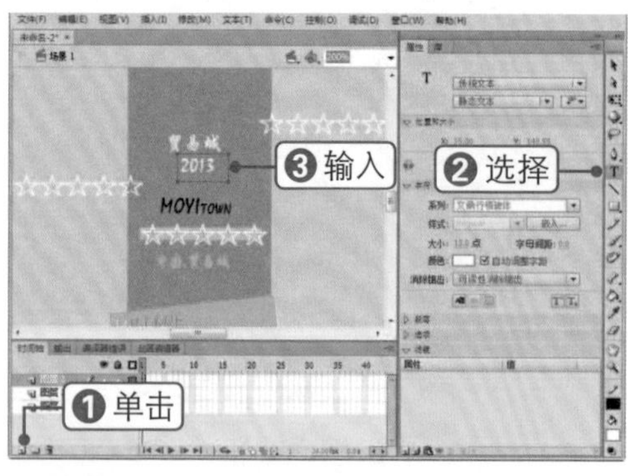

18 选择所有文本，按两次【Ctrl+B】组合键将其打散，如下图所示。

19 选择“贸易城”文本，按【F8】键，弹出“转换为元件”对话框。设置“类型”为“图形”，单击“确定”按钮，如下图所示。

20 采用同样的方法，将文本 2013 转换为图形元件。选中所有图层的第 60 帧，按【F5】键延长帧，如下图所示。

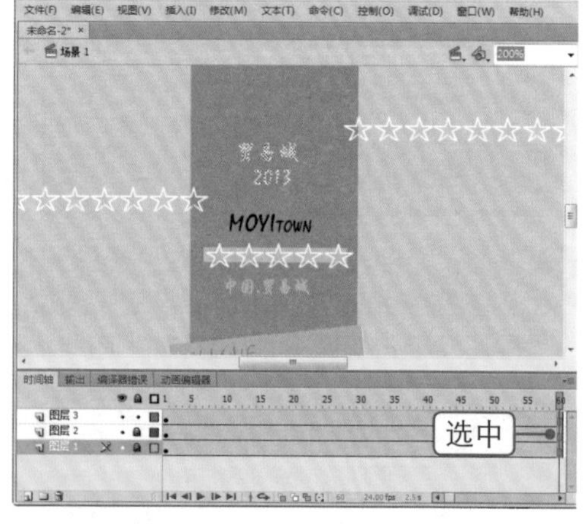

行家提醒

如果要制作这一类的动画，只需将其相应的元件进行翻转、变形等处理即可使用。

21 在舞台中选中实例 2013，按【Delete】键将其删除。选中“图层 3”的第 10 帧，按【F6】键插入关键帧，如下图所示。

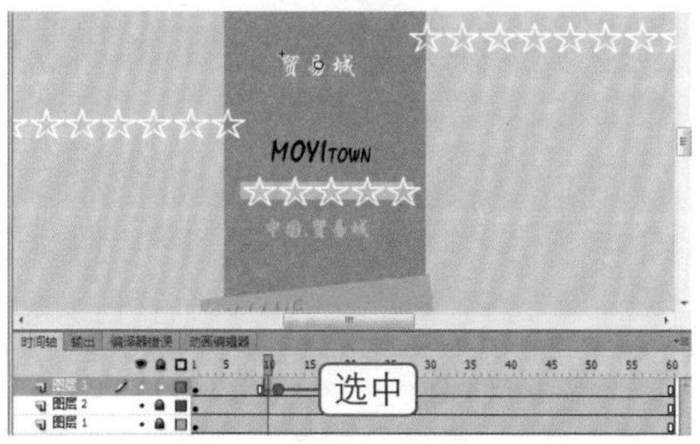

22 将第 1 帧处的图像向上移动，在“属性”面板的“样式”下拉列表中选择 Alpha 选项，调整 Alpha 值，如下图所示。

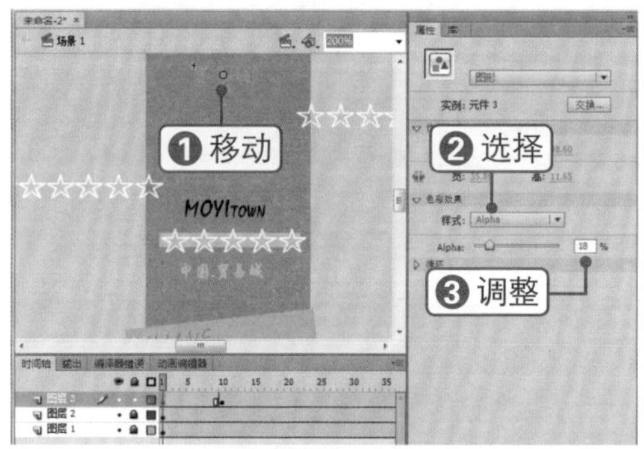

23 在两个关键帧之间的任意位置右击，在弹出的快捷菜单中选择“创建传统补间”命令，如下图所示。

24 同样新建图层，并创建另一个动画，如下图所示。

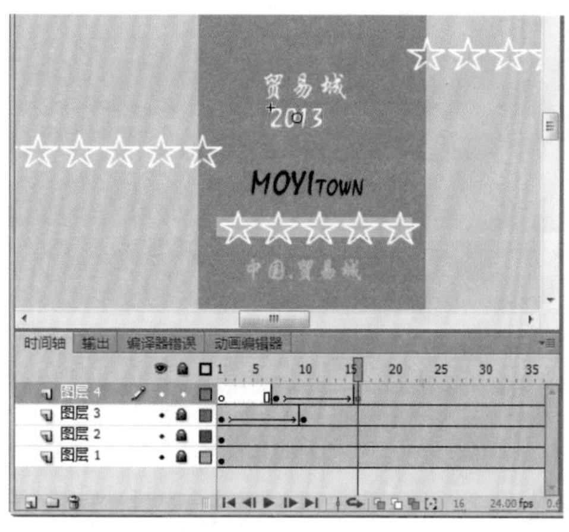

25 单击“新建图层”按钮，新建“图层 5”。在第 45 帧处按【F6】键，插入关键帧，如下图所示。

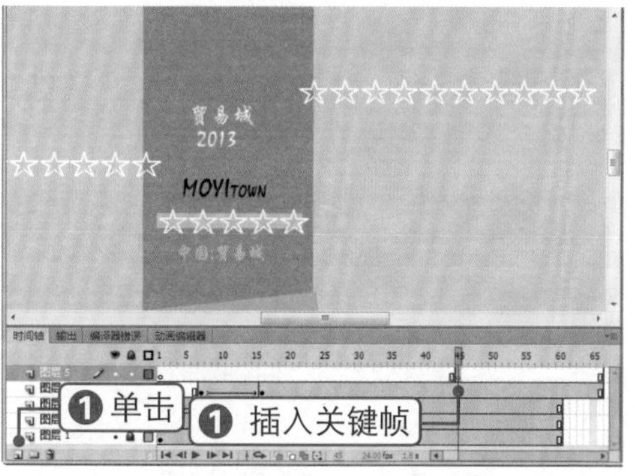

26 选择文本工具，在第 45 帧处绘制文本框，并输入所需的文本，如下图所示。

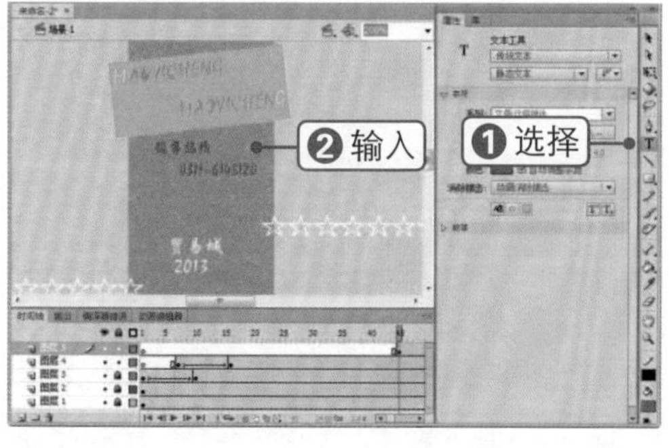

操作提示

创建成功的传统补间动画在两个关键帧之间绘制一个浅绿色背景填充的实线箭头，如果出现错误，实线箭头显示为虚线。

27 按【F8】键，将输入的文本分别转换为元件，然后分别放置于不同的图层中，如下图所示。

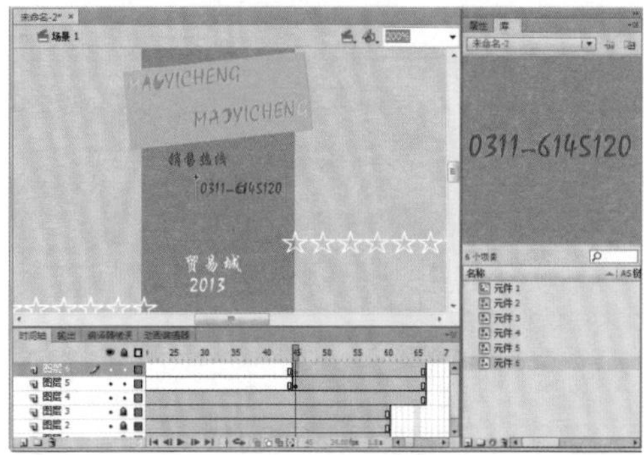

28 选中“图层 5”中的第 55 帧，按【F6】键插入关键帧。选中第 45 帧，向左移动图形，如下图所示。

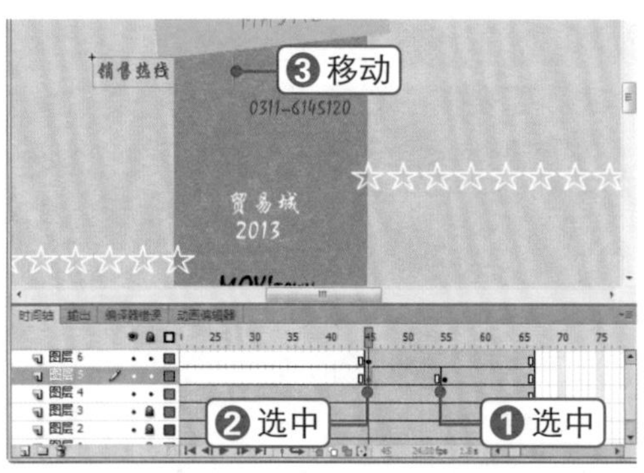

29 在两个关键帧之间的任意位置右击，在弹出的快捷菜单中选择“创建传统补间”命令，如下图所示。

30 采用同样的方法制作另一个动画，如下图所示。

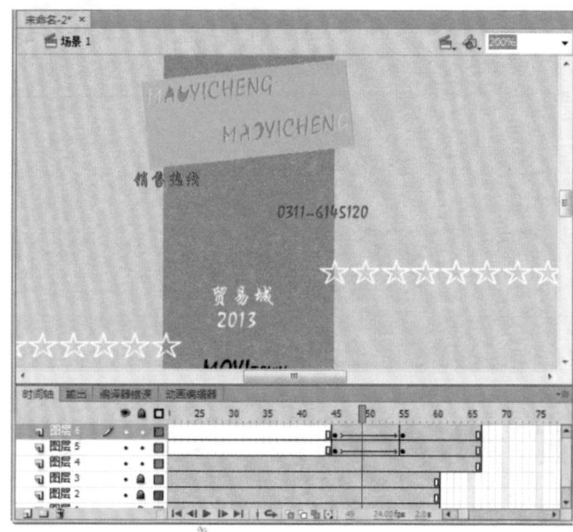

31 按【Ctrl+Enter】组合键测试动画，效果如下图所示。

对联广告具有以下鲜明的特点：易于记诵、富于意境美、注重情感投入、注重幽默、注意运用嵌字技巧。

12.3 实战演练——制作横幅动画广告

下面将综合运用前面所学的知识，制作一个网页顶部经常使用的横幅动画广告，具体操作方法如下。

素材文件 光盘：素材文件\第12章\综合实例

1 打开素材文件，单击“新建图层”按钮，新建“图层 2”，如下图所示。

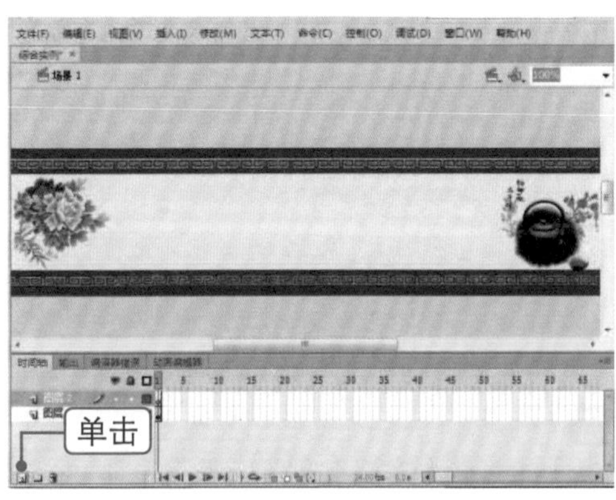

2 选择“文件”|“导入”|“导入到库”命令，弹出“导入到库”对话框，选择要导入的图像，单击“打开”按钮，如下图所示。

3 选择文本工具，在“图层 2”中绘制文本框并输入文本，在“属性”面板中设置字体和字号，如下图所示。

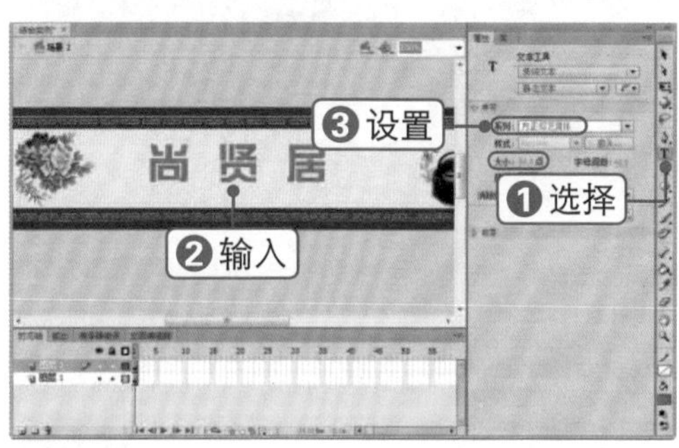

4 按【F8】键，弹出“转换为元件”对话框，设置“类型”为“图形”，单击“确定”按钮，如下图所示。

5 选中“图层 1”的第 25 帧，按【F5】键延长帧。选中“图层 2”的第 25 帧，按【F6】键插入关键帧，如下图所示。

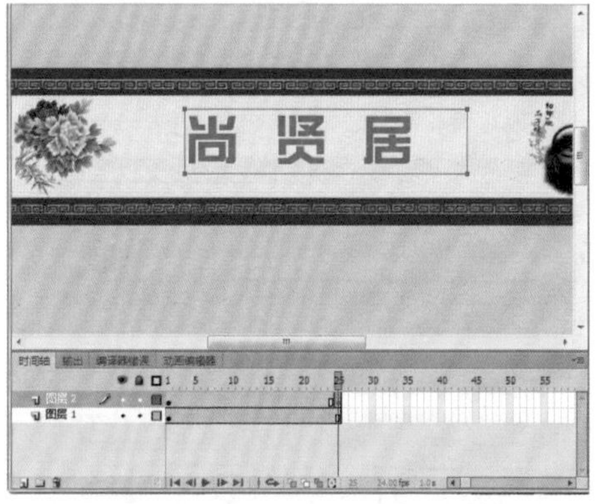

Flash 以矢量图作为基础，只需少量数据就可以描述相对复杂的对象，因此存储空间很小，非常适合在网络上使用。

6 选择第1帧，将图形向右移到合适位置。选择第25帧，在“属性”面板的“样式”下拉列表中选择Alpha选项，设置Alpha值，如下图所示。

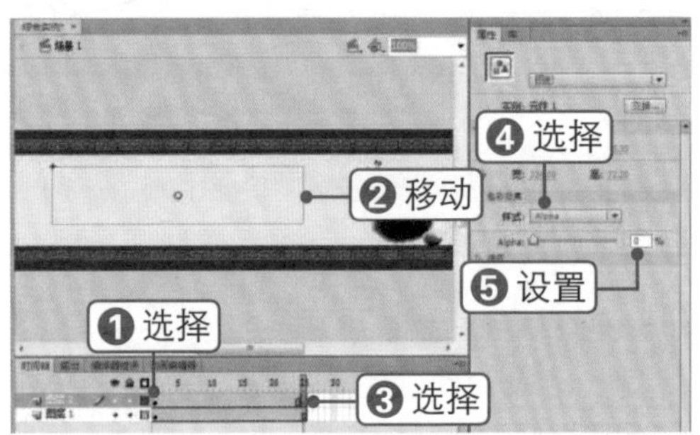

7 在两个关键帧之间的任意位置右击，在弹出的快捷菜单中选择“创建传统补间”命令，如下图所示。

8 单击“新建图层”按钮，新建“图层3”，选中第1到第25帧并将其向右移动25帧。选中“图层1”的第50帧，按【F5】键延长帧，如下图所示。

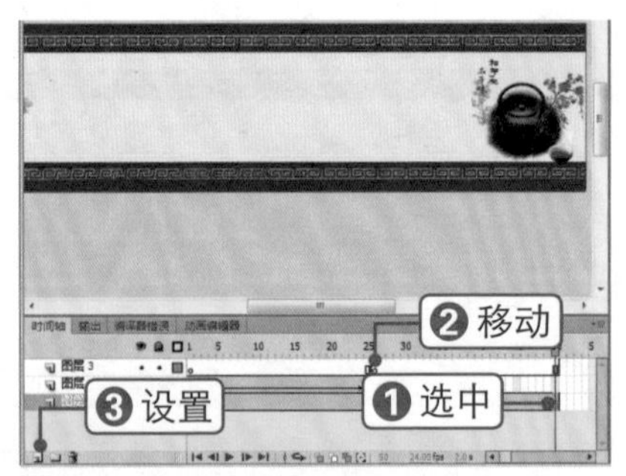

9 选择文本工具，在“图层3”的第26帧处绘制文本框并输入文本，在“属性”面板中设置字体和字号，如下图所示。

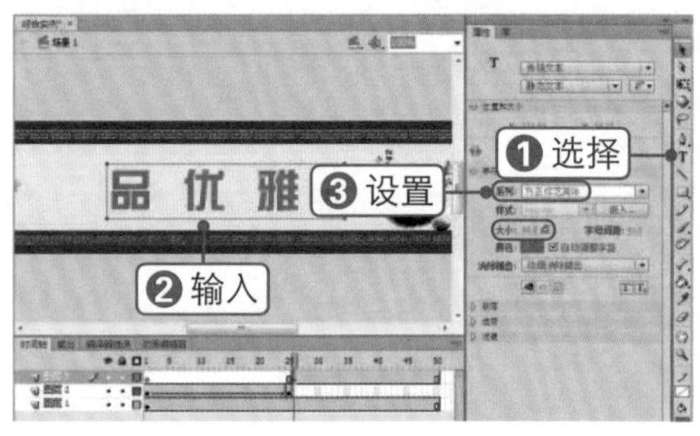

10 按【F8】键，弹出“转换为元件”对话框，设置“类型”为“图形”，单击“确定”按钮，如下图所示。

11 选择第50帧，按【F6】键插入关键帧，将图形向左移至合适位置，如下图所示。

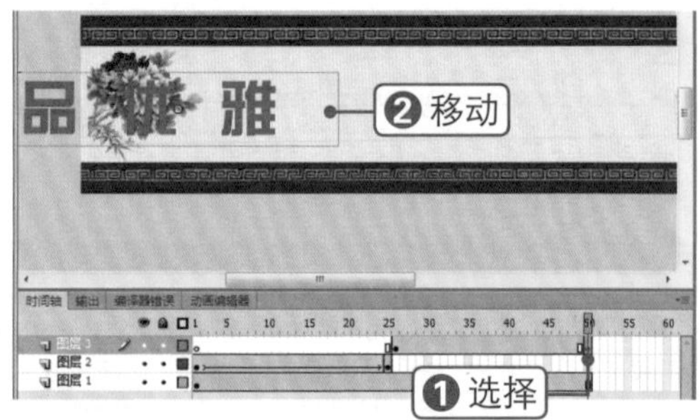

12 选择第26帧，在“属性”面板的“样式”下拉列表中选择Alpha选项，设置Alpha值，如下图所示。

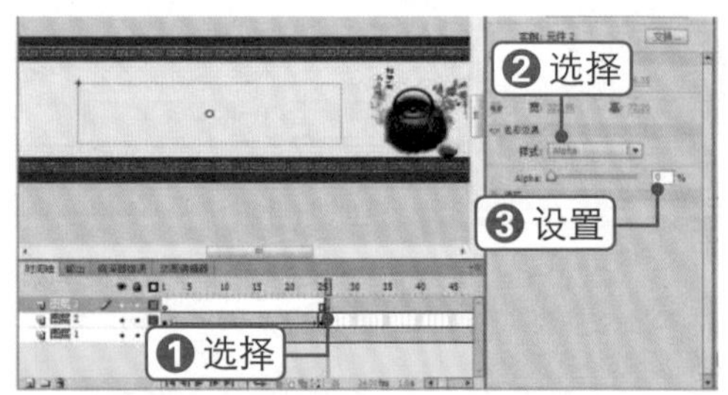

行家提醒

补间动画与传统补间之间的差异：传统补间使用关键帧；在补间动画范围不允许使用帧脚本，传统补间允许使用帧脚本。

⑬ 在两个关键帧之间的任意位置右击，在弹出的快捷菜单中选择“创建传统补间”命令，如下图所示。

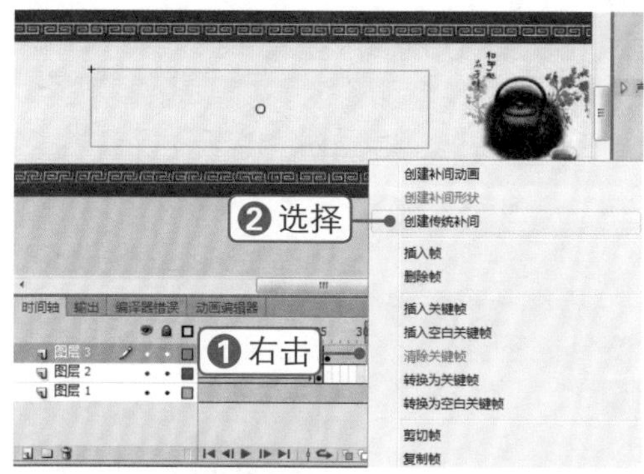

⑭ 单击“新建图层”按钮，新建“图层 4”，将帧向后移动 50 帧。选择“图层 1”的第 100 帧，按【F5】键延长帧，如下图所示。

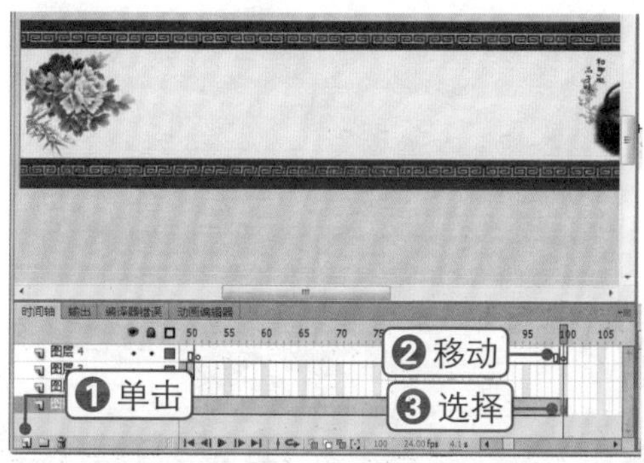

⑮ 选择“图层 4”的第 51 帧，将库中的图片拖至舞台中。按【Ctrl+K】组合键，打开“对齐”面板，设置对齐方式，如下图所示。

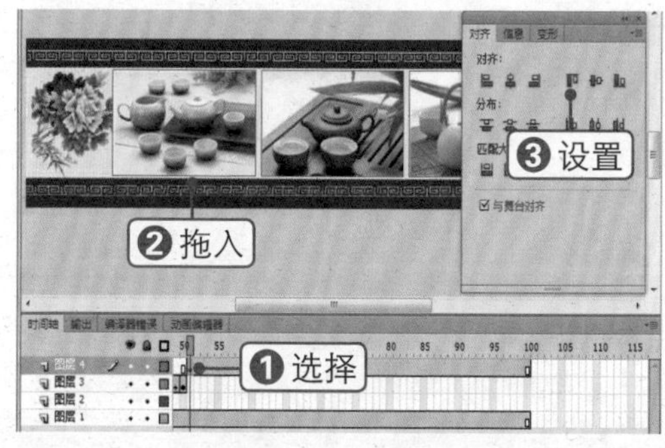

⑯ 选中所有图形，按【F8】键，弹出“转换为元件”对话框，设置名称和类型，单击“确定”按钮，如下图所示。

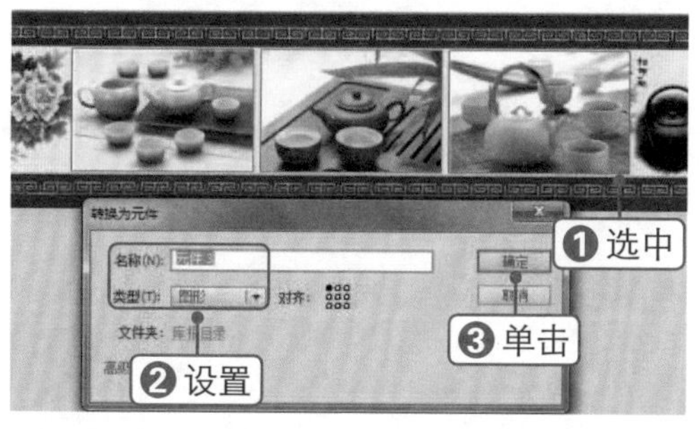

⑰ 选中第 100 帧，按【F6】键插入关键帧，将图形向左移至合适位置，如下图所示。

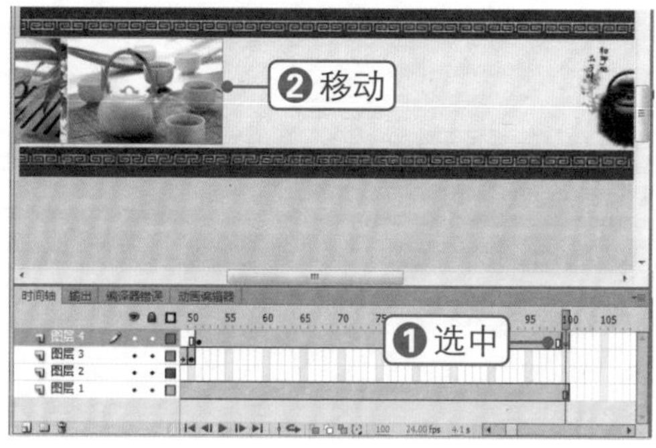

⑱ 在两个关键帧之间的任意位置右击，在弹出的快捷菜单中选择“创建传统补间”命令，如下图所示。

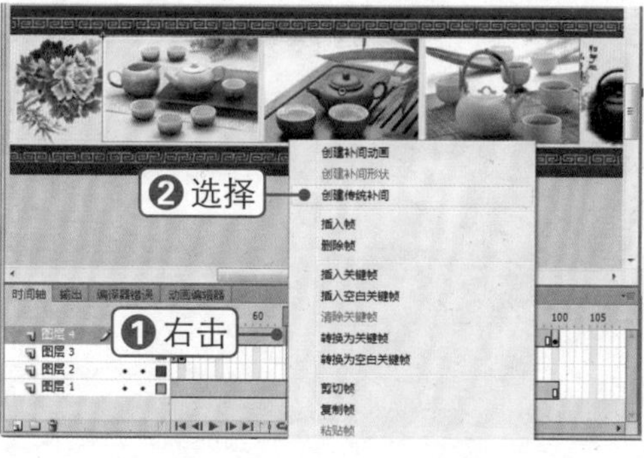

⑲ 按【Ctrl+Enter】组合键测试动画，效果如下图所示。

操作提示

Flash 动画可以以 SWF、GIF、AI、BMP、JPG、PNG、AVI、MOV、MAV、EMF 等格式输出。

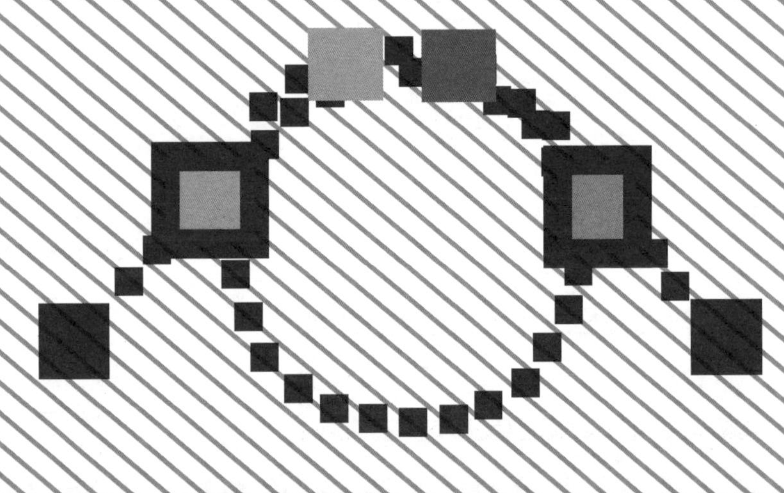

Chapter 13 Photoshop网页应用基础

随着网页中图像的大量使用，Photoshop 作为一款便利、专业的图像处理软件，它在网页制作中的作用不言而喻。Photoshop 与其他软件的超强组合，已经成为现在网页制作的必备工具。本章将重点介绍 Photoshop CS6 网页图像处理的基础知识，读者应该熟练掌握。

本章重点知识

◎ Photoshop CS6基本工具的使用

◎ 常用面板的使用

◎ 实战演练——制作创意云彩图案

13.1 Photoshop CS6基本工具的使用

Photoshop CS6 基本工具的使用较旧版基本上没有变化，下面将重点介绍基本工具的使用方法与技巧。

13.1.1 移动工具

移动工具是 Photoshop 中较常用的工具之一，其作用是选择、移动对象，具体使用方法如下：

素材文件 光盘：素材文件\第13章\郊外.jpg

1 按【Ctrl+O】组合键，打开素材文件“郊外.jpg”，如下图所示。

2 选择“图层”|“复制图层”命令，在弹出的对话框中保持默认设置，单击“确定”按钮，如下图所示。

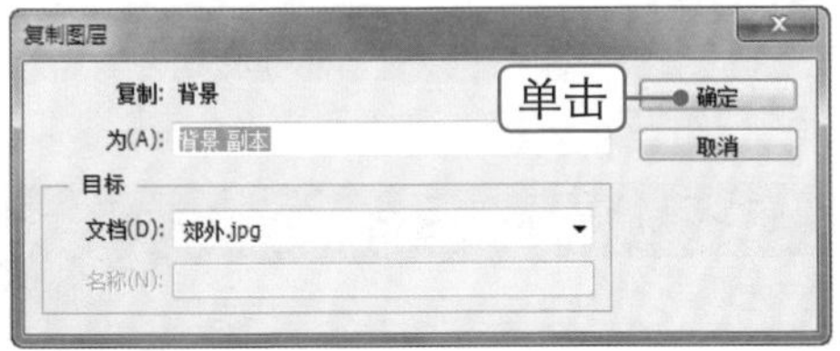

3 选择移动工具，移动当前图层中的图像，如下图所示。

4 若当前有多个图层重叠，可在图像窗口中右击，在弹出的快捷菜单中选择相应的图层，如下图所示。

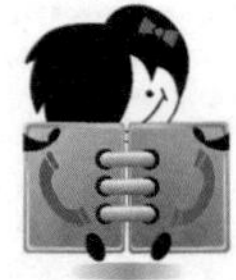

知识插播

将鼠标指针移动到当前档的名称上，然后按住鼠标左键并拖动鼠标，即可将当前图像以窗口的形式进行显示。

选择“文件”|“打开”命令，或在灰色的 Photoshop 程序窗口中双击，都可以快速地将“打开”对话框打开。

13.1.2 创建选区工具

选区在 Photoshop 中是一个很重要的概念，选区在图像处理中的应用非常广泛，下面将介绍如何利用选区工具创建选区。

1. 矩形选框工具

使用矩形选框工具创建选区的具体操作方法如下：

素材文件　光盘：素材文件\第13章\自行车.jpg

1 按【Ctrl+O】组合键，打开素材文件“自行车.jpg”，如下图所示。

2 选择矩形选框工具，在图像窗口中按住鼠标左键并进行拖动，即可创建一个矩形选区，如下图所示。

2. 椭圆选框工具

椭圆选区的创建方法与矩形选区相似，具体操作方法如下：

1 按【Ctrl+O】组合键，打开素材文件“自行车.jpg”，如下图所示。

2 选择椭圆选框工具，在图像窗口中按住鼠标左键并进行拖动，即可创建一个椭圆选区，如下图所示。

行家提醒

矩形选框工具是最常用的选框工具，用于创建矩形选区和正方形选区，在进行网页设计的过程中经常使用。

3. 磁性套索工具

利用磁性套索工具可以选择对象边界与背景清晰的目标，具体操作方法如下：

素材文件　光盘：素材文件\第13章\西柚.jpg

1 按【Ctrl+O】组合键，打开素材文件“西柚.jpg”，如下图所示。

2 选择磁性套索工具，在对象与背景的边界处单击，沿着交界移动鼠标，如下图所示。

3 当鼠标指针移至起始位置时将变为形状，如下图所示。

4 此时单击，即可完成选区的创建，如下图所示。

知识插播

使用磁性套索工具绘制选区时，若锚点定位不合适，可按【Delete】键删除最近生成的锚点，将鼠标指针向后退并重新绘制。

4. 魔棒工具

利用魔棒工具可以快速选择与单击点处相似的颜色，具体操作方法如下：

素材文件　光盘：素材文件\第13章\草莓.jpg

操作提示

按【M】键，可以快速选中矩形选框工具。按【Shift+M】组合键，可以在矩形选框工具和椭圆选框工具之间进行切换。

❶ 按【Ctrl+O】组合键，打开素材文件“草莓.jpg”，如下图所示。

❷ 选择魔棒工具，在背景色上单击，即可将白色背景选中，如下图所示。

❸ 如果选择的目标是草莓，则可以选择“选择”|“反向”命令，如下图所示。

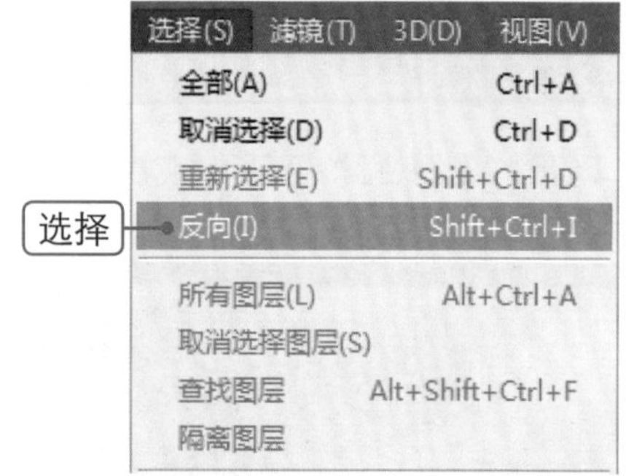

❹ 查看图像效果，此时草莓已经被选取出来，如下图所示。

5. 移动选区

当创建选区后，将鼠标指针放置于选区内，即可变为一个空心的箭头工具，此时按住鼠标左键并进行拖动，即可移动选区，如下图所示。

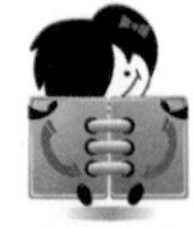

知识插播

如果移动选区时，选择的是移动工具，则将会移动选区中的图像。

行家提醒

选择毛发等细微的图像时，可以选用魔棒、快速选择或“色彩范围”等工具创建一个大致的选区，再使用“调整边缘”命令对选区进行细化。

13.1.3 裁切图像工具

下面将主要介绍如何利用裁切工具切割网页图像，经常用到的工具是切片工具和切片选择工具。

素材文件 光盘：素材文件\第13章\网页.jpg

1. 切片工具

切片工具是 Photoshop 自带的一个平面图片制作工具，用于切割图片、制作网页分页，具体使用方法如下：

1 按【Ctrl+O】组合键，打开素材文件“网页.jpg”，如下图所示。

2 按【Ctrl+R】组合键显示标尺，选择移动工具，在标尺上向下拖动相应的辅助线，如下图所示。

3 选择裁切工具，然后按照创建选区的方法创建切片，如下图所示。

4 利用同样的方法在图像中创建其他所需的切片，如下图所示。

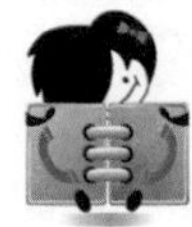

知识插播

使用切片工具可以将整个效果图切割成多个小图片。

操作提示

切片可以降低图像的大小，减少网页载入的时间，并且能创造交互的效果，如翻转图像等，还能将图像的一些区域用 HTML 来代替。

5 创建完成后，选择“文件”｜“存储为Web和设备所用格式”命令，单击“存储”按钮，如下图所示。

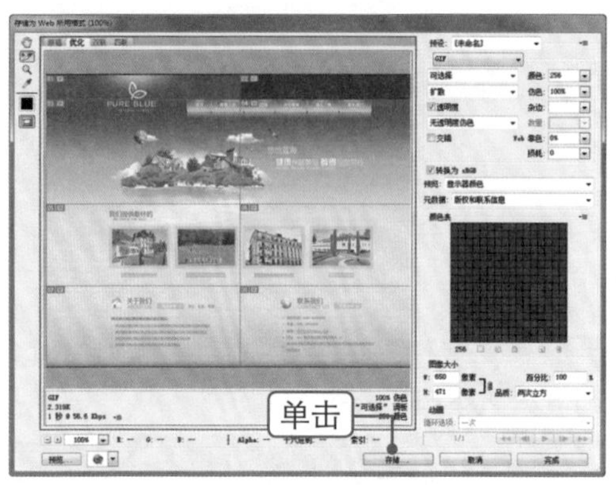

6 弹出“将优化结果存储为”对话框，选择所需的存储位置和类型，单击“保存”按钮，如下图所示。

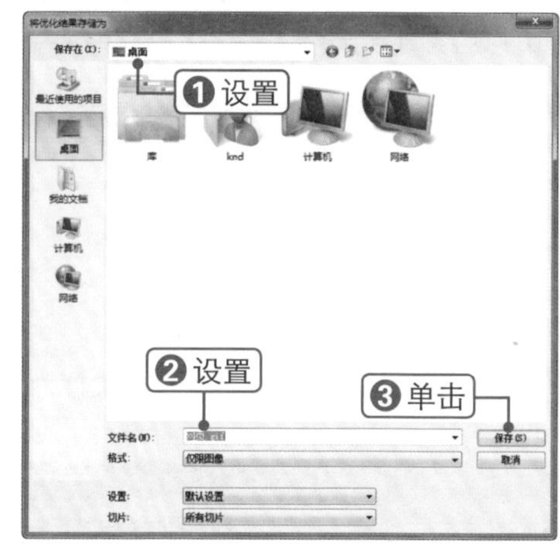

2. 切片选择工具

下面将介绍切片选择工具的使用方法，具体操作方法如下：

1 选择切片选择工具，在图像窗口中选中相应的切片，如下图所示。

知识插播

在切割完成后导出图片时，没有被切片覆盖的部分也将被导出，其尺寸将由与其相邻的图片决定。

2 按住鼠标左键并进行拖动，即可移动该切片，如下图所示。

3 按【Delete】键，即可删除该切片，如下图所示。

行家提醒

若是色彩比较单一的图片，可在“存储为Web所用格式”对话框中输出GIF格式，这样会缩小文件大小，同时又能比较好地保持图片的色彩。

>> 13.1.4 图像修改工具

在修改图像的过程中可能会遇到各种问题，Photoshop CS6 中提供了多种图像修改工具，下面将对这些图像修改工具的使用方法进行介绍。

1. 擦除工具

擦除工具分为橡皮擦工具、背景橡皮擦工具和魔术橡皮擦工具三种类型。

利用橡皮擦工具可以擦除当前图层中笔触所经过的图形对象。如果在打开的图像中进行擦除，即可擦除当前图层中的图形。如下图所示为原图像与擦除后图像的对比效果。

利用背景橡皮擦工具可以擦除图像中主体以外的背景，如下图（左）所示。魔术橡皮擦工具的作用相当于魔术棒工具与橡皮擦工具的组合，利用它可以擦除图像中与取样点颜色相似的颜色，如下图（右）所示。

知识插播

在使用背景橡皮擦工具的过程中，笔触中心点表示所取样的背景色，在笔触范围内所有与取样点相同或相近的颜色均将被擦除。

2. 填充工具

填充工具分为两种，一种是渐变工具，另一种是油漆桶工具，其主要用于为绘制的选区等填充所需的颜色。

渐变工具用于填充渐变色，其使用方法如下：

操作提示

在选项栏中选中“抹到历史记录”复选框，橡皮擦工具就会具有历史记录画笔工具的功能，可以选择性地恢复图像至某一历史记录状态。

1 选择“文件”|“新建”命令，在弹出的对话框中设置各项参数，单击“确定”按钮，如下图所示。

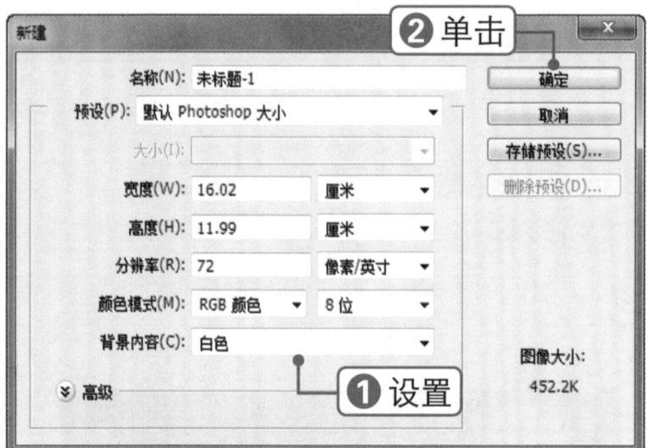

2 选择矩形选框工具，在图像窗口中绘制一个选区，如下图所示。

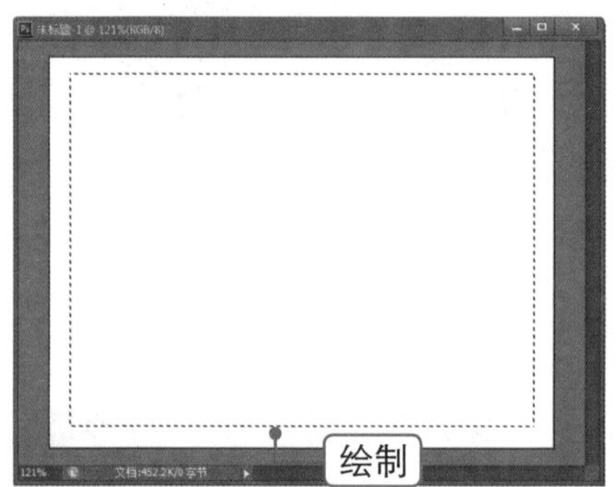

3 选择渐变工具，在选项栏中单击渐变颜色条，弹出“渐变编辑器”窗口，如下图所示。

4 选择“色谱”渐变色，然后单击“确定”按钮，如下图所示。

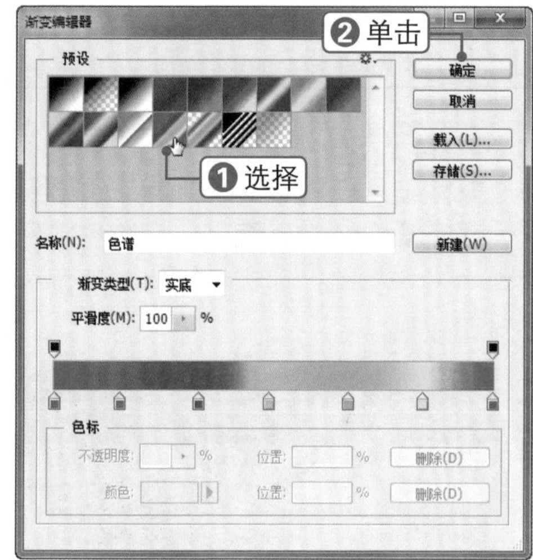

5 将鼠标指针移入选区内，然后按住鼠标左键进行拖动，如下图所示。

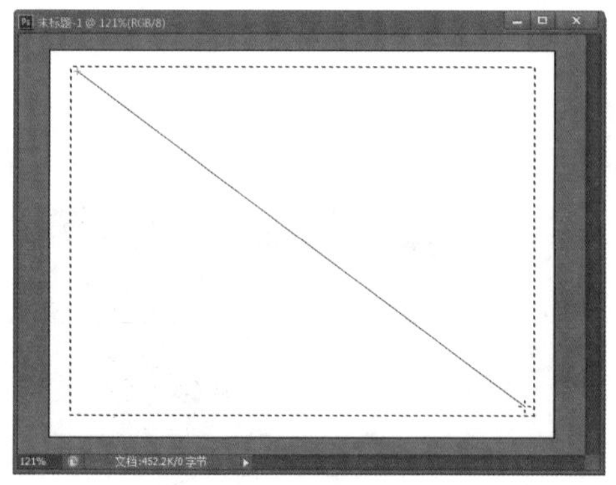

6 此时选区内已经填充为渐变色，查看图像效果，如下图所示。

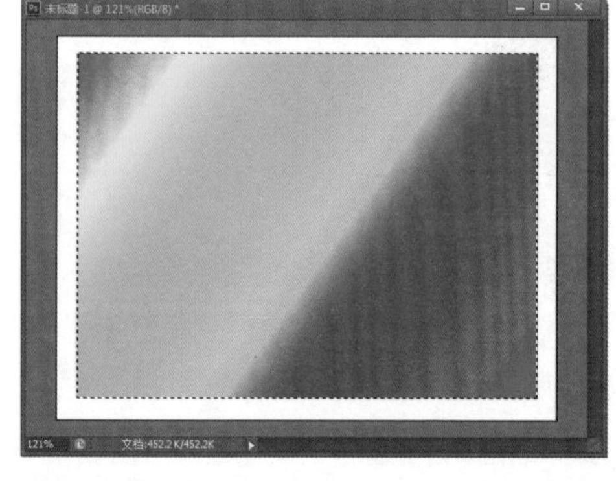

行家提醒

选择渐变工具后，按住【Alt】键可将渐变工具暂时切换为吸管工具；按住【Ctrl】键可将渐变工具暂时切换为移动工具。

油漆桶工具通常用来填充纯色。选择油漆桶工具，在工具箱中单击前景色，在弹出的“拾色器”对话框中设置相应的颜色，如下图（左）所示。在文档窗口中所需的位置单击，即可填充前景色，如下图（右）所示。

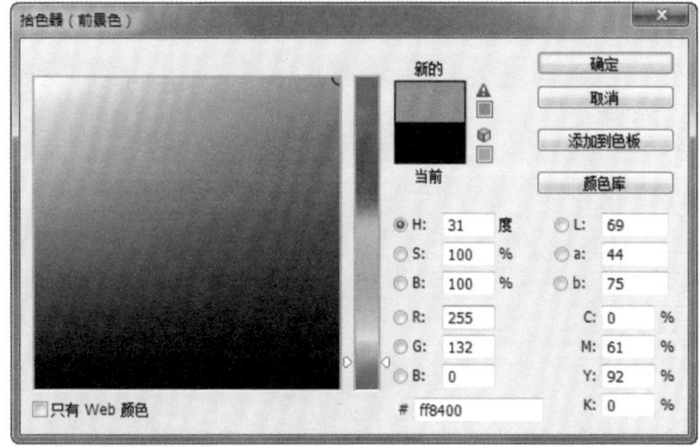

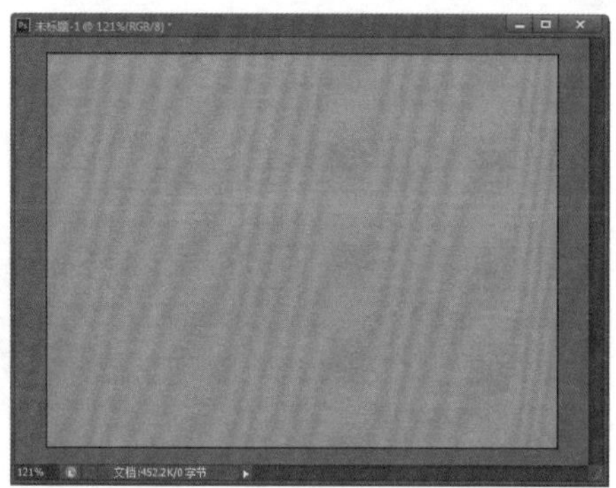

知识插播

在油漆桶工具属性栏中选择“前景”选项，将使用前景色进行填充；选择“图案”选项，在面板中可以选择所需的填充图案。

3. 锐化与模糊工具

该组工具主要用于调整网页图像的清晰度。其中，锐化工具是通过增强相邻颜色的对比度来增加图像的清晰度，模糊工具则是减弱相邻颜色的对比度来降低图像的清晰度。

使用锐化工具可以使图像变得相对清晰，但也会使图像画面看起来较尖锐，具体操作方法如下：

素材文件 光盘：素材文件\第13章\冰淇淋.jpg、柠檬.jpg

1 按【Ctrl+O】组合键，打开素材文件“冰淇淋.jpg”，如下图所示。

2 在工具箱中选择锐化工具，在图像中进行涂抹，效果如下图所示。

操作提示

使用油漆桶工具在填充前会对单击位置的颜色进行取样，从而只填充颜色相同或相似的图像区域。

使用模糊工具可以使图像变得相对模糊，从而使图像画面看起来较柔和，具体操作方法如下：

1 按【Ctrl+O】组合键，打开素材文件“柠檬.jpg”，如下图所示。

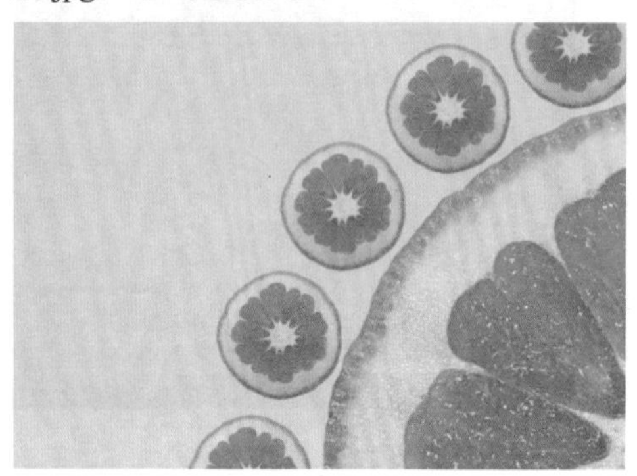

2 选择模糊工具，在图像中相应位置进行涂抹，即可产生模糊效果，如下图所示。

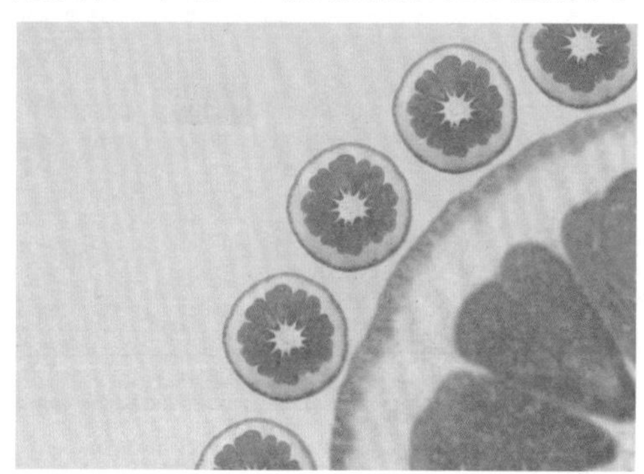

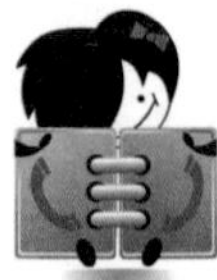

知识插播

在制作锐化或模糊效果时，其产生的最终效果与笔触的设置有关。例如，可以设置制作效果的柔和过渡等。

4. 减淡与加深工具

该组工具主要是针对图像的颜色深浅进行操作，使用减淡工具可以使图像的颜色变浅，而使用加深工具可以使图像颜色变深。

素材文件 光盘：素材文件\第13章\时间.jpg、铅笔.jpg

减淡工具的使用方法如下：

1 按【Ctrl+O】组合键，打开素材文件“时间.jpg”，如下图所示。

2 选择减淡工具，在图像中的合适位置进行涂抹，即可使相应位置处的颜色变浅，如下图所示。

行家提醒

使用减淡工具用高光模式减淡时，被减淡的地方饱和度会很高。例如，红色用高光模式减淡时会变橙色，橙色用高光模式减淡时会变黄色。

加深工具的使用方法如下：

❶ 按【Ctrl+O】组合键，打开素材文件“铅笔.jpg”，如下图所示。

❷ 选择加深工具，在图像中的合适位置进行涂抹，即可加深相应区域的颜色，如下图所示。

>> 13.1.5 矢量图像的绘制与修改

矢量绘图工具是 Photoshop 中非常重要的绘图工具组，利用它绘制和修改图形更为容易。当图形绘制完成后，还可以根据需要将其转化为位图。

1. 钢笔工具组

钢笔工具组主要用于绘制图形，其中包括 5 个子工具，如右图所示。

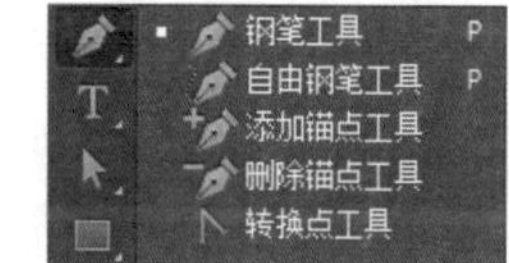

◎ **钢笔工具**：利用该工具可以通过添加锚点的方法绘制各种所需的图形。

◎ **自由钢笔工具**：该工具的使用方法与铅笔工具（或画笔工具）相似，按住鼠标左键并进行拖动即可绘制出所需的形状。

◎ **添加锚点工具**：该工具主要用于编辑所绘制的形状，作用是在当前路径上增加锚点。

◎ **删除锚点工具**：该工具与添加锚点工具的作用相反，用于删除当前路径上多余的锚点。

◎ **转换点工具**：该工具可以将当前路径上的直锚点转化为圆滑锚点，或将圆滑锚点转换为直锚点。

利用钢笔工具绘图的方法如下：

选择钢笔工具，在图像窗口中单击，即可添加一个锚点，然后在其他位置单击添加另一个锚点，如下图（左）所示。继续添加其他锚点，以完成所需的形状，如下图（右）所示。

操作提示

路径是可以转换为选区或者使用颜色填充或描边的轮廓，按照形态分为开放路径、闭合路径及复合路径。

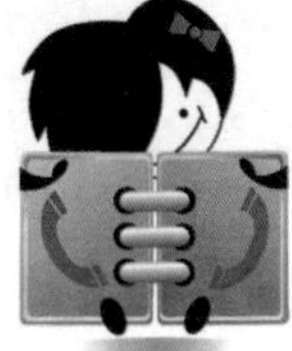

知识插播

在添加锚点时，如果单击，则可以添加一个直锚点；如果按住鼠标左键并拖动，即可添加一个圆滑锚点。当绘制完成后，只需单击起始锚点闭合形状即可。

利用自由钢笔工具绘图的方法如下：

选择自由钢笔工具，并在图像窗口中单击并拖动鼠标，绘制所需的形状即可，如下图所示。

知识插播

在绘制形状的过程中，无须添加锚点，Photoshop 程序会根据形状自动添加锚点。

在编辑形状时，就需要用到该工具组中其他 3 种工具。当绘制的形状上没有足够的锚点时，可以选择添加锚点工具，在形状上相应的位置单击即可，如下图（左）所示。同样，如果形状上有多余的锚点，可以选择删除锚点工具，并单击相应的锚点即可，如下图（右）所示。

行家提醒

直线路径的绘制方法比较简单，在操作时只单击，不拖动鼠标即可创建。如果要绘制水平、垂直直线，可以按住【Shift】键操作。

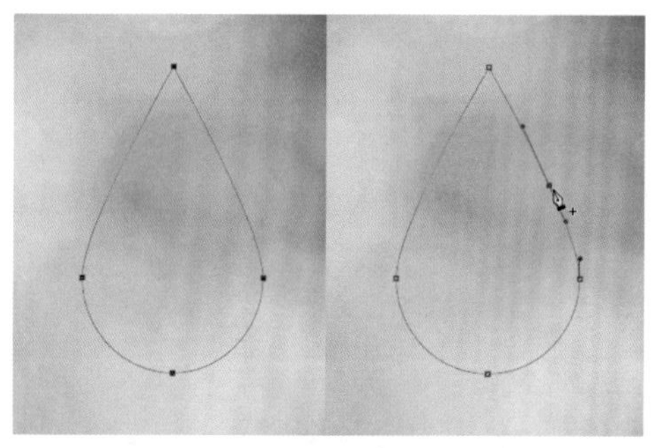

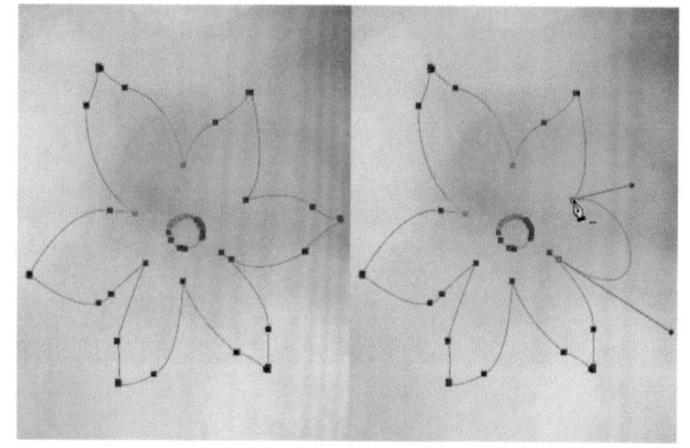

如果要转化当前锚点的状态，可以选择转换点工具，然后在相应的锚点上单击，如下图（左）所示。

当把圆滑锚点转化为直锚点时，只需单击相应的锚点即可；而将直锚点转化为圆滑锚点时，则需要在该锚点上按住鼠标左键并拖动，以生成圆滑的锚点，如下图（右）所示。

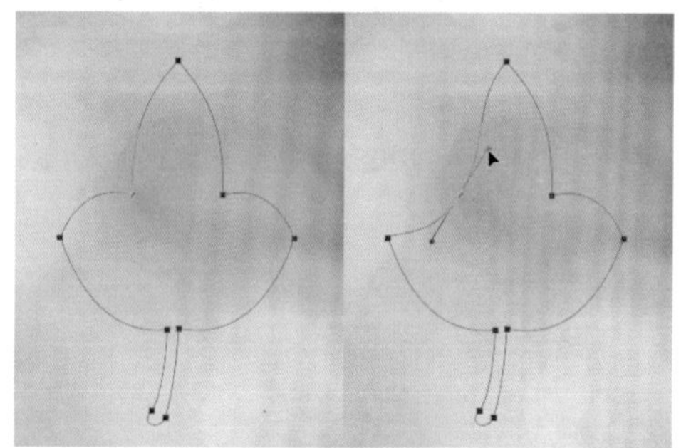

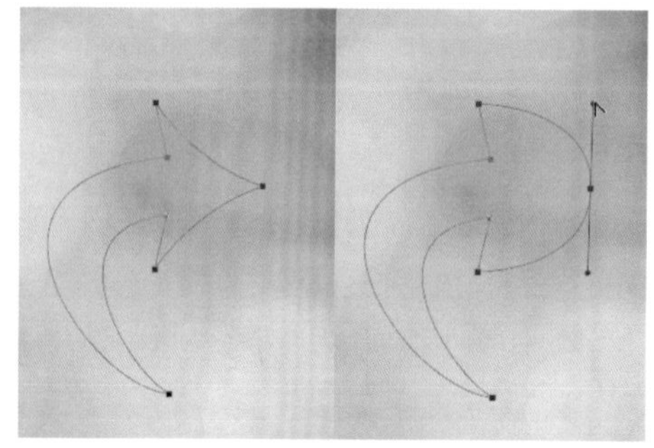

2. 路径选择工具

该工具组中包含两个工具，即路径选择工具和直接选择工具。其中，路径选择工具用于对整个路径的位置进行调整，而直接选择工具则针对形状中锚点的位置进行调整。

利用路径选择工具选择需要移动的形状，按住鼠标左键并拖动，即可移动当前路径的位置，如下图所示。

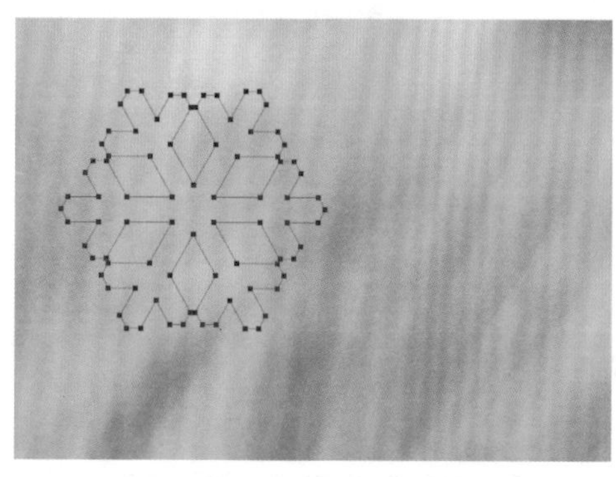

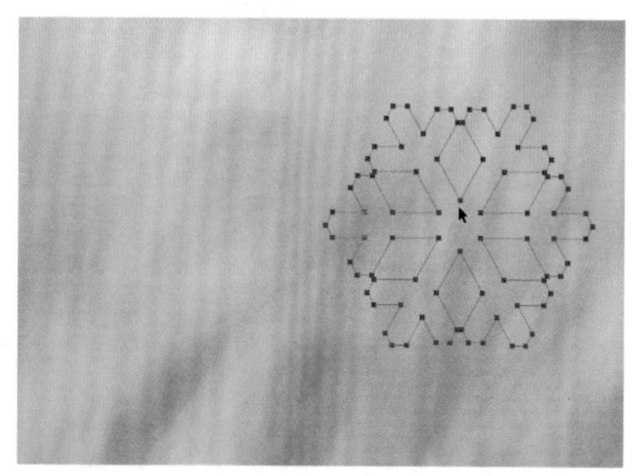

操作提示

路径是矢量对象，它不包含像素，因此路径是不能被打印出来的。如果是进行填充或描边处理的路径，则可被打印出来。

直接选择工具可以调整形状中某个具体锚点的位置，以改变形状的外形。选择直接选择工具，选择图像窗口中形状的一个锚点，在该锚点上按住鼠标左键并拖动，即可移动该锚点的位置，如下图所示。

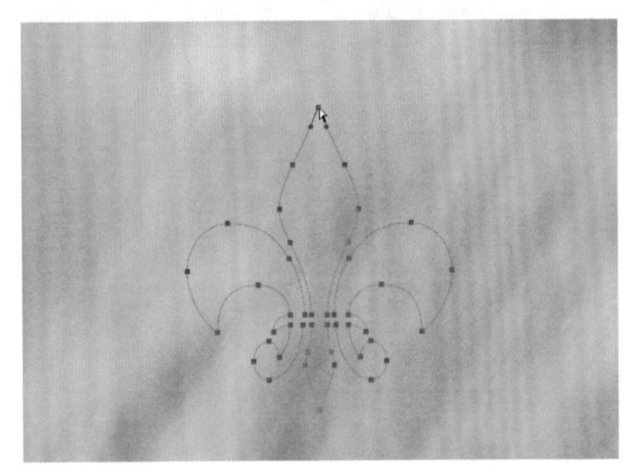

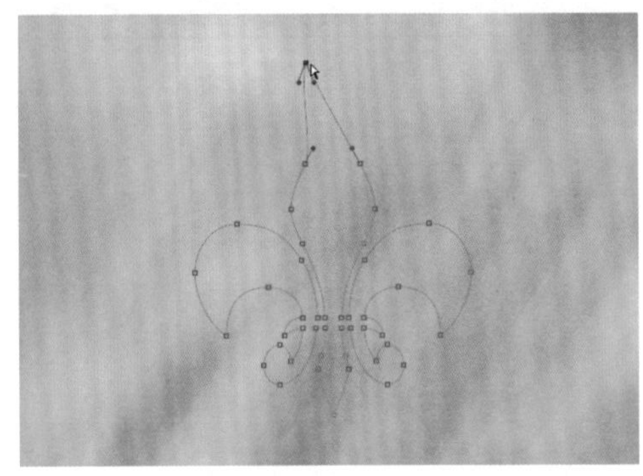

3. 文本工具

文本工具也是矢量工具的一部分，其主要作用是用于输入文本或创建文字蒙版。其中，包括 4 个工具选项，如右图所示。

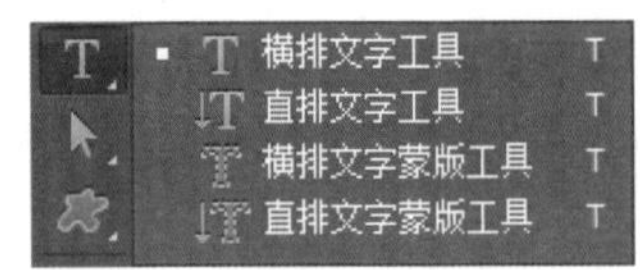

◎ **横排文字工具**：利用该工具可以输入横排形式的文字。

◎ **直排文字工具**：利用该工具可以输入竖排形式的文字。

◎ **横排文字蒙版工具**：利用该工具可以输入横排形式的文字蒙版。

◎ **直排文字蒙版工具**：利用该工具可以输入竖排形式的文字蒙版。

使用文本工具输入文字后的状态分别如下图所示。

笑口常开

横排文字

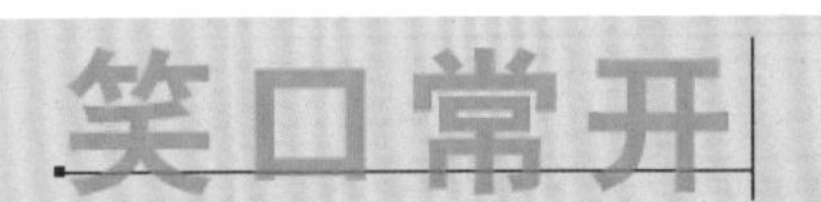

横排文字蒙版

笑口常开

竖排文字

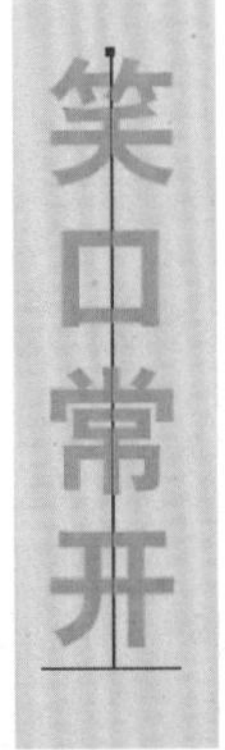

竖排文字蒙版

行家提醒

选择一个路径后，单击工具属性栏中的按钮，可以在打开的下拉菜单中选择一个选项，调整路径的堆叠顺序。

4．预设的形状工具

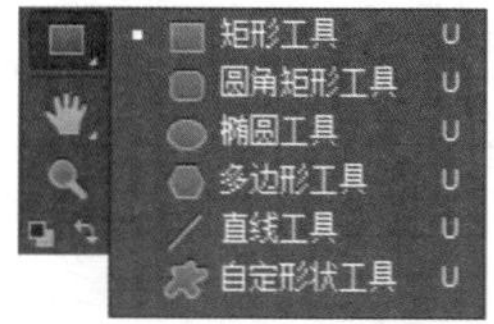

预设的形状工具主要包括一些绘制规则几何图形的工具，以及程序自带的一些常用或常见的形状，该工具组如右图所示。

其中，自定形状工具包含了许多预设的形状。当选择该工具后，在选项栏中单击“形状”选项右侧的下拉按钮，即可打开相应的面板，如下图（左）所示。

当选择相应的形状后，即可在图像窗口中绘制相应的形状，如下图（右）所示。

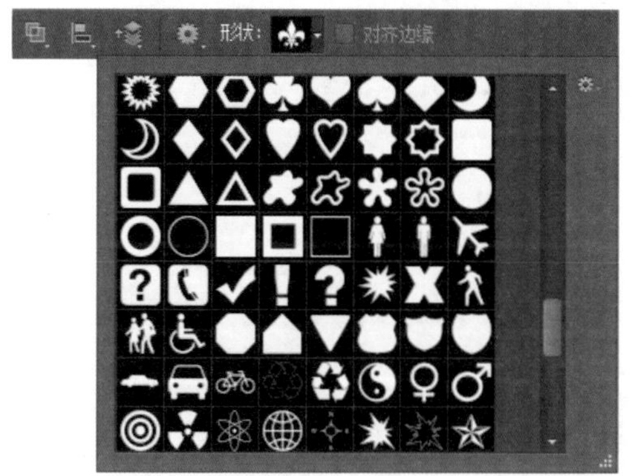

13.2 常用面板的使用

面板是 Photoshop 界面中的一个非常重要的组成部分，其中存放了用户操作的所有对象。通过这些面板可以对图像窗口中的各个对象进行所需的操作，并实现相应的功能。

>> 13.2.1 矢量图像的绘制与修改

Photoshop 将图像的不同部分分别存放在不同的图层中，这些图层叠放在一起形成完整的图像，用户可以单独对每一层中的图像内容进行操作，而不会影响其他图层。

1．了解“图层”面板

在“图层”面板中，各图层自上而下依次排列，即位于“图层”面板中最上面的图层在图像窗口中也位于最上层，调整其位置也就相当于调整了图层的叠加顺序，如下图（左）所示。

“图层”面板中列出了图像中的所有图层、图层组和图层效果。使用“图层”面板上的按钮不仅能完成许多任务，如创建、隐藏、显示、复制和删除图层等；还可

操作提示

使用钢笔工具绘制路径时，若要创建 S 形曲线，则可按照与前一条方向线相同的方向拖动，然后释放鼠标。

以通过单击“图层”面板右上角的▾≡按钮，在弹出的控制菜单中选择其他命令，如下图所示。

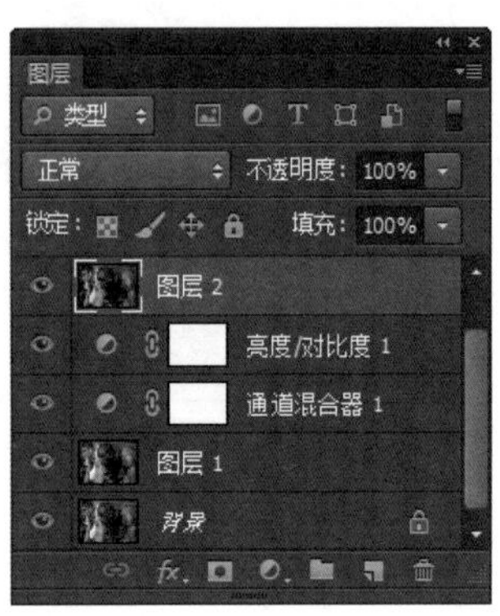

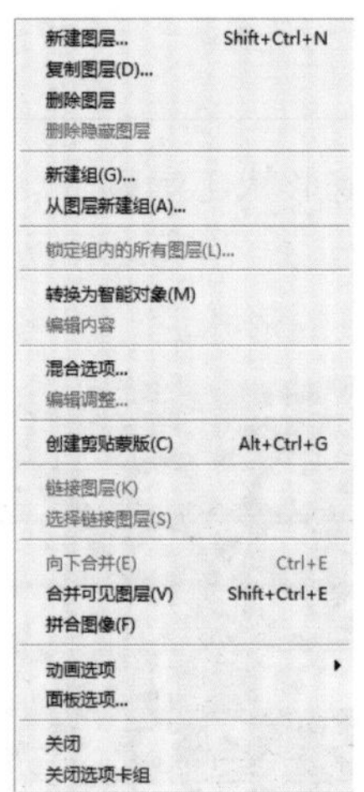

2．创建图层

在 Photoshop CS6 中可以根据需要创建各种类型的图层，如普通图层、文本图层或调整图层等，下面将具体介绍这些图层的创建方法。

除了背景图层、形状图层、调整图层、填充图层与文本图层以外的图层均为普通图层。若要创建一个普通图层，可以执行如下操作：

单击“图层”面板底部的“创建新图层”按钮▣，此时创建了一个完全透明的空白图层，如下图所示。

选择“图层”|“新建”|“图层”命令，弹出“新建图层”对话框，可以设置新建图层的名称、颜色、不透明度和色彩混合模式等，如下图所示。

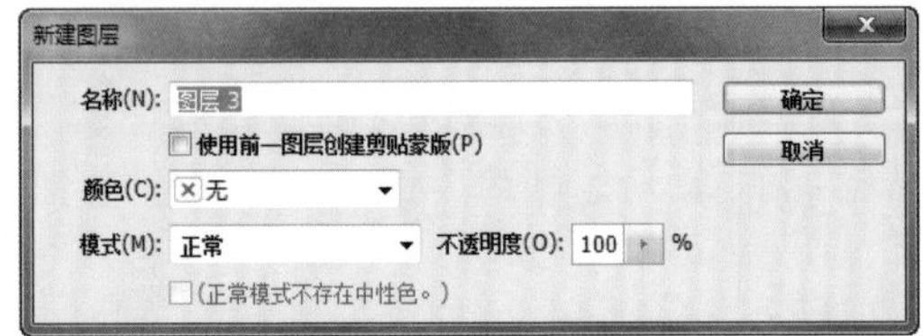

行家提醒

各个图层中的对象都可以单独处理，而不会影响其他图层中的内容。除“背景”图层外，其他图层都可以调整不透明度，让图像内容变得透明。

3. 应用图层样式

单击“图层”面板底部的“添加图层样式”按钮，在弹出的菜单中选择相应的选项，即可快速制作出所需的效果。

下面以斜面和浮雕样式为例介绍图层样式的应用，具体操作方法如下：

素材文件 光盘：素材文件\第13章\花.jpg

1 按【Ctrl+O】组合键，打开素材文件“花.jpg”，如下图所示。

2 选择矩形选框工具，在图像上创建一个矩形选区，如下图所示。

3 按【Ctrl+J】组合键，将选区内的图像复制到一个新图层中，如下图所示。

4 单击“添加图层样式”按钮，选择“描边”选项，如下图所示。

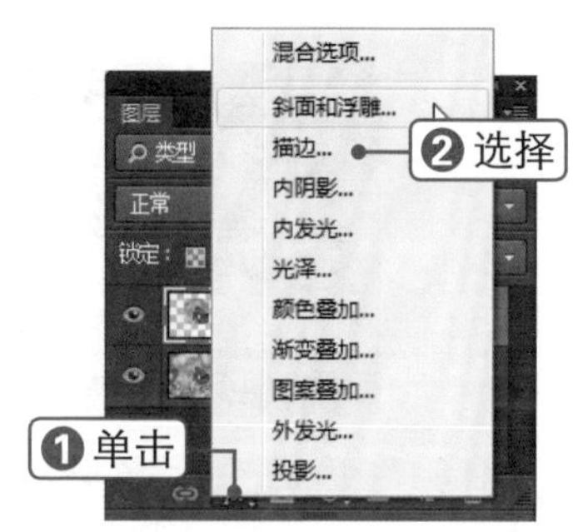

5 在弹出的“图层样式”对话框中设置各项参数，单击“确定”按钮，如下图所示。

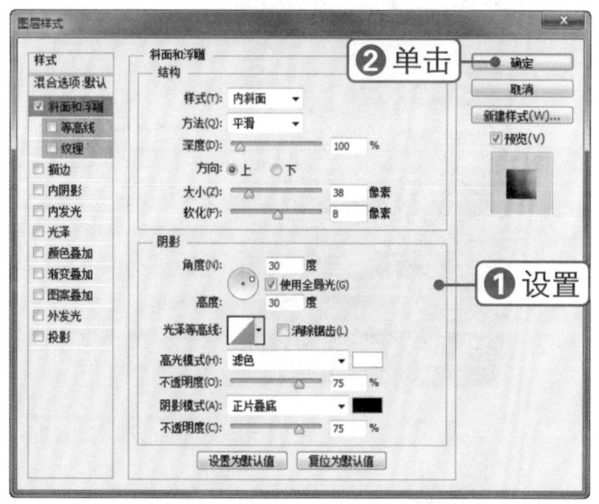

6 利用移动工具将制作的浮雕效果向上移动，如下图所示。

选择要添加图层样式的图层，然后选择“图层”|“图层样式”命令，在弹出的菜单中选择一种图层样式，也可以打开“图层样式”对话框。

13.2.2 “通道”面板

通道主要用于保存颜色数据，也可以用于保存选区。若要创建新通道，可以通过以下操作来实现：

单击“通道”面板底部的“创建新通道”按钮，即可创建一个新通道Alpha1，如下图所示。

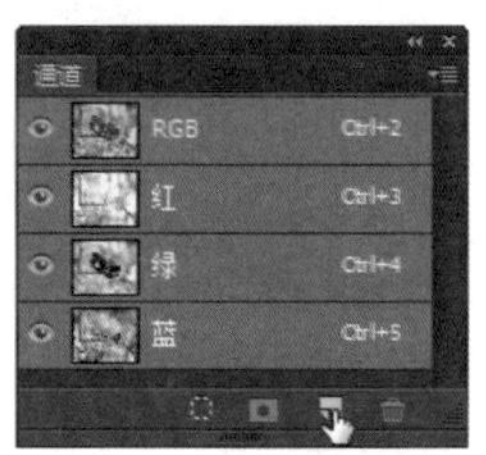

单击“通道”面板右上角的按钮，在弹出的控制菜单中选择“新建通道”命令，如下图（左）所示。此时，将弹出“新建通道”对话框，根据需要设置相应的选项，单击“确定”按钮，如下图（右）所示。

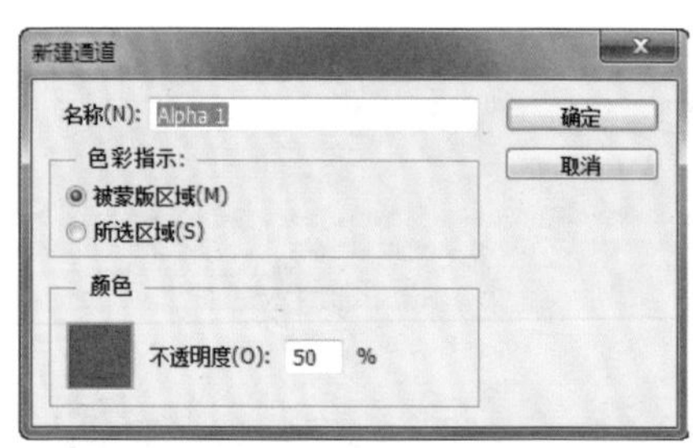

下面将通过实例介绍如何新建通道，具体操作方法如下：

素材文件 光盘：素材文件\第13章\风车.jpg

1 按【Ctrl+O】组合键，打开素材文件“风车.jpg”，如下图所示。

2 打开“通道”面板，单击右上角的按钮，在弹出的控制菜单中选择“新建通道”命令，如下图所示。

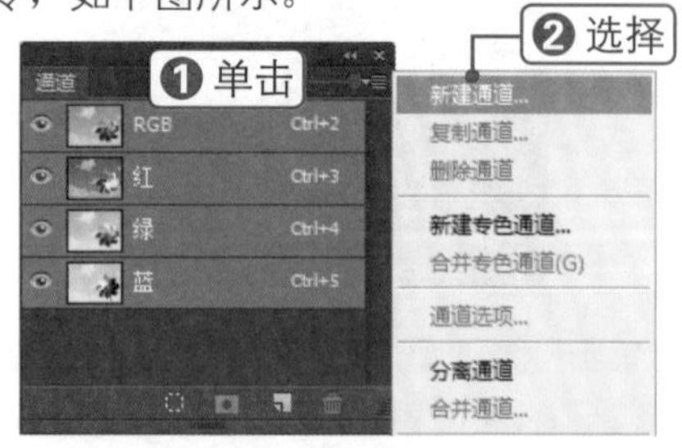

行家提醒

通道允许单独修改某个颜色分量而不会影响其他颜色分量，利用通道能够更加灵活地控制一幅图像的色彩。

❸ 弹出“新建通道”对话框，所有参数均保持默认值，单击“确定”按钮，如下图所示。

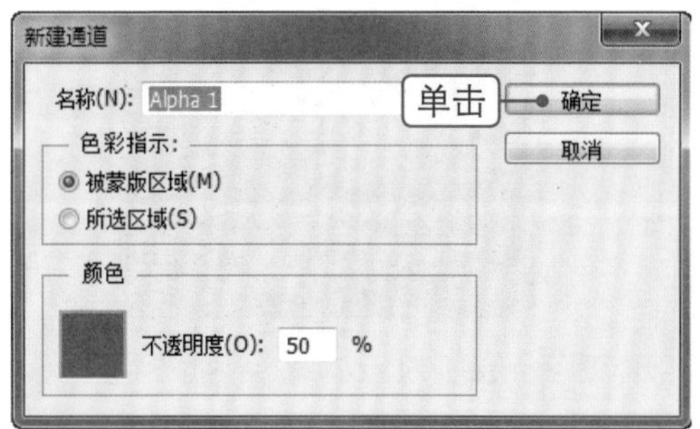

❹ 单击Alpha1通道左侧的图标，显示该通道，如下图所示。

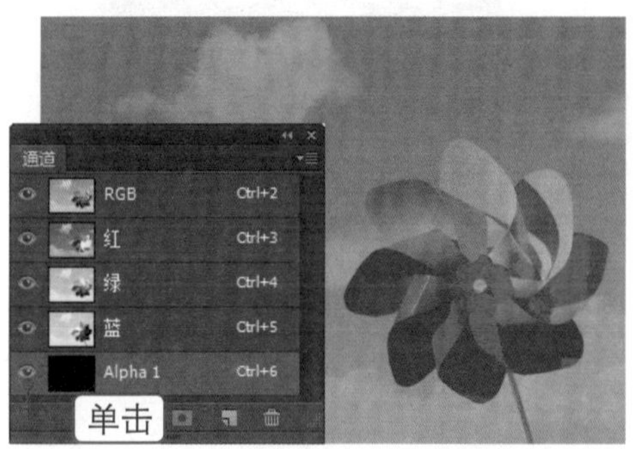

❺ 将前景色设置为白色，然后用画笔工具反复涂抹风车，使之完全显露出来，如下图所示。

❻ 按住【Ctrl】键的同时单击Alpha 1的通道缩览图，单击其左侧的图标，即可将风车选取出来，如下图所示。

知识插播

通道的丢失或损坏会直接影响图像的最终色彩，所以在对通道进行处理时，一定要谨慎，建议在处理前先将图像复制一份。

>> 13.2.3 “路径”面板

“路径”面板主要用于存储路径，并可以将要编辑的路径置于当前选择状态。下面将重点介绍“路径”面板中的功能选项及操作。

1. 路径的打开与关闭

要打开或关闭路径，可按如下方法进行操作：

选择“视图”|“显示”|“目标路径”命令，即可显示或隐藏所有路径。在“路径”面板中单击空白处，即可关闭所有路径的显示，如下图所示。

操作提示

在Alpha通道中，可以使用绘图工具、各种图像编辑命令和滤镜命令对其进行编辑，也可以将选区存储为Alpha通道后将其永久保留。

在“路径”面板中单击某个路径层，即可打开该路径层所对应的路径，如下图所示。

2. 路径的描边与填充

路径的描边是指将画笔、铅笔和橡皮擦等绘图与编辑工具的属性应用于路径边缘，以模仿绘图工具的绘画效果。

对路径进行描边和填充的具体操作方法如下：

在“路径”面板中选中路径，然后分别单击面板底部的“用前景色填充路径”按钮和“用画笔工具描边路径”按钮，可以使用当前前景色填充路径内部，使用画笔工具的属性对路径进行描边操作，其效果分别如下图所示。

如果在填充或描边时设置参数，可以在“路径”面板控制菜单中选择“填充路径”与“描边路径”命令，将分别弹出“填充路径”与“描边路径”对话框，如下图所示。在相应的对话框中设置相关参数，单击“确定”按钮，即可实现相应的操作。

行家提醒

工作路径是临时的，必须存储它以免丢失其内容。要存储路径但不重命名它，可将工作路径名称拖动到“路径”调板底部的“创建新路径”按钮上。

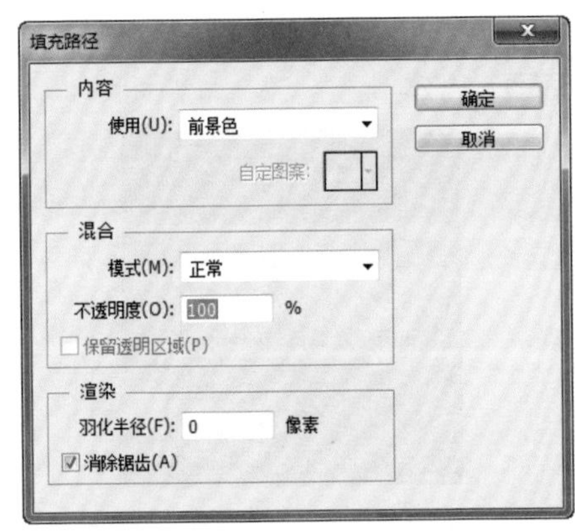

13.3 实战演练——制作创意云彩图案

前面介绍了如何利用 Photoshop 对网页图像进行处理的基础知识，下面将利用本章所学的知识制作一个创意云彩图案，具体操作方法如下：

素材文件 光盘：素材文件\第13章\天空.jpg

1 按【Ctrl+O】组合键，打开素材文件“天空.jpg”，如下图所示。

2 选择自定形状工具，设置工具模式为“路径”，选择“红心形卡”，在图像上绘制路径，如下图所示。

3 按【Ctrl+T】组合键，调整路径的角度和大小，如下图所示。按【Enter】键，确定变换。

操作提示

使用钢笔工具绘制路径时，若要创建C形曲线，可向前一条方向线的相反方向拖动，然后释放鼠标。

4 选择画笔工具，在“画笔”面板中设置画笔笔尖形状，如下图所示。

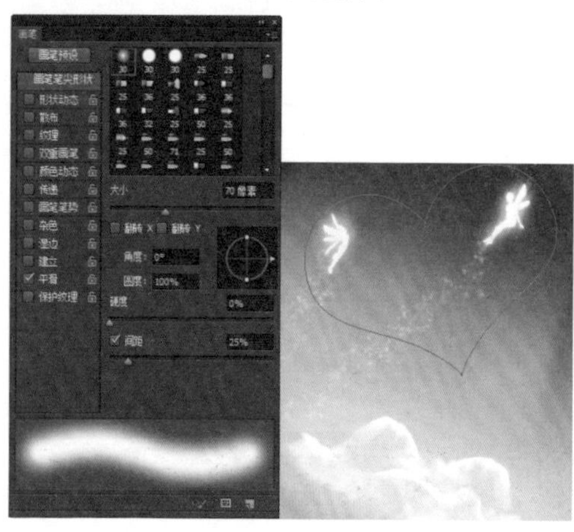

5 继续在“画笔”面板中设置其他选项参数，然后选中“平滑”复选框，如下图所示。

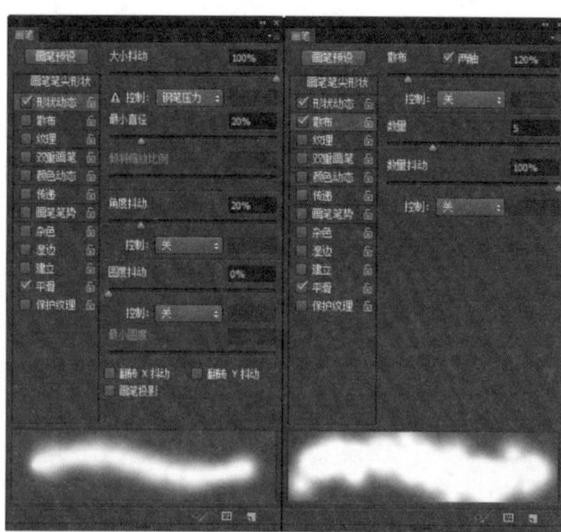

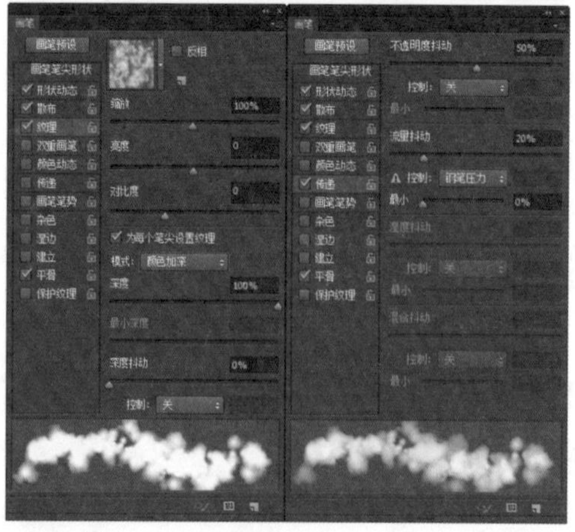

6 在“图层”面板中单击“创建新图层”按钮，新建“图层 1”，如下图所示。

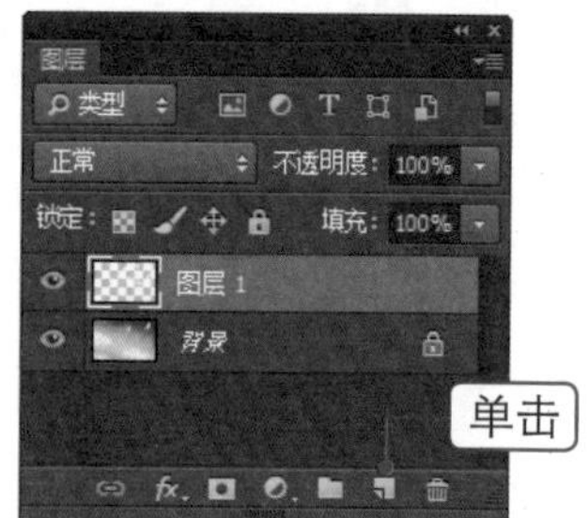

7 打开“路径”面板，单击“用画笔描边路径”按钮，如下图所示。

8 按【Ctrl+H】组合键隐藏路径，即可得到创意云彩效果，如下图所示。

行家提醒

路径是矢量对象，修改起来要比光栅图像容易得多，即便绘制好图形之后，也可以重新对其进行运算。

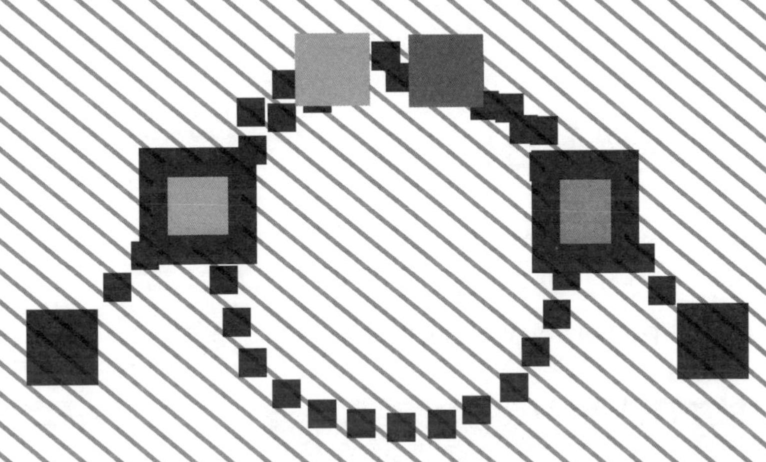

Chapter 14 使用Photoshop处理网页图像

应用于网页中的图像几乎都需要经过处理，在表现出设计师的意图后才会使用于网页中。本章将学习如何调整图像的色彩与色调，以及如何使用滤镜制作出一些当前流行的图像效果。学完这些，想制作绚丽多彩的网页效果就很简单了。

本章重点知识

◎ 调整网页图像的外形

◎ 处理图像的色调

◎ 实战演练——制作炫彩背景

14.1 调整网页图像的外形

在网页设计中，图像的尺寸和大小都有着严格的要求，应在保持符合要求的情况下，追求更小的图片设计。下面将介绍如何对图片的外形进行调整和编辑。

14.1.1 调整网页图像的大小

前面已经介绍过如何利用裁剪工具简单调整图片的尺寸，下面将介绍如何利用菜单编辑网页图像，如修改图像的分辨率等。

素材文件　光盘：素材文件\第14章\新品.jpg、苏绣.jpg

1. 调整网页图像大小

若要调整网页图像的大小，具体操作方法如下：

1 按【Ctrl+O】组合键，打开素材文件“新品.jpg”，如下图所示。

2 选择“调整”｜“图像大小”命令，弹出“图像大小”对话框，如下图所示。

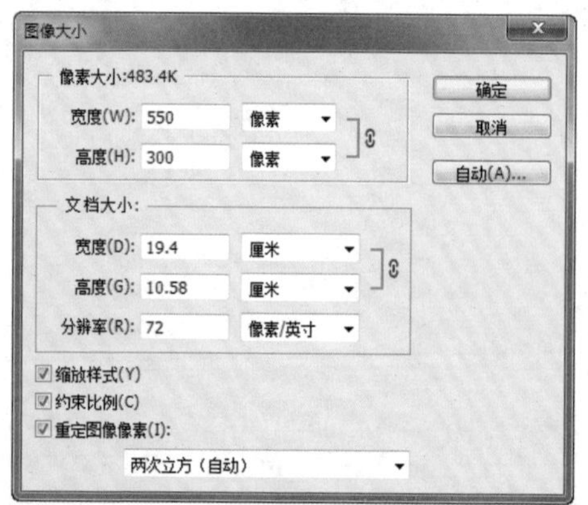

3 设置“分辨率”为50像素/英寸，单击“确定”按钮，如下图所示。

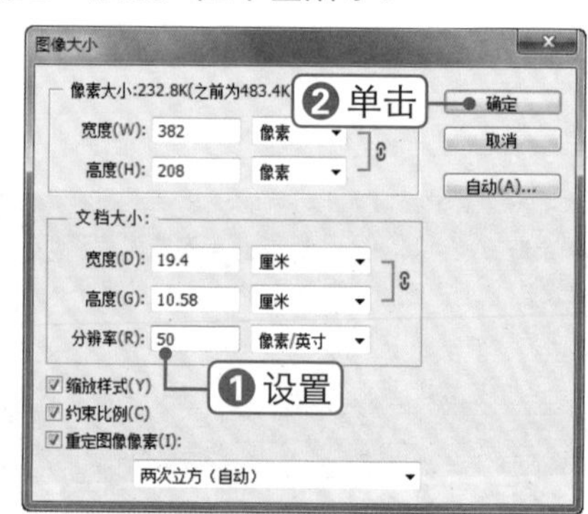

4 查看图像效果，图像变小了，其尺寸也相应变小了，如下图所示。

行家提醒

如果将“像素大小”选项区域中的“宽度”和“高度”数值设置得比原值大，则会出现图像模糊失真的效果。

2. 调整文档大小

如果不需要更改全部的图像，还可以通过更改文档的大小来调整图像的大小，具体操作方法如下：

❶ 按【Ctrl+O】组合键，打开素材文件“苏绣.jpg”，如下图所示。

❷ 选择“调整”｜“画布大小”命令，弹出“画布大小”对话框，如下图所示。

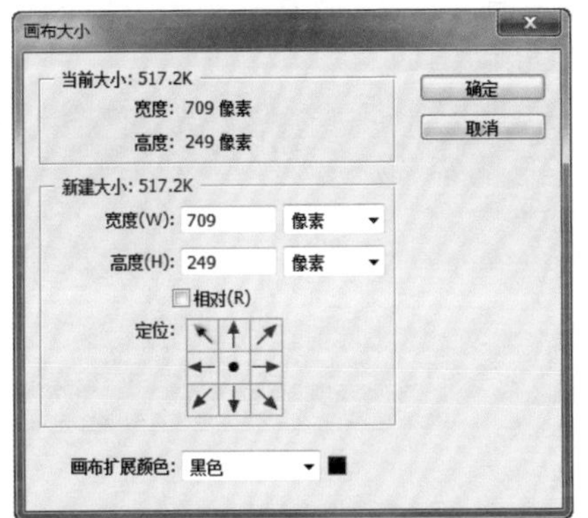

❸ 在“画布大小”对话框中设置各项参数，单击“确定”按钮，如下图所示。

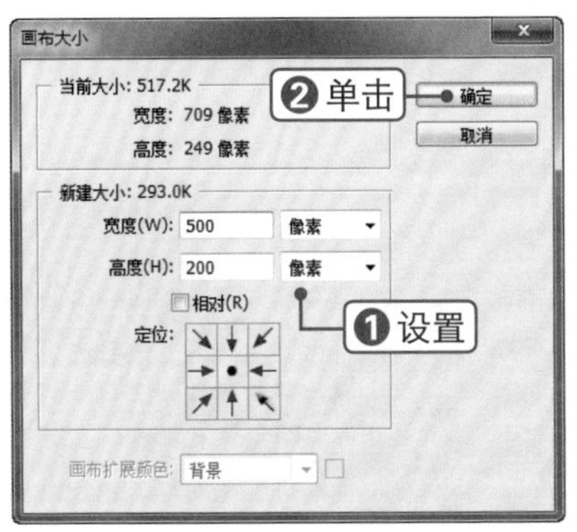

❹ 在弹出的提示信息框中单击“继续”按钮，图像效果如下图所示。

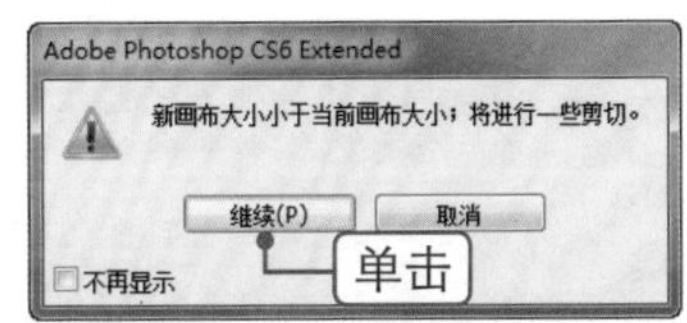

知识插播

利用“画布大小”命令不会改变图像的分辨率，其功能相当于裁剪工具。另外，在“画布大小”对话框中还可以设置裁切图像的方向。

>> 14.1.2 调整文字变形效果

文字是设计中不可缺少的元素，而文字也不是单纯地摆在画面上即可，其除了传达所需的信息外，也要作为设计的一部分融入设计的作品中。

素材文件 光盘：素材文件\第14章\文字1.jpg、文字2.jpg

选择“图像”|“画布大小”命令或按【Alt+Ctrl+C】组合键，均可弹出“画布大小”对话框，修改画布的大小。

1. 套用预设的文字效果

若要套用预设的文字效果，具体操作方法如下：

❶ 按【Ctrl+O】组合键，打开素材文件“文字 1.jpg”，如下图所示。

❷ 选择横排文字工具，在图像窗口中输入文字，如下图所示。

❸ 单击选项栏中的按钮，在弹出的对话框中设置各项参数，单击“确定”按钮，如下图所示。

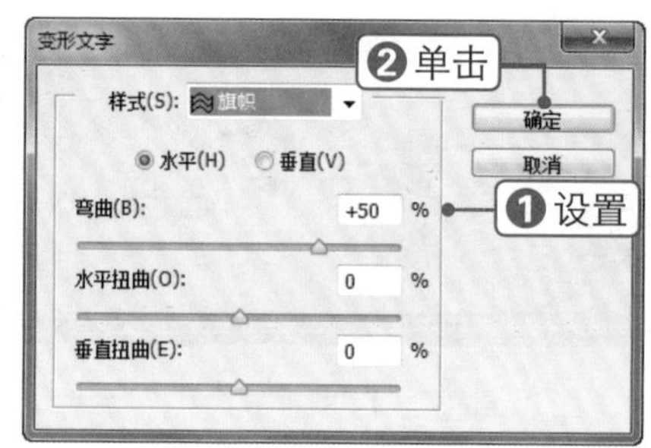

❹ 此时，即可查看变形后的的文字效果，如下图所示。

2. 制作文字效果

若要自行制作文字效果，具体操作方法如下：

❶ 按【Ctrl+O】组合键，打开素材文件“文字 2.jpg”，如下图所示。

❷ 选择横排文字工具，输入文字，在“字符”面板中设置各项参数，如下图所示。

行家提醒

在“文字变形”对话框中的“样式”下拉列表中，Photoshop 提供了 15 种变形样式，并可以设置变形参数。

❸ 在“雪人”图层上右击，在弹出的快捷菜单中选择“创建工作路径”命令，将文字转化为路径，如下图所示。

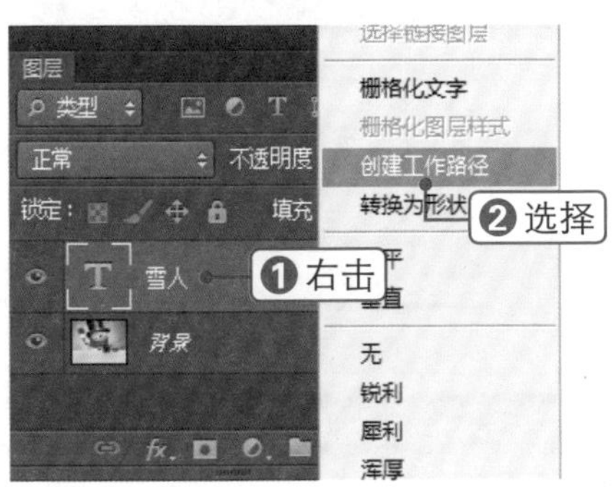

❹ 单击图标隐藏文字图层，选择直接选择工具编辑路径，如下图所示。

❺ 按【Ctrl+Enter】组合键调出选区，单击“创建新图层”按钮，新建“图层 1”，如下图所示。

❻ 设置前景色为 RGB（143，30，115），按【Alt+Delete】组合键填充选区，按【Ctrl+D】组合键取消选区，效果如下图所示。

14.2 处理图像的色调

颜色是图像中的重点元素之一，不同的颜色可以表达不同的含义，恰当地调整图像的颜色可以使图像变得更有意义。

14.2.1 调整图像的色相/饱和度

色相 / 饱和度是调整图像颜色的一个重要命令，通过它可以制作各种不同的图像效果。下面将介绍如何使用“色相 / 饱和度”命令调整图像，具体操作方法如下：

素材文件　光盘：素材文件\第14章\花语.jpg、晚霞.jpg

操作提示

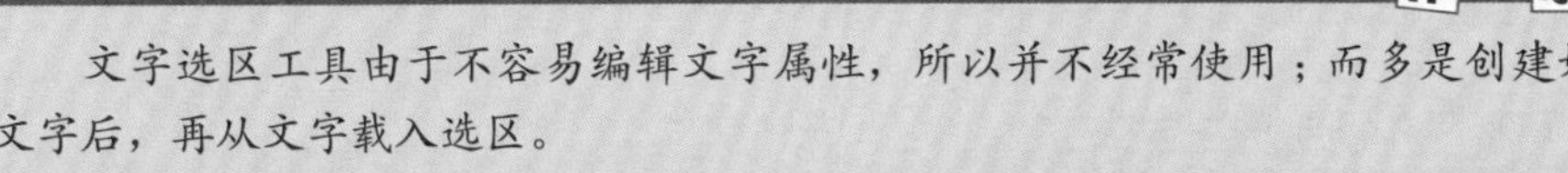

文字选区工具由于不容易编辑文字属性，所以并不经常使用；而多是创建好文字后，再从文字载入选区。

❶ 按【Ctrl+O】组合键，打开素材文件“花语.jpg”，如下图所示。

❷ 选择矩形选框工具，在图像窗口中创建一个矩形选区，设置“羽化”为50px，如下图所示。

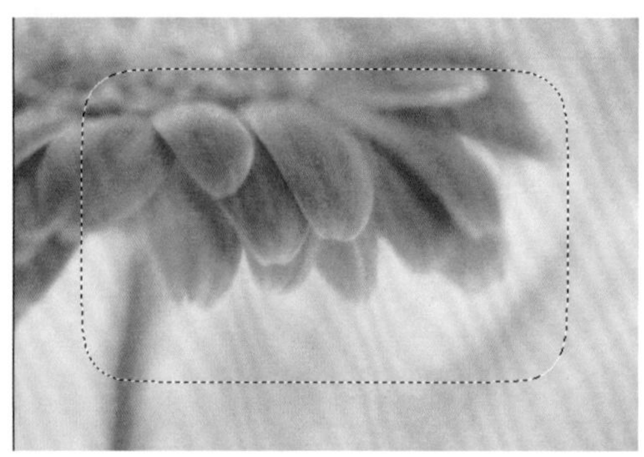

❸ 选择“图像”|“调整”|“色相/饱和度”命令，在弹出的对话框中设置各项参数，单击“确定”按钮，如下图所示。

❹ 选择横排文字工具，在图像窗口中输入文字，效果如下图所示。

另外，还可以利用“色相/饱和度”命令来制作一些特殊的效果，具体操作方法如下：

❶ 按【Ctrl+O】组合键，打开素材文件“晚霞.jpg”，如下图所示。

❷ 选择“图像”|“调整”|“色相/饱和度”命令，在弹出的对话框中设置各项参数，单击“确定”按钮，如下图所示。

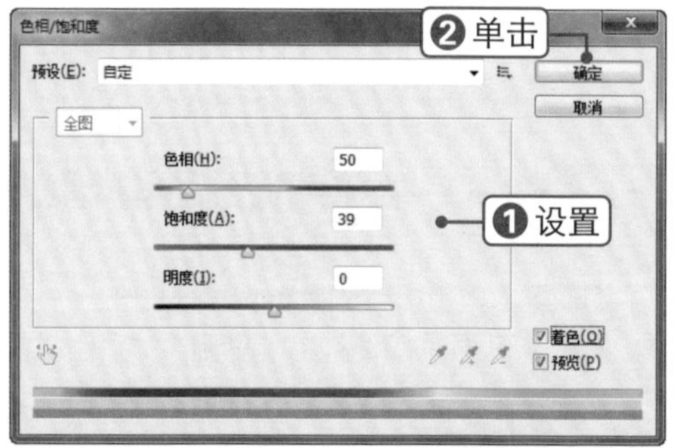

行家提醒

色相指色彩的相貌，如光谱中的红、橙、黄、绿、青、蓝、紫为基本色相；明度指色彩的明暗度；纯度是指色彩的鲜艳程度，也称饱和度。

❸ 此时，即可查看调整色相/饱和度后的图像效果，如下图所示。

❹ 选择矩形选框工具，在图像窗口中创建矩形选区。单击“创建新图层”按钮，新建“图层 1”，如下图所示。

❺ 设置前景色为白色，按【Alt+Delete】组合键填充选区，如下图所示。

❻ 按【Shift+F6】组合键，弹出“羽化选区”对话框，设置“羽化半径”为 6 像素，单击“确定”按钮，如下图所示。

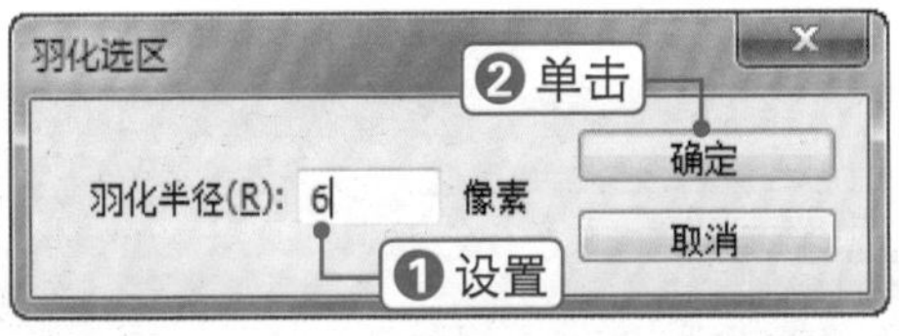

❼ 按【Ctrl+Shift+I】组合键反选选区，按【Delete】键删除选区以外的图形，如下图所示。

❽ 选择横排文字工具，输入文字。打开“字符”面板，设置文字的各项参数，如下图所示。

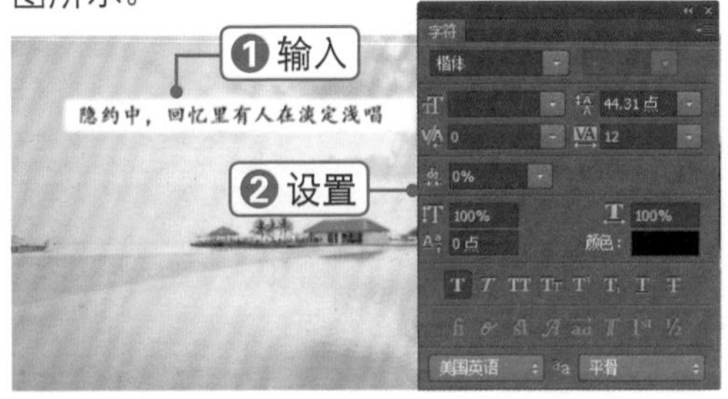

❾ 分别调整各个文字的大小，效果如下图所示。

❿ 按【Ctrl+Enter】组合键确认操作，设置“图层 1”的不透明度为 70%，效果如下图所示。

“羽化”可以柔化选区的边缘，使之产生一个渐变过渡的效果，避免选区边缘过于生硬。在“羽化”对话框中设置羽化数值越大，边缘就越柔和。

知识插播

利用“色相 / 饱和度”命令不仅可以制作一些图像的特殊效果，还可以用于调整图像的偏色等问题。

>> 14.2.2 调整图像的亮度/对比度

“亮度 / 对比度”命令可用于调整图像的亮暗程度，或用于调整图像中不同部分的对比度，具体操作方法如下：

素材文件 光盘：素材文件\第14章\玉文化.jpg

❶ 按【Ctrl+O】组合键，打开素材文件“玉文化.jpg”，如下图所示。

❷ 选择“图像”|“调整”|“亮度 / 对比度”命令，弹出“亮度 / 对比度”对话框，如下图所示。

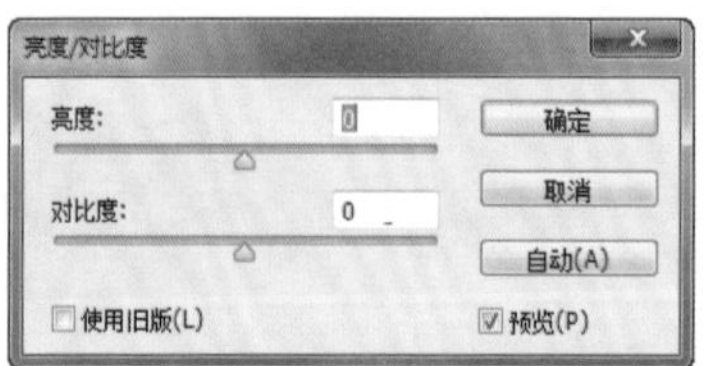

❸ 在该对话框中调整“亮度”选项，即可更改全图的明暗度，如下图所示。

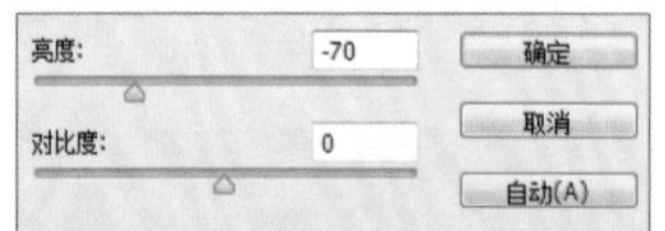

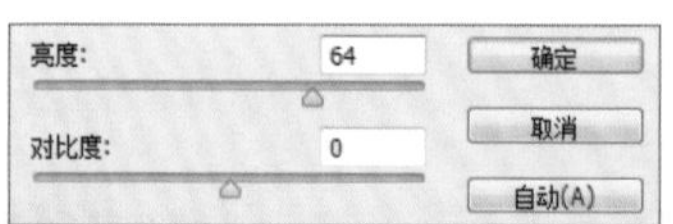

❹ 在该对话框中调整图像的“对比度”选项，即可改变全图的对比度，如下图所示。

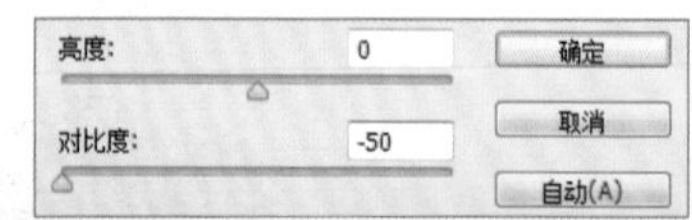

亮度: 0 确定
对比度: 60 取消
自动(A)

行家提醒

“亮度 / 对比度”命令比较简单，功能也有限，如果处理的图像要进行高端输出，不建议使用该命令。

>> 14.2.3 调整图像的色阶与色彩平衡

“色阶”与“色彩平衡”命令同样可用于调整图像的明暗度及颜色，下面将分别介绍这两个命令的使用方法。

素材文件　光盘：素材文件\第14章\巅峰.jpg、送礼.jpg、沙发.jpg、手机.jpg

1. “色阶”命令

“色阶”命令的使用方法与“亮度 / 对比度”命令基本相似，具体操作方法如下：

1 按【Ctrl+O】组合键，打开素材文件“巅峰 .jpg”，如下图所示。

2 选择“图像” | “调整” | “色阶”命令，弹出“色阶”对话框，如下图所示。

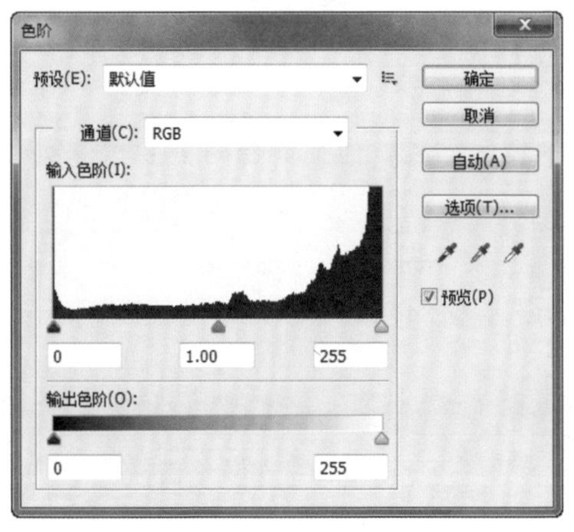

3 设置各项参数值，单击“确定”按钮，如下图所示。

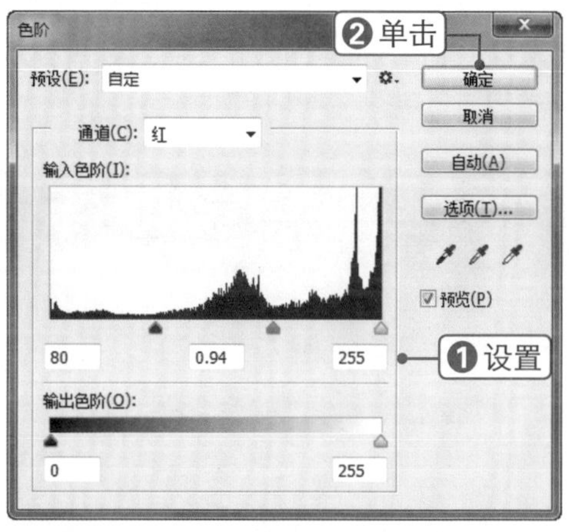

4 此时，图像中的红色部分整体变暗，最终效果如下图所示。

2. “色彩平衡”命令

“色彩平衡”命令可用于调整图像的颜色，如调整图像偏色问题、制作单色图像等，下面将详细介绍该命令的使用方法。

“照片滤镜”、“色彩平衡”和“变化”是用于调整色彩的命令，使用方法简单且直观；“亮度 / 对比度”和“色调均化”命令用于调整色调。

（1）制作单色图像

❶ 按【Ctrl+O】组合键，打开素材文件“送礼.jpg”，如下图所示。

❷ 按【Ctrl+Shift+U】组合键，将当前图像变为黑白图像，如下图所示。

❸ 选择“图像”｜“调整”｜“色彩平衡”命令，在弹出的对话框中设置各项参数，单击“确定”按钮，如下图所示。

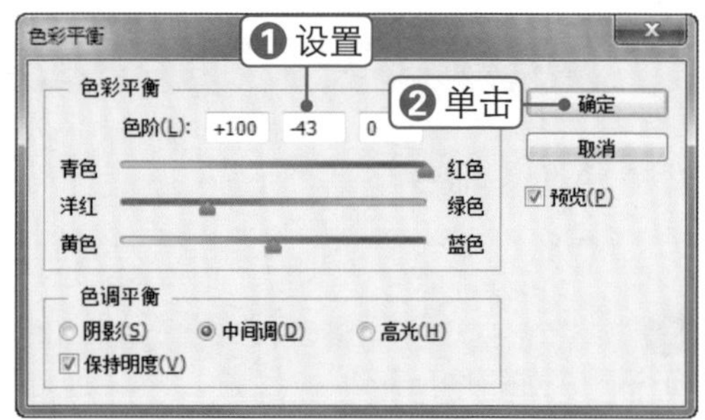

❹ 此时图像整体偏棕红色调，最终效果如下图所示。

（2）调整偏色图像

利用“色彩平衡”命令还可以调整图像的偏色问题，但在调整时需要根据实际情况进行调整，具体操作方法如下：

❶ 按【Ctrl+O】组合键，打开素材文件“沙发.jpg”，如下图所示。

❷ 选择“图像”｜“调整”｜“色彩平衡”命令，弹出“色彩平衡”对话框，如下图所示。

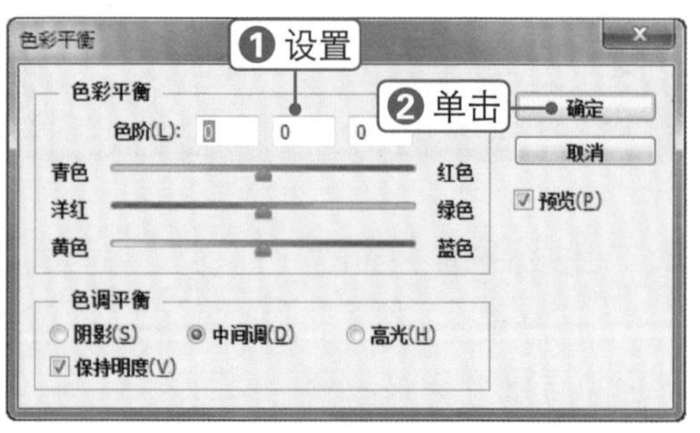

行家提醒

在“色彩平衡”对话框中，相互对应的两个颜色互为补色。当提高某种颜色的比重时，位于另一侧的补色的颜色就会减少。

3 在“色彩平衡”对话框中设置各项参数值，单击“确定”按钮，如下图所示。

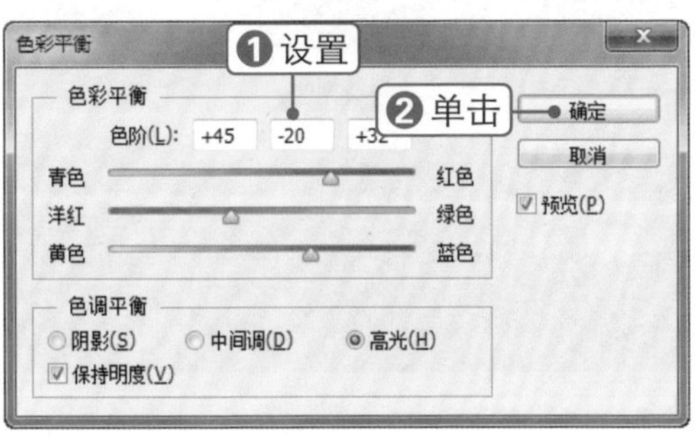

4 查看调整偏色图像后的效果，如下图所示。

3.“色调均化”命令

使用“色调均化”命令时会将图像中最亮的像素转换为白色，将最暗的像素转换为黑色，其余的像素也会随之进行相应的调整。

1 按【Ctrl+O】组合键，打开素材文件“手机.jpg”，如下图所示。

2 选择“图像”|“调整”|“色调均化”命令，效果如下图所示。

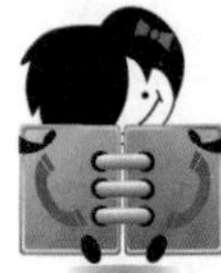

知识插播

“色调均化”命令可以自动调整图像的对比度，使亮光看上去更亮，阴影部分看上去更暗。

14.3 实战演练——制作炫彩背景

下面将综合运用本章所学的各种知识，制作一种炫彩背景效果，具体操作方法如下：

选择“图像”|“调整”|“色彩平衡”命令或按【Ctrl+B】组合键，都可以打开“色彩平衡”对话框。

1 选择“文件”|“新建”命令，在弹出的对话框中设置各项参数，单击“确定”按钮，如下图所示。

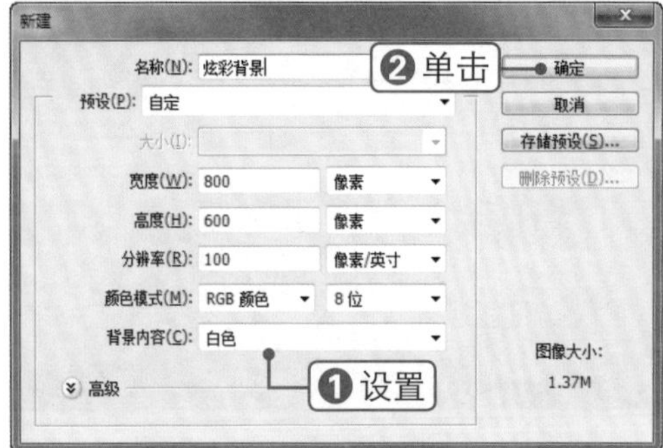

2 单击“创建新图层”按钮，新建“图层 1”。设置前景色为白色，背景色为黑色，如下图所示。

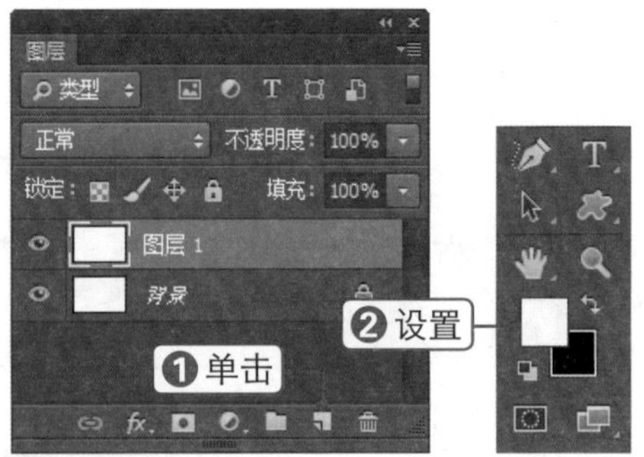

3 按【Alt+Delete】组合键填充“图层 1”，效果如下图所示。

4 选择“滤镜”|“渲染”|“云彩”命令，效果如下图所示。

5 选择“滤镜”|“像素化”|“铜版雕刻”命令，在弹出的对话框中选择类型为“短描边”，单击“确定”按钮，如下图所示。

6 选择“滤镜”|“模糊”|“径向模糊”命令，在弹出的对话框中设置各项参数，单击“确定”按钮，如下图所示。

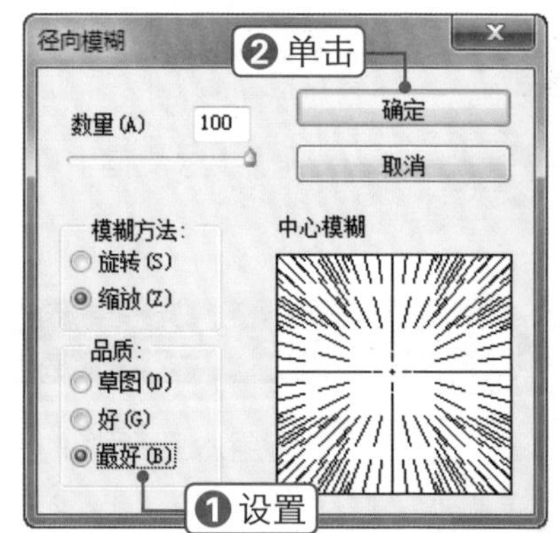

行家提醒

使用“径向模糊”滤镜处理图像时，需要进行大量的计算，如果图像的尺寸较大，可以先设置较低的“品质”来观察效果。

7 选择“滤镜”|“扭曲”|“旋转扭曲”命令，在弹出的对话框中设置角度为“100度”，单击“确定”按钮，如下图所示。

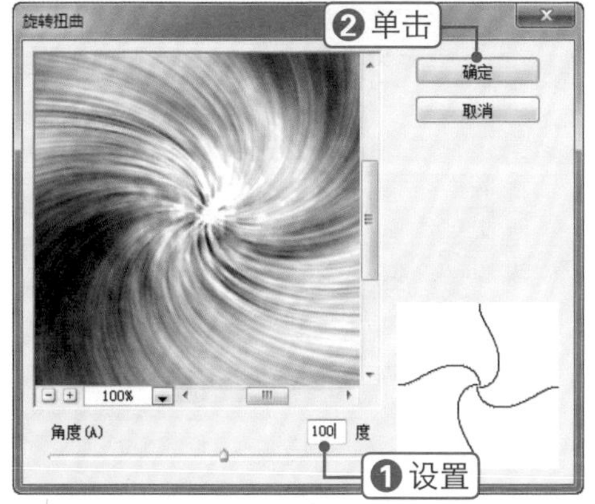

8 按【Ctrl+J】组合键复制当前图层，得到“图层 1 副本”，效果如下图所示。

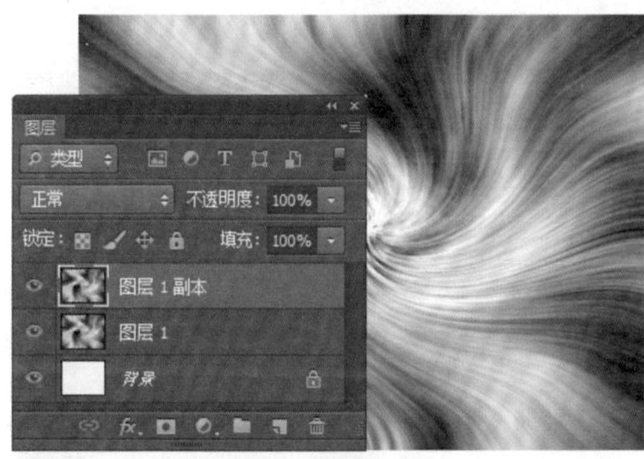

9 选择“滤镜”|“扭曲”|“旋转扭曲”命令，在弹出的对话框中设置角度为“-180 度”，单击“确定”按钮，如下图所示。

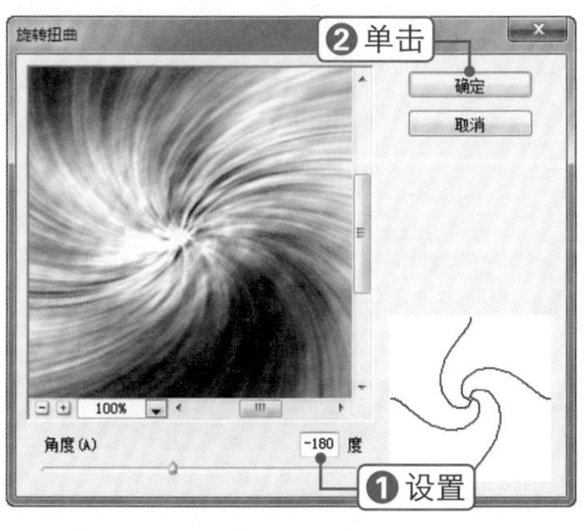

10 在“图层”面板中设置“图层 1 副本”的图层混合模式为“变亮”，如下图所示。

11 选择“图像”|“调整”|“色相/饱和度”命令，在弹出的对话框中设置各项参数，单击“确定”按钮，如下图所示。

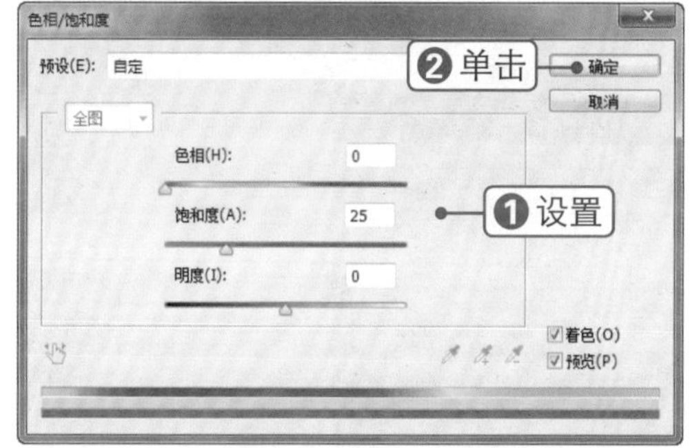

12 此时图像部分区域添加了红色，效果如下图所示。

操作提示

“扭曲”滤镜组是按照某种方式在几何意义上对一幅图像进行扭曲（如波浪、切变等），使其产生模拟水波、镜面反射等效果。

13 选择“图层 1”，按【Ctrl+U】组合键，在弹出的对话框中设置各项参数，单击“确定”按钮，如下图所示。

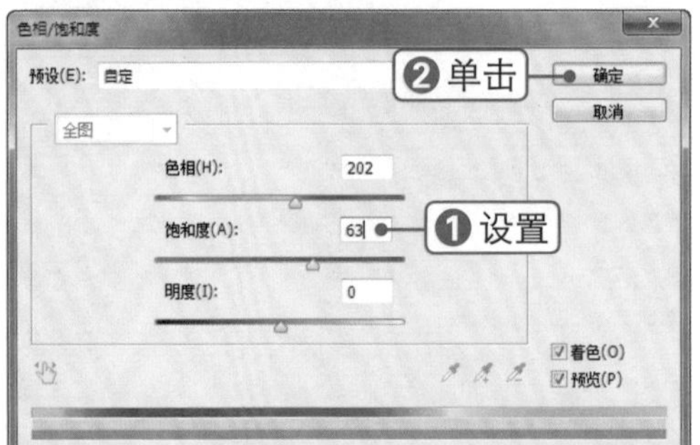

14 选择“图层 1 副本”，按【Ctrl+E】组合键向下合并图层，如下图所示。

15 选择“滤镜”|“锐化”|“USM 锐化”命令，在弹出的对话框中设置各项参数，单击“确定”按钮，如下图所示。

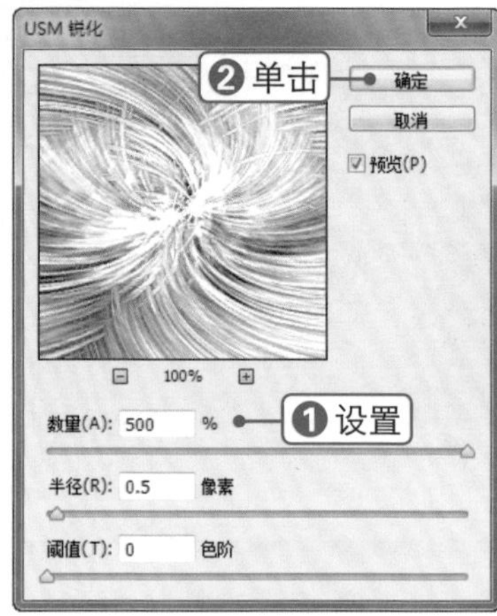

16 此时，即可得到最终的炫彩背景效果，如下图所示。

行家提醒

“锐化边缘”滤镜与“USM”滤镜都可以查找图像中颜色发生显著变化的区域，然后将其锐化。

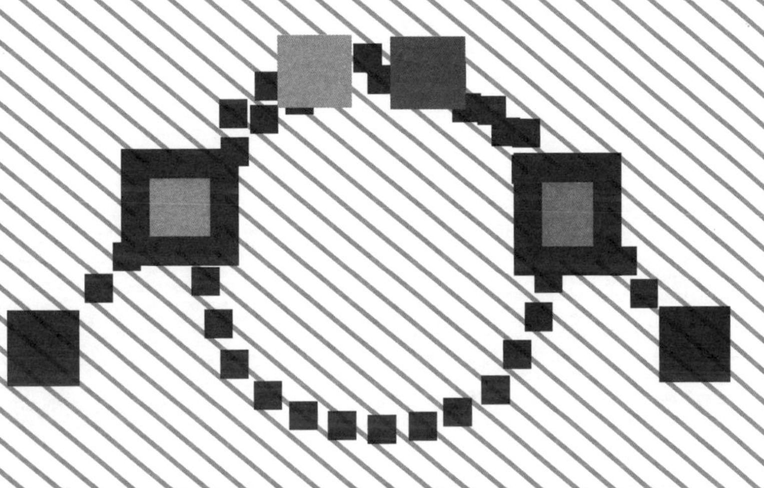

Chapter

制作网页特效与版面

Photoshop 在网页图像制作和处理方面的功能特别强大。本章将详细介绍如何利用 Photoshop CS6 制作网页按钮、网页板块和网站首页等。本章的知识非常重要，读者要学会融会贯通，举一反三。

本章重点知识

- ◎ 网页按钮的制作
- ◎ 网页广告的制作
- ◎ 实战演练——制作商务网站首页

15.1 网页按钮的制作

在网页制作中按钮的应用非常广泛，一个漂亮的按钮能使页面增色不少。下面将介绍几种网页中常用的水晶按钮和一些装饰用的按钮。

15.1.1 制作网页常用按钮

下面将详细介绍如何制作一种网页常用按钮效果，具体操作方法如下：

1 选择“文件”|“新建”命令，在弹出的对话框中设置各项参数，单击“确定”按钮，如下图所示。

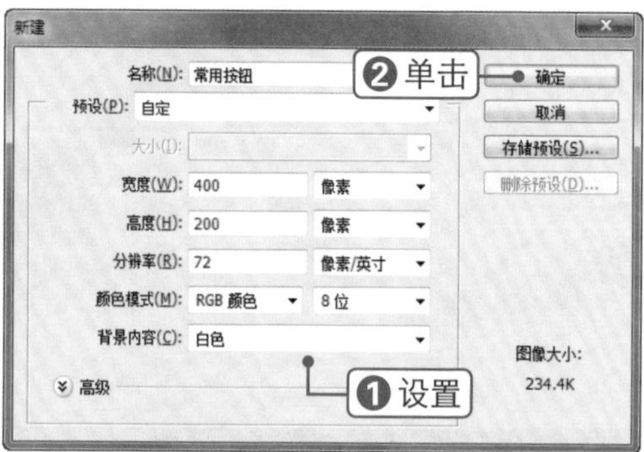

2 单击“创建新图层”按钮，新建“图层 1”，并将其命名为“底部”，如下图所示。

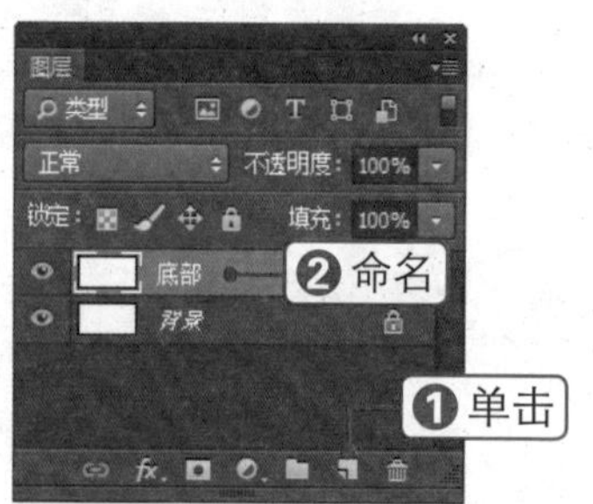

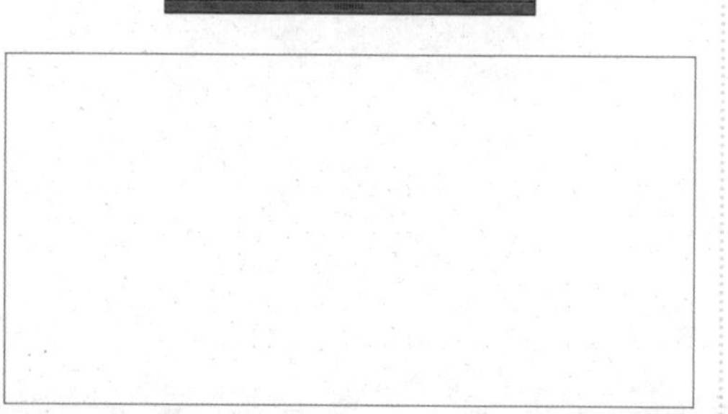

3 设置前景色为 RGB（52，175，125），按【Alt+Delete】组合键填充“图层 1”，如下图所示。

4 选择圆角矩形工具，设置圆角矩形工具的“半径”为 4 像素，“固定大小”为 200 像素 ×50 像素，如下图所示。

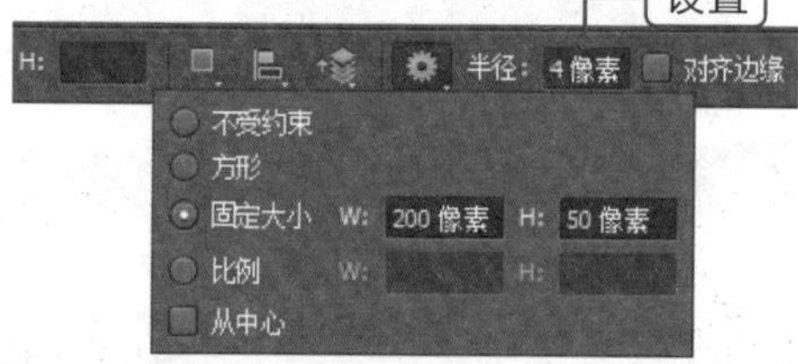

5 使用圆角矩形工具在图像上绘制一个圆角矩形，如下图所示。

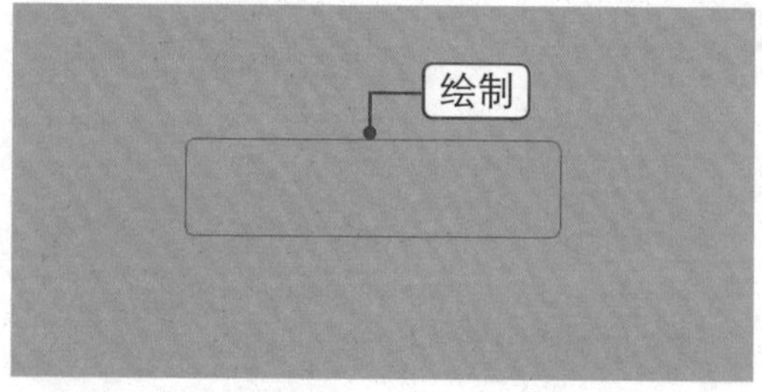

行家提醒

使用圆角矩形工具可以绘制带圆角的矩形，其工具选项栏中增加了一个“半径”文本框，用于设置圆角矩形圆角半径的大小。

❻ 按【Ctrl+Enter】组合键，将路径转化为选区。选择渐变工具，在“渐变编辑器”窗口中设置渐变色，如下图所示。

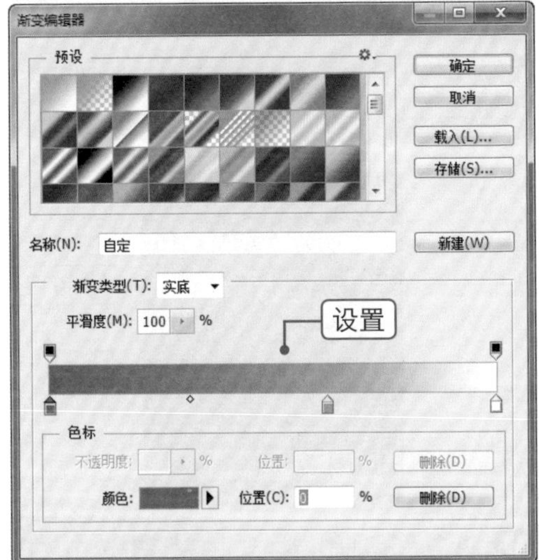

❼ 单击“线性渐变”按钮，单击“创建新图层”按钮，新建“图层 1”。从上到下绘制渐变色，如下图所示。

❽ 单击“创建新图层”按钮，新建“图层 2”，并重命名为“高光”。按住【Ctrl】键单击“图层 1”缩览图调出选区，如下图所示。

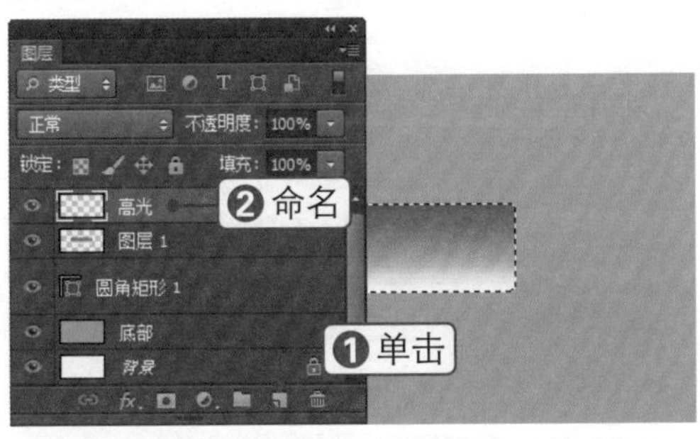

❾ 选择“选择”|“修改”|“收缩”命令，在弹出的“收缩选区”对话框中设置“收缩量”为 1 像素，如下图所示。

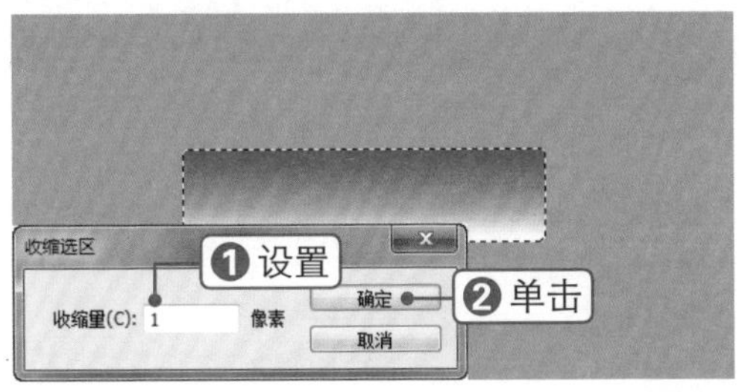

❿ 设置前景色为 RGB（244，253，235），按【Alt+Delete】组合键填充选区，按【Ctrl+D】组合键取消选区，如下图所示。

⓫ 选择“高光”图层，单击“添加图层蒙版”按钮，为其添加图层蒙版，如下图所示。

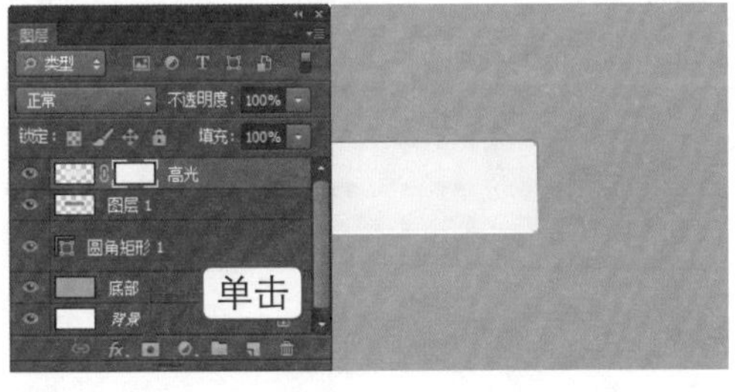

⓬ 选择渐变工具，设置渐变色为黑白渐变，按住【Shift】键从上到下绘制渐变，效果如下图所示。

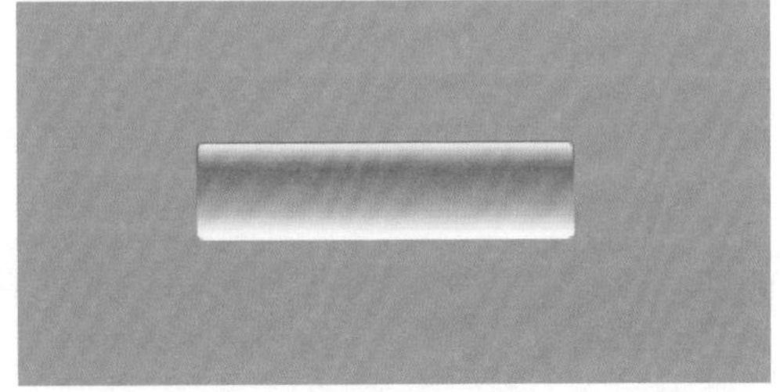

操作提示

背景图层不能添加图层蒙版，如果必须要给背景图层添加一个蒙版，可以先将背景图层转换为普通图层。

⑬ 选择“图层1”，单击“添加图层样式”按钮fx，在弹出的对话框中选中“描边”选项，设置各项参数，如下图所示。

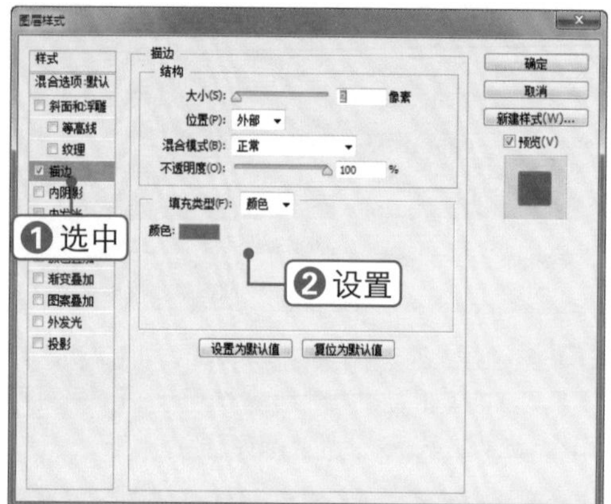

⑭ 继续选中“内发光”图层样式，设置各项参数，单击“确定”按钮，如下图所示。

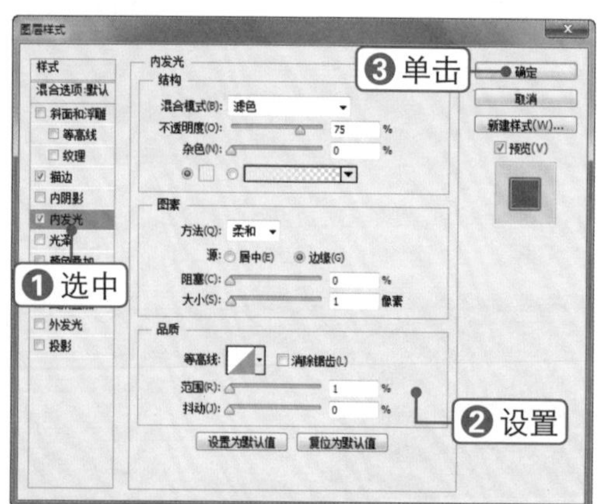

⑮ 查看添加图层样式后的效果，如下图所示。

⑯ 选择横排文字工具T，输入文字“完成”。在“字符”面板中设置各项参数，如下图所示。

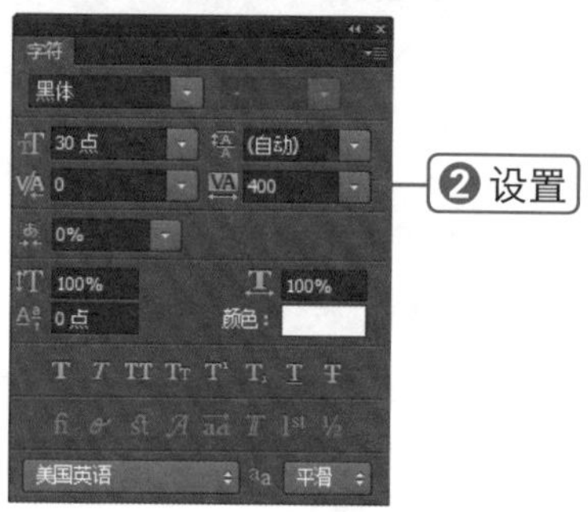

⑰ 单击“添加图层样式”按钮fx，选中“投影”选项，设置各项参数，单击“确定”按钮，如下图所示。

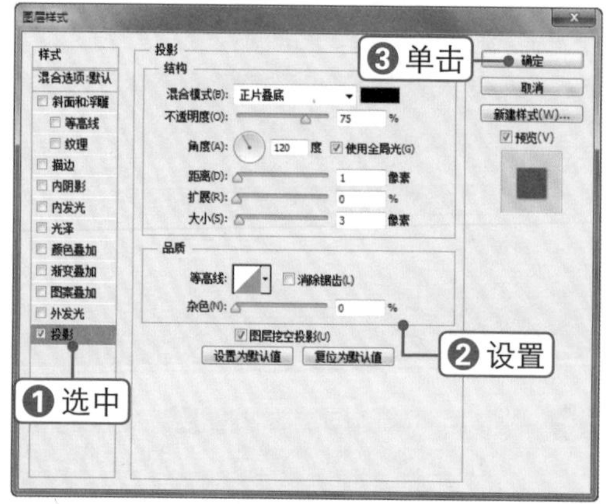

⑱ 此时，即可得到网页常用按钮的最终效果，如下图所示。

行家提醒

“描边”图层样式是将原始图像的边界向外扩展，形成边的包围效果。当选择不同的“填充类型”时，图像描边的内容也随之改变。

>> 15.1.2 制作漂亮水晶按钮

下面将详细介绍如何制作一个漂亮水晶按钮效果，具体操作方法如下：

素材文件　光盘：素材文件\第15章\蓝色背景.jpg

1 按【Ctrl+O】组合键，打开素材文件“蓝色背景.jpg”，如下图所示。

2 选择矩形选框工具，在图像上绘制矩形选区，如下图所示。

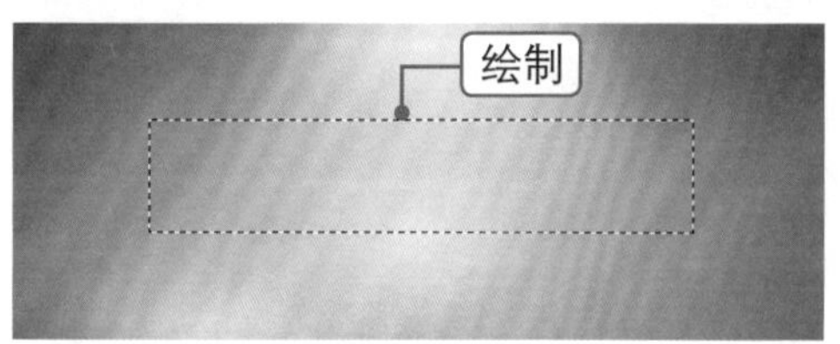

3 单击“创建新图层”按钮，新建“图层 1”。用任意颜色填充选区，按【Ctrl+D】组合键取消选区，如下图所示。

4 单击“添加图层样式”按钮，选择“渐变叠加”选项，如下图所示。

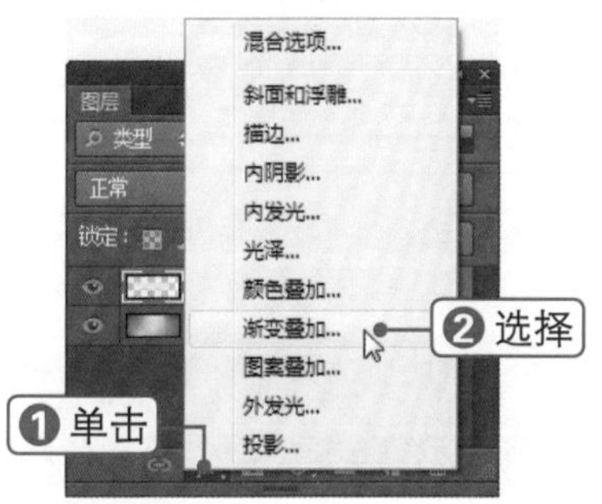

5 在弹出的对话框中设置“渐变叠加”图层样式的各项参数，如下图所示。

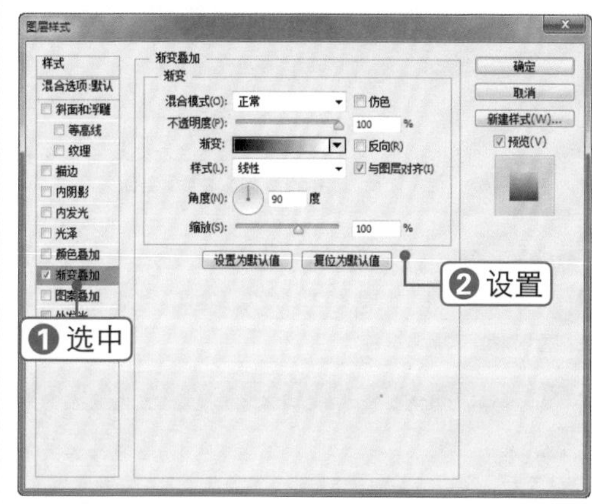

6 设置渐变颜色从左到右依次为#fbd573、#ffb700、#ffd468、#fff7de，“位置”从左到右依次为：0%、53%、58%、100%，如下图所示。

7 从左到右选择第三个色标，将“位置”调整为53%，单击“确定”按钮，如下图所示。

操作提示

在“图层样式”对话框中选择“渐变叠加”选项，将显示渐变叠加参数设置选项，其中可以通过改变“样式”来控制渐变叠加的类型。

8 继续选中“描边”图层样式，设置各项参数，如下图所示。

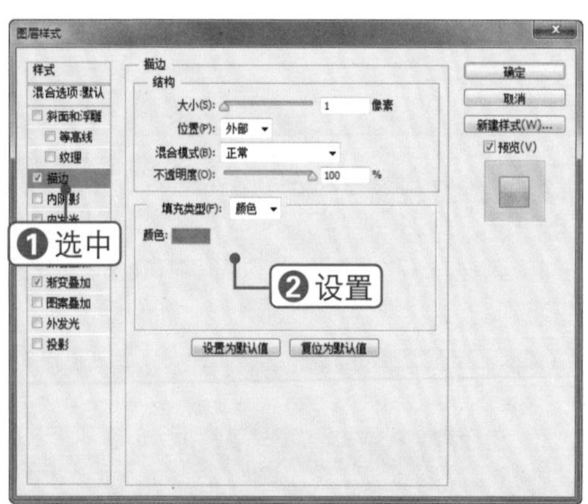

9 选中“内发光”图层样式，设置各项参数，单击“确定”按钮，如下图所示。

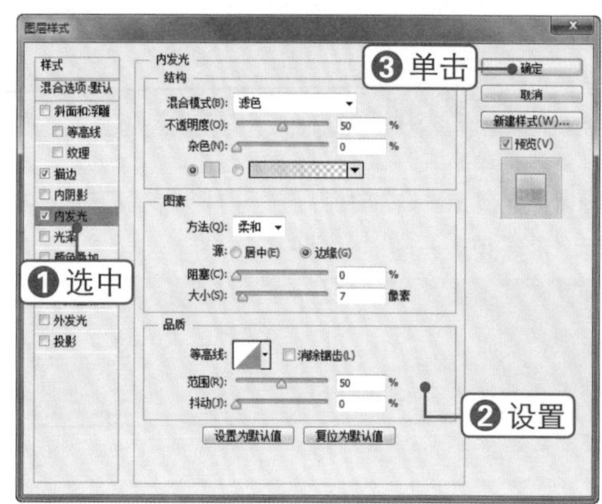

10 此时，即可得到漂亮水晶按钮的最终效果，如下图所示。

知识插播

选中“居中”单选按钮，可以在图像中央发光；选中“边缘”单选按钮，可以在图像边缘发光。

15.2 网页广告的制作

广告图片在网页中占有很大的比例，下面将介绍广告图片的制作方法，其中包括促销广告 banner、电器广告 banner，以及科技公司 banner 等。

15.2.1 制作促销广告banner

下面将详细介绍如何制作促销广告 banner，具体操作方法如下：

素材文件 光盘：素材文件\第15章\logo.psd、酒.psd

行家提醒

“内发光”图层样式的参数与“外发光”基本相同，除了“扩展”选项变为“阻塞”外，还增加了对光源位置进行设置的选项。

1 选择"文件"|"新建"命令，在弹出的对话框中设置各项参数，单击"确定"按钮，如下图所示。

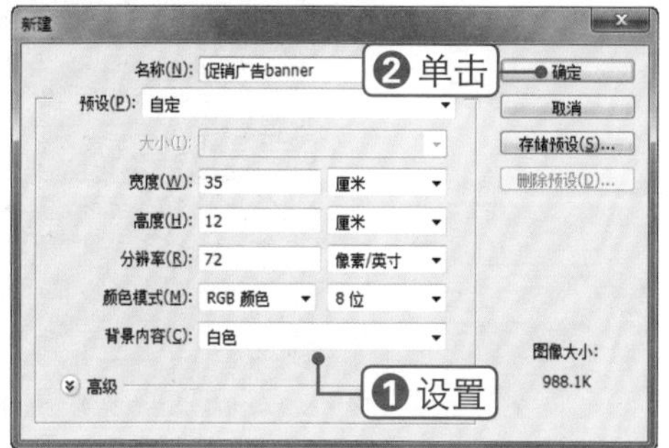

2 设置前景色为RGB（255，230，0），按【Alt+Delete】组合键填充"背景"图层，如下图所示。

3 选择钢笔工具，在图像窗口中绘制一个闭合路径。按【Ctrl+Enter】组合键，将路径转换为选区，如下图所示。

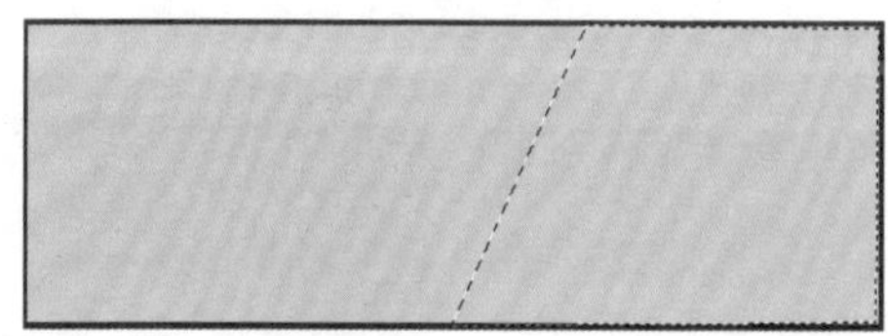

4 单击"创建新图层"按钮，新建"图层1"。设置前景色，单击"确定"按钮，如下图所示。

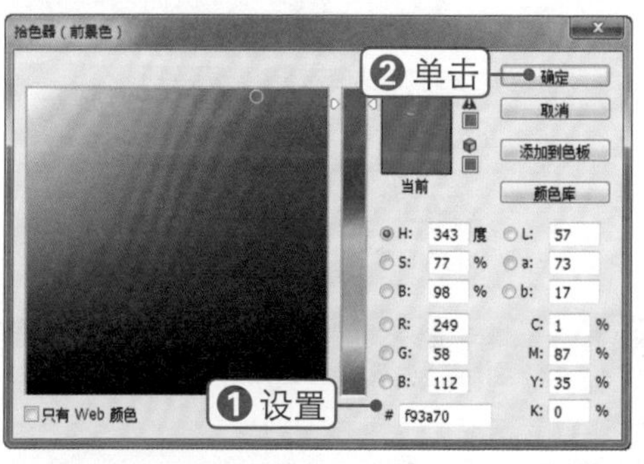

5 按【Alt+Delete】组合键填充选区，按【Ctrl+D】组合键取消选区，如下图所示。

6 选择钢笔工具，再次绘制一个闭合路径。按【Ctrl+Enter】组合键，将路径转换为选区，如下图所示。

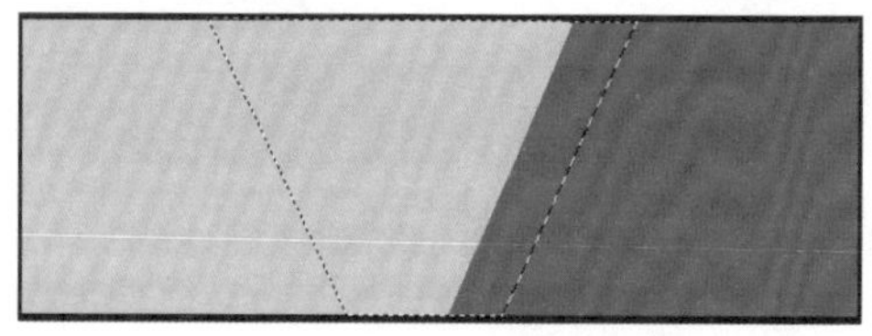

7 单击"创建新图层"按钮，新建"图层2"。设置前景色，单击"确定"按钮，如下图所示。

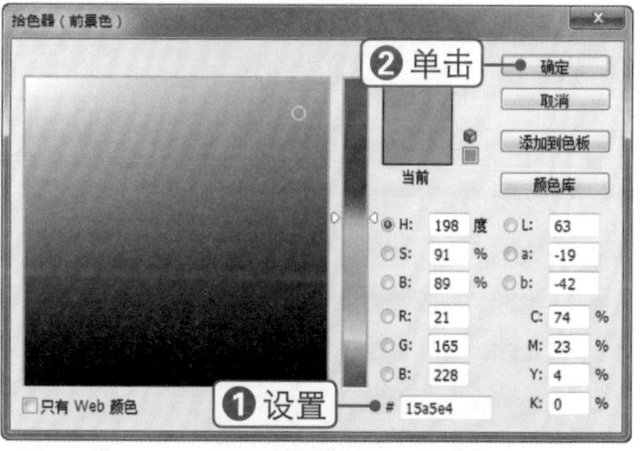

8 按【Alt+Delete】组合键填充选区，按【Ctrl+D】组合键取消选区，如下图所示。

9 单击"创建新图层"按钮，新建"图层3"。选择矩形选框工具，创建一个选区，如下图所示。

创建选区后，按【Alt+Delete】组合键，可以为选区填充前景色；按【Ctrl+Delete】组合键，可以填充背景色。

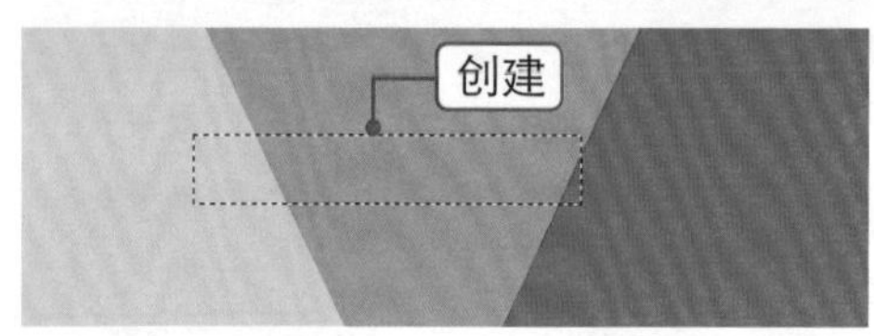

10 设置前景色为白色，按【Alt+Delete】组合键填充选区，按【Ctrl+D】组合键取消选区，如下图所示。

11 选择钢笔工具，绘制两个闭合路径。按【Ctrl+Enter】组合键，将路径转换为选区，如下图所示。

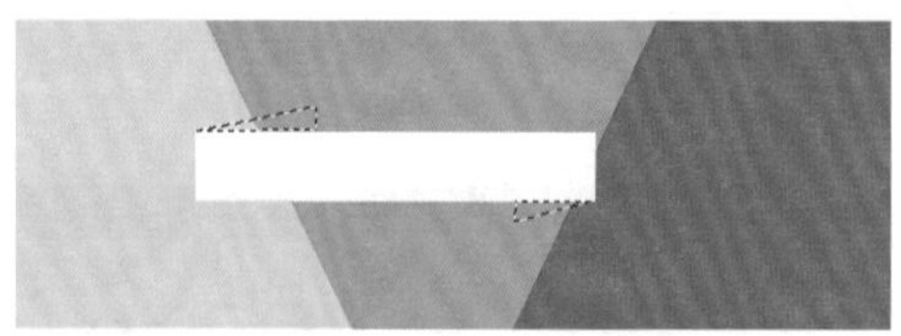

12 单击"创建新图层"按钮，新建"图层 4"。设置前景色，单击"确定"按钮，如下图所示。

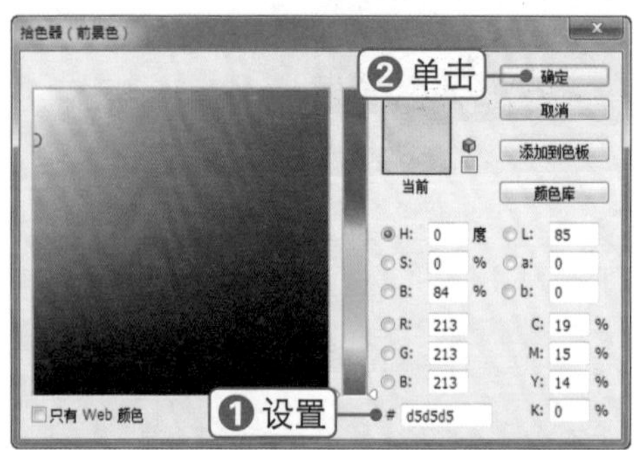

13 按【Alt+Delete】组合键填充选区，按【Ctrl+D】组合键取消选区，如下图所示。

14 选择横排文字工具，输入文字。打开"字符"面板，设置文字的各项参数，如下图所示。

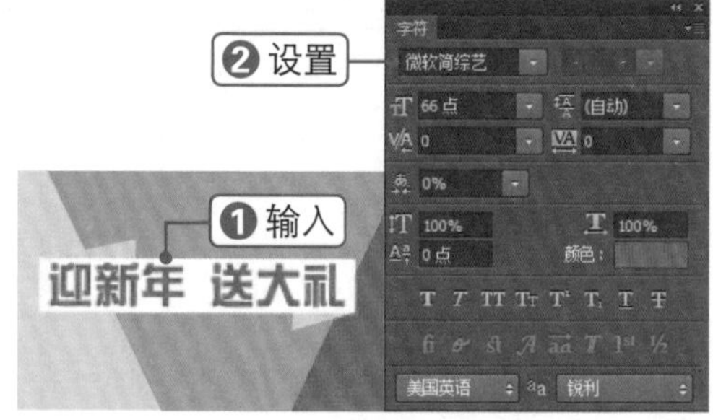

15 选择横排文字工具，继续输入文字，并设置文字的各项参数，如下图所示。

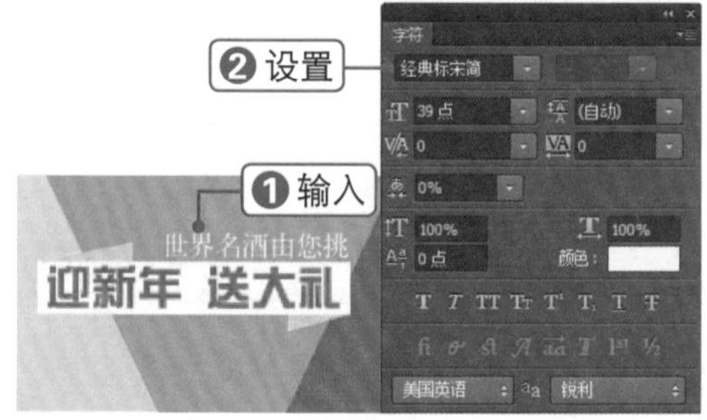

16 选择横排文字工具，继续输入文字，并设置文字的各项参数，如下图所示。

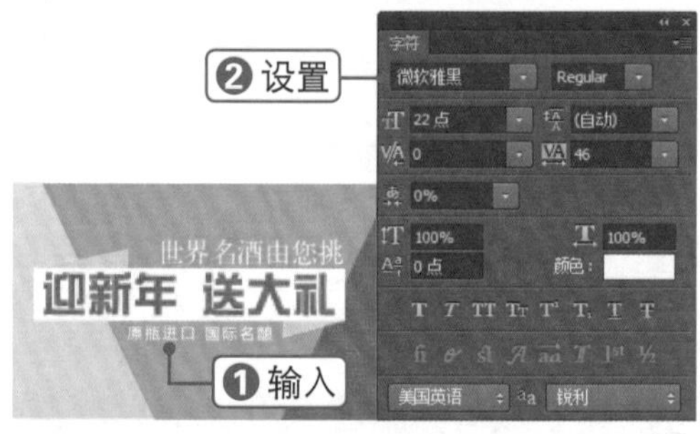

17 按【Ctrl+O】组合键，打开素材文件 logo.psd，如下图所示。

18 将 logo 拖入广告文档窗口中，按【Ctrl+T】组合键调出变换框，调整图像大小，如下图所示。

行家提醒

文字输入后，按【Enter】键，或选取工具箱中的其他工具，都可以确定文字的输入操作。

19 按【Ctrl+O】组合键，打开素材文件“酒 .psd”，如下图所示。

20 将 01 图层拖到广告文档窗口中，按【Ctrl+T】组合键调出变换框，调整图像大小，如下图所示。

21 按【Ctrl+J】组合键，得到“01 副本”图层。按【Ctrl+T】组合键，右击选择“垂直翻转”命令，如下图所示。

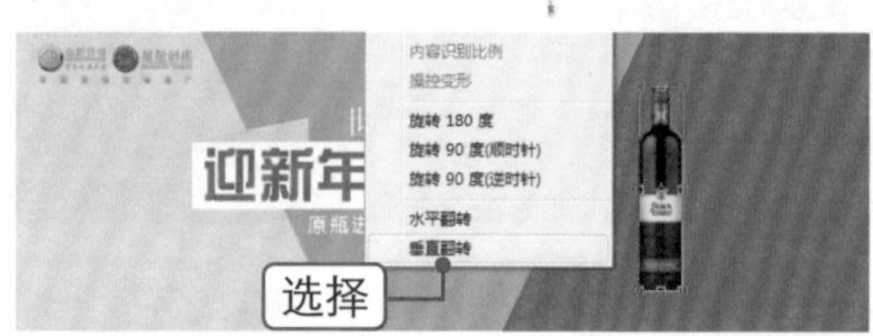

22 按【Enter】键确定操作，将“01 副本”图层向下移动。单击“添加图层蒙版”按钮，如下图所示。

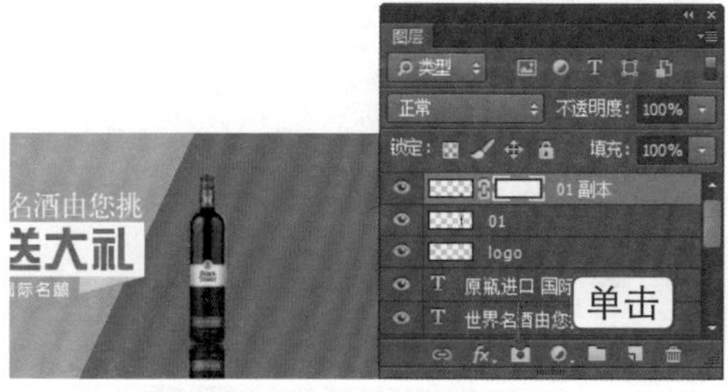

23 选择渐变工具，设置渐变色为黑白渐变。单击“线性渐变”按钮，绘制渐变色，如下图所示。

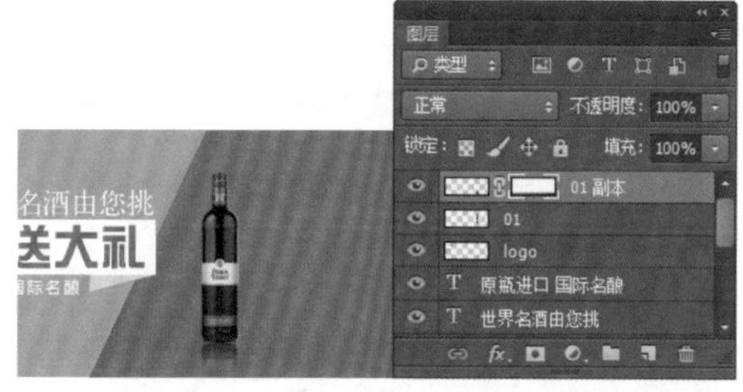

24 用同样的方法拖入 02 和 03 红酒素材，然后制作出倒影效果，如下图所示。

25 选择自定形状工具，选择“电话 2”图案，在图像上绘制图案，如下图所示。

26 选择横排文字工具，输入电话号码。打开“字符”面板，设置文字的各项参数，最终效果如下图所示。

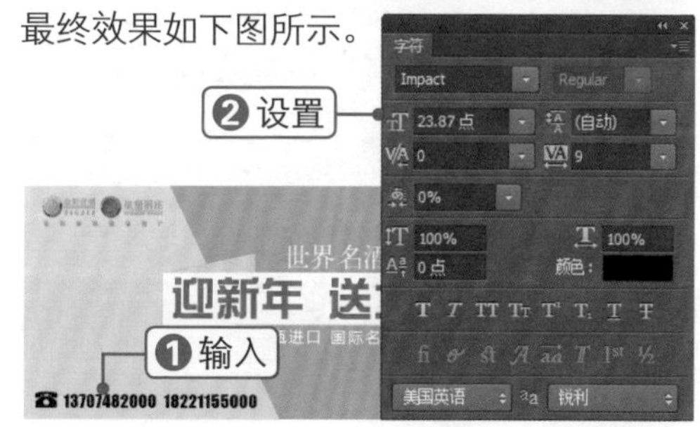

段落文字一般用来处理字数较多的正文，因为段落文字可以使用避头尾法则和一些特殊的对齐方式，而点文字却不能。

15.2.2 制作电器广告banner

下面将详细介绍如何制作电器广告 banner，具体操作方法如下：

素材文件　光盘：素材文件\第15章\电脑.jpg

1 选择“文件”|“新建”命令，在弹出的对话框中设置各项参数，单击“确定”按钮，如下图所示。

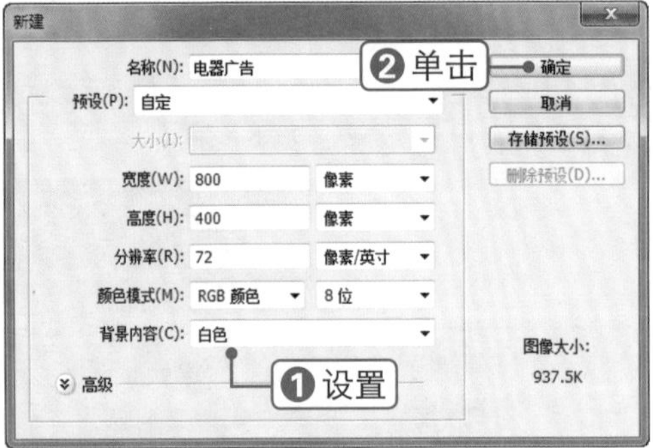

2 设置前景色为 RGB（146，6，93），按【Alt+Delete】组合键填充“背景”图层，如下图所示。

3 选择椭圆选框工具，设置“羽化”为 50 像素，绘制椭圆选区，如下图所示。

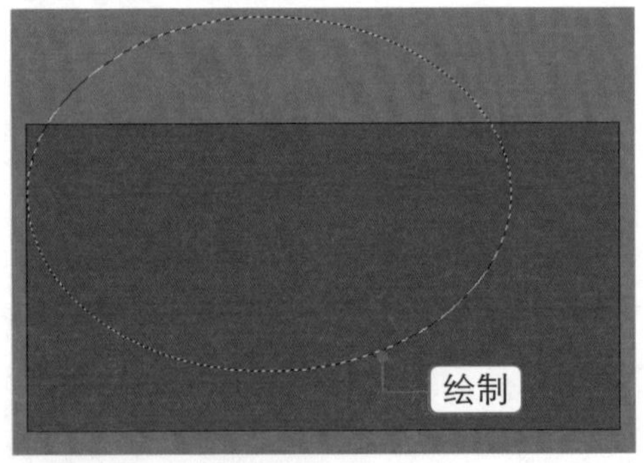

4 单击“创建新图层”按钮，新建“图层 1”。设置前景色为 RGB（201，35，111），按【Alt+Delete】组合键填充图层，如下图所示。

5 选择椭圆选框工具，设置“羽化”为 80 像素，在图像上绘制一个椭圆选区，如下图所示。

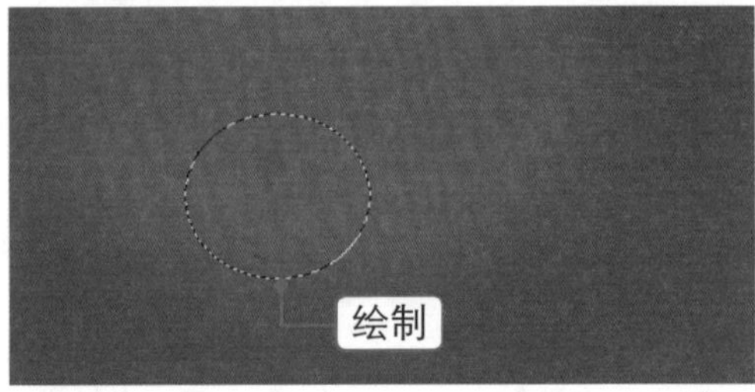

6 单击“创建新图层”按钮，新建“图层 2”。设置前景色为白色，按【Alt+Delete】组合键填充选区，按【Ctrl+D】组合键取消选区，如下图所示。

行家提醒

选择“视图”|“显示”|“选区边缘”命令或按【Ctrl+H】组合键，可以在显示和隐藏选区之间进行切换。

7 按【Ctrl+O】组合键，打开素材文件“电脑.jpg”，如下图所示。

8 选择磁性套索工具，沿着电脑边缘拖动鼠标创建选区，如下图所示。

9 将选区内的图像拖到广告文档窗口中，按【Ctrl+T】组合键，调整至合适大小，如下图所示。

10 按【Ctrl+T】组合键调出变换框，右击选择“垂直翻转”命令，然后将其向下移动，如下图所示。

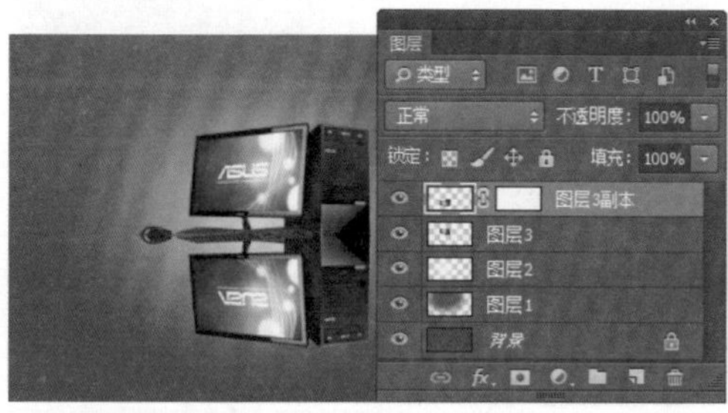

11 单击“添加图层蒙版”按钮，为“图层3副本”添加图层蒙版，如下图所示。

12 选择渐变工具，设置渐变色为黑白渐变。单击“线性渐变”按钮，绘制倒影效果，如下图所示。

13 选择横排文字工具，输入文字，并在“字符”面板中设置各项参数，如下图所示。

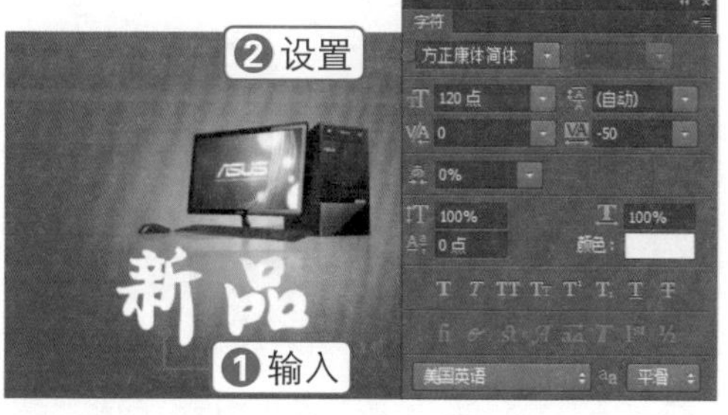

14 单击“添加图层样式”按钮，选择“渐变叠加”选项，在弹出的对话框中设置各项参数，如下图所示。

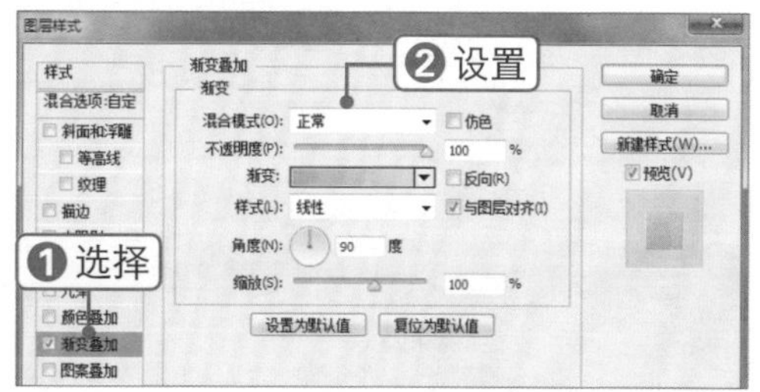

操作提示

在输入文字的过程中，若希望移动文字的位置，可按住【Ctrl】键的同时进行移动操作。

15 选中“投影”图层样式，设置各项参数，单击“确定”按钮，如下图所示。

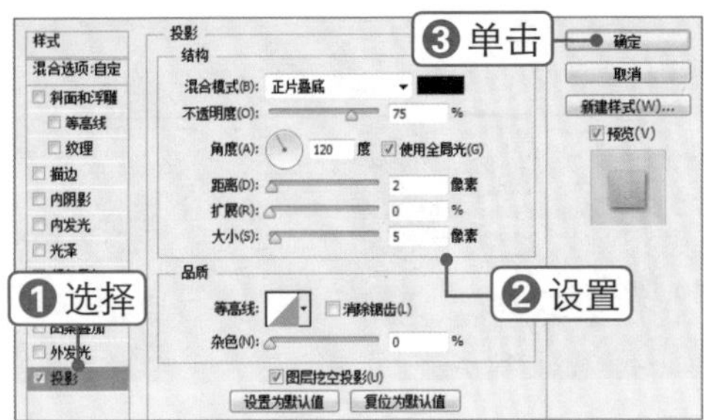

16 查看为文字添加图层样式后的效果，如下图所示。

17 选择横排文字工具，输入文字，在“字符”面板中设置各项参数，如下图所示。

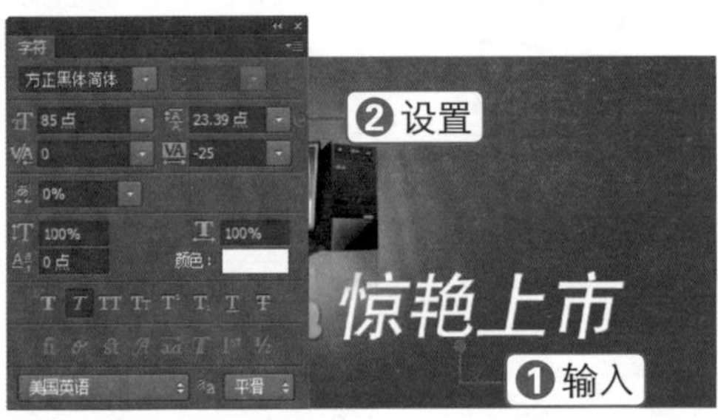

18 单击“添加图层样式”按钮，选择“投影”选项，在弹出的对话框中设置各项参数，单击“确定”按钮，如下图所示。

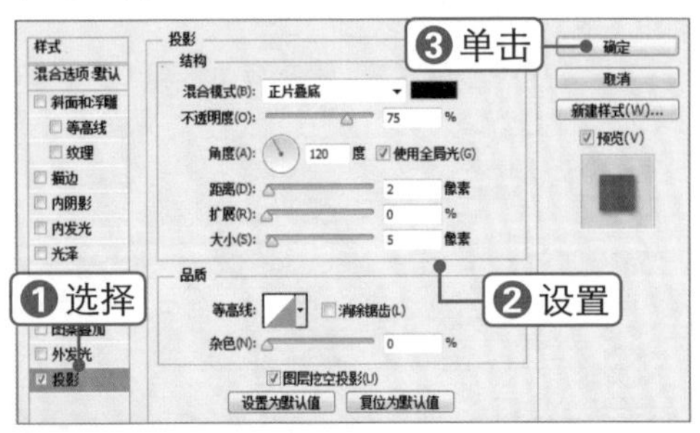

19 继续选择横排文字工具，输入广告文字，如下图所示。

20 选择自定形状工具，在图像上绘制一个会话图形，如下图所示。

21 按【Ctrl+T】组合键，调整会话图形的大小和角度，如下图所示。

22 选择横排文字工具，继续输入文字。在“字符”面板中设置各项参数，即可得到最终效果，如下图所示。

行家提醒

在文字工具属性栏中提供了文字的一些常用参数，而在“字符”面板中则提供了更丰富的参数。

>> 15.2.3 制作科技公司banner

下面将详细介绍如何制作科技公司 banner，具体操作方法如下：

素材文件 光盘：素材文件\第15章\电脑.psd

1 选择“文件”|“新建”命令，在弹出的对话框中设置各项参数，单击“确定”按钮，如下图所示。

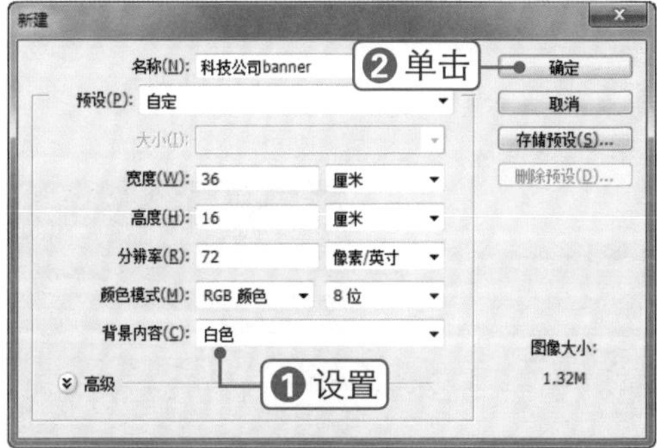

2 选择渐变工具，在“渐变编辑器”窗口中设置渐变色，单击“确定”按钮，如下图所示。

3 在工具属性栏中单击“线性渐变”按钮，然后从左向右绘制渐变色，如下图所示。

4 按【Ctrl+J】组合键复制“背景”图层，得到“图层 1”，如下图所示。

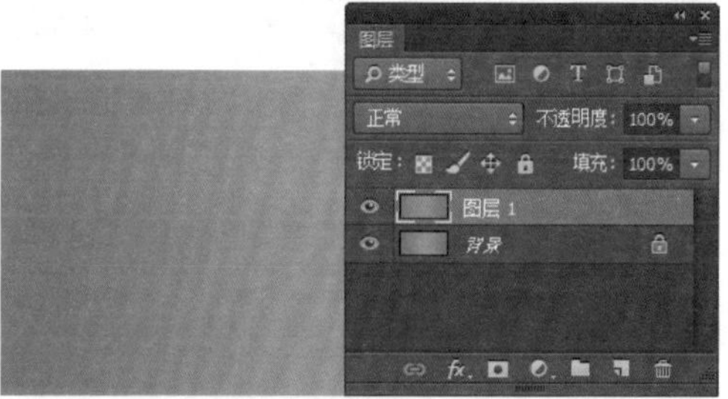

5 选择“滤镜”|“像素化”|“马赛克”命令，在弹出的对话框中设置各项参数，单击“确定”按钮，如下图所示。

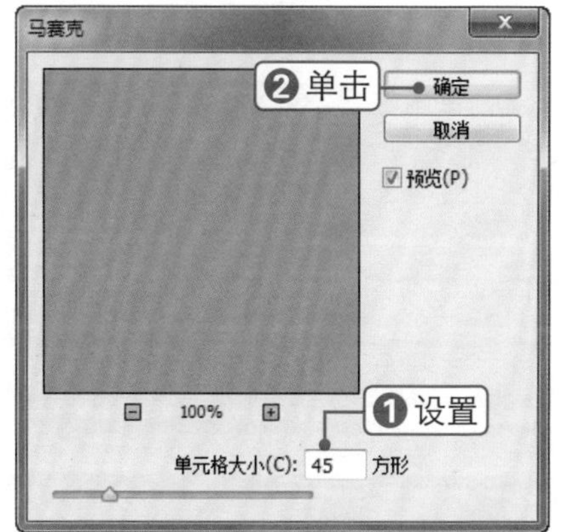

操作提示

“马赛克”滤镜把具有相似色彩的像素合成为更大的方块，并按原图规则排列，模拟马赛克的效果。

6 按【Ctrl+J】组合键复制图层，得到“图层 1 副本”，如下图所示。

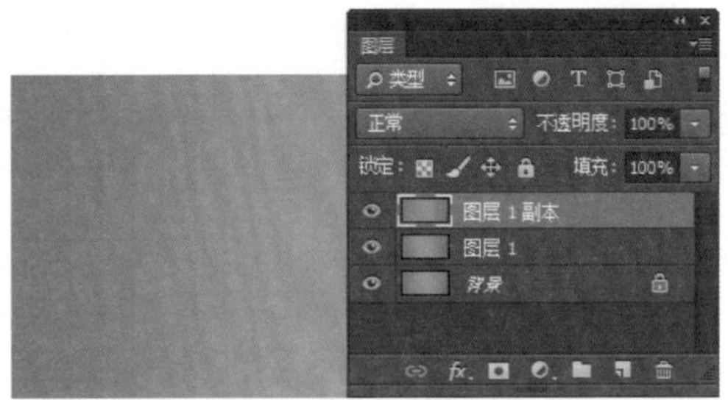

7 按【Ctrl+T】组合键调出变换框，右击选择“选择 90 度（顺时针）”命令，如下图所示。

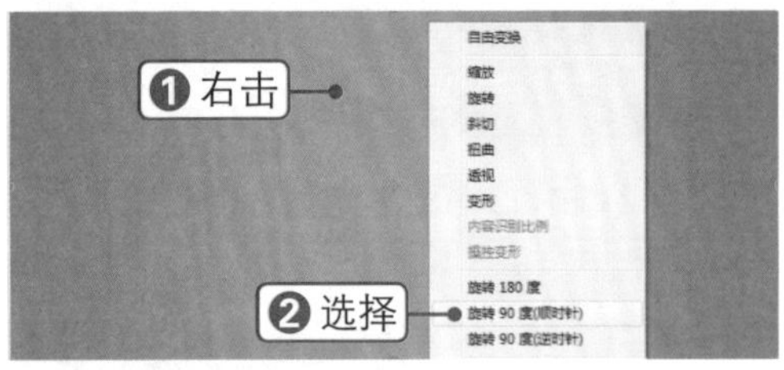

8 将图像向两边拉伸，按【Enter】键确定操作，效果如下图所示。

9 设置“图层 1 副本”的图层混合模式为“亮光”，“不透明度”为 50%，如下图所示。

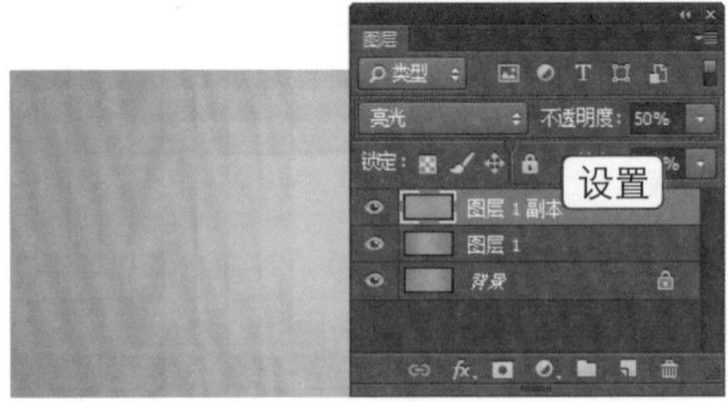

10 选择横排文字工具，输入文字。打开“字符”面板，设置文字的各项参数，如下图所示。

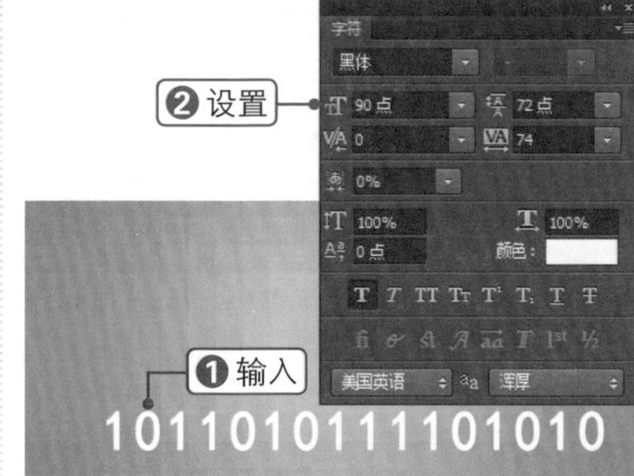

11 将文本图层的“不透明度”设置为 8%，如下图所示。

12 采用同样的方法，利用横排文字工具输入文字，并设置不透明度，如下图所示。

13 按【Ctrl+O】组合键，打开素材文件“电脑.psd”，如下图所示。

行家提醒

如果文字使用了伪粗体格式，那么在使用文字变形时，会提示伪粗体格式不能应用文字变形，根据提示去除伪粗体即可。

⑭ 将"图层 1"拖到广告文档窗口中，按【Ctrl+T】组合键调出变换框，调整图像的角度和大小，如下图所示。

⑮ 用同样的方法将其他素材拖到 banner 文档窗口中，如下图所示。

⑯ 按【Ctrl+J】组合键复制"图层 2"，得到"图层 2 副本"。按【Ctrl+T】组合键，调整图像的角度，如下图所示。

⑰ 将"图层 2 副本"拖动到"图层 2"下方，设置"不透明度"为 33%，如下图所示。

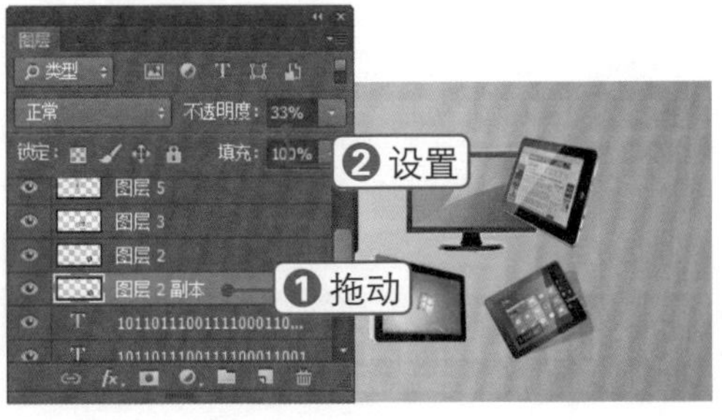

⑱ 按【Ctrl+J】组合键，得到"图层 副本 1"。按【Ctrl+T】组合键，调整其角度和位置，如下图所示。

⑲ 设置"图层 2 副本 1"的"不透明度"为 13%，然后将其拖动到"图层 2 副本"的下方，如下图所示。

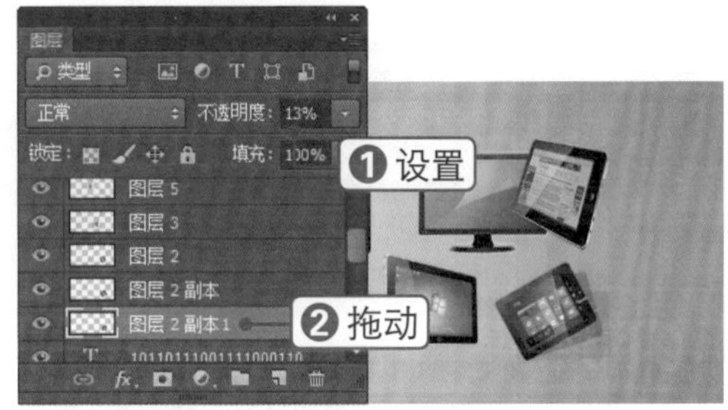

⑳ 采用同样的方法为"图层 4"制作旋转特效，如下图所示。

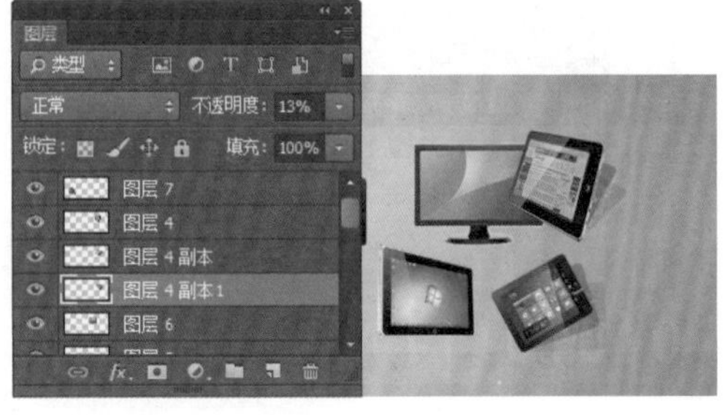

知识插播

在对图像进行旋转时，若按住【Shift】键拖动鼠标，则可以 15° 的倍数旋转图像。

按【Ctrl+T】组合键可以执行自由变换命令，如果在操作过程中想取消变换，则可按【Esc】键。

21 单击“创建新图层”按钮，新建“图层 8”。选择画笔工具，设置画笔大小为 1 像素，如下图所示。

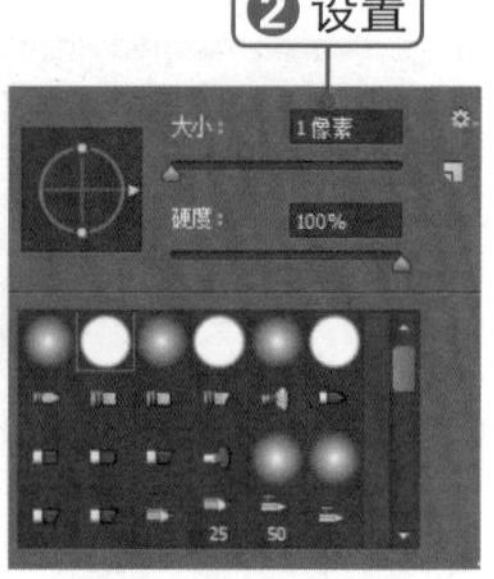

22 设置前景色为白色，按住【Shift】键绘制一条曲折的线条，如下图所示。

23 在属性栏中选择“柔边圆”画笔，设置“大小”为 35 像素，如下图所示。

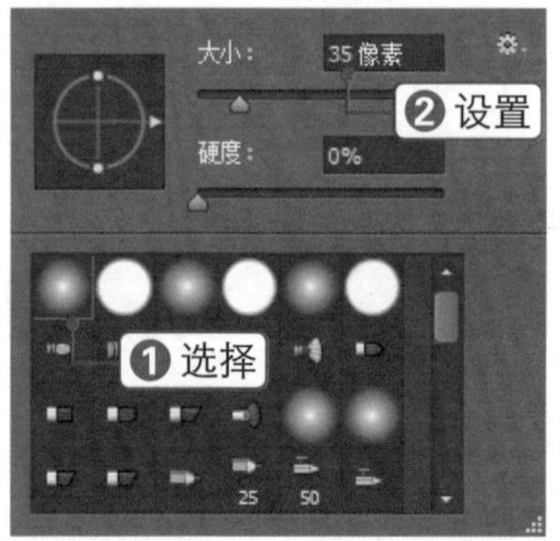

24 使用画笔工具在图上线条转折部分单击，如下图所示。

25 用同样的方法继续绘制几条曲折线条，并将其拖动到“图层 2”的下方，如下图所示。

26 选择圆角矩形，绘制图形，在其属性栏中设置各项参数，其中“半径”为 10 像素，如下图所示。

27 单击“添加图层样式”按钮，选择“描边”选项，在弹出的对话框中设置各项参数，如下图所示。

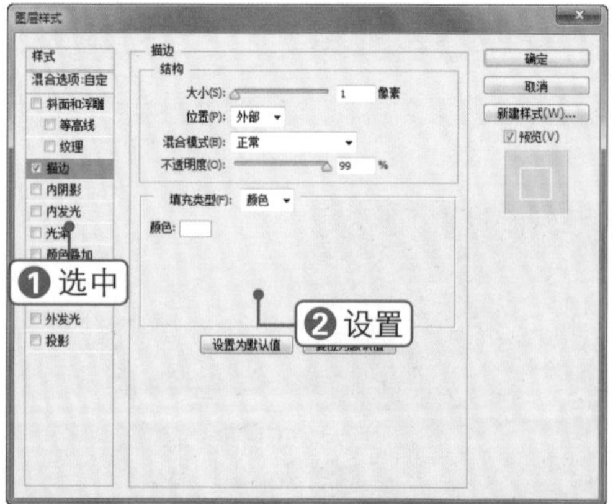

行家提醒

选择画笔工具后，按【Shift+[】组合键，可以减小画笔硬度；按【Shift+]】组合键，可以增加画笔硬度。

28 继续选中“内发光”图层样式，设置各项参数，如下图所示。

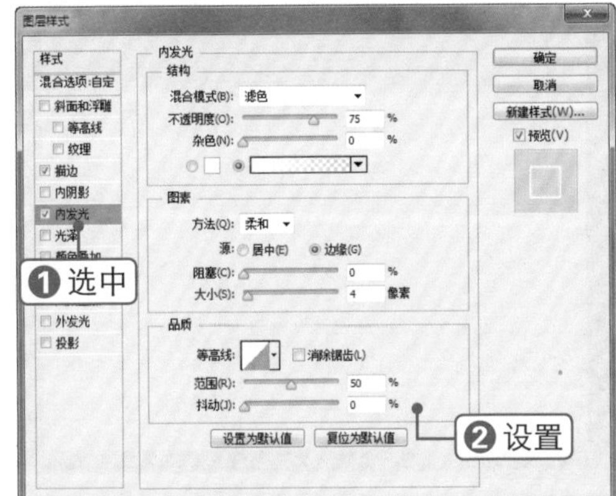

29 选中“外发光”图层样式，设置各项参数，单击“确定”按钮，如下图所示。

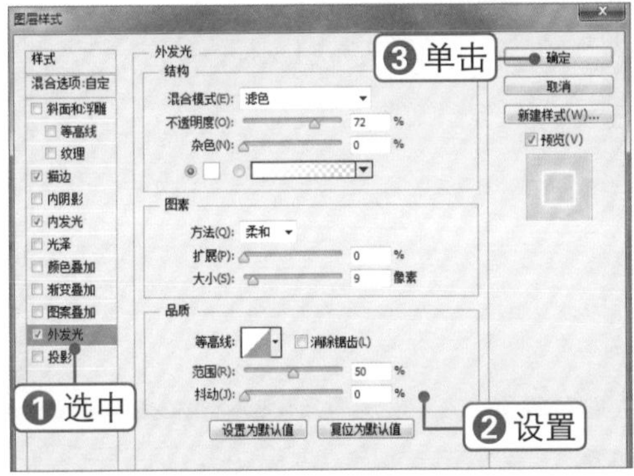

30 按【Ctrl+T】组合键调出变换框，调整图像大小。按【Ctrl+Shift+]】组合键置顶图层，如下图所示。

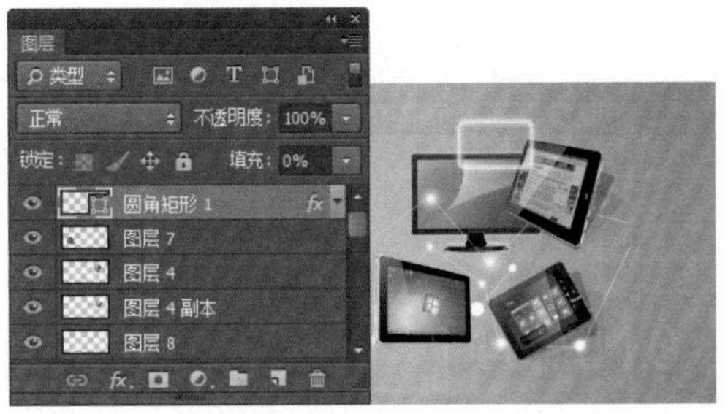

31 按【Ctrl+J】组合键多次复制白框，然后按【Ctrl+T】组合键，调整它们的大小和位置，如下图所示。

32 选择横排文字工具T，输入文字。在“字符”面板中设置文字属性，调整各个素材位置，最终效果如下图所示。

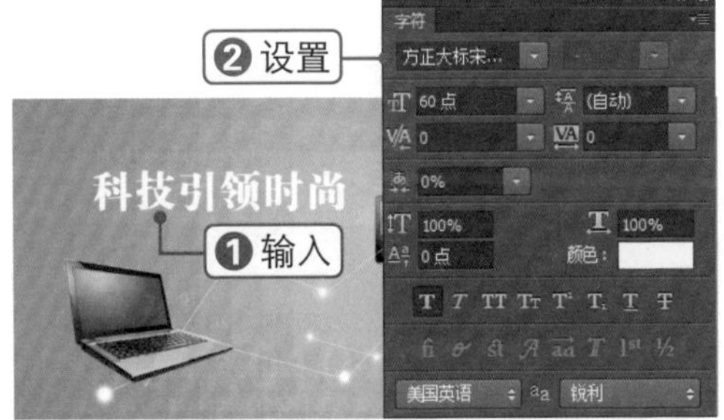

15.3 实战演练——制作商务网站首页

下面制作一个商务网站的首页，主体颜色采用紫色和灰色搭配，页面分为上、左、右、下四部分，是一个适合初学者练习制作的页面。

15.3.1 网页TOP部分的制作

下面将详细介绍如何制作商务网站首页 TOP 部分，具体操作方法如下：

操作提示

设置外发光颜色时，应选择与发光体色差较大的颜色，这样才能得到较好的发光效果。系统默认发光的颜色为黄色。

素材文件　光盘：素材文件\第15章\显示器.psd

❶ 选择“文件”|“新建”命令，在弹出的对话框中设置各项参数，单击“确定”按钮，如下图所示。

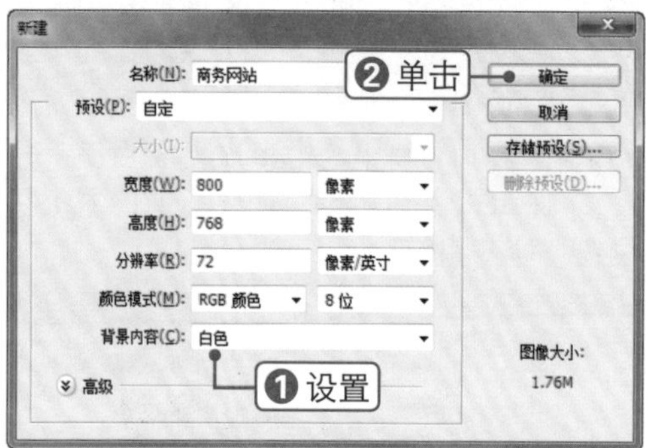

❷ 按【Ctrl+R】组合键调出标尺，选择“视图”|“新建参考线”命令，设置参数，单击“确定”按钮，如下图所示。

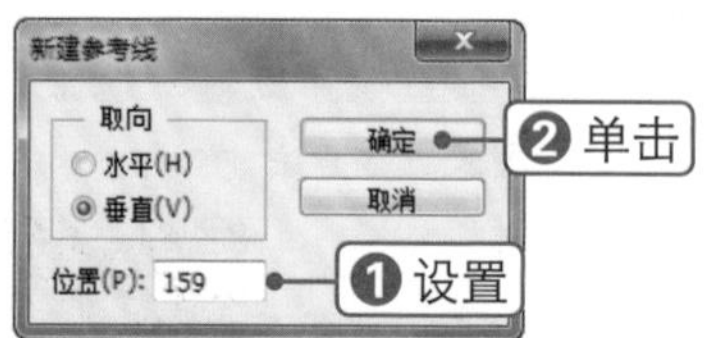

❸ 用同样的方法继续新建一条垂直的参考线，如下图所示。

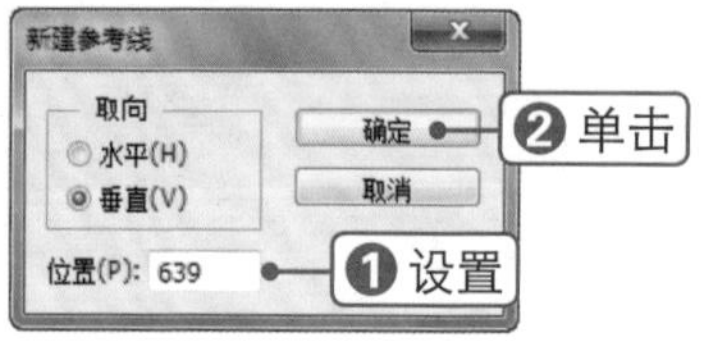

❹ 用同样的方法再次新建一条水平的参考线，如下图所示。

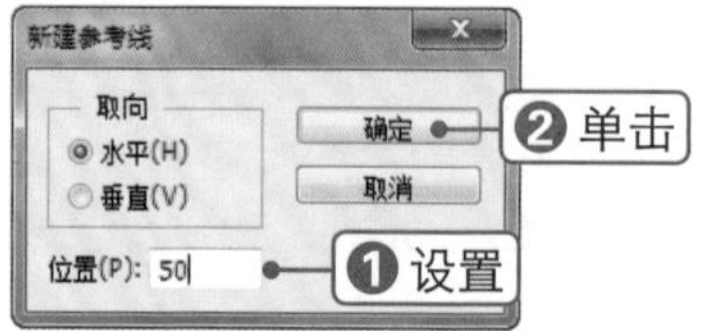

❺ 选择矩形选框工具，绘制一个矩形选区。单击“创建新图层”按钮，新建“图层 1”，如下图所示。

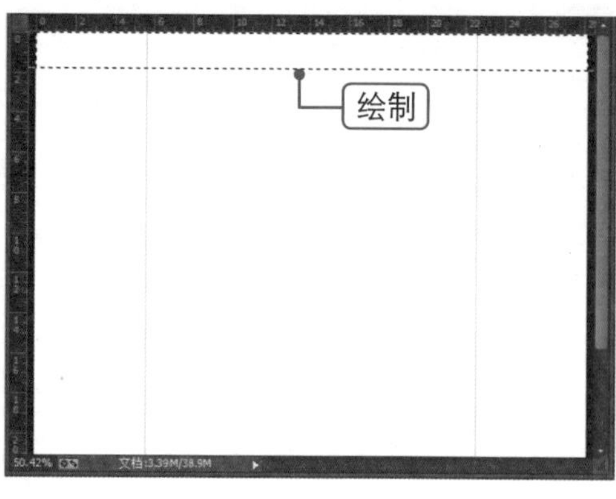

❻ 按【Alt+Delete】组合键填充前景色，按【Ctrl+D】组合键取消选区，如下图所示。

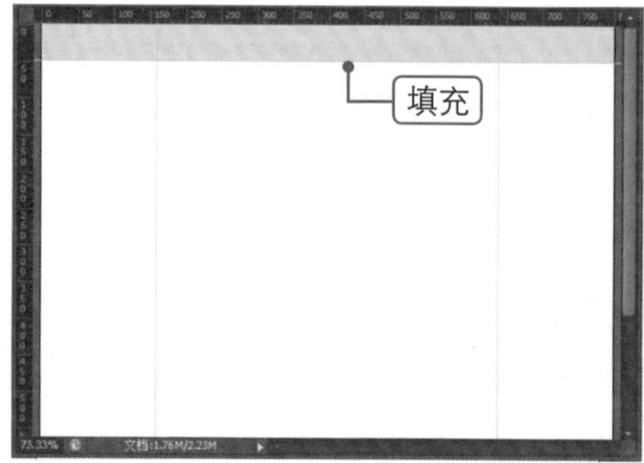

❼ 双击“图层 1”，在弹出的“图层样式”对话框中选中“描边”选项，然后设置各项参数，如下图所示。

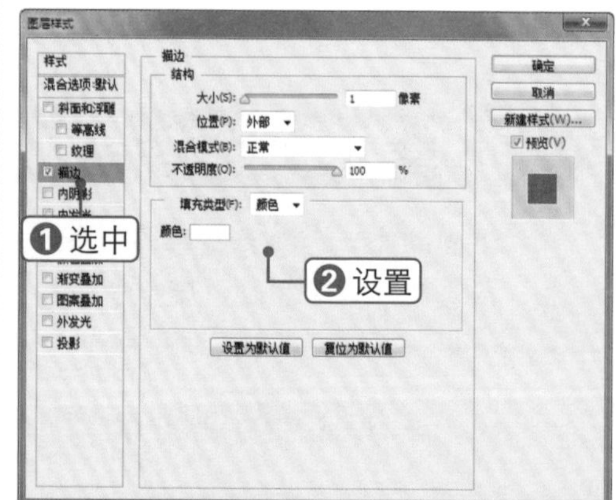

行家提醒

在图像编辑窗口左上角的标尺交叉点处双击，即可将标尺还原到默认位置。

8 选中“渐变叠加”图层样式，设置各项参数，如下图所示。

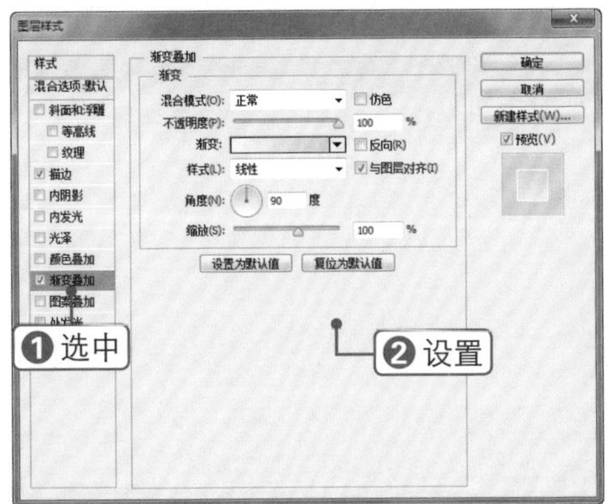

9 选中“投影”图层样式，设置各项参数，其中颜色为 RGB（11，43，104），单击“确定”按钮，如下图所示。

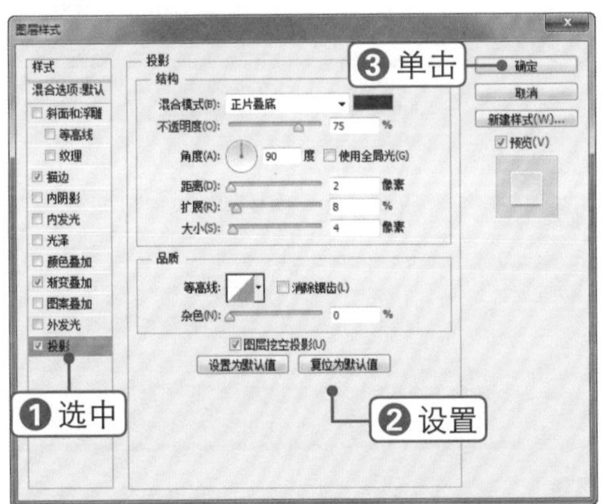

10 选择横排文字工具，输入文字，并在“字符”面板中设置各项参数，如下图所示。

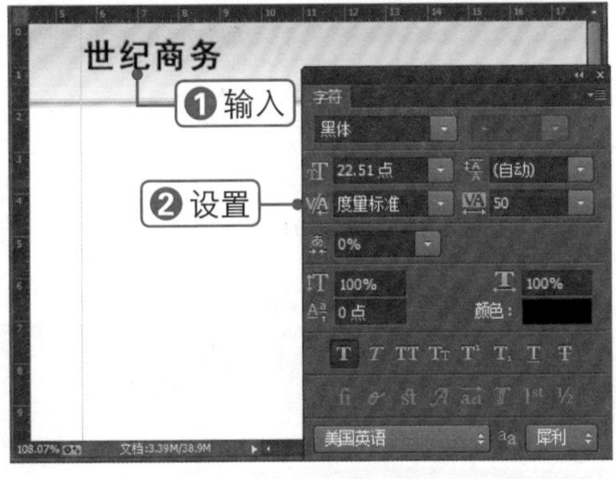

11 双击“世纪商务”图层，在弹出的“图层样式”对话框中选中“渐变叠加”选项，设置各项参数，如下图所示。

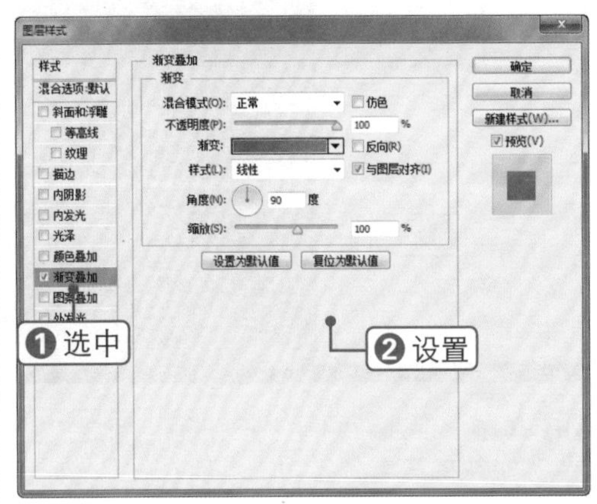

12 选中“投影”图层样式，设置各项参数，单击“确定”按钮，如下图所示。

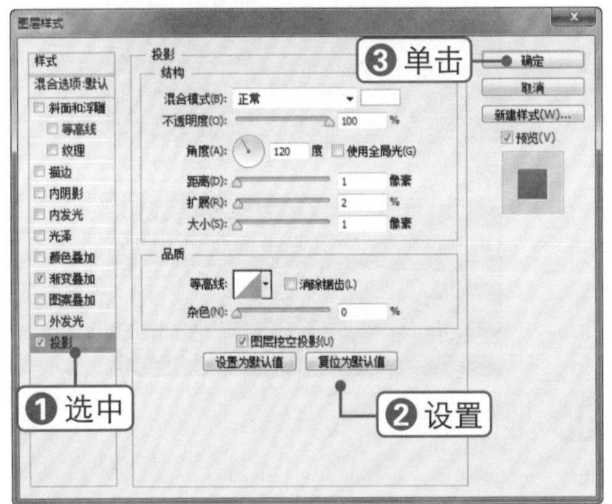

13 选择移动工具，调整文字的位置，效果如下图所示。

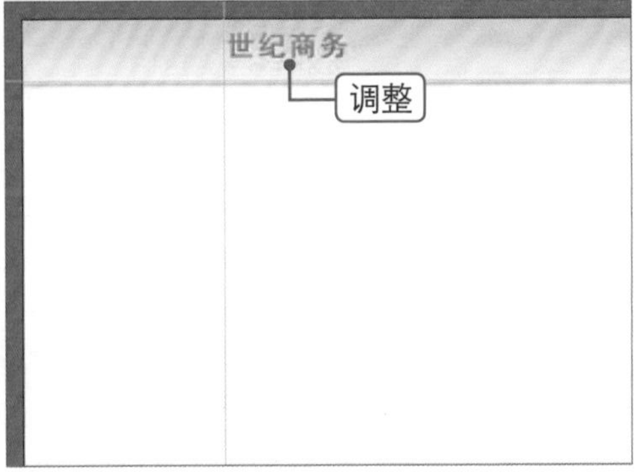

操作提示

投影是在图层内容背后添加阴影，内阴影是添加正好位于图层内容边缘内的阴影，使图层呈现出凹陷的外观效果。

14 选择横排文字工具，输入文字，在“字符”面板中设置各项参数，如下图所示。

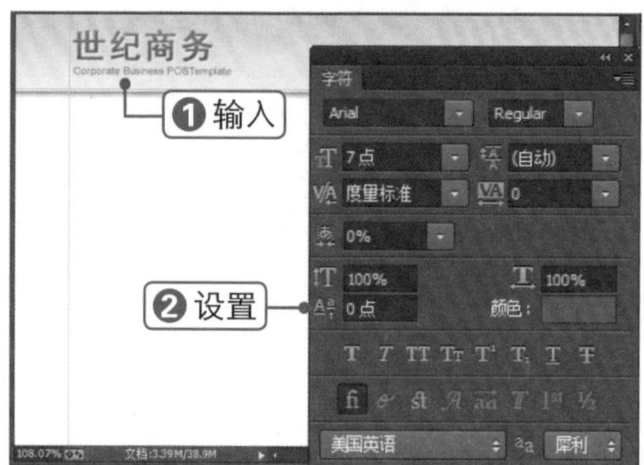

15 单击“创建新图层”按钮，新建“图层 2”，并将其重命名为“导航按钮”，如下图所示。

16 选择圆角矩形工具，在属性栏中选择工具模式为“路径”，“半径”为 10 像素，绘制一个圆角矩形，如下图所示。

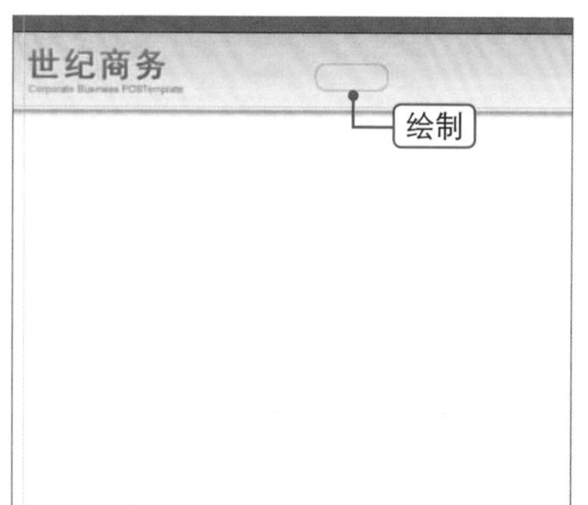

17 按【Ctrl+Enter】组合键，将路径转化为选区。按【Alt+Delete】组合键填充前景色，按【Ctrl+D】组合键取消选区，如下图所示。

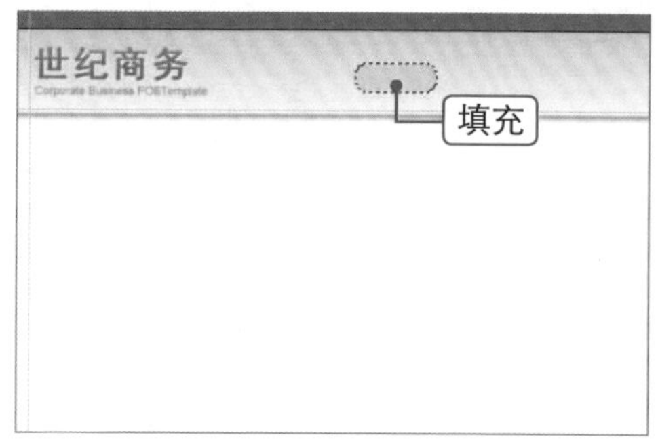

18 双击“导航按钮”图层，在弹出的“图层样式”对话框中选中“渐变叠加”选项，设置各项参数，如下图所示。

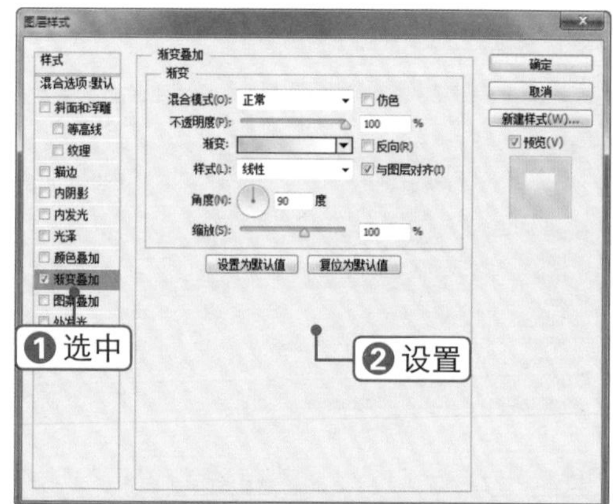

19 选中“投影”图层样式，设置各项参数，单击“确定”按钮，如下图所示。

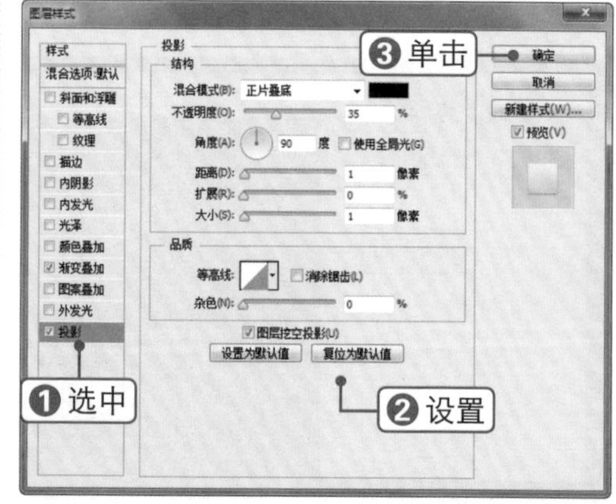

行家提醒

创建了变形文字后，若要取消文字的变形，在“变形文字”对话框的“样式”下拉列表中选择“无”选项即可。

20 按【Ctrl+T】组合键调出变换框，调整按钮的大小和位置，如下图所示。

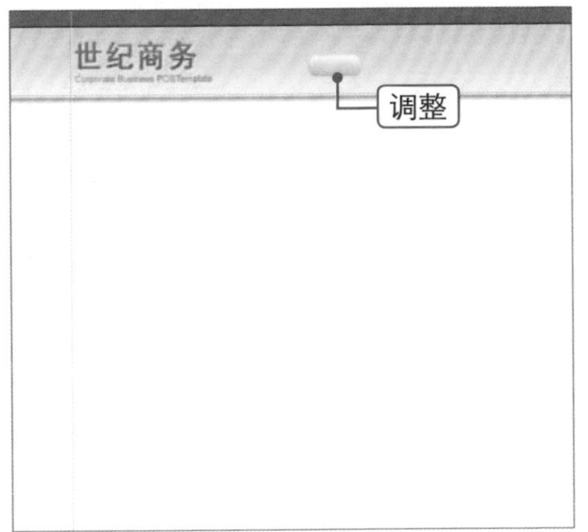

21 选择横排文字工具，输入文字并在“字符”面板中设置各项参数，如下图所示。

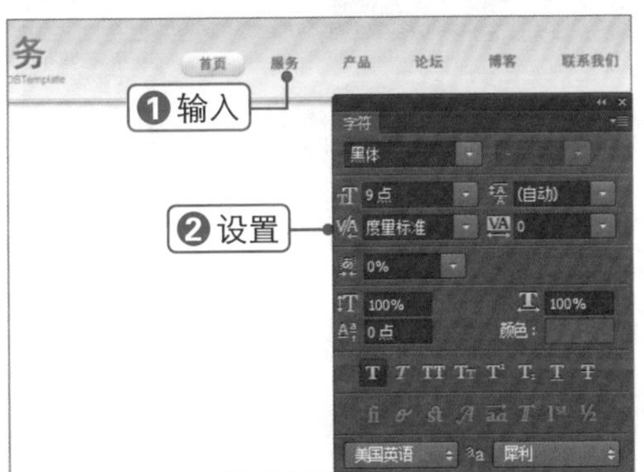

22 设置“首页”文字的颜色为黑色，然后调整文字的位置，如下图所示。

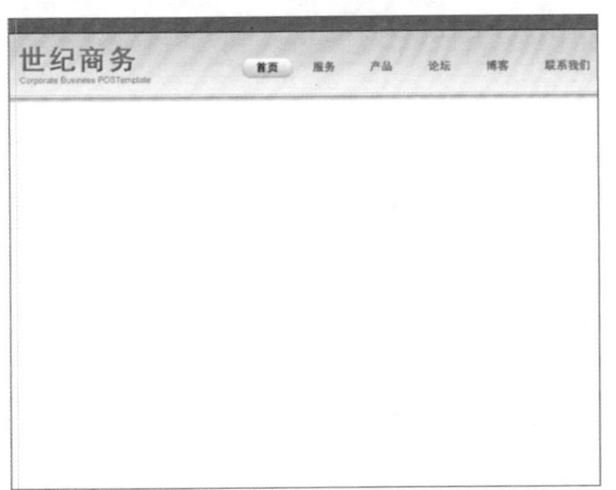

23 单击“创建新图层”按钮，新建“图层 2”，拖动到“图层 1”下方。选择矩形选框工具，绘制矩形选区，如下图所示。

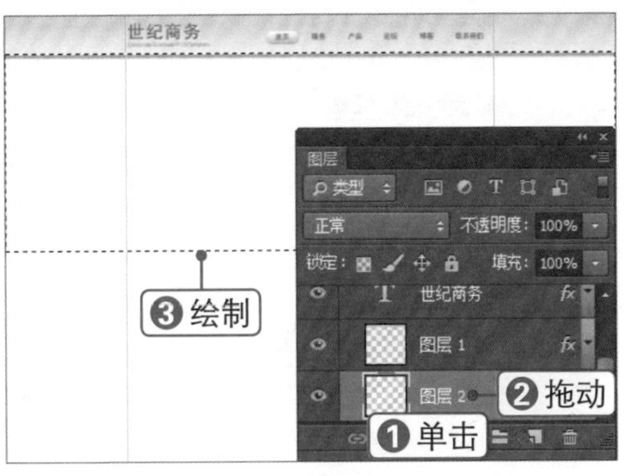

24 按【Alt+Delete】组合键填充选区，按【Ctrl+D】组合键取消选区，如下图所示。

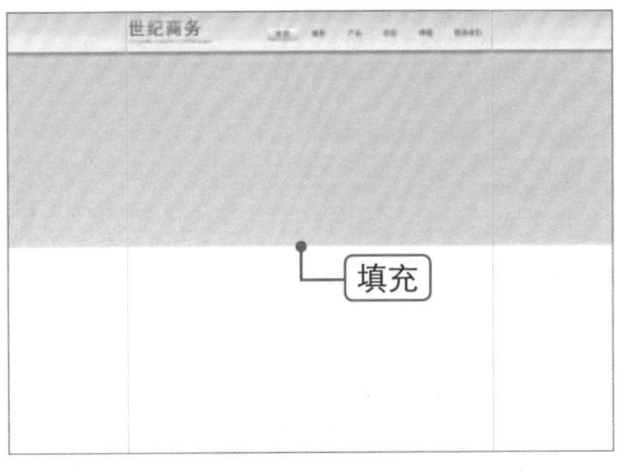

25 双击“图层 2”，在弹出的“图层样式”对话框中选中“渐变叠加”选项，设置各项参数，单击“确定”按钮，如下图所示。

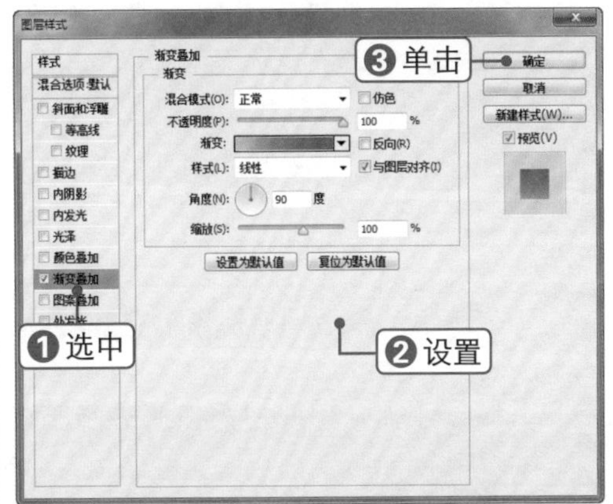

操作提示

选择“选择”|“变换选区”命令，变换的是选区，对选区内的对象没有任何影响。

26 查看添加图层样式后的图像效果，如下图所示。

27 单击“创建新图层”按钮，新建“图层 3”。选择画笔工具，在图像上绘制一些圆形图案，然后设置“不透明度”为 55%，如下图所示。

28 按 3 次【Ctrl+J】组合键，复制这些圆形图案，并调整其不透明度，如下图所示。

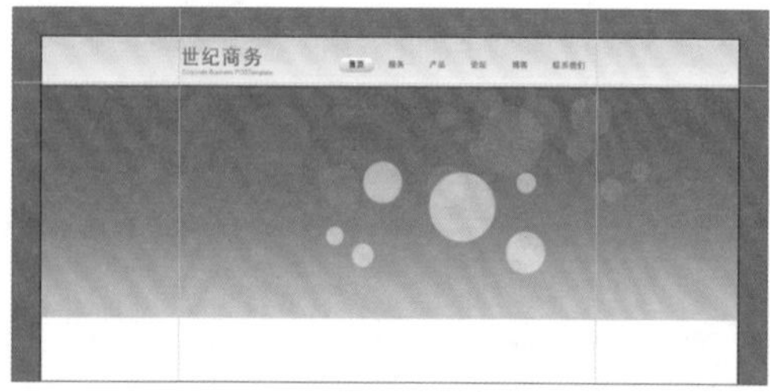

29 单击“创建新图层”按钮，新建“图层 4”。使用画笔工具继续绘制一些圆点，并调整其不透明度，如下图所示。

30 按【Ctrl+O】组合键，打开素材文件“显示器 .psd”，如下图所示。

31 将素材图片拖到之前的文档窗口中，调整它们的位置，效果如下图所示。

>> 15.3.2 网页主体部分的制作

下面将详细介绍如何制作商务网站首页的主体部分，具体操作方法如下：

 素材文件 光盘：素材文件\第15章\小图.psd

行家提醒

按【Ctrl+Shift+N】组合键也可以新建图层。按住【Ctrl】键的同时单击“创建新图层”按钮，即可在当前图层的下方新建一个图层。

1 选择“背景”图层，设置前景色为RGB（218，223，235），按【Alt+Delete】组合键填充图层，如下图所示。

2 选择横排文字工具T，输入文字，并在“字符”面板中设置各项参数，颜色为RGB（19，36，69），如下图所示。

3 选择圆角矩形工具，设置工具模式为“形状”，“半径”为10像素，绘制一个圆角矩形，如下图所示。

4 双击“圆角矩形 1”图层，在弹出的“图层样式”对话框中选中“描边”选项，设置各项参数，如下图所示。

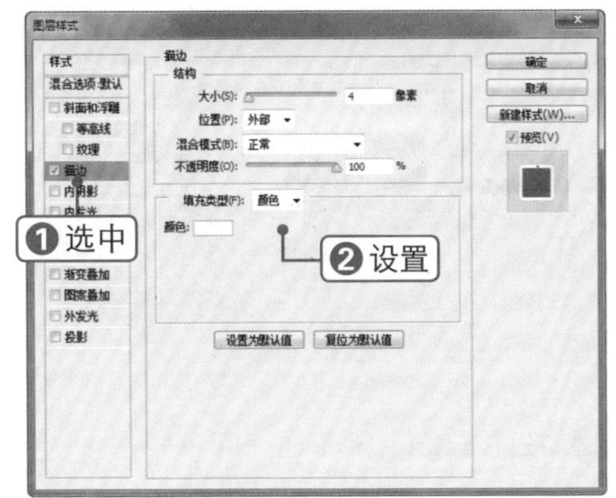

5 选中“渐变叠加”图层样式，设置各项参数，如下图所示。

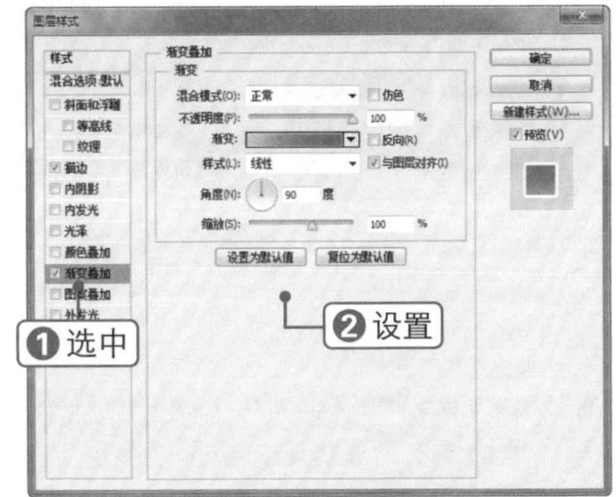

6 选中“投影”图层样式，设置各项参数，单击“确定”按钮，如下图所示。

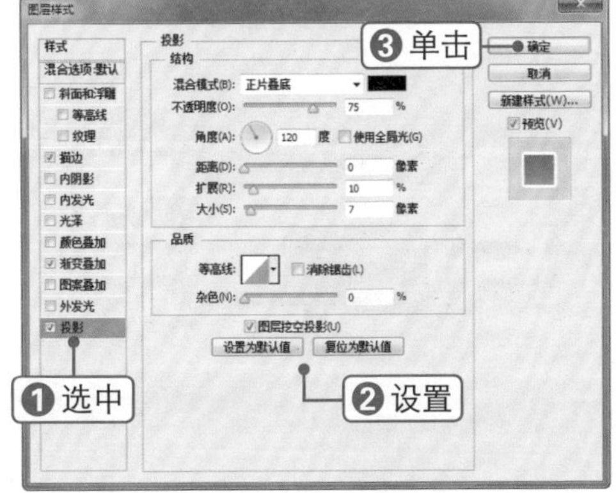

操作提示

选择一个图层，按【Ctrl+Alt+E】组合键，可以将该图层中的内容盖印到下面的图层中，原图层内容不变。

7 查看为图像添加图层样式后的效果，如下图所示。

8 按住【Ctrl】键单击“圆角矩形 1”图层缩览图，载入选区，如下图所示。

9 选择“选择”|“修改”|“收缩”命令，设置“收缩量”为 3 像素，单击“确定”按钮，如下图所示。

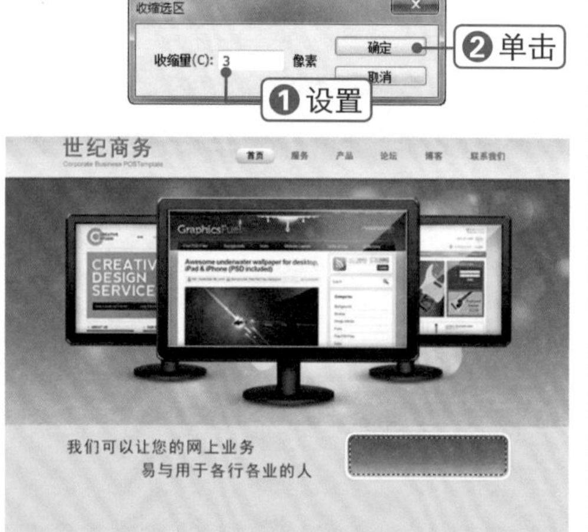

10 单击“创建新图层”按钮，新建“图层 9”。选择渐变工具，设置渐变色为白色到透明色，绘制渐变色，如下图所示。

11 设置“图层 9”的“不透明度”为 50%。选择横排文字工具，输入文字，并在“字符”面板中设置参数，如下图所示。

12 双击“点击进入”图层，在弹出的对话框中选中“投影”选项，设置各项参数，单击“确定”按钮，如下图所示。

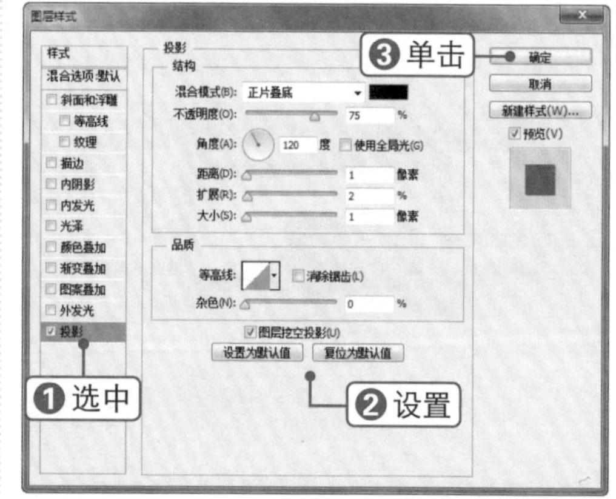

行家提醒

使用“收缩”命令，可以收缩当前选区。在“收缩选区”对话框中输入的数值越大，选区收缩得就越大。

⑬ 查看为文字添加“投影”图层样式后的效果，如下图所示。

⑭ 选择自定形状工具，选择一个箭头形状，在按钮图像上进行绘制，如下图所示。

⑮ 双击“形状 1”图层，在弹出的对话框中选中“内阴影”选项，设置各项参数，如下图所示。

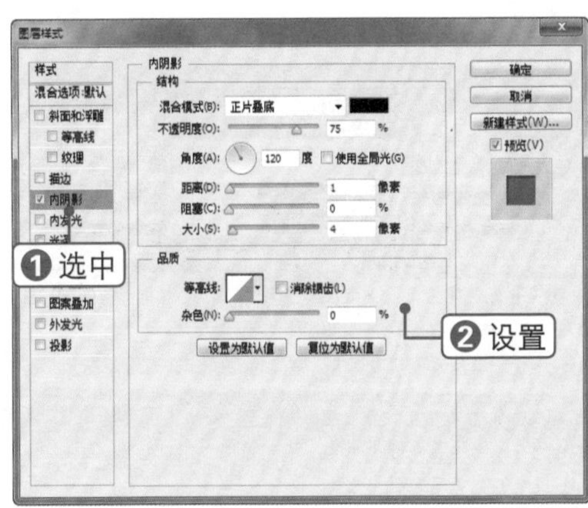

⑯ 选中“颜色叠加”图层样式，设置颜色为 RGB（51，64，111），如下图所示。

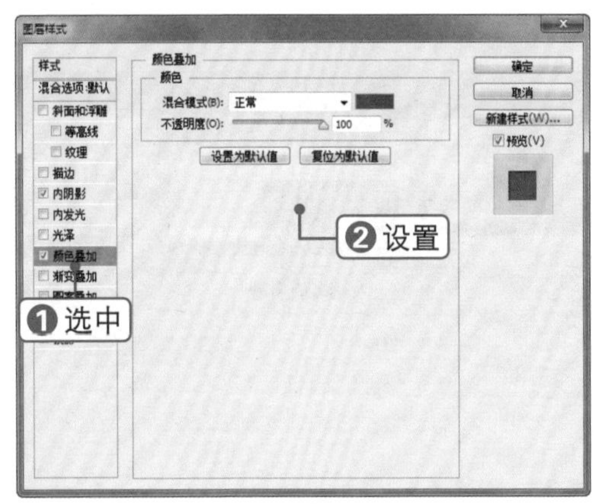

⑰ 选中“投影”图层样式，设置颜色为 RGB（156，170，225），单击“确定”按钮，如下图所示。

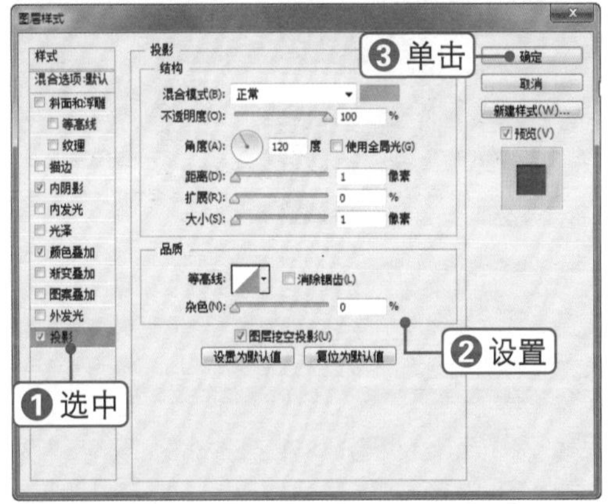

⑱ 查看图像添加图层样式后的效果，如下图所示。

操作提示

选择需要删除的图层，然后选择“图层”|“删除”|“图层”命令，即可将当前选择的图层删除。

19 单击“创建新图层”按钮，新建“图层 10”。选择矩形选框工具，创建一个矩形选区，如下图所示。

20 选择渐变工具，设置渐变色为 RGB（141，146，174）到透明色，绘制渐变色，如下图所示。

21 按【Ctrl+D】组合键取消选区，设置“图层 10”的“不透明度”为 50%，如下图所示。

22 选择矩形工具，在图像上绘制一个白色矩形，如下图所示。

23 单击“添加图层蒙版”按钮，为“形状 1”添加图层蒙版。选择渐变工具，设置渐变色后单击“确定”按钮，如下图所示。

24 在白色矩形上从左到右绘制渐变色，如下图所示。

行家提醒

图像的隐藏与显示是靠蒙版颜色的深浅来决定的，只要使蒙版中某一区域的颜色变深或变浅，就可以改变这一区域的不透明度。

25 选择矩形工具，在属性栏中设置各项参数，再次绘制一个矩形，如下图所示。

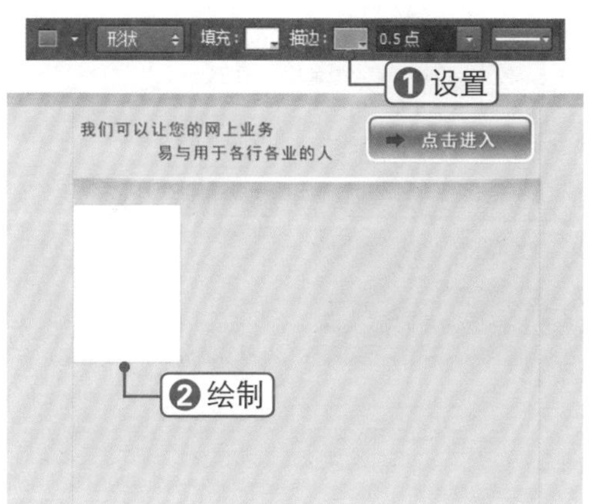

26 按【Ctrl+O】组合键，打开素材文件“小图.psd”，如下图所示。

27 将01素材文件拖到之前的文档窗口中，按【Ctrl+T】组合键调出变换框，调整图像大小，如下图所示。

28 选择横排文字工具，在“字符”面板中设置各项参数，颜色为RGB（19，36，69），如下图所示。

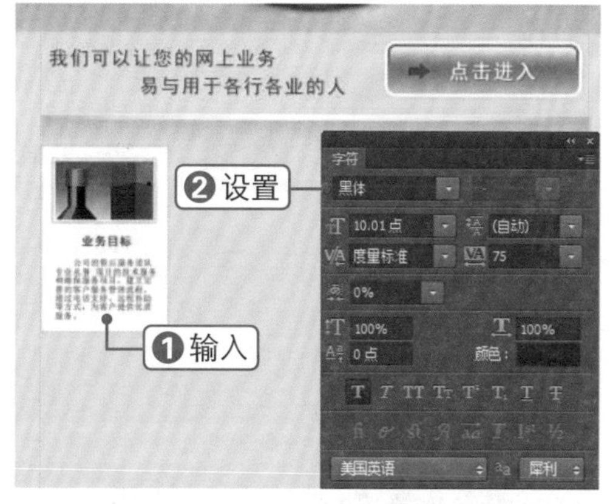

29 单击“创建新组”按钮，将白色矩形相关图层选中并拖到“组1”中。按三次【Ctrl+J】组合键复制组，效果如下图所示。

30 为复制的每个组更换素材图片，效果如下图所示。

操作提示

在“图层”面板中选择一个图层，然后选择“图层”|“排列”命令，利用弹出的子菜单也可以调整图层的顺序。

31 选中“图层 10”和“矩形 1”图层，按【Ctrl+J】组合键进行复制，然后将其向下拖动，如下图所示。

32 选择横排文字工具，在“字符”面板中设置各项参数，效果如下图所示。

15.3.3 网页底部的制作

下面将详细介绍如何制作商务网站首页的底部，具体操作方法如下：

1 选择矩形选框工具，在文档底部绘制一个矩形选区，如下图所示。

2 单击“创建新图层”按钮，新建“图层 11”。设置前景色为 RGB（86，95，129），单击“确定”按钮，如下图所示。

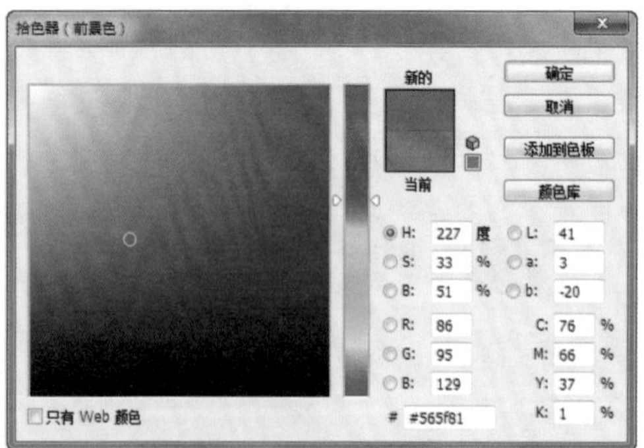

3 按【Alt+Delete】组合键填充选区，按【Ctrl+D】组合键取消选区，如下图所示。

4 选择横排文字工具，输入文字，并在“字符”面板中设置各项参数，商务网站首页最终效果如下图所示。

行家提醒

按住【Alt】键的同时单击“图层”面板中的“创建新图层”按钮，也可以打开“新键图层”对话框。

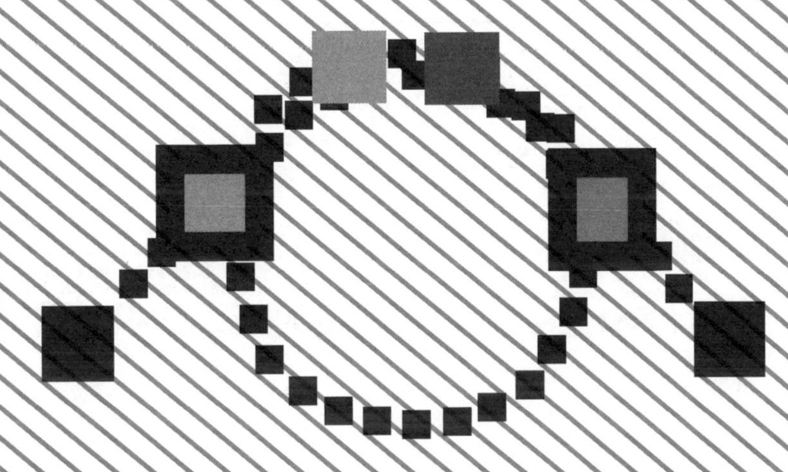

Chapter 16 企业网站网页设计与制作

本章将为大家展示完整的网站规划设计过程，从前期规划，到在Photoshop中开始设计首页的视觉稿，到最后在Dreamweaver中排版成网页的整个过程。通过学习本章内容，读者能够全面掌握网页设计的流程和方法。

本章重点知识

◎ 网页设计规划

◎ 企业网站网页制作

16.1 网页设计规划

本章将详细介绍一个房地产网页的设计与制作过程。在制作本实例时，将采用现在流行的设计方式，将导航栏置于顶端，然后在其下方放置宣传广告的横幅图片，并在图片上写出公司的宣传语。

主体部分将分三栏进行制作，分别用于展示公司的相关信息，其效果图如下图所示。

16.2 企业网站网页制作

下面将利用 Photoshop CS6 制作网页元素及效果图，并对其进行切片，然后利用 Dreamweaver CS6 进行网页制作。

16.2.1 导航栏和Banner的制作

下面将详细介绍导航栏和 Banner 的制作方法，具体操作步骤如下：

素材文件 光盘：素材文件\第16章\ico.psd、background.psd

行家提醒

网站效果图设计主要在 Photoshop 中进行，如从规划、布局到效果设计。首页效果图设计完成后进行切割，并把效果图输出为网页格式。

❶ 选择“文件”|“新建”命令，在弹出的对话框中设置各项参数，单击“确定”按钮，如下图所示。

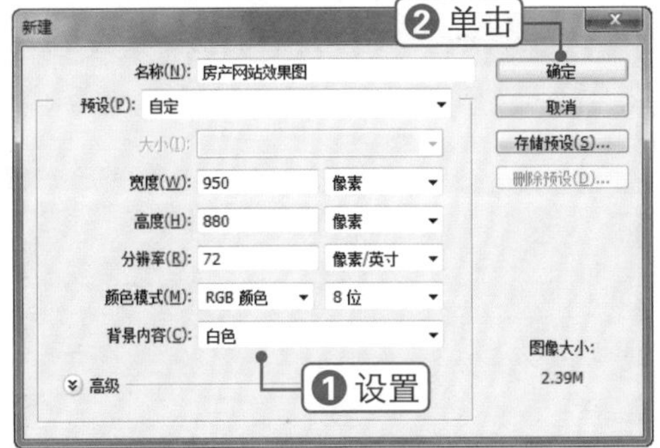

❷ 按【Ctrl+O】组合键，打开素材文件ico.psd，然后选中LOGO图层，如下图所示。

❸ 选择矩形选框工具，在LOGO图层上绘制一个选区，然后按【Ctrl+C】组合键复制选区，如下图所示。

❹ 切换到之前的文档窗口，单击“创建新图层”按钮，新建“图层1”，并将其命名为LOGO，按【Ctrl+V】组合键粘贴图像，如下图所示。

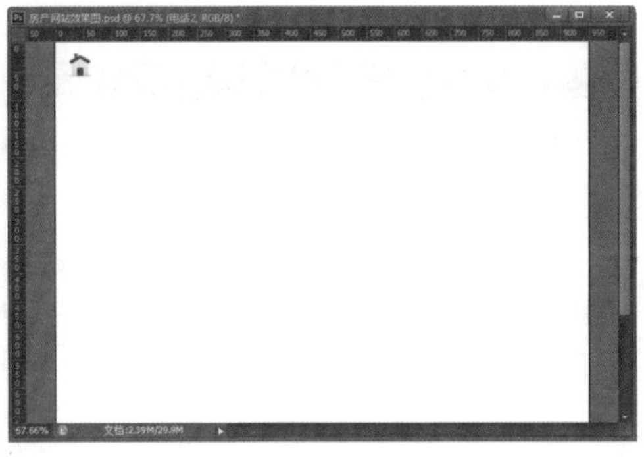

❺ 选择“文件”|“存储”命令，将文件命名为“房产网站效果图”，单击“确定”按钮，如下图所示。

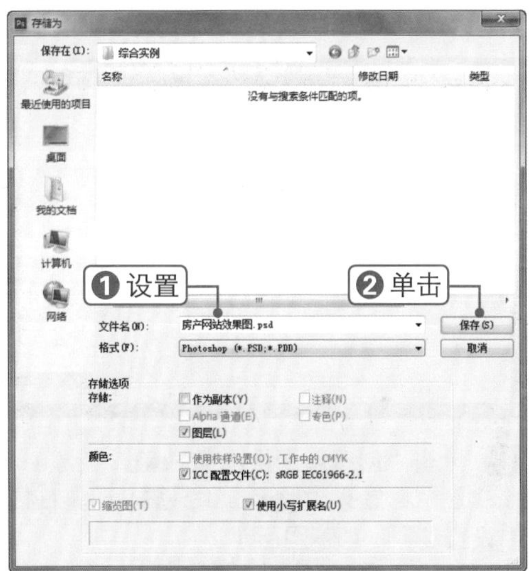

❻ 选择横排文字工具，输入文字，在“字符”面板中设置各项参数，如下图所示。

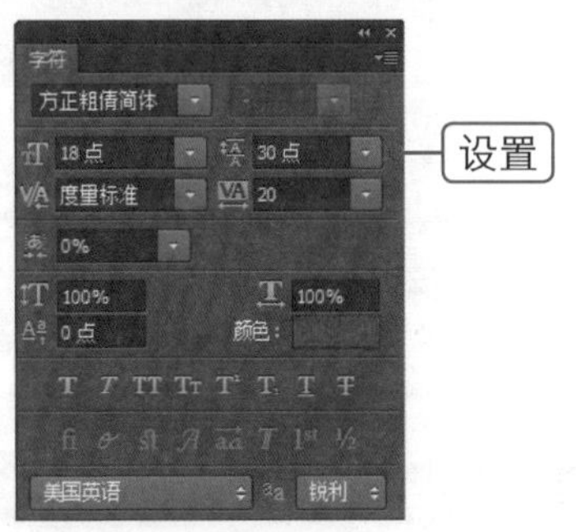

操作提示

如果文档已经保存过，想将其保存为另一个名称或保存在其他的位置，也可以使用“存储为”命令。

7 单击“创建新图层”按钮，新建 left line 图层。选择“视图”|“标尺”命令，拖出一根辅助线，如下图所示。

8 选择单列选框工具，新建一个单列选区。设置前景色的颜色值为 #d2d2d2，然后按【Alt+Delete】组合键填充，如下图所示。

9 单击“创建新图层”按钮，新建 left line1 图层。选择矩形选框工具，在属性栏中设置参数，如下图所示。

10 绘制一个选区，设置前景色为 RGB（246，246，246），按【Alt+Delete】组合键填充选区，如下图所示。

11 单击“创建新图层”按钮，新建 top line 图层。按住鼠标左键从水平标尺上拖出一条辅助线，如下图所示。

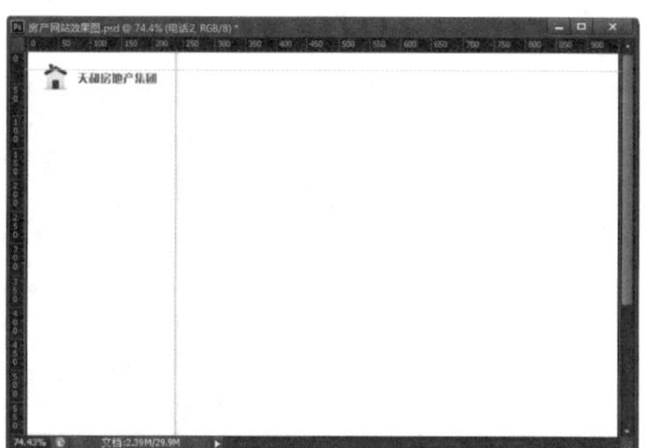

12 选择单行选框工具，绘制一个横向选区。设置前景色为 RGB（216，216，216），按【Alt+Delete】组合键填充选区，如下图所示。

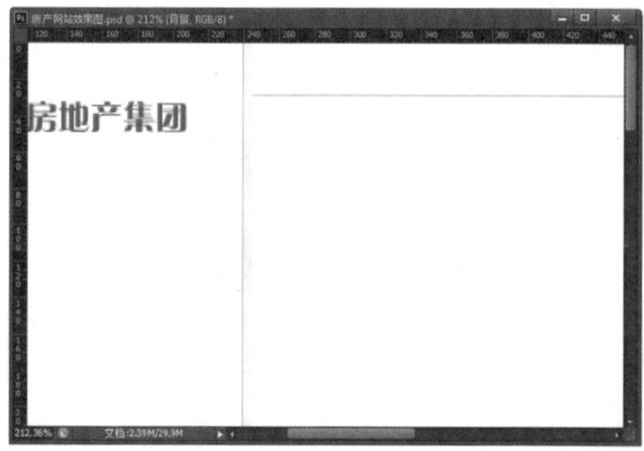

行家提醒

选择“编辑”|“首选项”|“单位与标尺”命令，可以弹出“首选项”对话框，在此对话框中可以设置标尺的相关参数。

⑬ 选择横排文字工具，输入文字。在“字符”面板中设置文字各项参数，颜色为RGB（77，77，77），如下图所示。

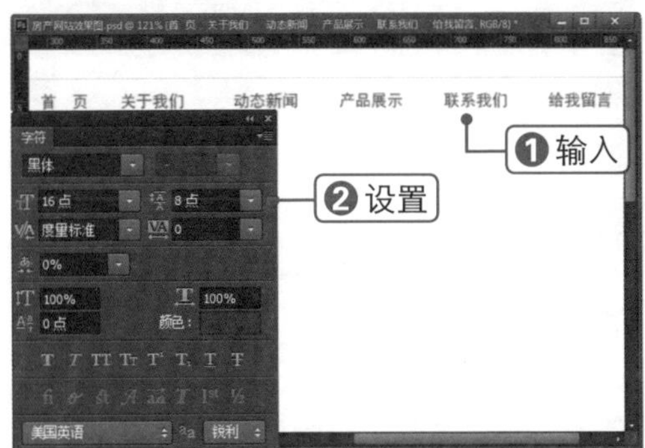

⑭ 打开素材文件ico.psd，选中“虚线”图层，将其拖到之前的文档窗口中，如下图所示。

⑮ 按【Ctrl+J】组合键，多次复制“虚线”图层，然后将其移到合适的位置，如下图所示。

⑯ 选择横排文字工具，输入文字。打开“字符”面板，设置文字的各项参数，如下图所示。

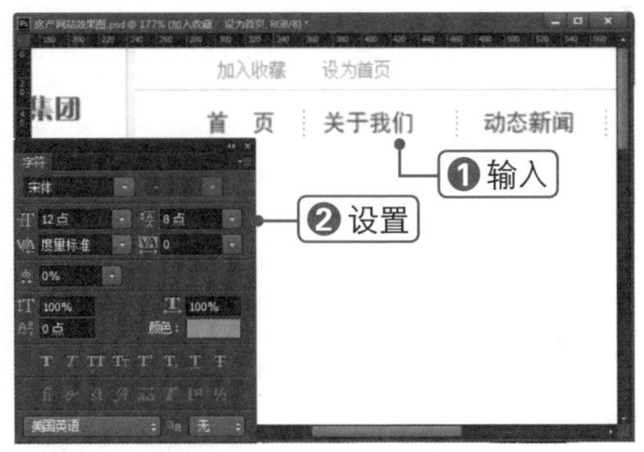

⑰ 单击“创建新图层”按钮，新建“圆点”图层。选择椭圆选框工具，绘制一个圆，按【Alt+Delete】组合键填充灰色，如下图所示。

⑱ 按【Ctrl+J】组合键，复制“圆点”图层，然后调整图层的位置，如下图所示。

操作提示

按住【Alt】键拖动鼠标，选区将以鼠标按下点为中心创建选区；按住【Shift+Alt】组合键，可以以起始点为中心向外拖出正方形选区。

19 按住鼠标左键从上面拖出一根水平辅助线，从左边拖出一根垂直辅助线，如下图所示。

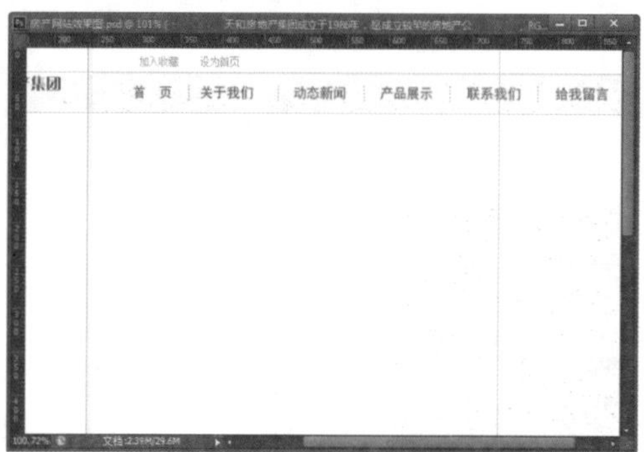

20 按【Ctrl+O】组合键，打开“光盘:\素材文件\第16章\background.psd”文件，如下图所示。

21 将background.psd文件中的图层拖入“房产网站效果图”文档窗口中，并调整图层的位置，如下图所示。

22 选择横排文字工具，输入文字，然后在“字符”面板中设置各项参数，如下图所示。

16.2.2 项目展示部分的制作

下面将详细介绍项目展示部分的制作方法，具体操作步骤如下：

素材文件 光盘：素材文件\第16章\ico.psd

1 新建一个图层，并将其命名为“项目”。选择工具箱中的圆角矩形工具，如下图所示。

2 在属性栏中设置圆角矩形工具的属性，在图像窗口中绘制一个圆角矩形，如下图所示。

行家提醒

在图像窗口中拖动鼠标创建参考线时，按住【Shift】键可以将参考线精确对齐到标尺上的刻度。

3 在圆角矩形路径上右击，在弹出的快捷菜单中选择“建立选区”命令，如下图所示。

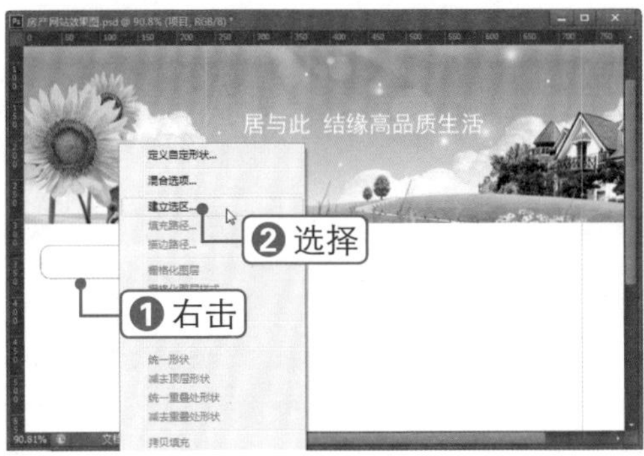

4 将路径转化为选区后，选择渐变工具，设置渐变颜色，然后单击“确定”按钮，如下图所示。

5 单击线性渐变按钮，对选区进行渐变填充，效果如下图所示。

6 选择横排文字工具，输入文字，在“字符”面板中设置文字属性，如下图所示。

7 在 ico.psd 文档中选择 ico1 图层，将其拖到网页文档窗口中，如下图所示。

8 单击“创建新图层”按钮，新建“实线”图层。选择矩形选框工具，创建一个选区，如下图所示。

操作提示

移动选区的同时若按住【Shift】键，则可以将选区沿水平、垂直或45°的方向移动；若按住【Ctrl】键，则可以移动选区中的图像。

9 按【Alt+Delete】组合键填充灰色，采用同样的方法再次绘制多条细线，如下图所示。

10 打开 ico.psd 文件，选中 ico2 图层，并将其拖入“房产网站效果图”窗口中，如下图所示。

11 按【Ctrl+J】组合键，多次复制 ico2 图层，然后调整其位置，效果如下图所示。

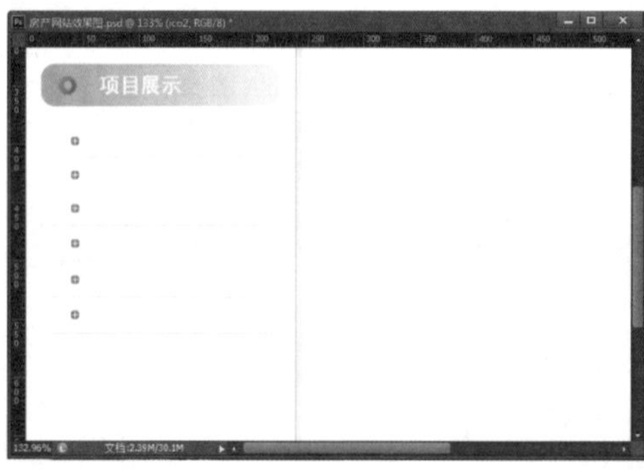

12 打开 ico.psd 文件，选中 ico4 图层，将其拖入“房产网站效果图”窗口中，如下图所示。

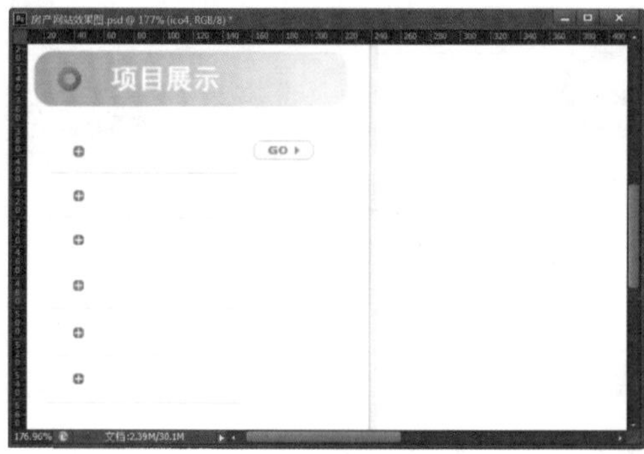

13 按【Ctrl+J】组合键，多次复制 ico4 图层，然后调整其位置，效果如下图所示。

14 单击“创建新图层”按钮，新建“联系”图层。选择圆角矩形工具，绘制圆角矩形路径，如下图所示。

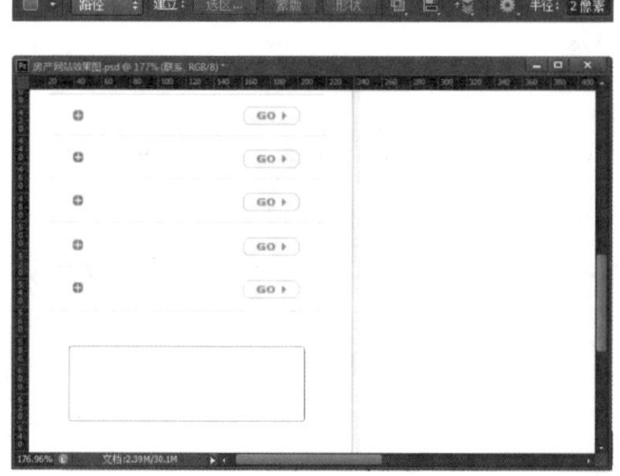

行家提醒

创建好选区后，按【Ctrl+J】组合键可将选区内的图像复制到新图层中，这样复制得到的图像与原图像完全重合。

15 按【Ctrl+Enter】组合键，将路径转化为选区。选择渐变工具，设置渐变色，单击“确定”按钮，如下图所示。

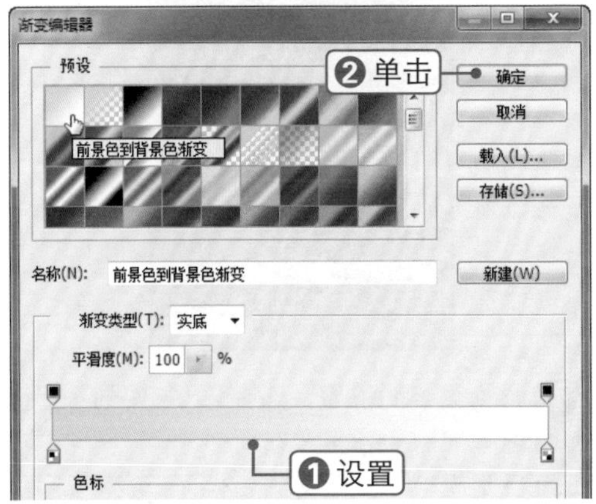

16 单击线性渐变按钮，对选区进行渐变填充，效果如下图所示。

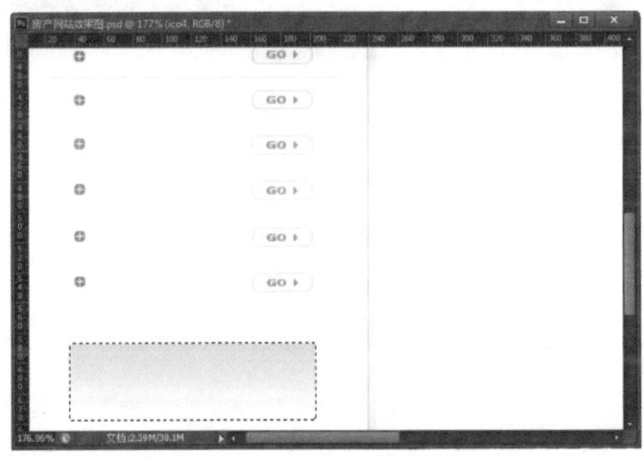

17 选择“编辑”|“描边”命令，在弹出的对话框中设置各项参数，单击“确定”按钮，如下图所示。

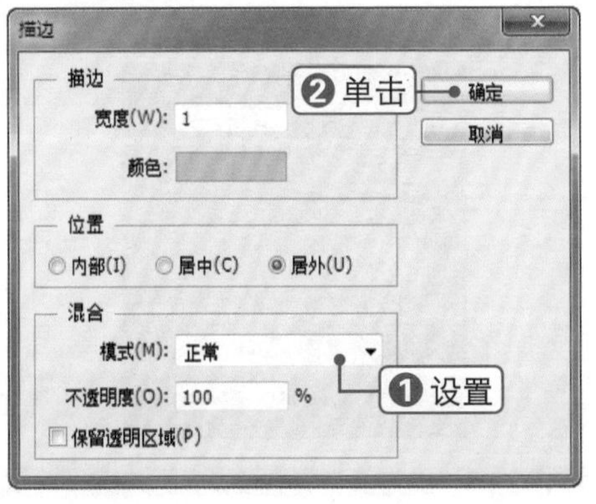

18 按【Ctrl+J】组合键，两次复制“联系”图层，并调整它们的位置，如下图所示。

19 打开 ico.psd 文件，选中 ico5 图层，拖入“房产网站效果图”窗口中，调整其位置，如下图所示。

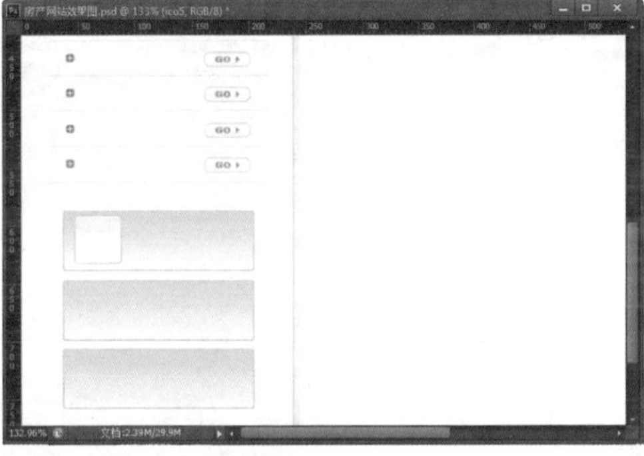

20 按【Ctrl+J】组合键，两次复制 ico5 图层，并调整图形位置，如下图所示。

操作提示

使用“描边”命令可以为选区或图层中的对象添加一个实色边框。选择“编辑”|“描边”命令，将弹出“描边”对话框。

21 打开 ico.psd 文件，依次将“电脑”、“电话 1”、“路标”图层拖入“房产网站效果图”窗口中，如下图所示。

22 选择横排文字工具![T]，分别输入文字“联系我们”、“公司地图”、“给我留言”，设置文字属性，如下图所示。

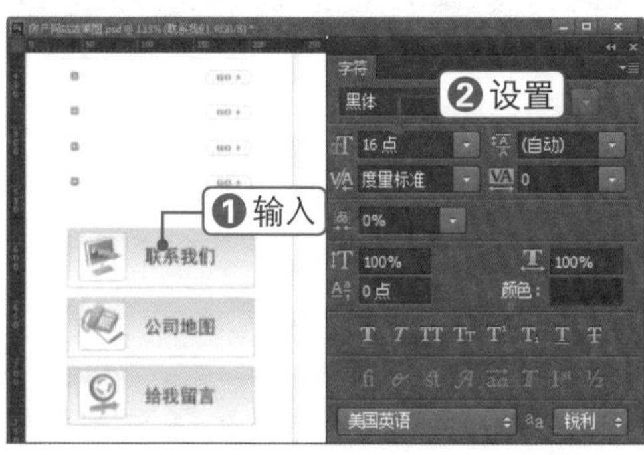

23 选择横排文字工具![T]，输入文字。在“字符”面板中设置各项参数，如下图所示。

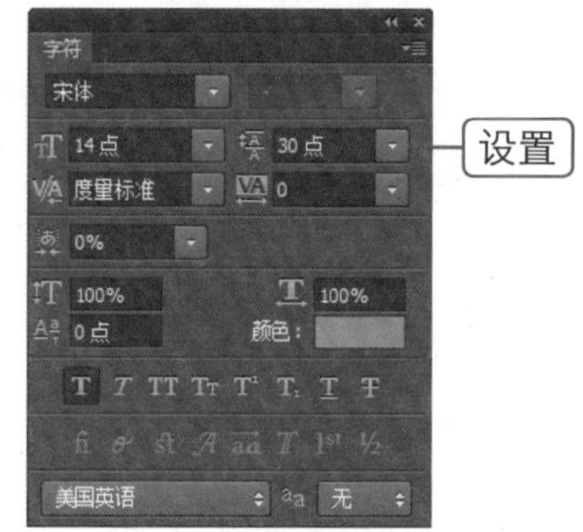

24 调整文字的位置，查看图像效果，如下图所示。

16.2.3 新闻公告部分的制作

下面将详细介绍新闻公告部分的制作方法，具体操作步骤如下：

素材文件 光盘：素材文件\第16章\ico.psd

1 单击“创建新图层”按钮![]，新建“蓝线”图层。选择矩形选框工具![]，设置其属性，如右图所示。

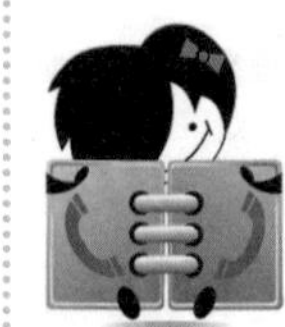

知识插播

当需要取消选区时，可以按【Ctrl+D】组合键，或选择“选区”|“取消选择”命令。

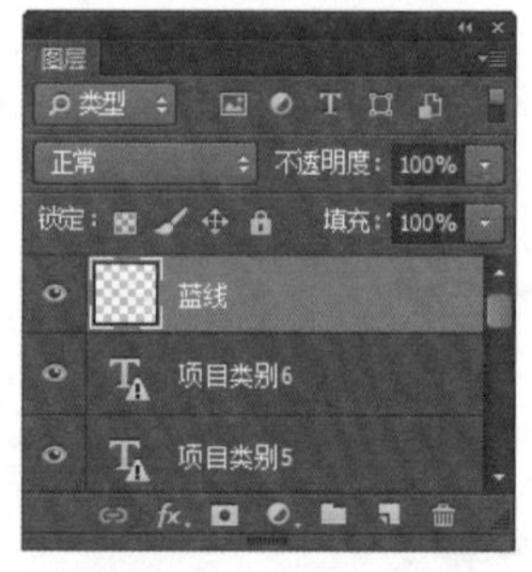

行家提醒

不管当前单击的是哪个选区按钮，若在拖动鼠标创建选区的同时按住【Shift+Alt】组合键，也可以实现选区交叉功能。

2 设置前景色为RGB（158，218，229），在画布上绘制选区。按【Alt+Delete】组合键填充选区，按【Ctrl+D】组合键取消选区，如下图所示。

3 打开ico.psd文件，将ico1图层拖入“房产网站效果图”窗口中，并调整其位置，如下图所示。

4 选择横排文字工具，输入文字“新闻动态”。在“字符”面板中设置各项参数，如下图所示。

5 打开ico.psd文件，将ico4图层拖入“房产网站效果图”窗口中，并调整其位置，如下图所示。

6 单击“创建新图层”按钮，新建“细线”图层。选择矩形选框工具，设置其属性，绘制选区，如下图所示。

7 设置前景色为RGB（235，235，235），按【Alt+Delete】组合键填充选区，按【Ctrl+D】组合键取消选区，如下图所示。

操作提示

矩形选框工具等规则选框工具主要用于创建规则选区，常在选择一些规则图案的时候使用。

8 按【Ctrl+J】组合键，多次复制“细线”图层。选中所有细线图层，按【Ctrl+E】组合键合并，如下图所示。

9 打开 ico.psd 文件，将 ico3 图层拖入“房产网站效果图”窗口中，并调整其位置，如下图所示。

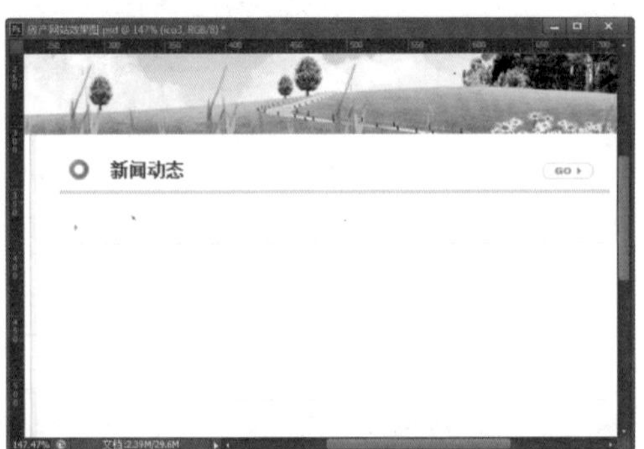

10 按【Ctrl+J】组合键，多次复制 ico3 图层，然后调整它们的位置，如下图所示。

11 选择横排文字工具T，输入文字。在“字符”面板中设置各项参数，如下图所示。

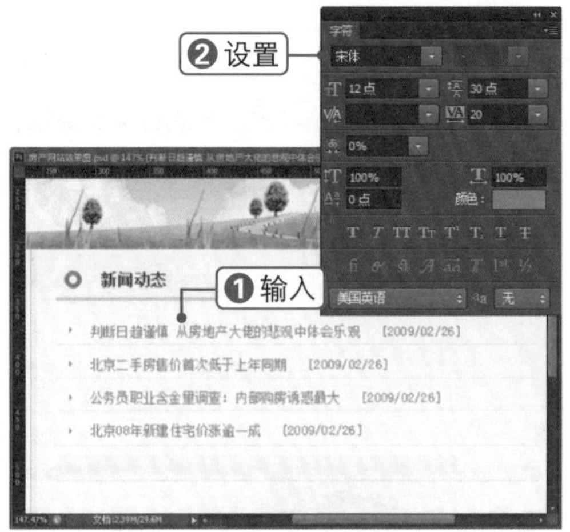

12 按【Ctrl+J】组合键，复制“蓝线”、ico4、ico1、“新闻动态”图层，然后调整它们的位置，如下图所示。

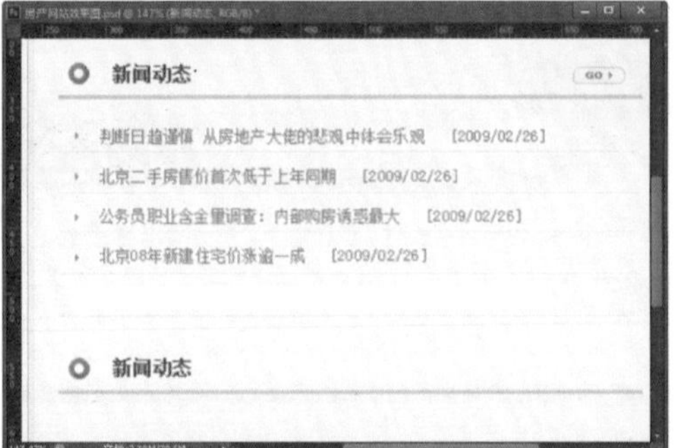

13 选择横排文字工具T，选择“新闻动态副本”图层，将文字“新闻动态”改成“关于我们”，如下图所示。

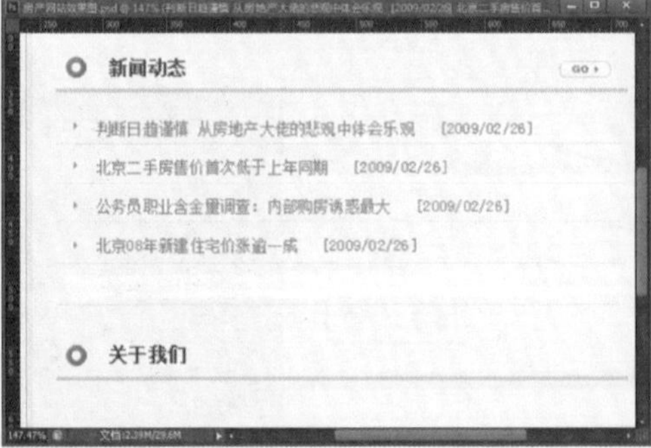

行家提醒

图层可以看作透明的胶片，将多个图层按一定次序叠加在一起，空白图层和未绘制图像的区域可以看见下方的图层。

⑭ 打开ico.psd文件，将"铅笔"图层拖入"房产网站效果图"窗口中，并调整其位置，如下图所示。

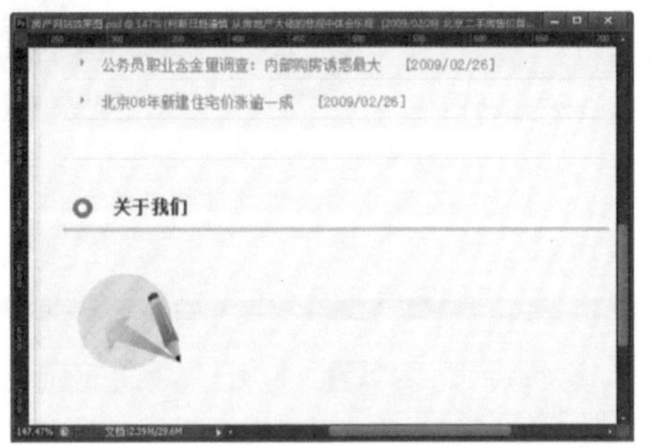

⑮ 选择横排文字工具，输入文字，然后调整文字的位置，如下图所示。

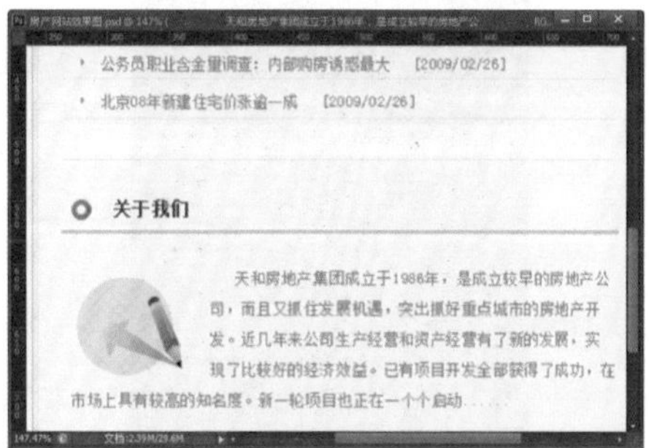

>> 16.2.4 产品展示部分的制作

下面将详细介绍产品展示部分的制作方法，具体操作步骤如下：

素材文件 光盘：素材文件\第16章\ico.psd

❶ 单击"创建新图层"按钮，新建"矩形框"图层。选择矩形选框工具，绘制选区，如下图所示。

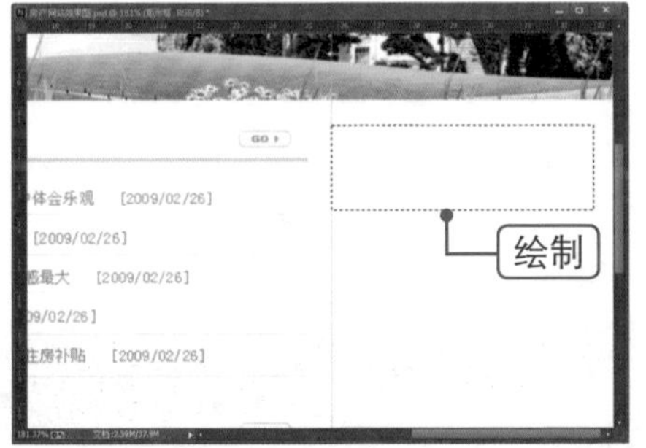

❷ 选择"编辑"|"描边"命令，在弹出的对话框中设置各项参数，单击"确定"按钮，如下图所示。

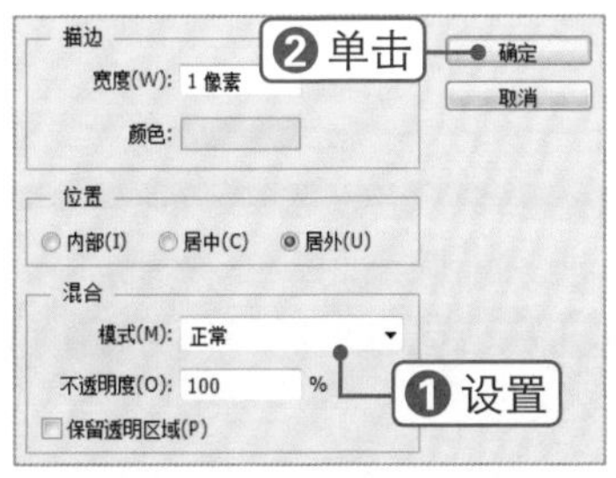

❸ 打开ico.psd文件，将"电话2"图层拖入"房产网站效果图"窗口中，然后调整其位置，如下图所示。

❹ 选择横排文字工具，输入文字。在"字符"面板中设置各项参数，如下图所示。

操作提示

图层从上向下叠加在一起，但并不是简单地堆积，通过控制各个图层的混合模式和不透明度，可以得到很多的合成效果。

5 选择横排文字工具，输入文字。在“字符”面板中设置各项参数，如下图所示。

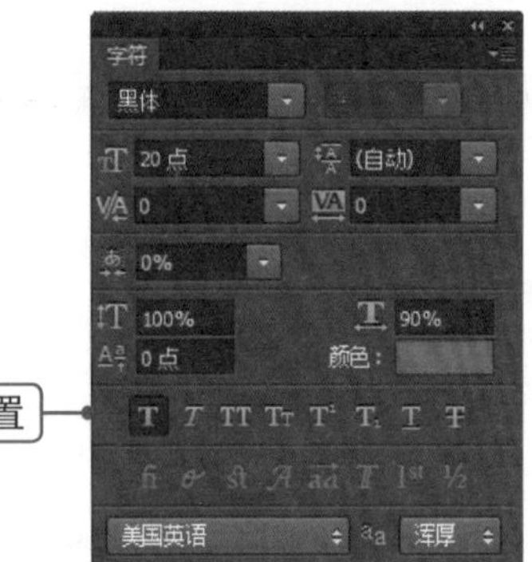

6 将文字图层重命名为“电话号码”，并调整文字的位置，如下图所示。

7 右击“电话号码”图层，在弹出的快捷菜单中选择“栅格化文字”命令，将文字栅格化，如下图所示。

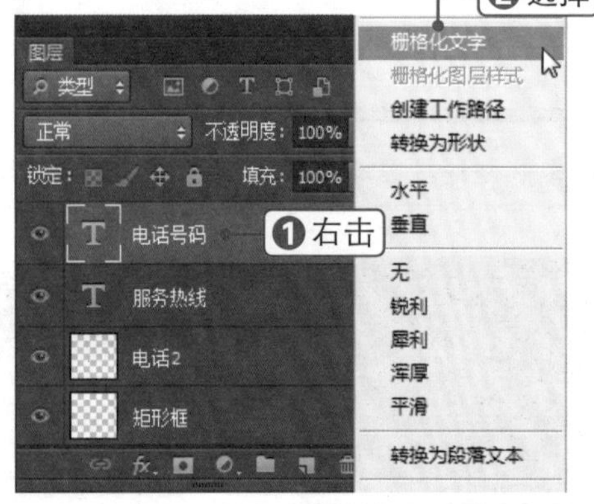

8 按住【Ctrl】键单击“电话号码”图层缩览图载入选区，如下图所示。

9 选择渐变工具，打开“渐变编辑器”窗口，设置渐变色后单击“确定”按钮，如下图所示。

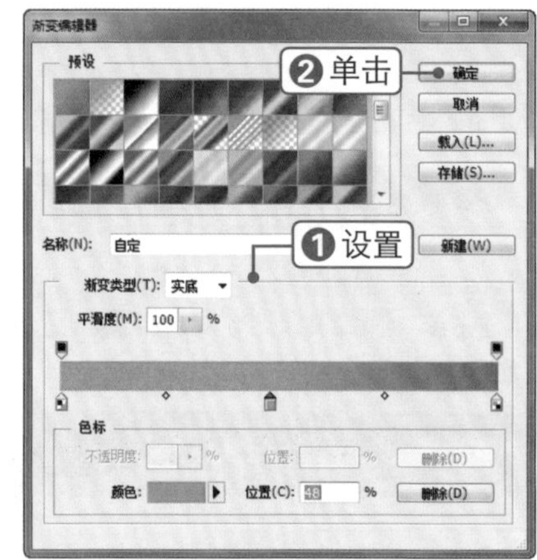

10 单击线性渐变按钮，对选区进行横向渐变填充，如下图所示。

11 单击“创建新图层”按钮，新建“圆角框”图层。选择圆角矩形工具绘制圆角矩形，如下图所示。

行家提醒

按住【Alt】键单击图层的眼睛图标，可以显示/隐藏除本图层外的所有其他图层。

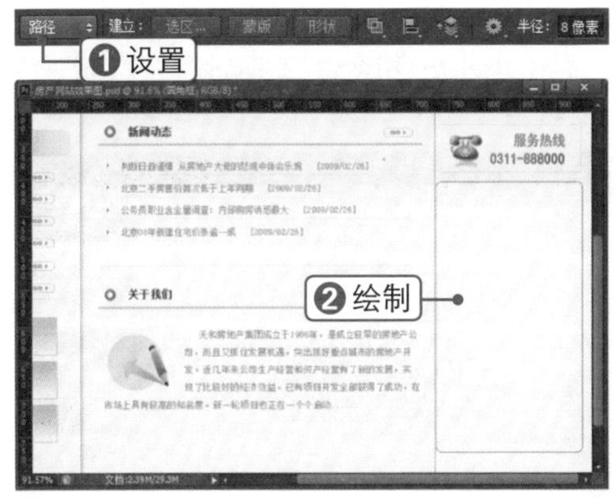

⑫ 按【Ctrl+Enter】组合键，将路径转换为选区。按【Alt+Delete】组合键，填充选区为白色，如下图所示。

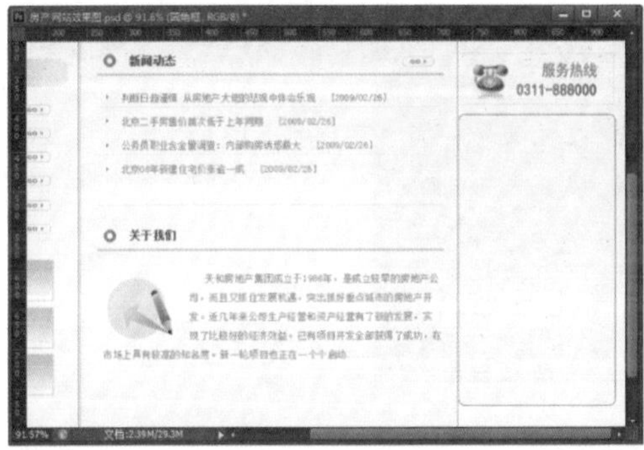

⑬ 选择“编辑”|“描边”命令，在弹出的对话框中设置各项参数，单击“确定”按钮，如下图所示。

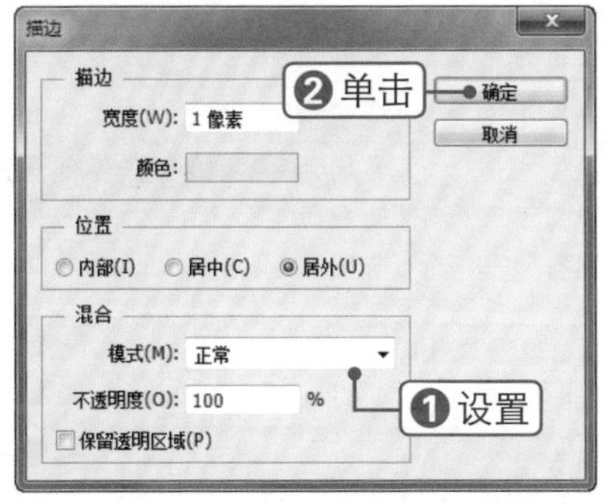

⑭ 打开 ico.psd 文件，将 pic1、pic2、pic3、pic4 图层依次拖入“房产网站效果图”窗口中，并调整它们的位置，如下图所示。

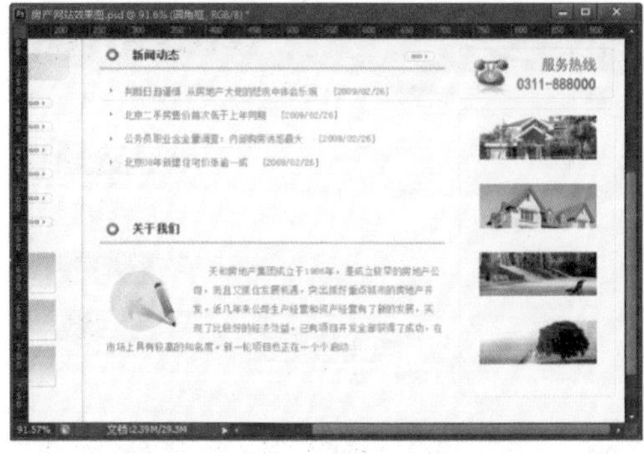

⑮ 选择横排文字工具T，输入文字，然后在“字符”面板中设置各项参数，如下图所示。

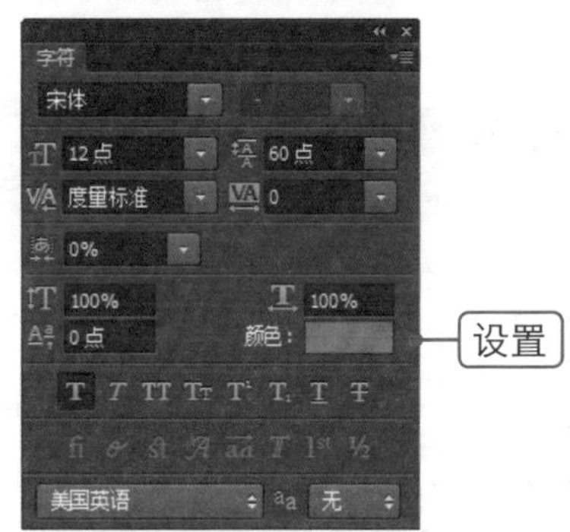

⑯ 调整文字的位置，查看图像效果，如下图所示。

>> 16.2.5 网页底部的制作

下面将详细介绍网页底部的制作方法，具体操作步骤如下：

操作提示

调整图层也是一种图层，因此其与普通图层的特性有许多相似之处，普通图层的大部分操作都可以在调整图层上应用。

❶ 单击“创建新图层”按钮，新建“底部”图层。选择矩形选框工具，绘制一个选区，如下图所示。

❷ 设置前景色为RGB（235，235，235），按【Alt+Delete】组合键填充选区，如下图所示。

❸ 单击“创建新图层”按钮，新建“横线”图层。选择单行选框工具，单击画布绘制选区，如下图所示。

❹ 设置前景色为RGB（182，182，182），按【Alt+Delete】组合键填充选区，按【Ctrl+D】组合键取消选区，如下图所示。

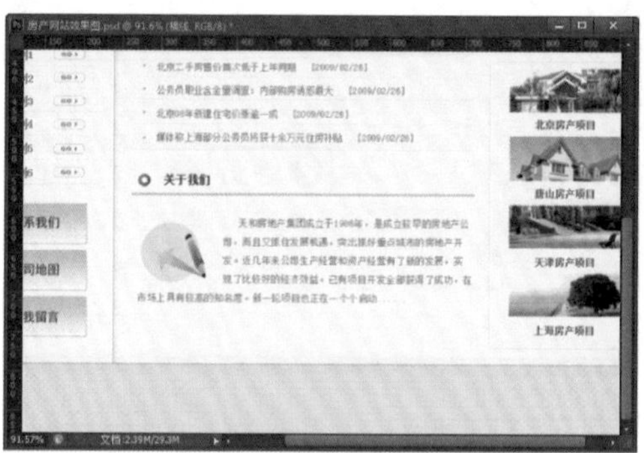

❺ 选择横排文字工具，输入文字，在“字符”面板中设置各项参数，如下图所示。

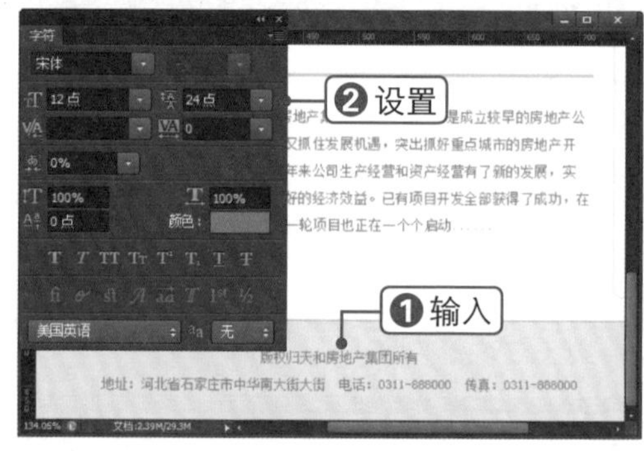

❻ 此时，网站整体效果图已经全部制作完成，最终效果如下图所示。

行家提醒

使用单行选框工具和单列选框工具只能创建单行选区和单列选区，选区的宽度分别为1像素，常用来制作网格。

16.2.6 将效果图进行切片

下面将详细介绍如何对效果图进行切片，具体操作步骤如下：

1 在电脑上创建“综合实例”文件夹，在其中再新建一个文件夹，并重命名为“网页”。

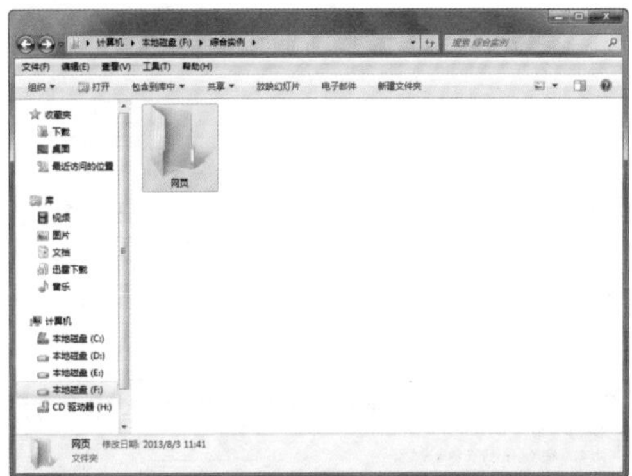

2 切换到 Photoshop 窗口，选择切片工具，对效果图进行切片操作，如下图所示。

3 选择“文件”|“存储为 Web 和设备所用格式”命令，在弹出的对话框中设置各项参数，单击“确定”按钮，如下图所示。

4 在弹出的“将优化结果存储为”对话框中将文件命名为 index，单击“确定”按钮，如下图所示。

16.2.7 页面顶部TOP部分的制作

下面将详细介绍页面顶部 TOP 部分的制作方法，具体操作步骤如下：

操作提示

对图像进行切片后，绿色的半透明区域称为切片对象，而由切片对象产生的红色分割线称为切片辅助线。

1 启动 Dreamweaver，选择“文件”|“新建”命令，弹出“新建文档”对话框，选择页面类型，单击“创建”按钮，如下图所示。

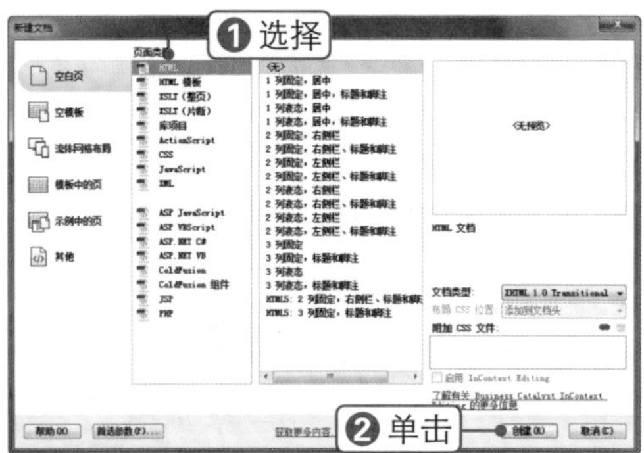

2 选择“文件”|“保存”命令，弹出“另存为”对话框，设置文件名和保存位置，单击“保存”按钮，如下图所示。

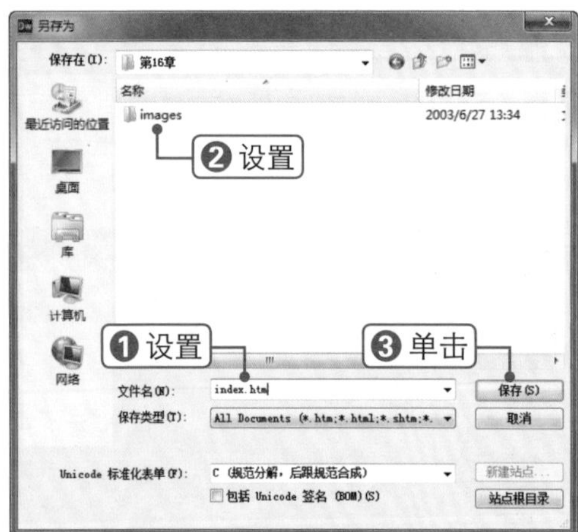

3 打开文件夹，右击空白处，新建一个文件夹并将其重命名为 CSS，如下图所示。

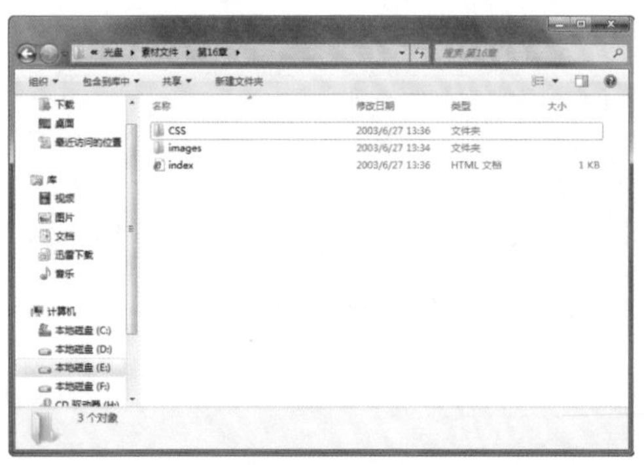

4 在 index.html 窗口中右击“CSS 样式”面板，在弹出的快捷菜单中选择“新建”命令，如下图所示。

5 弹出“新建 CSS 规则”对话框，设置选择器类型为“标签”，选择器名称为 body，规则定义为“(新建样式表文件)”，单击“确定”按钮，如下图所示。

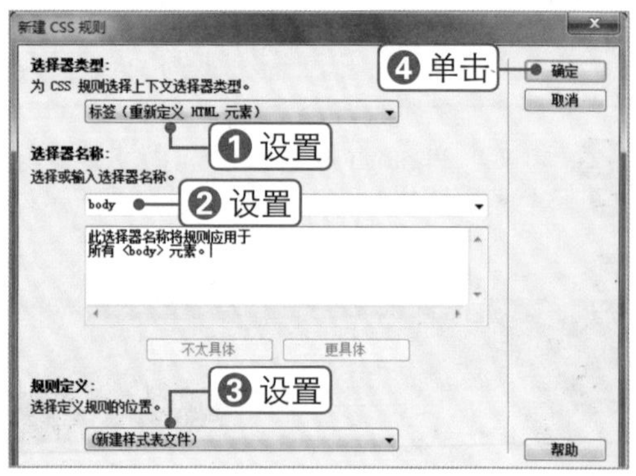

6 弹出“将样式表文件另存为”对话框，选择保存路径，设置文件名和保存类型，单击“保存”按钮，如下图所示。

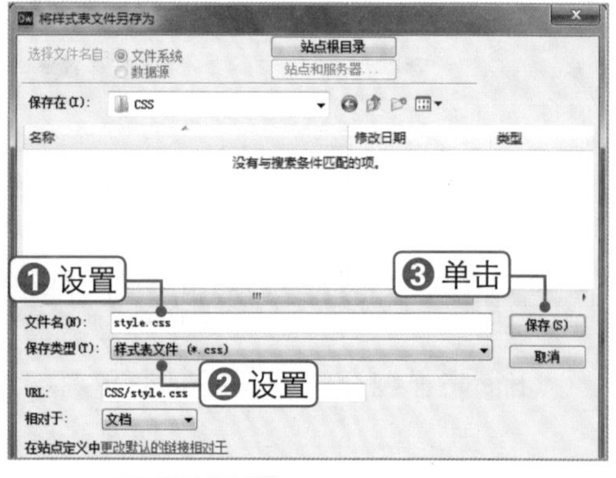

行家提醒

一个 HTML 页面由很多不同的标签组成，而 CSS 标记选择器就是声明哪些标签采用哪种 CSS 样式。

7 弹出 CSS 规则定义对话框，在左侧选择“背景”选项，在右侧设置背景颜色，如下图所示。

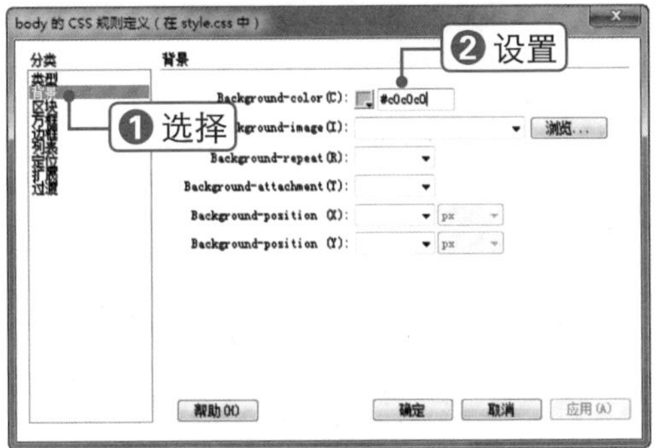

8 选择“方框”选项，设置相关属性，单击“确定”按钮，如下图所示。

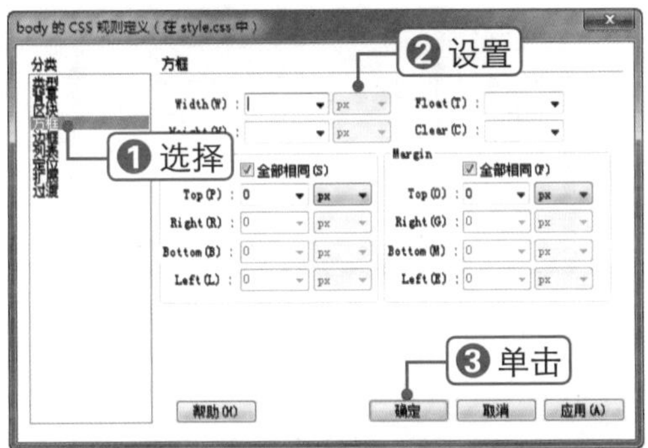

9 单击“新建 CSS 规则”按钮，弹出“新建CSS规则”对话框，设置相关参数，单击“确定”按钮，如下图所示。

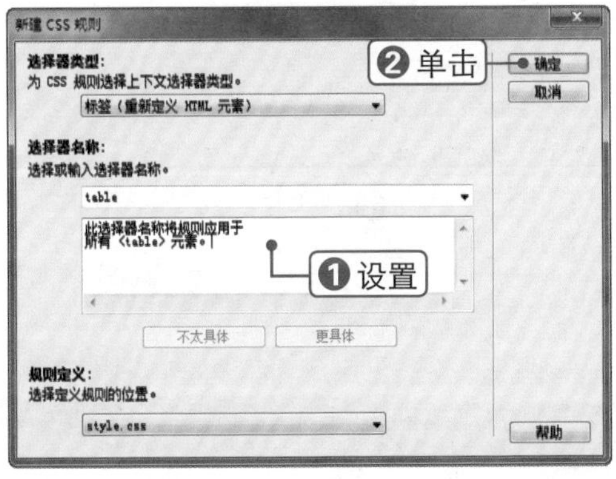

10 弹出 CSS 规则定义对话框，在左侧选择“类型”选项，在右侧设置字体、字号和颜色，如下图所示。

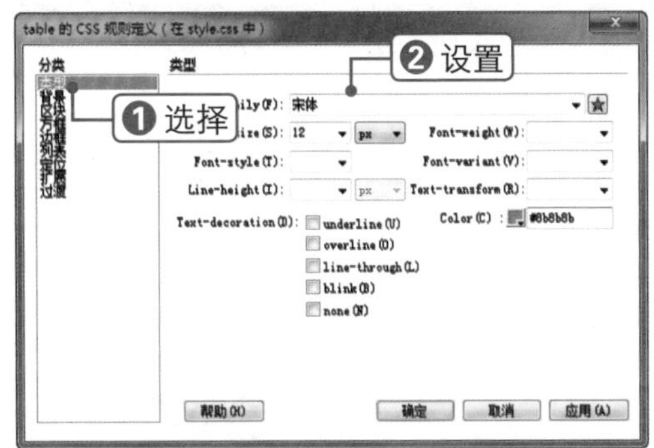

11 在左侧选择“背景”选项，在右侧设置背景颜色，单击“确定”按钮，如下图所示。

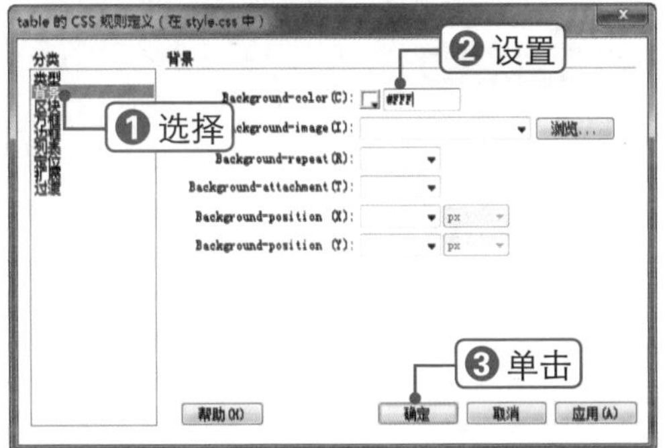

12 同样新建 CSS 规则，设置相关属性，单击“确定”按钮，如下图所示。

操作提示

一般来说，CSS 代码定义分为选择器名称和代码定义块，代码定义块需要添加到 {} 里，包括所用的 CSS 属性及属性值。

13 在弹出对话框的左侧选择“类型”选项，在右侧设置相关参数，单击“确定”按钮，如下图所示。

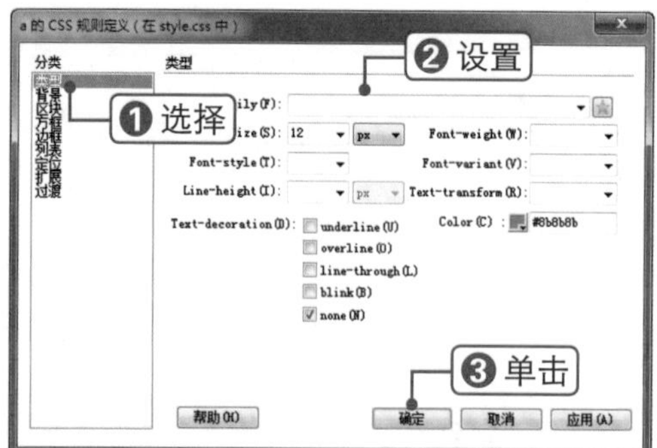

14 再次新建 CSS 规则，设置相关属性，单击“确定”按钮，如下图所示。

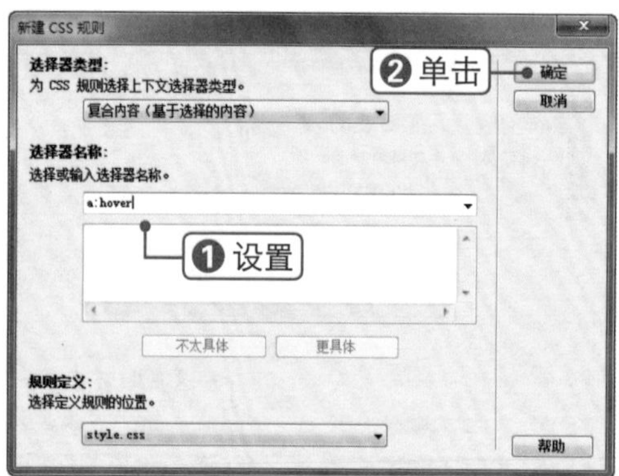

15 在弹出对话框的左侧选择“类型”选项，在右侧设置相关属性，单击“确定”按钮，如下图所示。

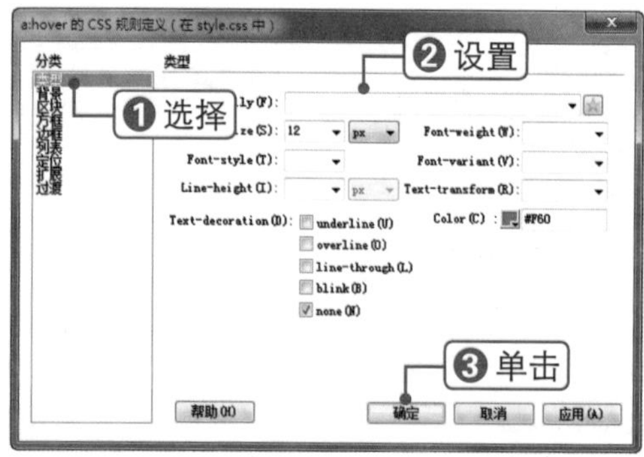

16 单击“插入”面板“常用”组下的“表格”按钮，如下图所示。

17 弹出“表格”对话框，设置相关参数，单击“确定”按钮，如下图所示。

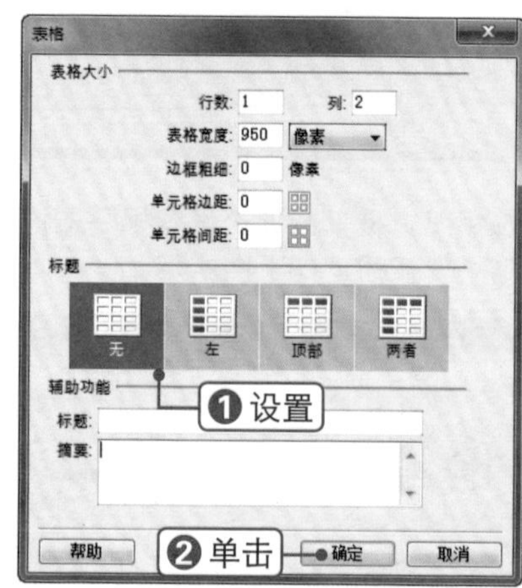

18 选中表格，在“属性”面板中设置表格的对齐方式为“居中对齐”，如下图所示。

19 选中表格的全部单元格，在“属性”面板中设置水平方式为“左对齐”，垂直方式为“顶端”，如下图所示。

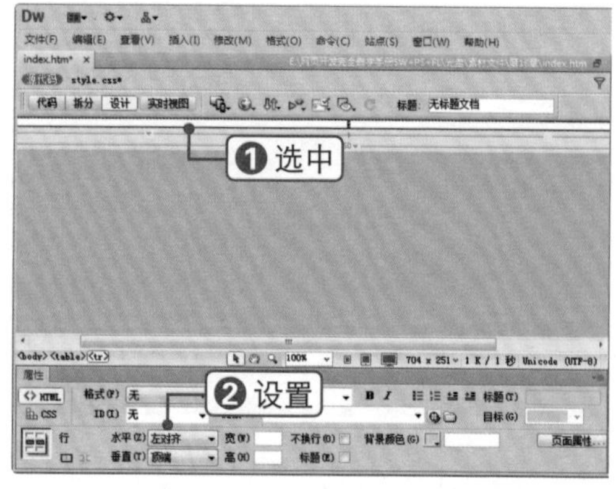

行家提醒

“类型”属性主要包括文本的字体、字体大小、字体的粗细、字体的风格、文本所在行的高度、文字的颜色、为文本添加下画线等。

20 选择第 1 列单元格，在“属性”面板中设置宽度为 245px，如下图所示。

21 选择第 2 列单元格，在“属性”面板中设置宽度为 705px，如下图所示。

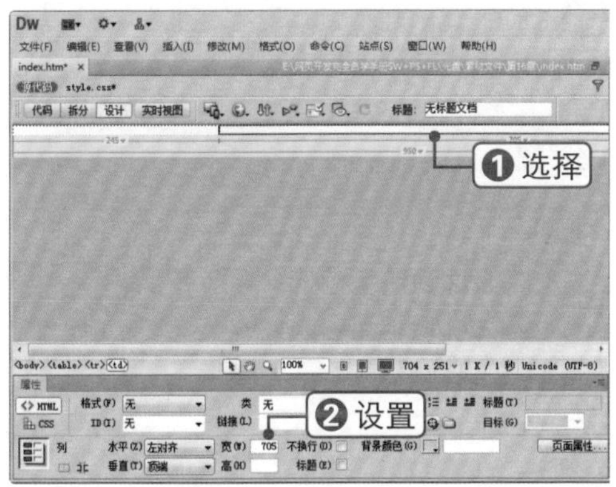

22 单击“插入”面板中的“图像：图像”按钮，如下图所示。

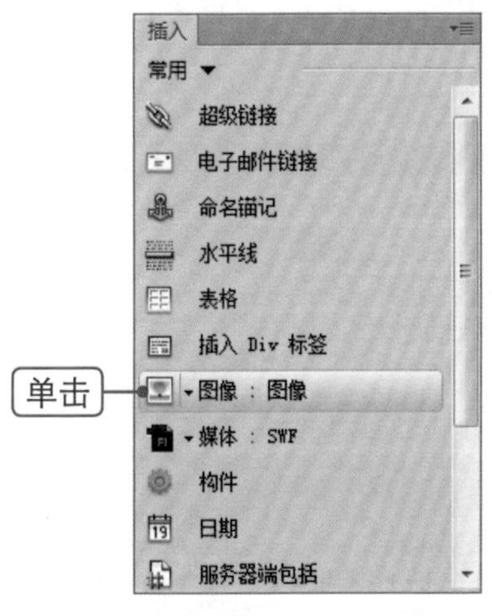

23 弹出“选择图像源文件”对话框，选择要插入的图像，单击“确定”按钮，如下图所示。

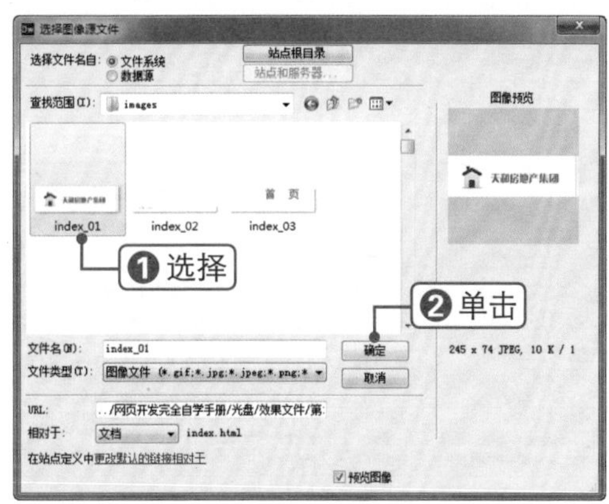

24 选择宽度为 705px 的单元格，在“属性”面板中单击“拆分单元格为行或列”按钮，如下图所示。

25 弹出“拆分单元格”对话框，根据需要设置参数，单击“确定”按钮，如下图所示。

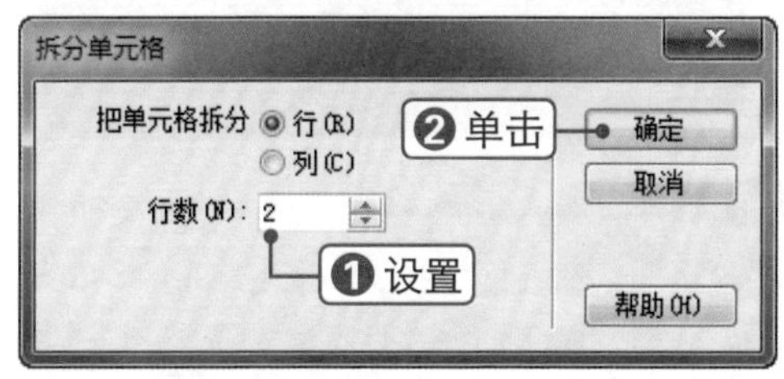

操作提示

右击要拆分的单元格，在弹出的快捷菜单中选择“表格”|“拆分单元格”命令，也可实现单元格的拆分。

26 在“属性”面板中分别设置拆分的单元格的高度为 28px、46px，如下图所示。

27 在输入法图标的软键盘上右击，在弹出的快捷菜单中选择“标点符号”命令，如下图所示。

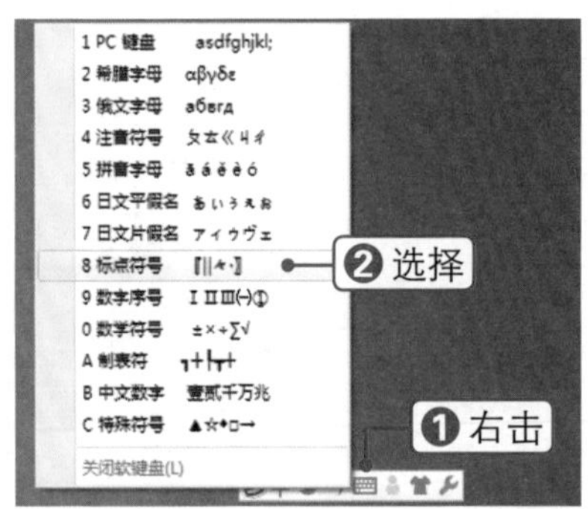

28 弹出小键盘，在小键盘上单击数字 9，如下图所示。

29 在单元格中输入符号“·”，如下图所示。

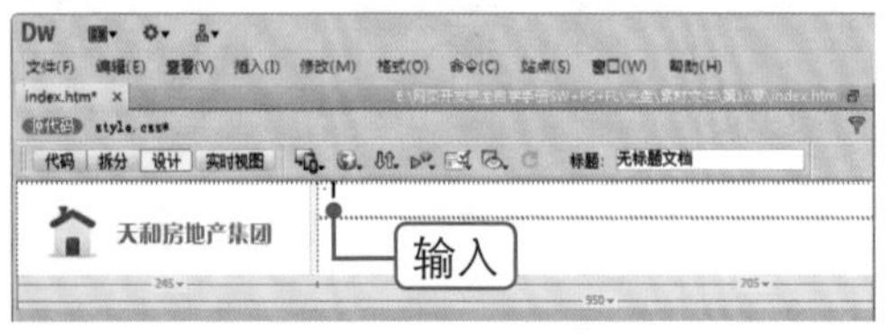

30 在“·”后面输入文本，分别选中文本，在“属性”面板的“链接”文本框中输入 #，如下图所示。

31 新建 CSS 规则，设置相关属性，单击“确定”按钮，如下图所示。

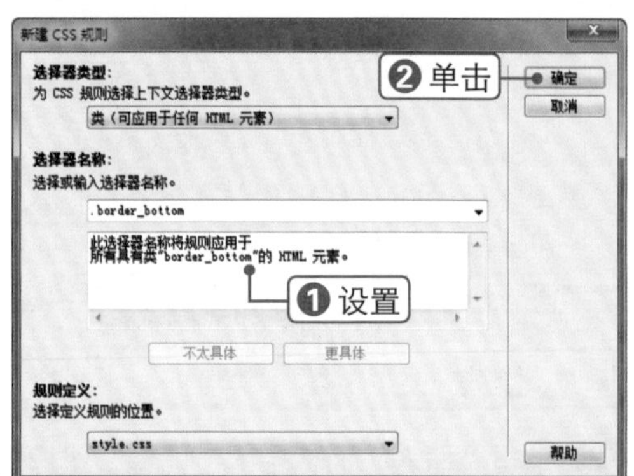

32 弹出 CSS 规则定义对话框，在左侧选择“边框”选项，在右侧设置相关属性，如下图所示。

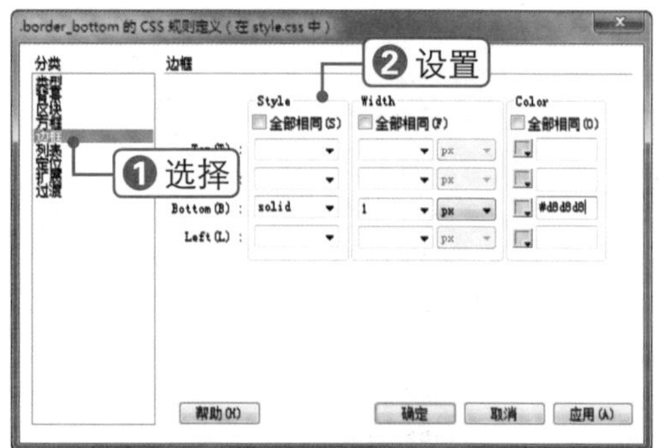

行家提醒

类选择器用来定义某一类元素的外观样式，可应用于任何 HTML 标签。类选择器的名称一般以 . 开头。

33 选择"区块"选项，设置相关属性，单击"确定"按钮，如下图所示。

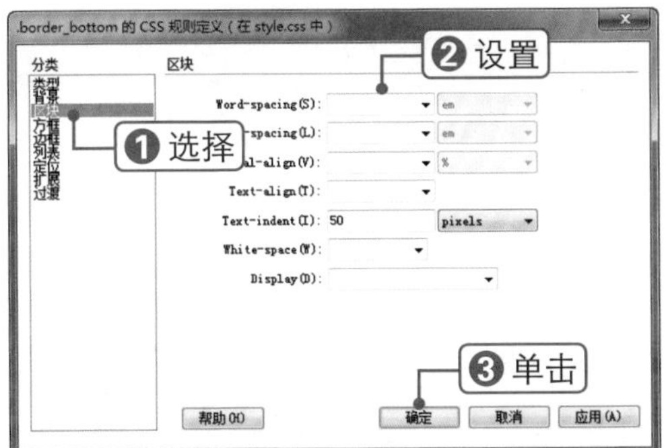

34 选中单元格，在"CSS 样式"面板中右击 .border_bottom，选择"应用"命令，如下图所示。

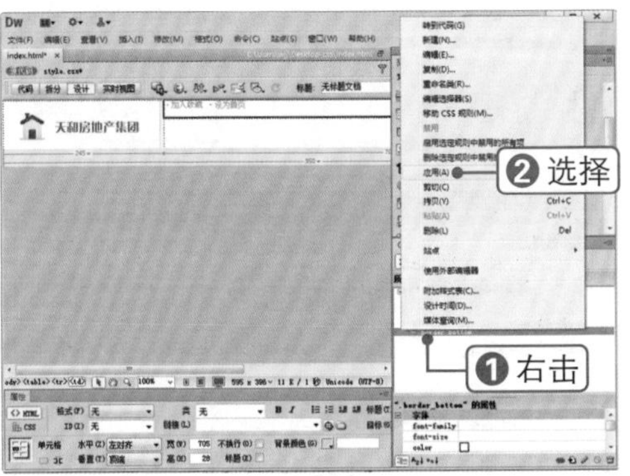

35 选择"插入"|"表格"命令，弹出"表格"对话框，设置相关参数，单击"确定"按钮，如下图所示。

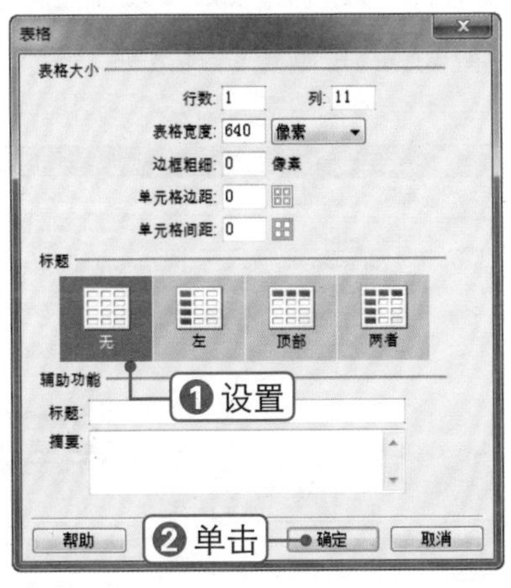

36 在"属性"面板中设置表格的对齐方式为"居中对齐"，如下图所示。

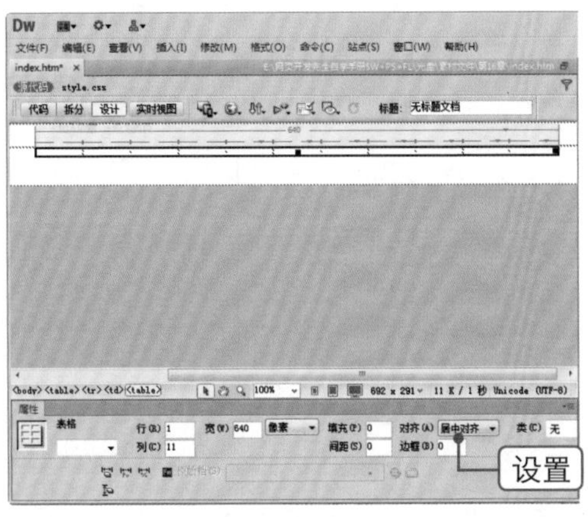

37 选中全部单元格，在"属性"面板中设置水平方式为"居中对齐"，垂直方式为"居中"，如下图所示。

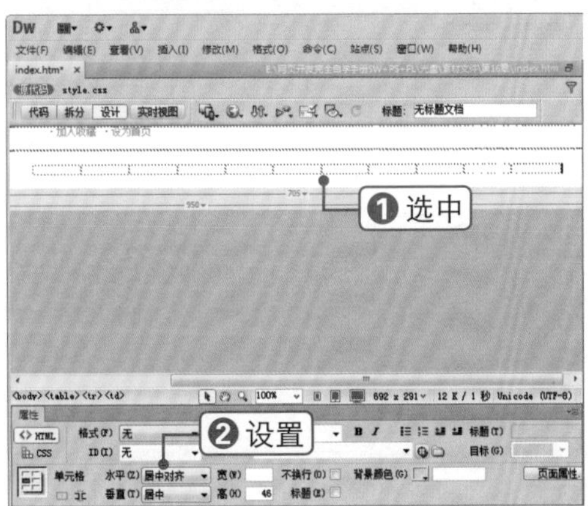

38 在单元格中输入所需的文本，如下图所示。

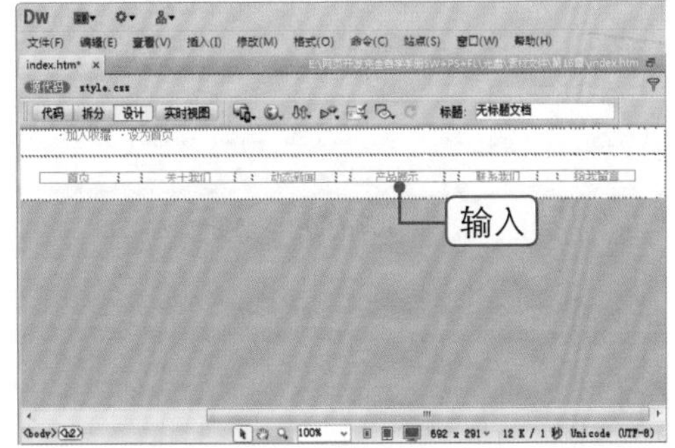

一般来说，大表格往往采用绝对尺寸，表格中嵌套的表格采用相对尺寸，这样定位出来的网页才不会因为显示器分辨率的差异而发生混乱。

39 将光标定位于没有输入文本的单元格中，选择“插入”|“图像”命令，如下图所示

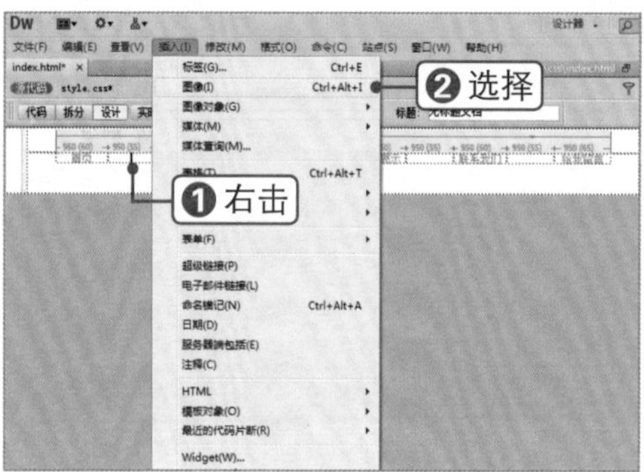

40 弹出“选择图像源文件”对话框，选择要插入的图像，单击“确定”按钮，如下图所示。

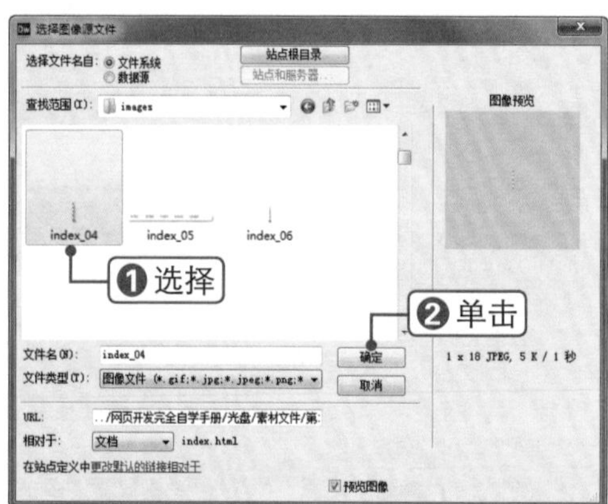

41 复制粘贴该图片到其他单元格中，效果如下图所示。

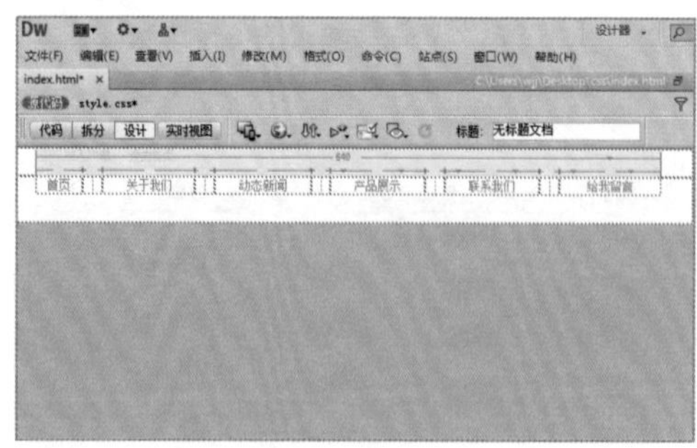

42 从左到右分别将单元格的宽度调整为 90px、1px、109px、1px、109px、1px、109px、1px、109px、1px、109px，效果如下图所示。

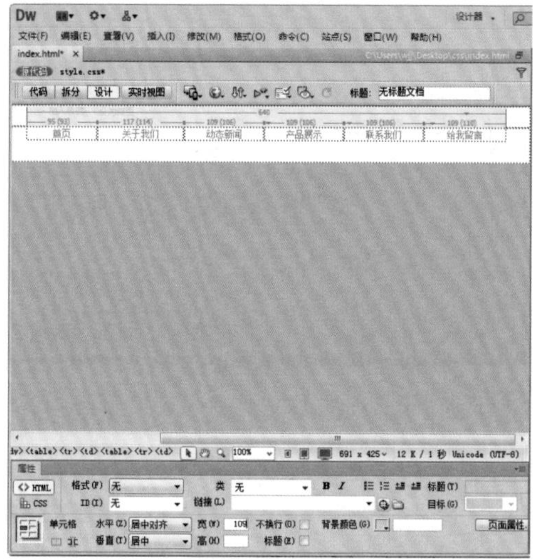

43 新建一个 CSS 样式，设置相关参数，然后单击“确定”按钮，如下图所示。

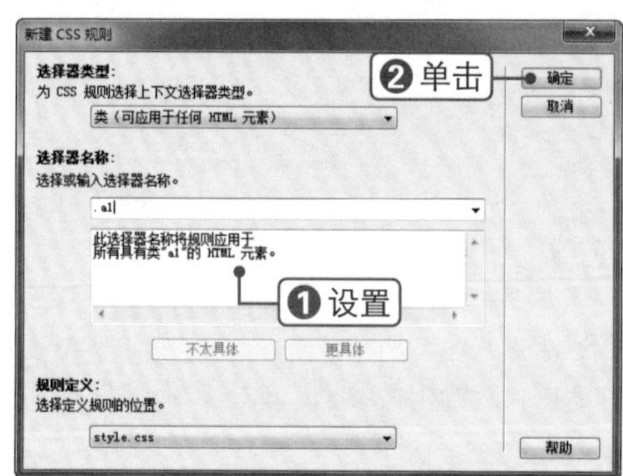

44 弹出 CSS 规则定义对话框，设置相关属性，单击“确定”按钮，如下图所示。

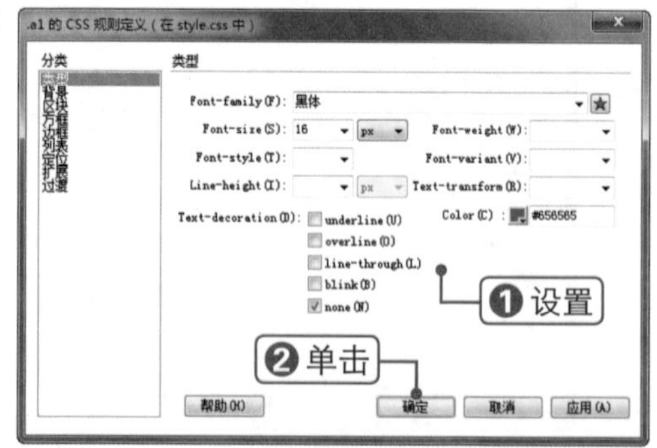

行家提醒

在网页中添加 CSS 代码有内联模式、外联模式、附加 Style 属性方法及混合模式 4 种方法。

45 新建一个 CSS 样式，设置相关属性，单击“确定”按钮，如下图所示。

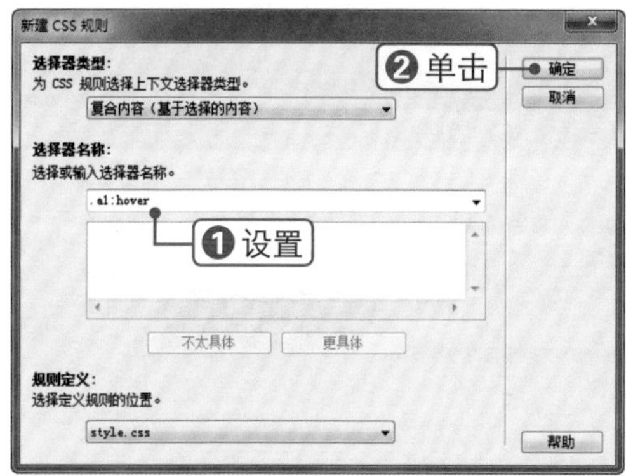

46 弹出 CSS 规则定义对话框，设置相关属性，单击“确定”按钮，如下图所示。

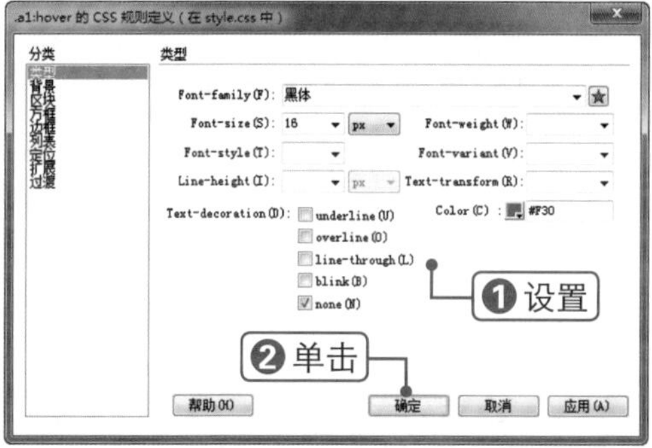

47 为导航栏各单元格中的文字加上空链接并应用样式 .a1，效果如下图所示。

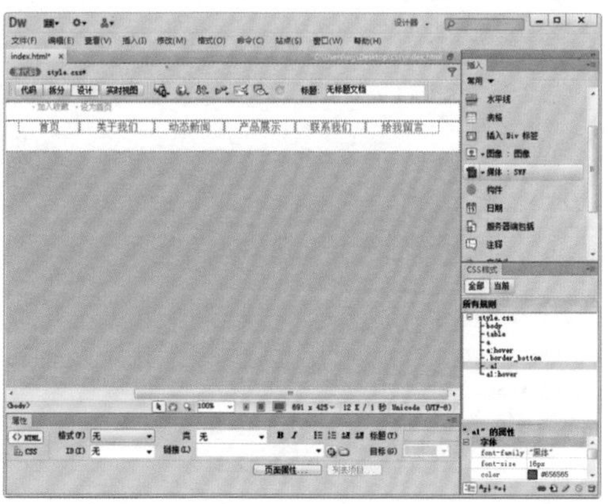

48 选择“插入”|“表格”命令，弹出“表格”对话框，设置相关属性，单击“确定”按钮，如下图所示。

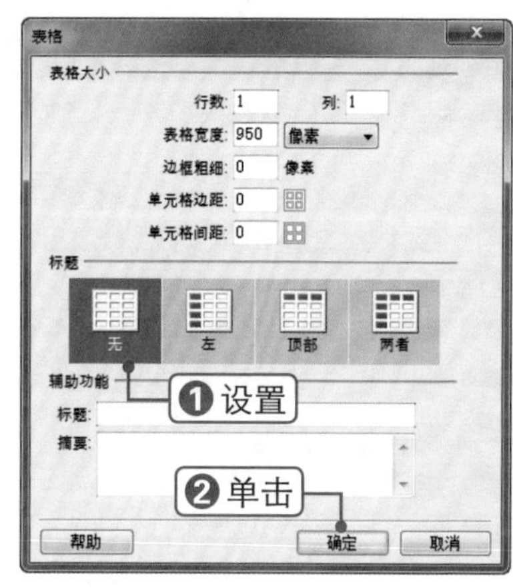

49 在“属性”面板中设置表格的对齐方式为“居中对齐”，如下图所示。

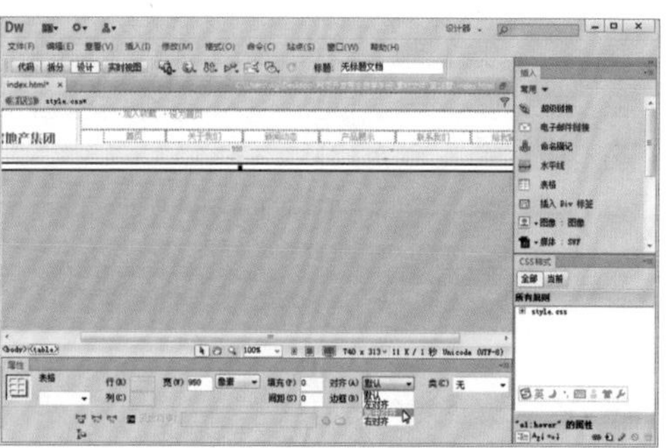

50 选中单元格，在“属性”面板中设置水平对齐方式为“左对齐”，垂直对齐方式为“顶端”，如下图所示。

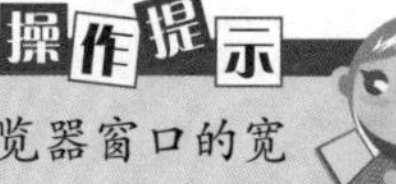

用像素来指定表格宽度，则与浏览器窗口的宽度无关，无论浏览器窗口的宽度有多大，表格总会显示为一定的宽度。

51 单击“插入”面板中的“图像”按钮，弹出对话框，选择要插入的图片，单击“确定”按钮，如下图所示。

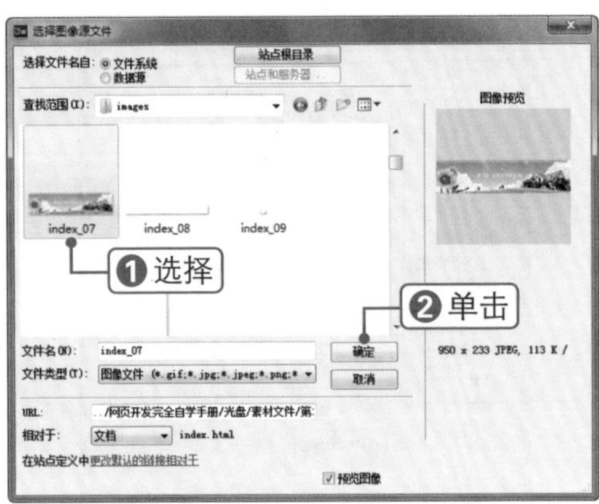

52 此时，即可查看插入图片后的网页效果，如下图所示。

>> 16.2.8 页面主体左侧部分的制作

下面将详细介绍页面主体左侧部分的制作方法，具体操作步骤如下：

1 选择“插入”|“表格”命令，弹出“表格”对话框，设置相关属性，单击“确定”按钮，如下图所示。

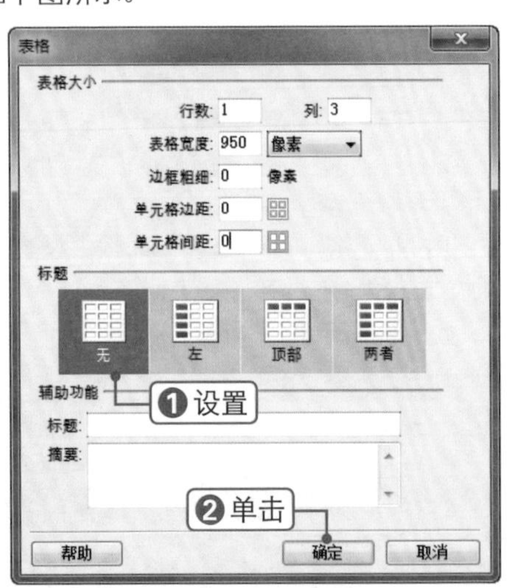

2 在“属性”面板中设置表格的对齐方式为“居中对齐”，如下图所示。

3 选择第 1 列单元格，设置宽度为 244px，水平对齐方式为“左对齐”，垂直对齐方式为“顶端”，如下图所示。

行家提醒

将表格的宽度用百分比来指定时，随着浏览器窗口宽度的变化，表格的宽度也会发生变化。

4 选择第2列单元格，设置宽度为486px，水平对齐方式为“居中对齐”，垂直对齐方式为“顶端”，如下图所示。

5 选择第3列单元格，设置宽度为220px，水平对齐方式为“左对齐”，垂直对齐方式为“顶端”，如下图所示。

6 将光标移到第1列单元格中，选择“插入”|“表格”命令，弹出“表格”对话框，设置相关属性，单击“确定”按钮，如下图所示。

7 在“属性”面板中设置表格的对齐方式为“居中对齐”，如下图所示。

8 将光标移到第一行单元格，设置水平对齐方式为“左对齐”，垂直对齐方式为“底部”，高度为57px，如下图所示。

9 选择“插入”|“图像”命令，弹出“选择图像源文件”对话框，选择要插入的图像，单击“确定”按钮，如下图所示。

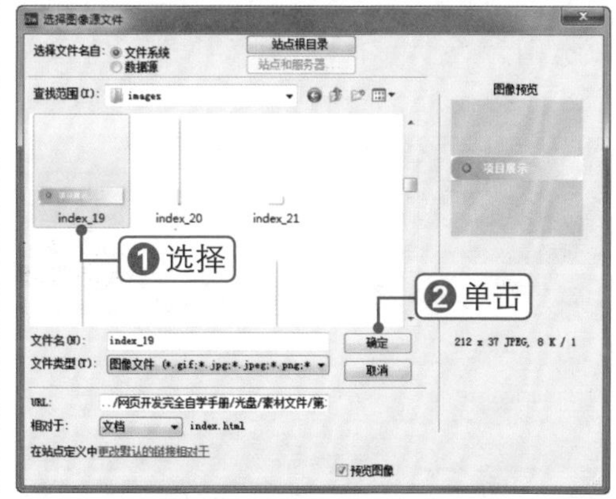

有时复杂的表格需要一段时间才会显示在屏幕上，这时，可以通过对表格中的每个图像指定 with 和 height 可提高显示速度。

10 在"CSS 样式"面板中单击"新建 CSS 规则"按钮，弹出"新建 CSS 规则"对话框，设置相关属性，单击"确定"按钮，如下图所示。

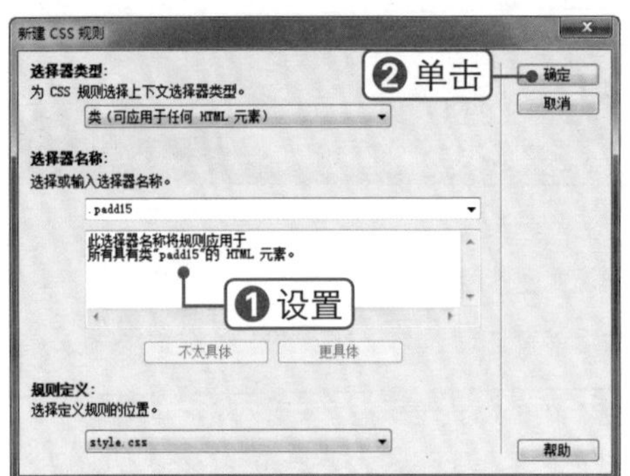

11 弹出 CSS 规则定义对话框，选择"方框"选项，设置相关属性，单击"确定"按钮，如下图所示。

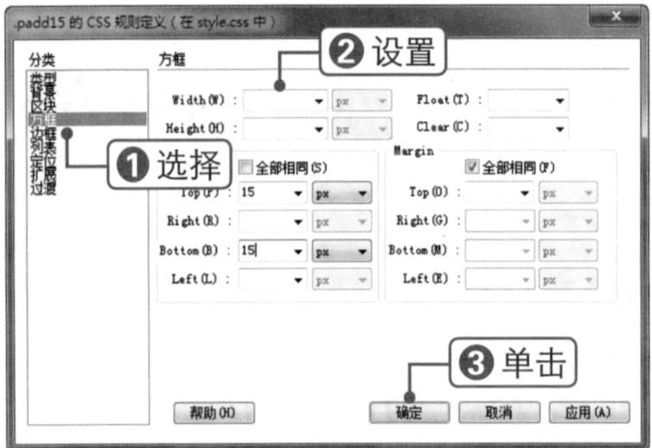

12 设置第 2 行单元格的水平和垂直对齐方式分别为"居中对齐"和"顶端"，然后将 CSS 样式 .padd15 应用到第 2 行，如下图所示。

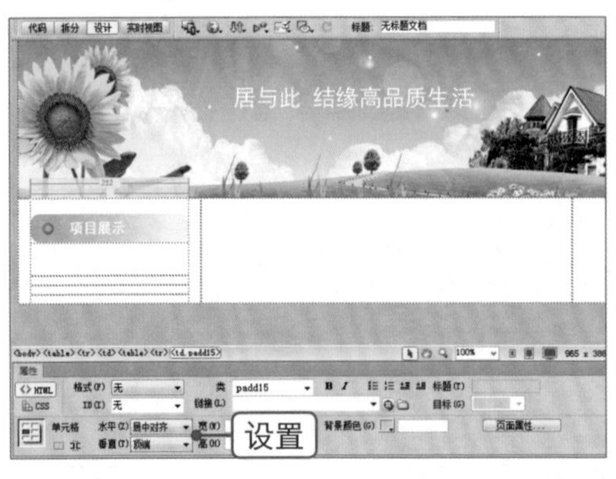

13 将光标移到第 2 行单元格，选择"插入"|"表格"命令，弹出"表格"对话框，设置相关属性，单击"确定"按钮，如下图所示。

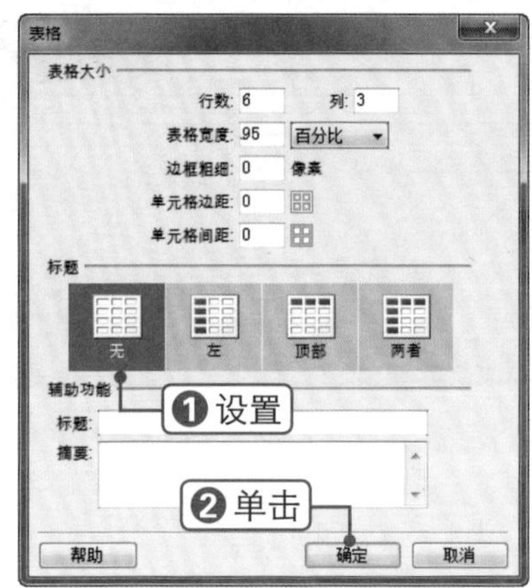

14 选中第 1 列单元格，在"属性"面板中设置表格宽度为 20%，水平对齐方式为"居中对齐"，垂直对齐方式为"居中"，如下图所示。

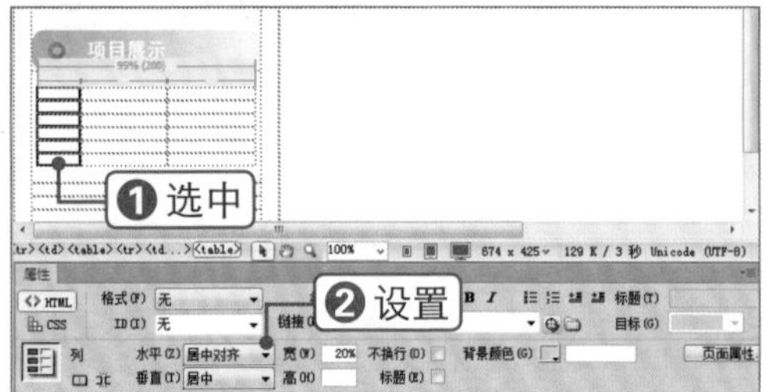

15 选中第 2 列单元格，在"属性"面板中设置表格宽度为 50%，设置水平对齐方式为"左对齐"，垂直对齐方式为"居中"，如下图所示。

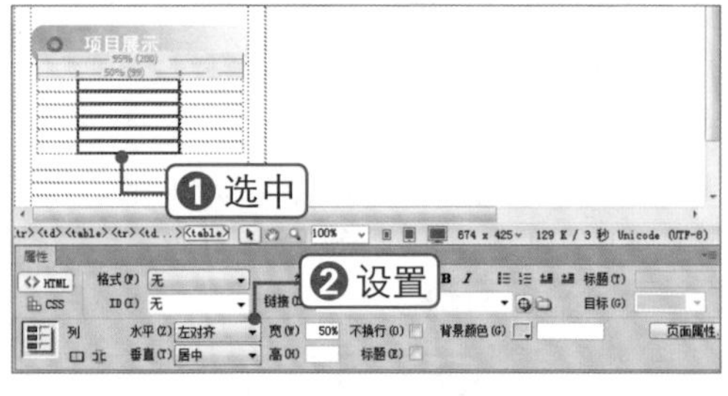

行家提醒

在复杂的表格结构中，有的单元格在水平方向上跨多个列，这就需要使用跨行属性 rowspan。

16 选中第3列单元格，在“属性”面板中设置表格宽度为30%，设置水平对齐方式为“左对齐”，垂直对齐方式为“居中”，如下图所示。

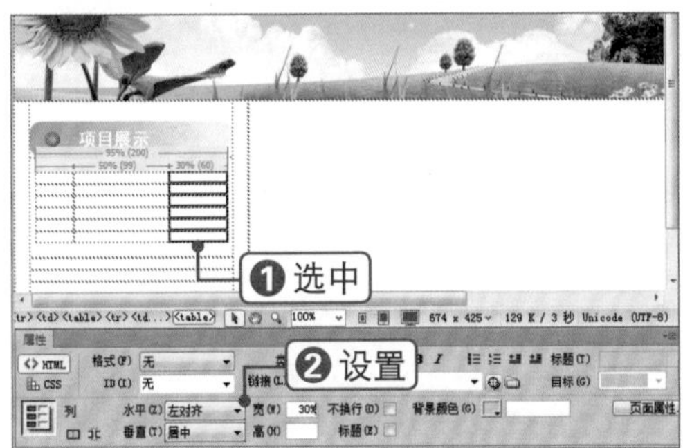

17 将光标移到第1列单元格中，选择“插入”|“图像”命令，在弹出的对话框中选择要插入的图片，单击“确定”按钮，如下图所示。

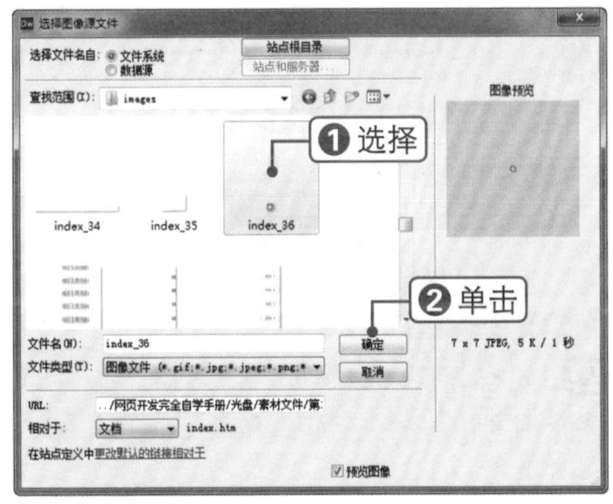

18 复制该图片到第1列的其他单元格中，如下图所示。

19 将光标移到第2列单元格中，依次输入文本，如下图所示。

20 参照步骤14~15，在第3列单元格中插入图像，如下图所示。

21 单击“新建CSS规则”按钮，在弹出的对话框中设置相关属性，单击“确定”按钮，如下图所示。

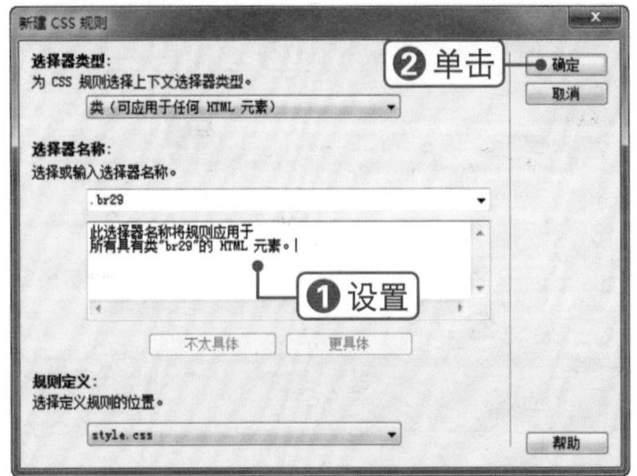

排序表格时，如果表格行使用两种交替的颜色，则不应勾选该复选框选项，这样可以确保排序后的表格仍具有颜色交替的行。

22 设置 CSS 样式 .br29 的行高为 29px，如下图所示。

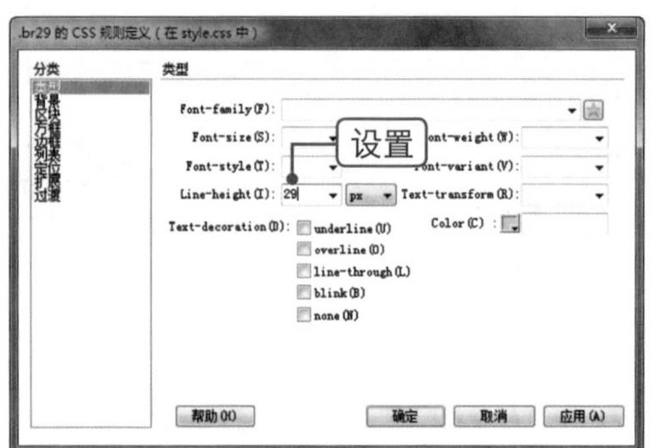

23 选择“背景”选项，设置 CSS 样式 .br29 的背景图片，单击“确定”按钮，如下图所示。

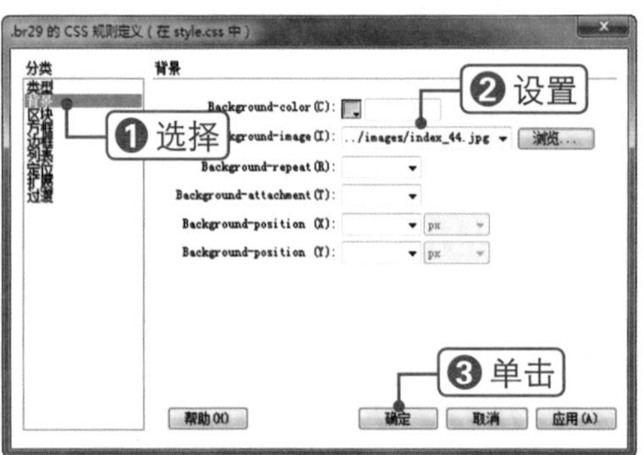

24 选中 table，在“CSS 样式”面板中右击 .br29，在弹出的快捷菜单中选择“应用”命令，如下图所示。

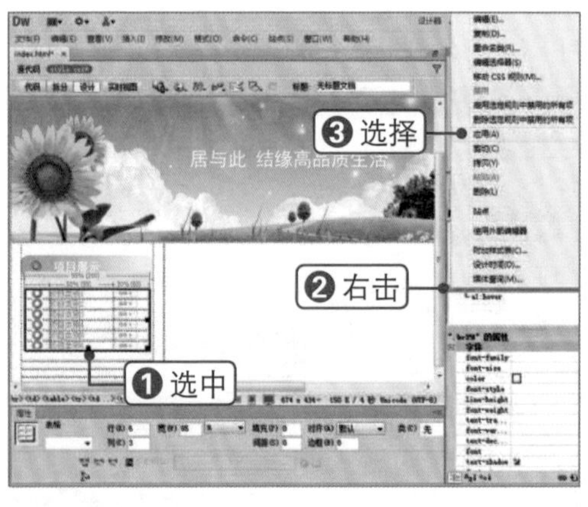

25 新建一个 CSS 规则，设置选择器类型和名称，单击“确定”按钮，如下图所示。

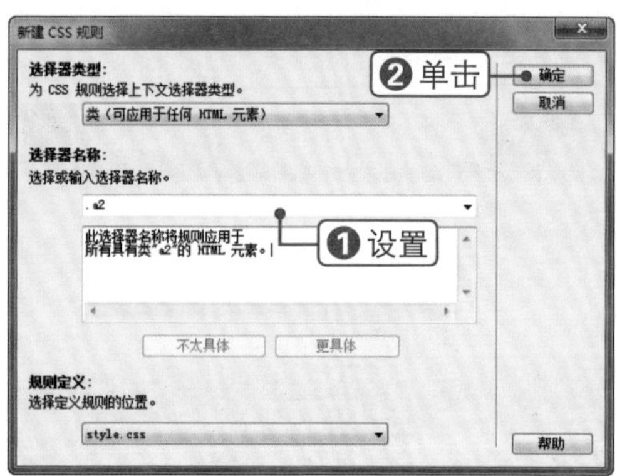

26 弹出 CSS 规则定义对话框，设置相关属性，单击“确定”按钮，如下图所示。

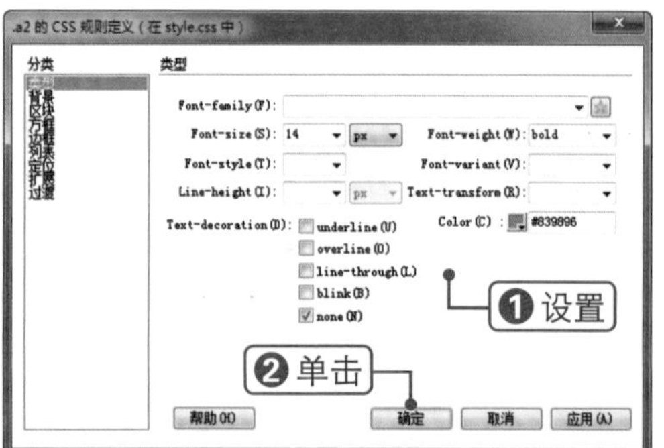

27 同样新建 .a2:hover CSS 规则，设置选择器类型和名称，单击“确定”按钮，如下图所示。

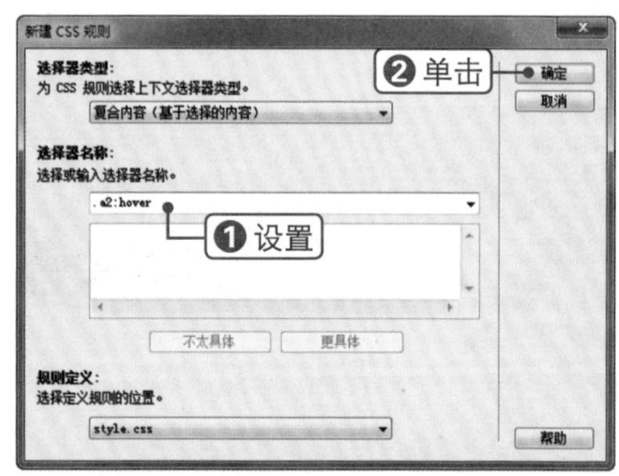

行家提醒

Line-height：用于设置文本所在行的高度，选择正常自动计算字体大小的行高，也可输入一个固定值并选择度量单位。

28 弹出 CSS 规则定义对话框，设置相关属性，单击“确定”按钮，如下图所示。

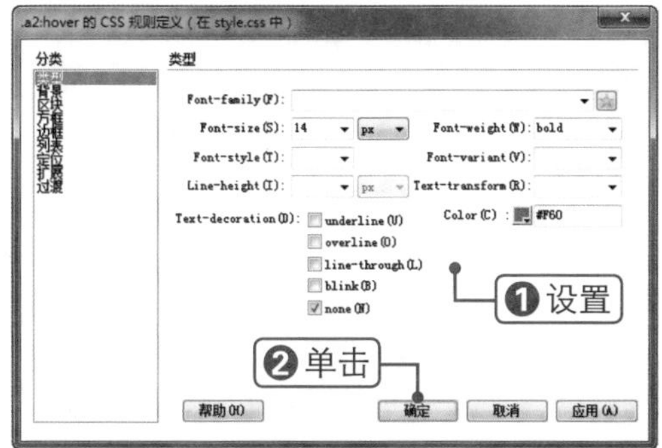

29 分别为第 2 列单元格中的文本设置空链接，然后为每个链接应用 .a2 CSS 规则，如下图所示。

30 按【F12】键，在 IE 浏览器中浏览页面，效果如下图所示。

31 将光标定位于单元格的第 3 行，设置水平对齐方式为“居中对齐”、垂直对齐方式为“居中”，高度为 60px，如下图所示。

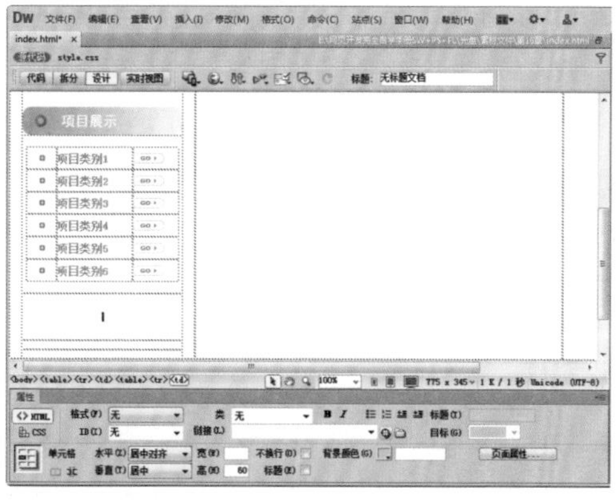

32 为表格第 4 行、第 5 行设置同样的属性，如下图所示。

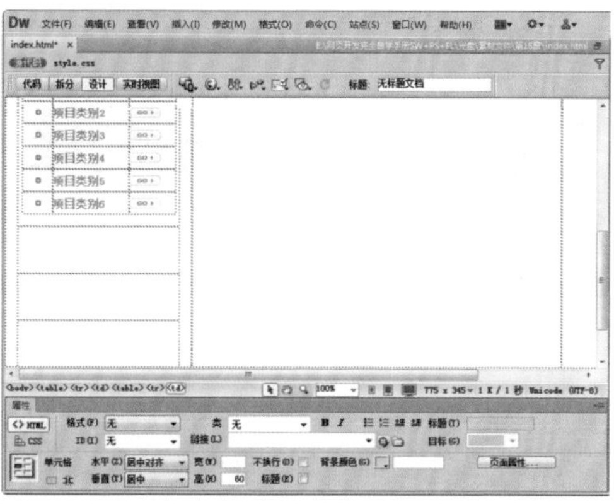

33 将光标定位于第 3 行单元格中，选择“插入”|“图像”命令，在弹出的对话框中选择要插入的图像，单击“确定”按钮，如下图所示。

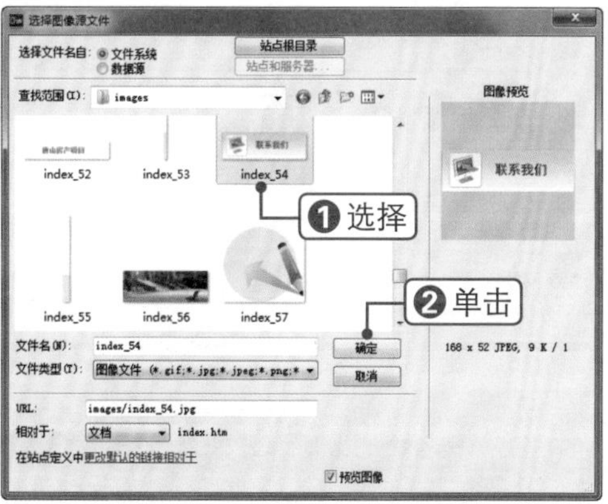

操作提示

现在网页中几乎没有不用样式表的，使用样式表不但可以定义文字，还可以定义表格、层及其他元素。

34 采用同样的方法，在第 4 行和第 5 行单元格中分别插入需要的图像，如下图所示。

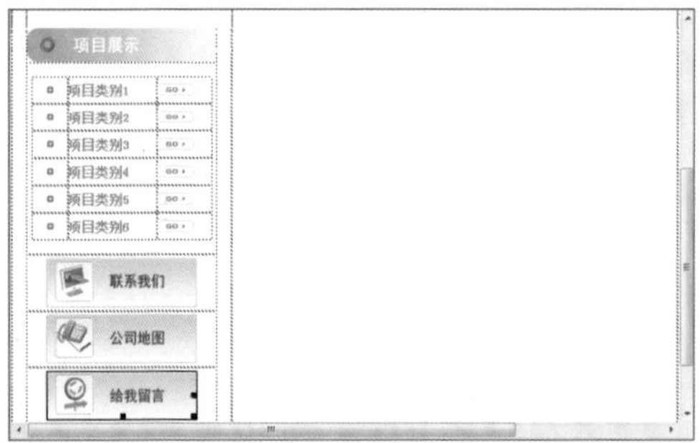

35 按【F12】键，在 IE 浏览器中浏览页面，效果如下图所示。

36 再新建一个 CSS 规则，设置选择器类型和名称，单击“确定”按钮，如下图所示。

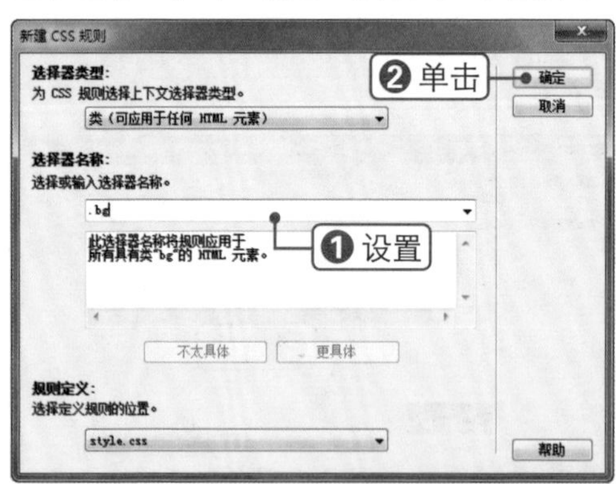

37 弹出 CSS 规则定义对话框，设置相关属性，单击“确定”按钮，如下图所示。

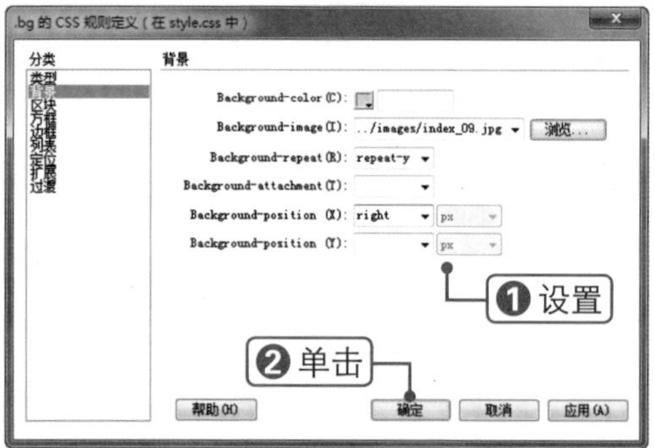

38 选择单元格，应用 CSS 样式 .bg，如下图所示。

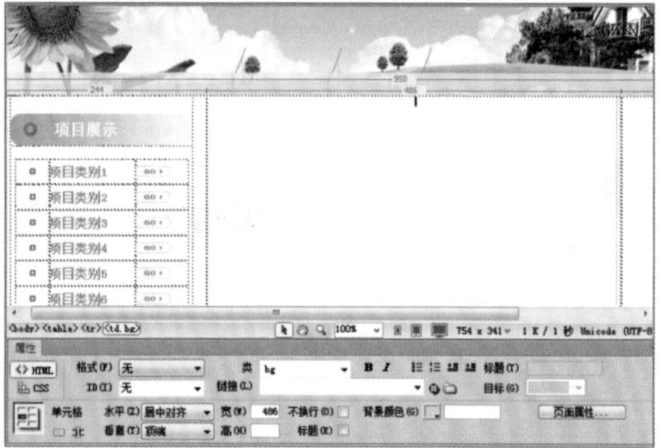

39 按【F12】键，在 IE 浏览器中浏览网页，效果如下图所示。

>> 16.2.9 页面主体中间部分的制作

下面将详细介绍页面主体中间部分的制作方法，具体操作步骤如下：

行家提醒

CSS 样式表几乎可以在所有浏览器中使用，使用 CSS 样式表可以更轻松地控制页面的布局，准确进行排版定位。

❶ 将光标移到中间单元格中，选择“插入”|“表格”命令，弹出“表格”对话框，设置相关属性，单击“确定”按钮，如下图所示。

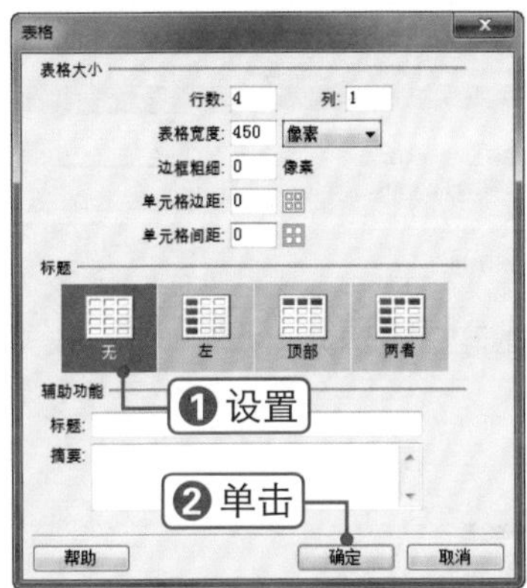

❷ 选中各个单元格，设置水平对齐方式为“左对齐”，垂直对齐方式为“顶端”，如下图所示。

❸ 将光标移到表格的第1行单元格，选择“插入”|“表格”命令，弹出“表格”对话框，设置相关属性，单击“确定”按钮，如下图所示。

❹ 选中第1列单元格，设置水平对齐方式为“居中对齐”，垂直对齐方式为“居中”，宽度设置为10%，如下图所示。

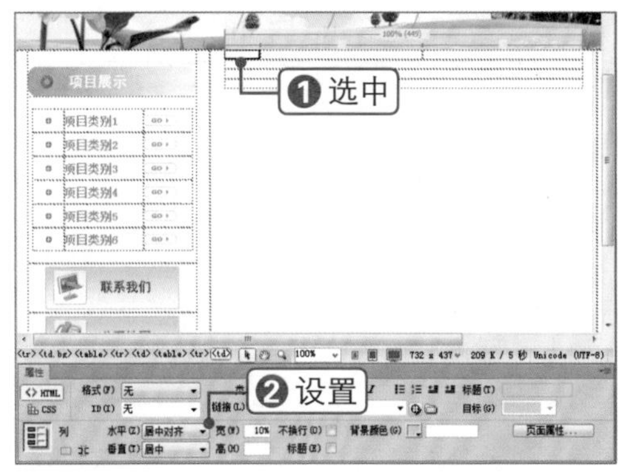

❺ 选中第2列单元格，设置水平对齐方式为“左对齐”，垂直对齐方式为“居中”，宽度设置为75%，如下图所示。

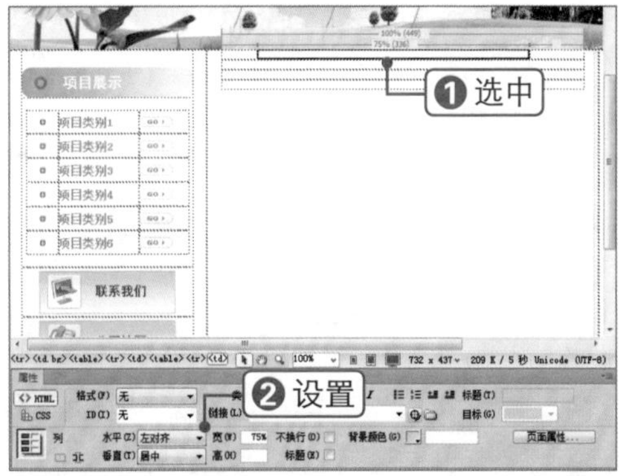

❻ 选中第3列单元格，设置水平对齐方式为“左对齐”，垂直对齐方式为“居中”，宽度为15%，如下图所示。

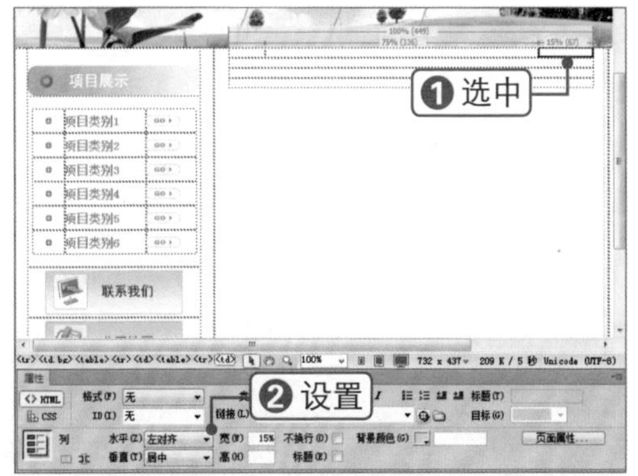

以前需要通过图片转换实现的功能，用CSS就可以轻松实现，从而更快地下载页面。

7 将光标移到第 1 列单元格中，选择“插入”|“图像”命令，在弹出的对话框中选择要插入的图像，单击“确定”按钮，如下图所示。

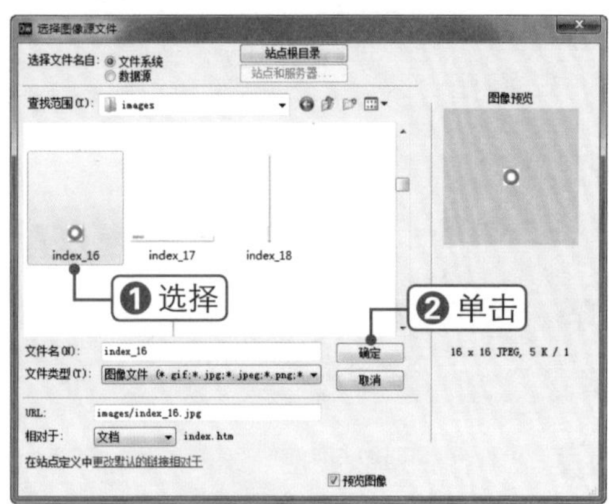

8 将光标移到第 2 列单元格中，插入文本“新闻动态”。将光标移到第 3 列单元格中，在“插入”面板“常用”选项下单击“图像：图像”按钮，如下图所示。

9 弹出“选择图像源文件”对话框，选择要插入的图像，然后单击“确定”按钮，如下图所示。

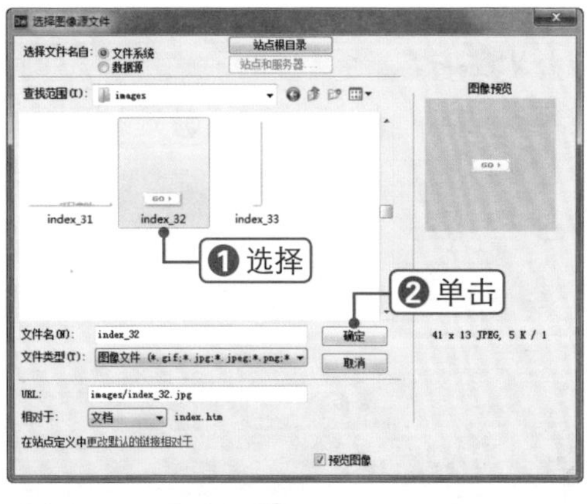

10 单击“新建 CSS 规则”按钮，弹出“新建CSS规则”对话框，设置相关属性，单击“确定”按钮，如下图所示。

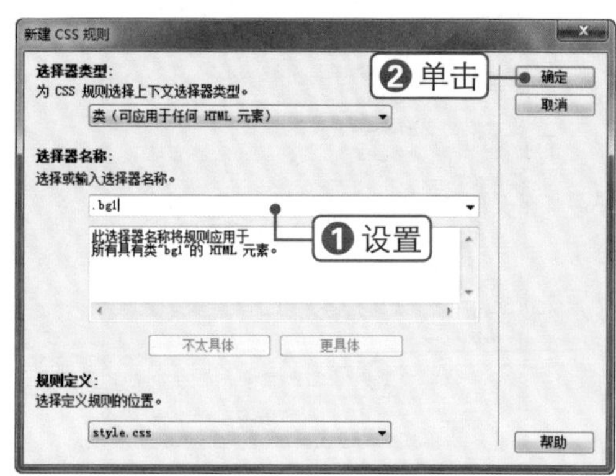

11 弹出 CSS 规则定义对话框，在左侧选择“类型”选项，在右侧设置相关属性，如下图所示。

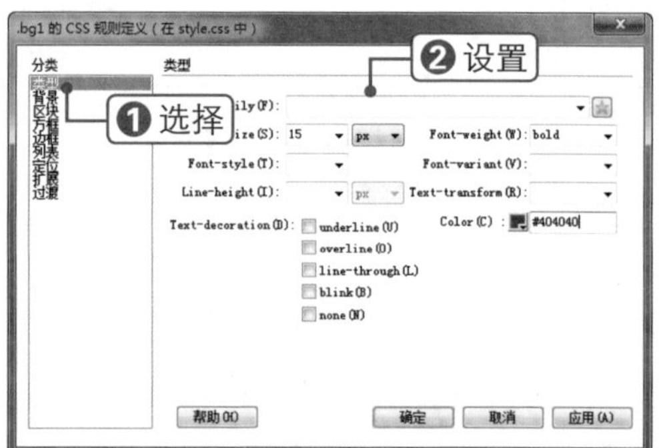

12 选择“背景”选项，设置背景相关属性，如下图所示。

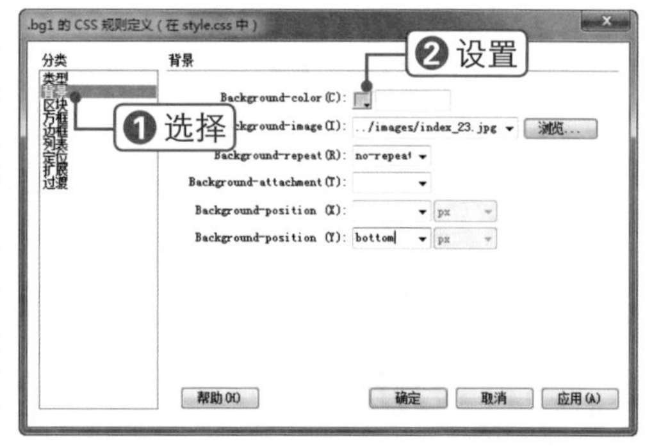

行家提醒

CSS 样式表弥补了 HTML 语言对网页格式定义的不足，如设置段间距和行间距等。使页面的字体变得更漂亮，更容易编排。

13 选择“方框”选项，设置方框相关属性，如下图所示。

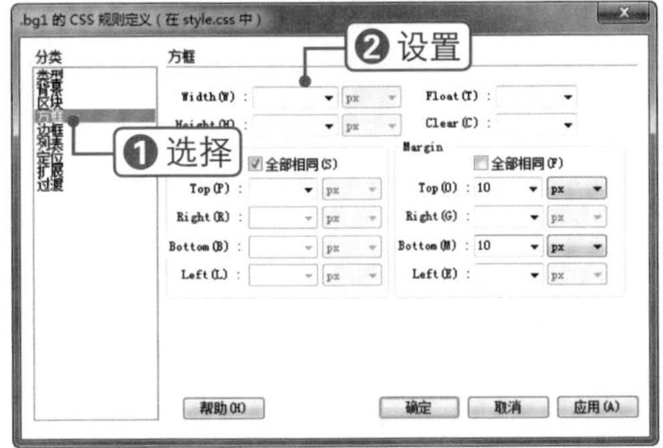

14 选中 table，在“CSS 样式”面板中右击 .bg1，选择“应用”命令，如下图所示。

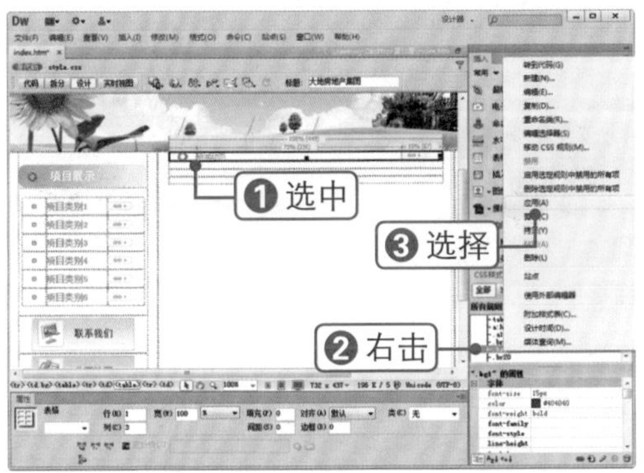

15 按【F12】键，在 IE 浏览器中预览页面，如下图所示。

16 将光标移到表格的第 2 行，选择“插入”|“表格”命令，弹出“表格”对话框，设置表格属性，单击“确定”按钮，如下图所示。

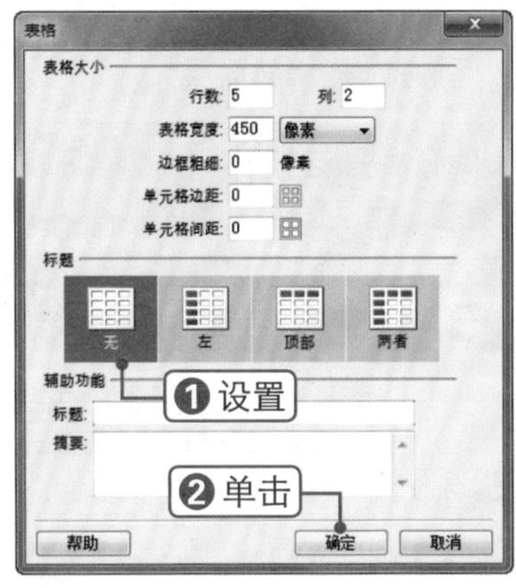

17 选中第 1 列单元格，在“属性”面板中设置水平对齐方式为“居中对齐”，垂直对齐方式为“居中”，如下图所示。

18 选中第 2 列单元格，设置水平对齐方式为“左对齐”，垂直对齐方式为“居中”，如下图所示。

操作提示

用户可以将站点上所有的网页风格都使用一个 CSS 文件进行控制，如果需要更改网页风格，只要修改这个 CSS 文件中相应的行即可。

⑲ 在“属性”面板中分别设置两列的宽度为 10%、90%，如下图所示。

⑳ 选中 table，在“CSS 样式”面板中右击 .br29 CSS，选择“应用”命令，应用 .br29 CSS 规则，效果如下图所示。

㉑ 按【F12】键，在 IE 浏览器中预览网页，效果如下图所示。

㉒ 将光标移到第 1 列单元格中，参照步骤 7 插入图片，然后复制图片到第 1 列的其他单元格中，如下图所示。

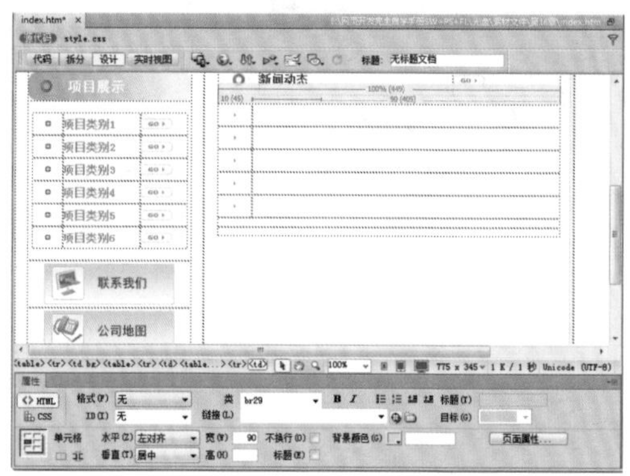

㉓ 将光标移到第 2 列单元格中，输入文本和日期，如下图所示。

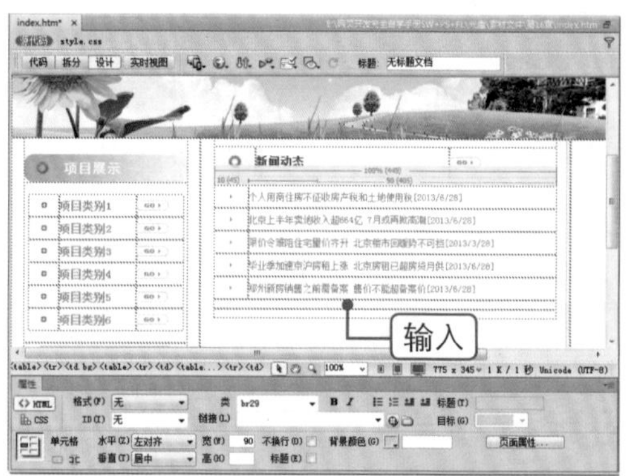

㉔ 选中文本，在“属性”面板“链接”文本框中输入 #，如下图所示。

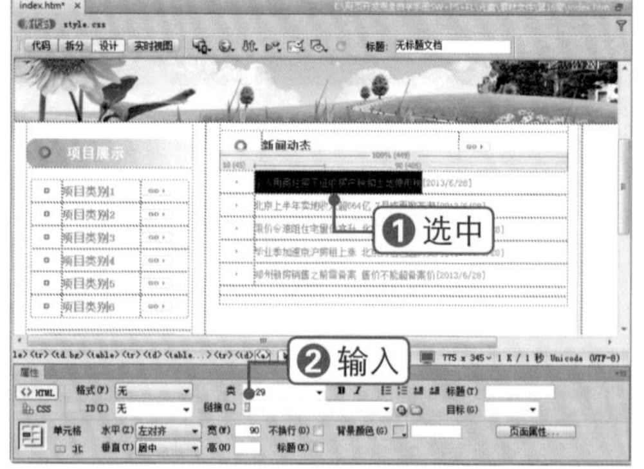

行家提醒

设置 CSS 样式，可以在“代码”视图中直接书写 CSS 代码，也可以通过 Dreamweaver 中的 CSS 属性设置对话框完成。

25 按【F12】键，在 IE 浏览器中浏览网页，效果如下图所示。

26 选中 table，按【Ctrl+C】组合键复制表格，如下图所示。

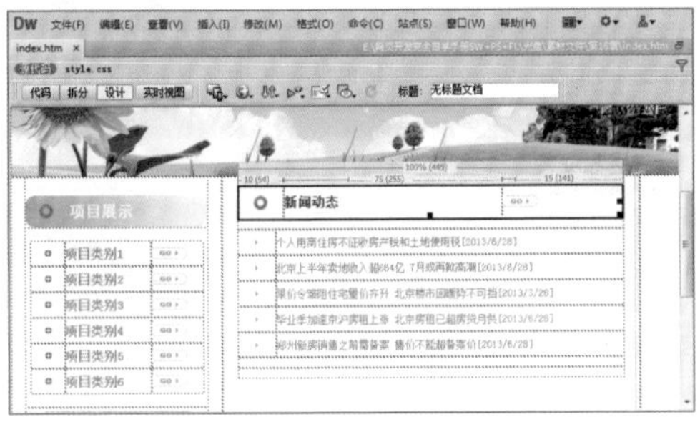

27 将光标移到第 3 行单元格中，按【Ctrl+V】组合键粘贴表格，效果如下图所示。

新闻动态 GO ›
个人用商住房不征收房产税和土地使用税[2013/6/28]
北京上半年卖地收入超664亿 7月或再掀高潮[2013/6/28]
限价令难阻住宅量价齐升 北京楼市回暖势不可挡[2013/3/28]
毕业季加速京沪房租上涨 北京房租已超房贷月供[2013/6/28]
郑州新房销售之前需备案 售价不能超备案价[2013/6/28]
新闻动态 GO ›

28 将文字“新闻动态”改为“关于我们”，如下图所示。

29 将光标移到第 4 行单元格中，参照步骤 7 插入图片，如下图所示。

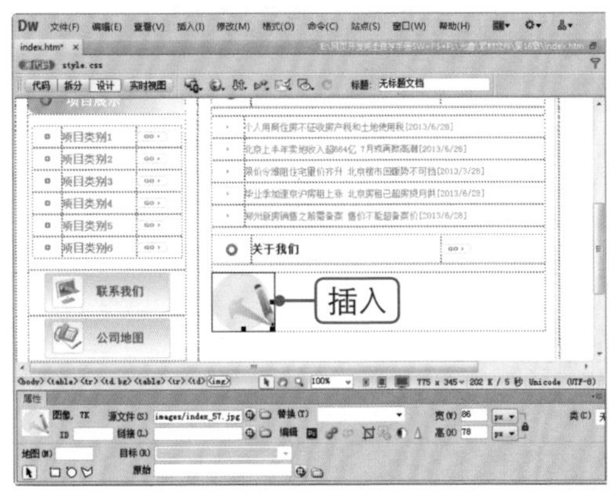

30 在单元格中输入需要的文字，如下图所示。

31 新建一个 CSS 规则，设置相关属性，单击“确定”按钮，如下图所示。

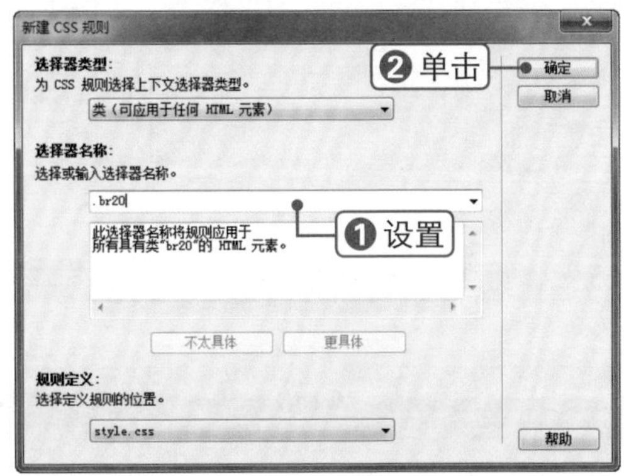

操作提示

如果要粘贴多个单元格，剪贴板的内容必须和表格的结构或表格中将粘贴这些单元格的部分兼容。

32 弹出 CSS 规则定义对话框，设置类型相关的属性，如下图所示。

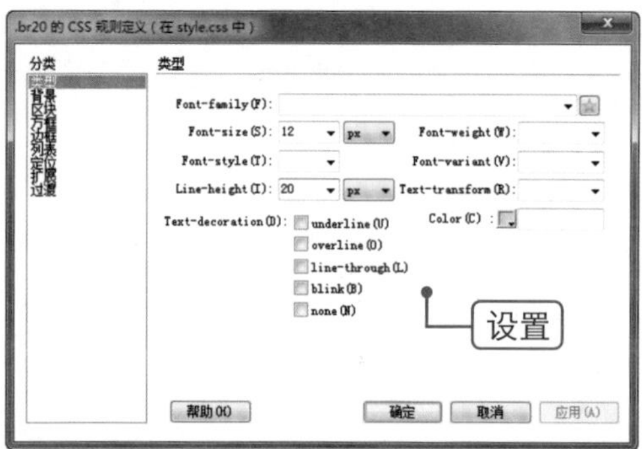

33 选择“方框”选项，设置方框相关属性，单击“确定”按钮，如下图所示。

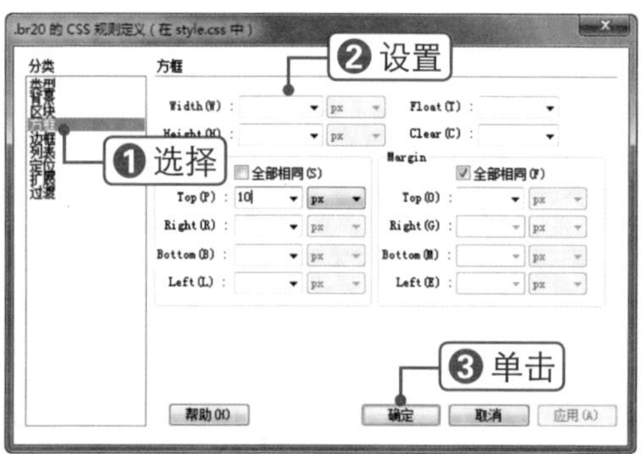

34 选中单元格，在“CSS 样式”面板中右击 .br20 CSS，选择“应用”命令，应用 .br20 CSS 规则，如下图所示。

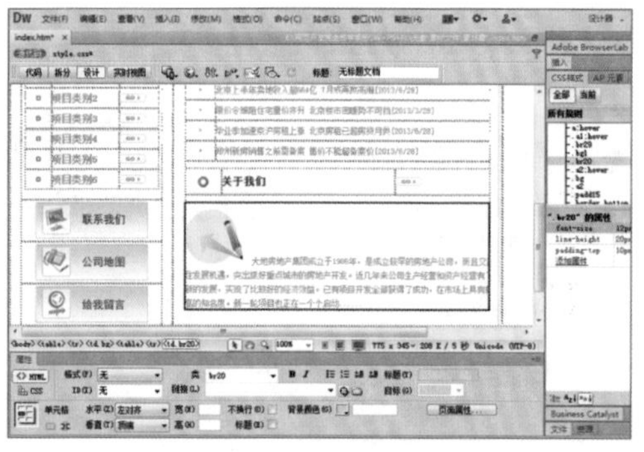

35 右击图片 index_57.jpg，选择“编辑标签”命令，弹出“标签编辑器”对话框，设置对齐方式和垂直边距，单击“确定”按钮，如下图所示。

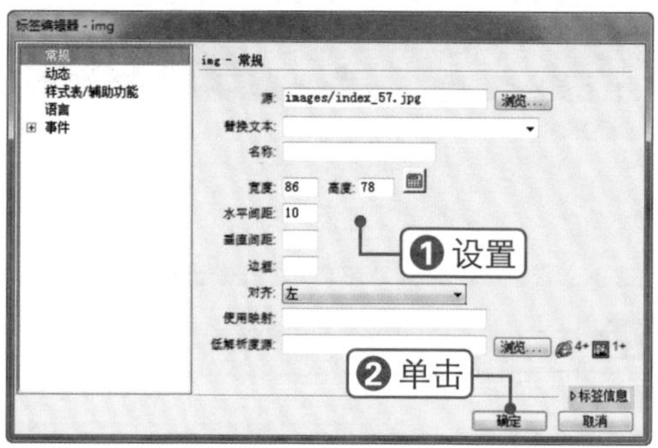

36 此时，即可查看设置对齐方式和垂直边距后的效果，如下图所示。

37 按【F12】键，在 IE 浏览器中浏览网页，效果如下图所示。

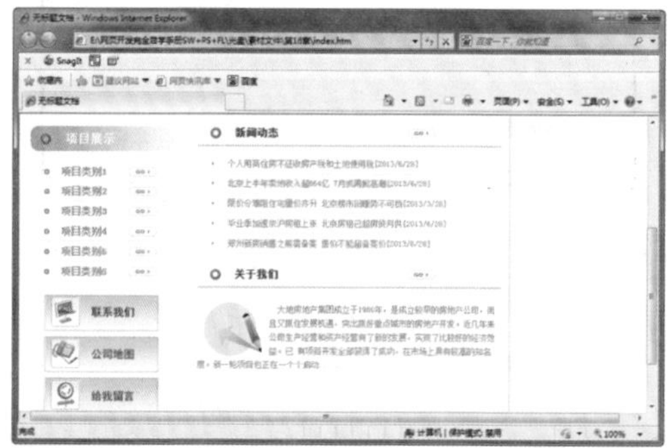

>> 16.2.10 页面主体右侧部分的制作

下面将详细介绍页面主体右侧部分的制作方法，具体操作步骤如下：

行家提醒

网页中的所有元素包括文字、图像等都被视为包含在方框内，方框属性主要包括对象宽度、对象高度、浮动、清除浮动等。

❶ 将光标移到右侧单元格中，选择“插入”|“表格”命令，弹出“表格”对话框，设置相关属性，单击“确定”按钮，如下图所示。

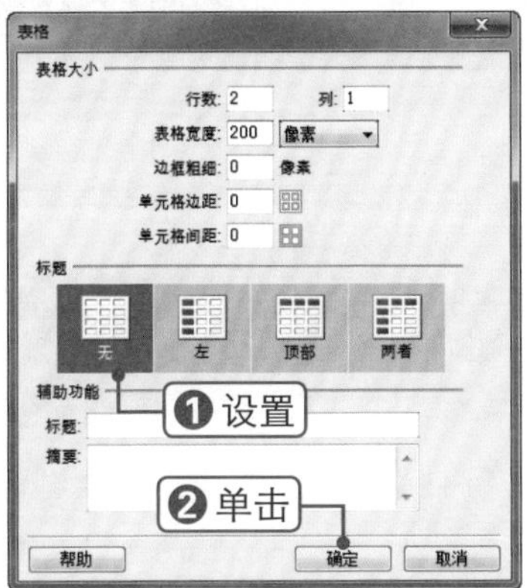

❷ 选中表格的各个单元格，在“属性”面板中设置水平对齐方式为“左对齐”，垂直对齐方式为“顶端”，如下图所示。

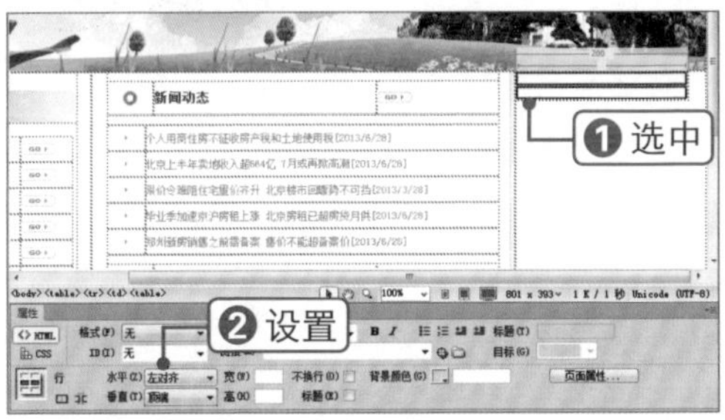

❸ 将光标移到第1行单元格中，选择“插入”|“图像”命令，在弹出的对话框中选择要插入的图片，单击“确定”按钮，如下图所示。

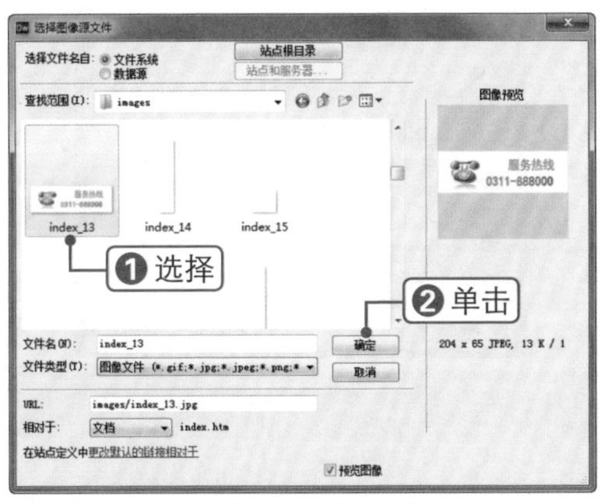

❹ 选中单元格，在“CSS样式”面板中右击.padd15，在弹出的快捷菜单中选择“应用”命令，如下图所示。

❺ 将光标移到第2行单元格中，选择“插入”|“表格”命令，弹出“表格”对话框，设置相关属性，单击“确定”按钮，如下图所示。

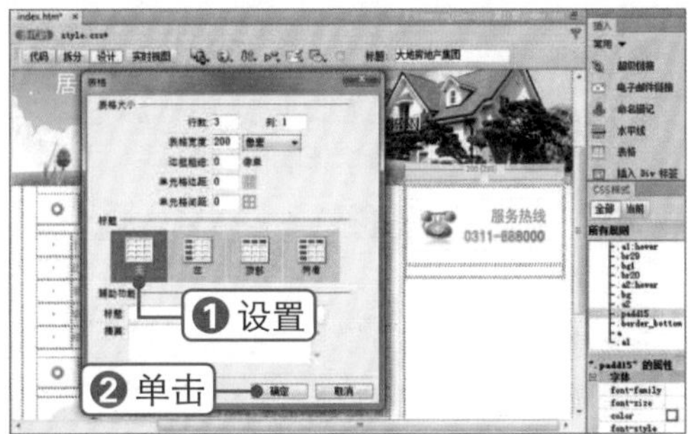

❻ 选中表格的各个单元格，在“属性”面板中设置水平对齐方式为“左对齐”，垂直对齐方式为“顶端”，如下图所示。

操作提示

排序表格时需要注意的是，如果表格中含有合并或拆分的单元格，则表格无法使用排序功能。

❼ 将光标移到第 1 行单元格中，参照步骤 3 插入图片 index_40.jpg，如下图所示。

❽ 单击“新建 CSS 规则”按钮，在弹出的对话框中设置相关属性，单击“确定”按钮，如下图所示。

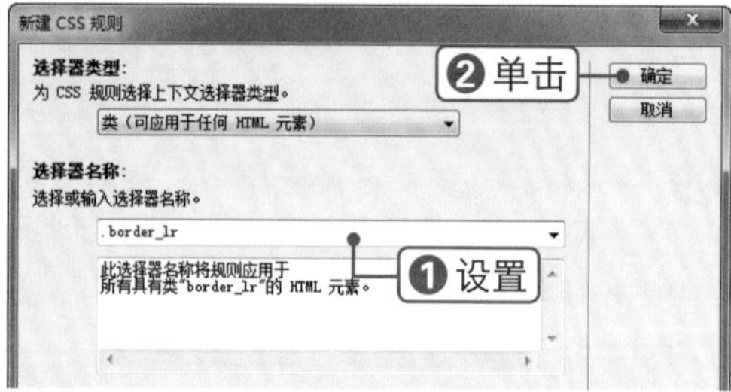

❾ 弹出 CSS 规则定义对话框，在左侧选择“边框”选项，在右侧设置边框属性，单击“确定”按钮，如下图所示。

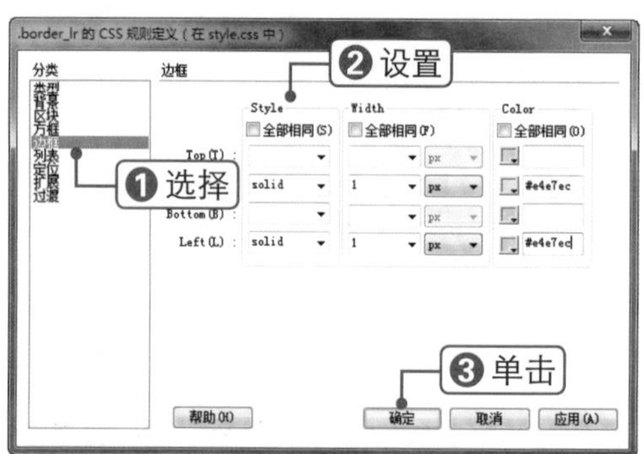

❿ 选中表格的第 2 行单元格，参照步骤 4 应用 .border_lr CSS 规则，如下图所示。

⓫ 将光标移到第 3 行单元格中，参照步骤 3 插入图片 index_68.jpg，如下图所示。

⓬ 按【F12】键，在 IE 浏览器中浏览网页，效果如下图所示。

⓭ 将光标移到第 2 行单元格中，选择“插入”|“表格”命令，弹出“表格”对话框，设置属性，单击“确定”按钮，如下图所示。

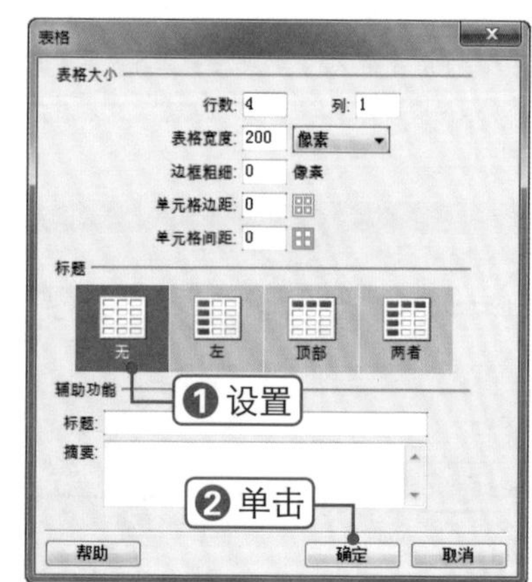

行家提醒

边框属性可用来设置网页元素的边框外观，边框属性包括边框的样式、边框宽度和边框颜色。

⑭ 在“属性”面板中设置表格的对齐方式为“居中对齐”，如下图所示。

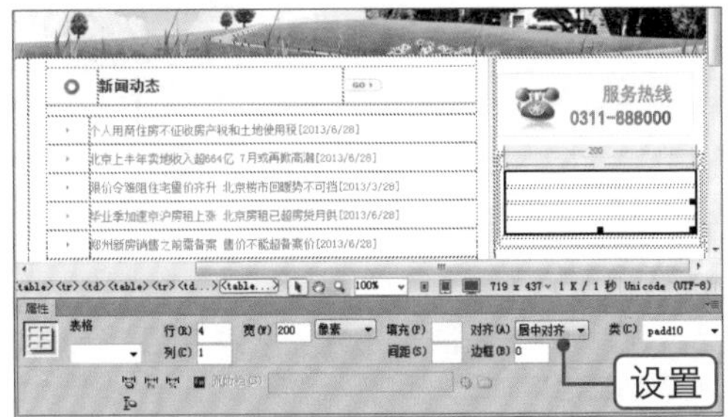

⑮ 选中表格的各个单元格，在“属性”面板中设置水平对齐方式为“居中对齐”，垂直对齐方式为“居中”，如下图所示。

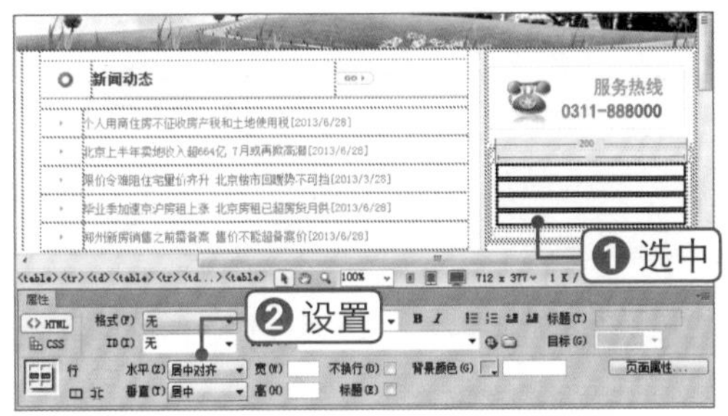

⑯ 将光标移到表格的第 1 列单元格中，插入一个 2 行 1 列的表格，如下图所示。

⑰ 选中表格的各单元格，在“属性”面板中设置单元格的水平对齐方式为“居中对齐”，垂直对齐方式为“居中”，如下图所示。

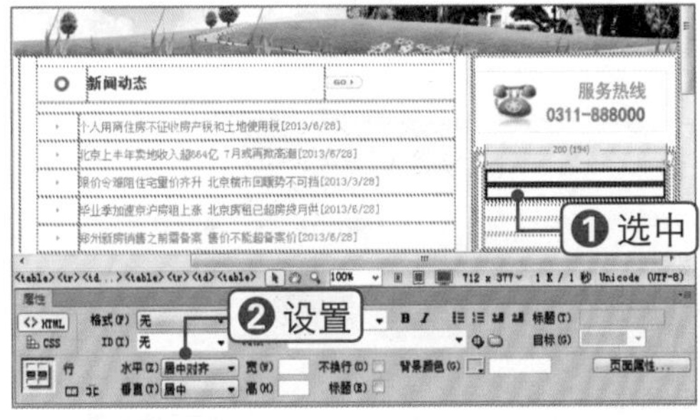

⑱ 将光标移到表格的第 1 行单元格中，参照步骤 3 插入图像 index_47.jpg，如下图所示。

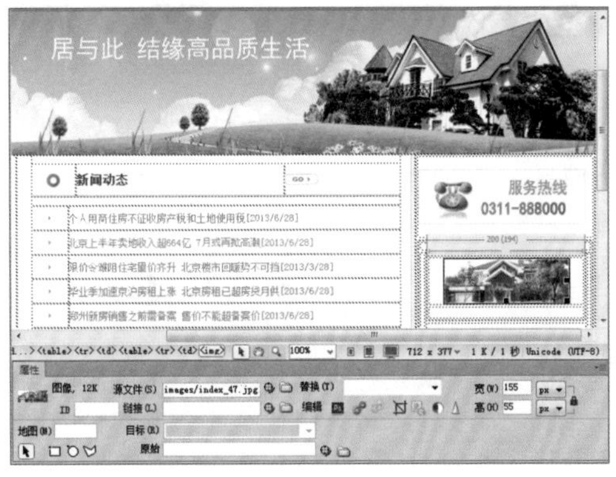

⑲ 将光标移到第 2 行单元格中，输入文本“北京房产项目”，在“属性”面板中设置单元格高度为 30px，如下图所示。

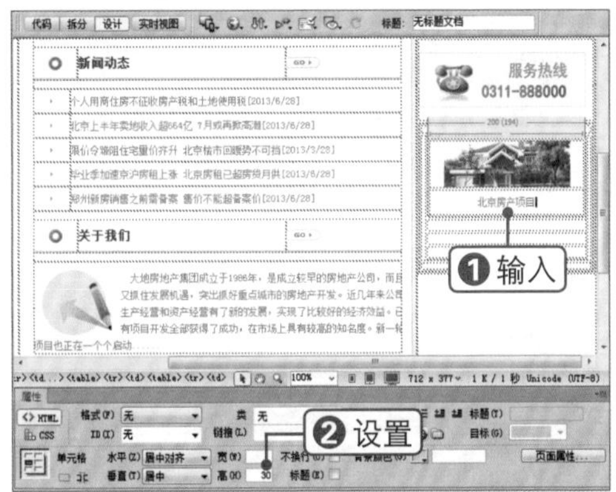

⑳ 新建一个 CSS 规则，设置相关属性，单击“确定”按钮，如下图所示。

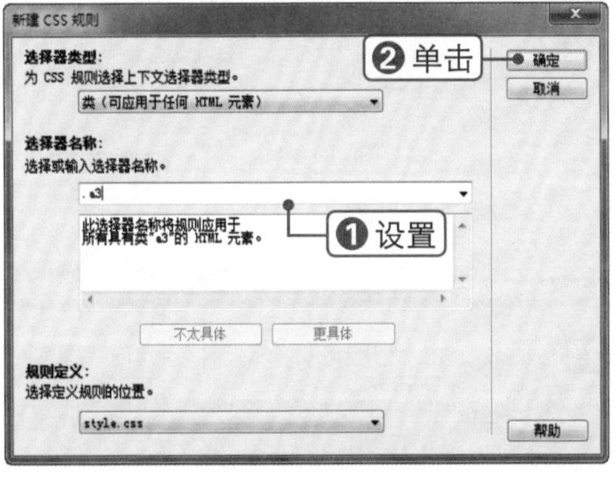

在 Dreamweaver 中把单元格宽度和高度设置为“1”却没效果是因为在生成表格时会自动为每个单元格填充一个空格代码。

21 弹出 CSS 规则定义对话框，设置类型的相关属性，单击“确定”按钮，如下图所示。

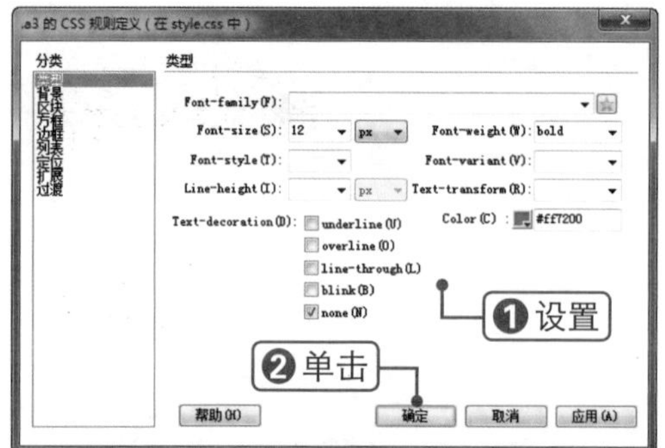

22 同样新建 .a3:hover CSS 规则，设置相关属性，单击“确定”按钮，如下图所示。

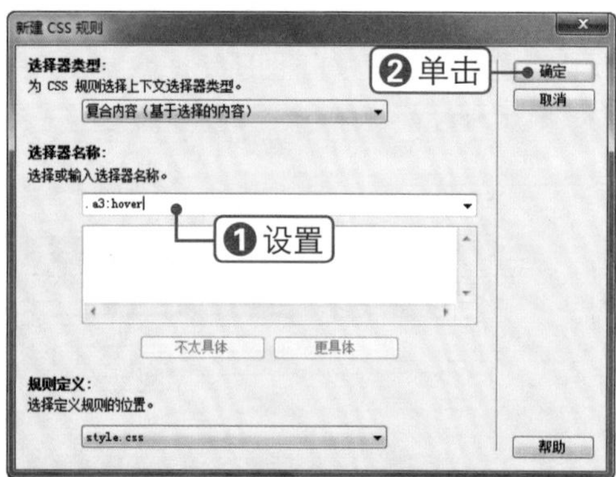

23 弹出 CSS 规则定义对话框，设置类型的相关属性，单击“确定”按钮，如下图所示。

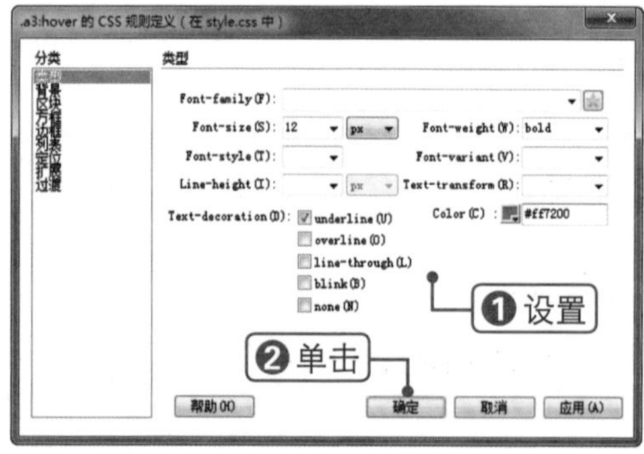

24 选中文本“北京房产项目”，在“属性”面板的“链接”文本框中输入 #，应用 .a3 CSS 规则，如下图所示。

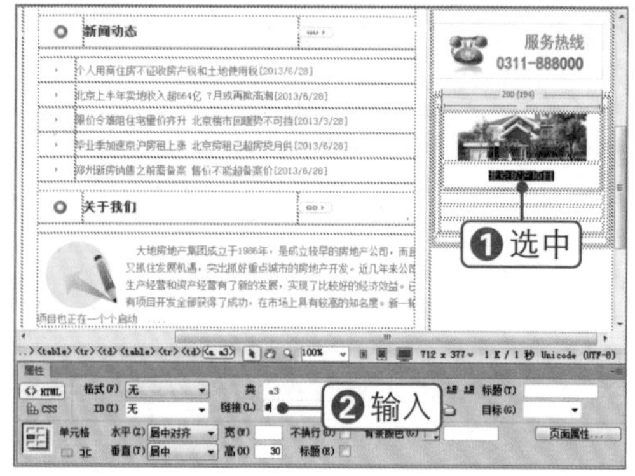

25 选中表格，按【Ctrl+C】组合键进行复制，如下图所示。

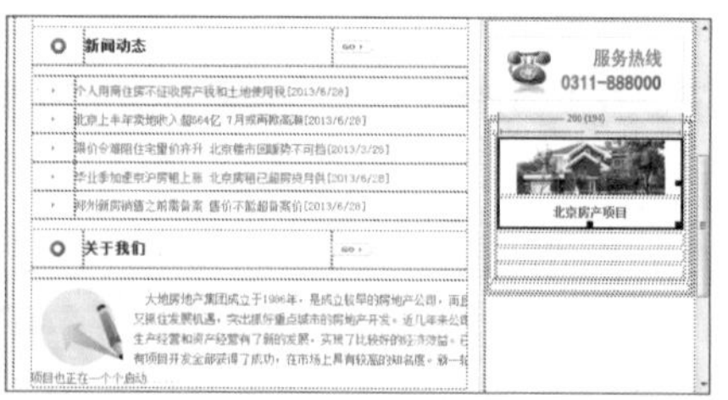

26 在各个单元格中按【Ctrl+V】组合键粘贴表格，如下图所示。

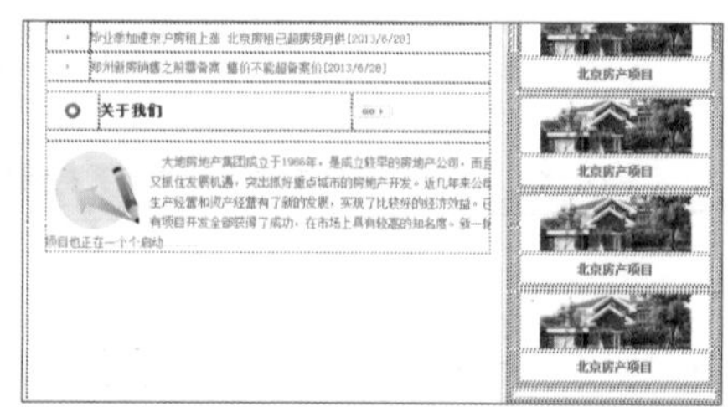

27 将图片和文本分别进行替换，如下图所示。

行家提醒

ID 选择器类似于类选择器，用来定义网页中某一个特殊元素的外观样式，ID 选择器的名称一般需要以 # 开头。

28 新建 .padd10 CSS 规则，在 CSS 规则定义对话框中设置“方框”相关属性，如下图所示。

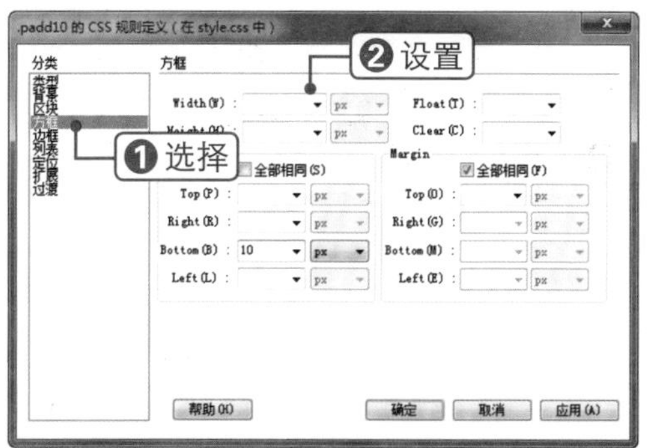

29 选中单元格，参照步骤 4 应用 .padd10 CSS 规则，如下图所示。

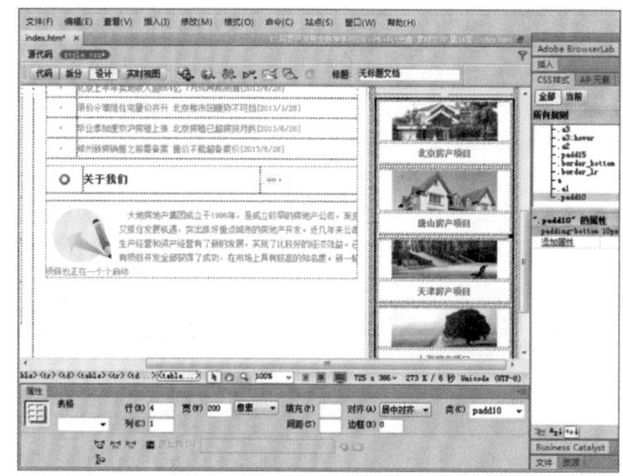

>> 16.2.11 页面底部的制作

下面将详细介绍页面底部的制作方法，具体操作步骤如下：

1 选择“插入”|“表格”命令，弹出“表格”对话框，设置相关属性，单击“确定”按钮，如下图所示。

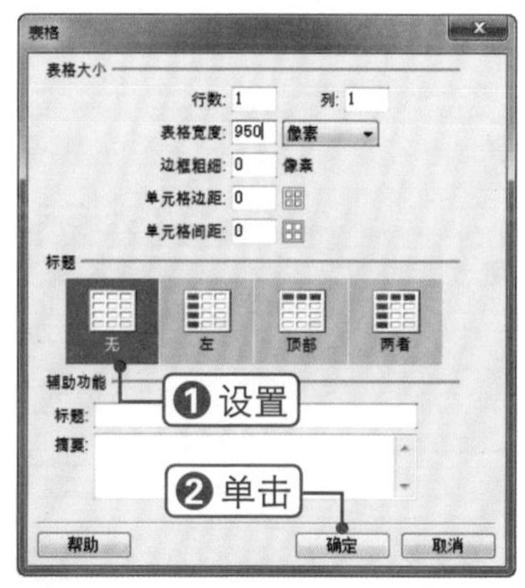

2 在“属性”面板中设置表格的对齐方式为“居中对齐”，如下图所示。

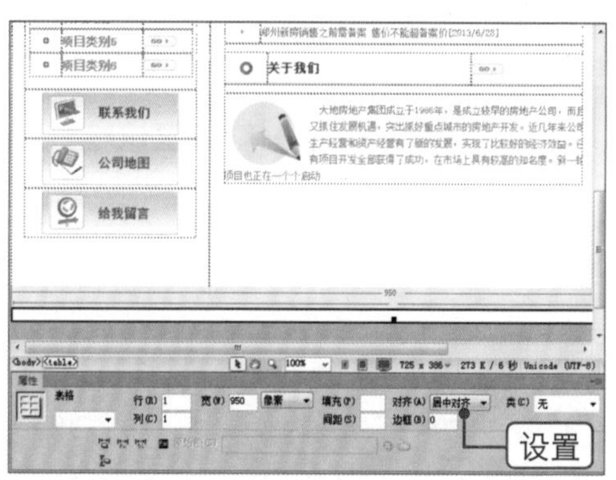

3 选择所有单元格，设置水平对齐方式为“居中对齐”，垂直对齐方式为“居中”，高度为 88px，如下图所示。

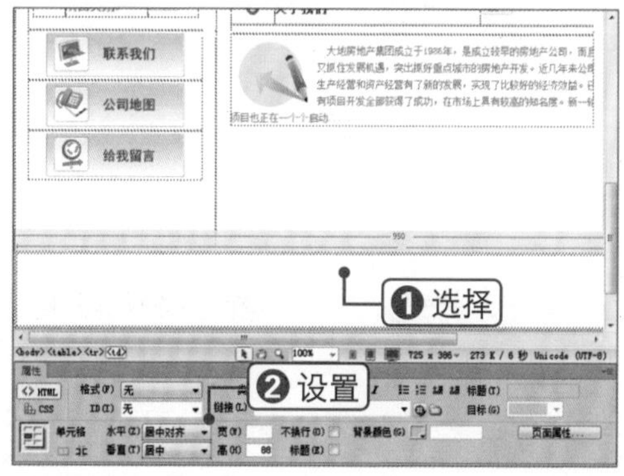

操作提示

网页的整体效果是一个排版和用色的结果，而图片特效与文字的格式可以在细节上为网页增色。

4 在单元格中输入以下文本，如下图所示。

5 单击“新建 CSS 规则”按钮，弹出“新建 CSS 规则”对话框，设置属性，单击“确定”按钮，如下图所示。

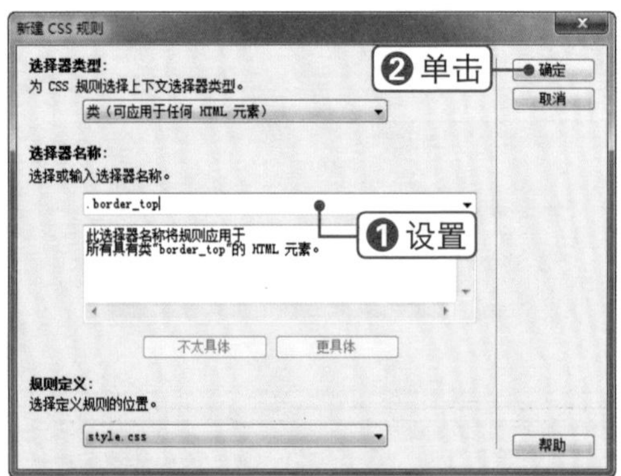

6 弹出 CSS 规则定义对话框，在左侧选择“背景”选项，在右侧设置相关属性，如下图所示。

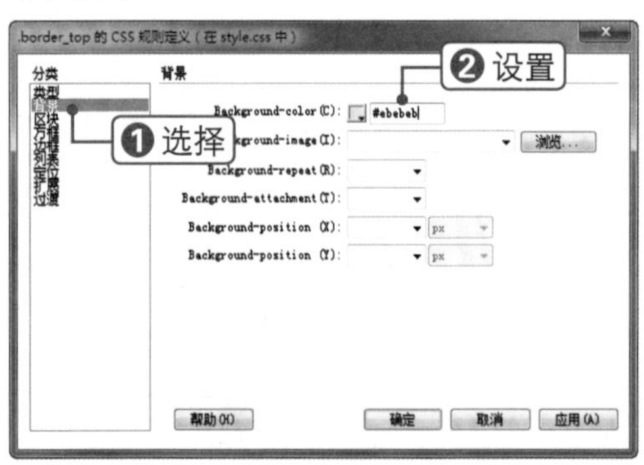

7 在左侧选择“边框”选项，在右侧设置边框相关属性，单击“确定”按钮，如下图所示。

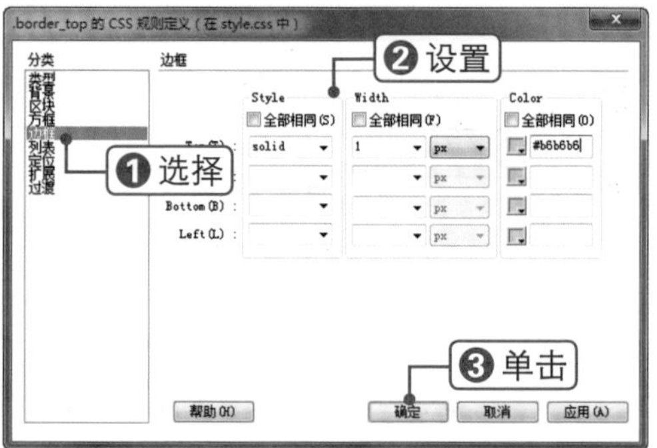

8 此时 .border_top CSS 规则自动应用到表格中，如下图所示。

9 将页面文档标题修改为“大地房地产集团”，如下图所示。至此，企业网站页面制作完毕。

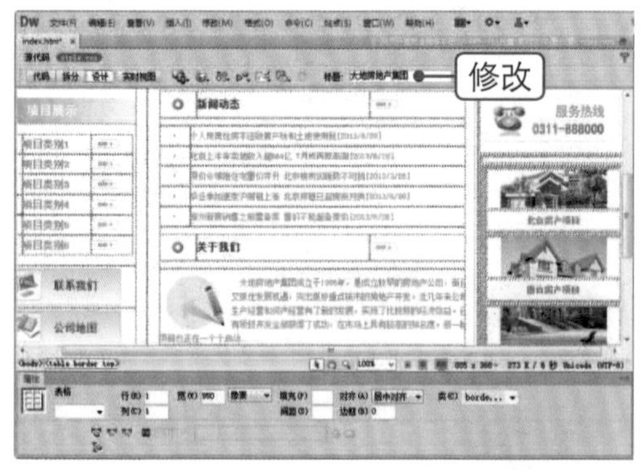

行家提醒

替换文字图片后表格的 CSS 样式不会随之发生变化，选中表格并复制后 CSS 样式也被一起复制。